U0215451

彩叶植物图鉴

Caiye Zhiwu Tujian

袁东升

李月松

周洪义

主编

中国林业出版社

图书在版编目（CIP）数据

彩叶植物图鉴／袁东升，李月松，周洪义主编．－北京：中国林业出版社，2015.8
ISBN 978-7-8097-1
I. ①彩⋯　II. ①袁⋯　②李⋯　③周⋯　III. ①园林植物－图集　IV. ① S68-64

中国版本图书馆 CIP 数据核字（2015）第 179458 号

选题策划　沈登峰
责任编辑　徐小英　赵　芳

出　　版	中国林业出版社(100009　北京西城区刘海胡同 7 号)
	http://lycb.forestry.gov.cn
	E－mail：forestbook@163.com　电话：(010)83143515
发　　行	中国林业出版社
设计制作	北京捷艺轩彩印制版技术有限公司
印　　刷	北京中科印刷有限公司
版　　次	2015 年 8 月第 1 版
印　　次	2015 年 8 月第 1 次
开　　本	215mm × 280mm
字　　数	1484 千字
印　　张	47
定　　价	450.00 元

《彩叶植物图鉴》编委会

主 编

袁东升　李月松　周洪义

副主编

李培军　张 兴　李凤敏　赵凌云

编 者

徐 君	崔艳芬	王国强	邳学杰	岳 华	王晓丽
刘忠荣	李 鹏	袁春生	陈召忠	张 政	尚 进
孟繁鹏	孙联军	赵 辉	唐辉宇	宋 键	左 姿
郝志成	姜开南	赵颖辉	高 爽	郭凤丽	张 忠
崔 艳	范 桦	郑 旭	张 振	祁 永	魏津民
	廉 逍	刘雪梅	齐健晨	王宝昆	

摄 影

周洪义　李 鹏

主编简介

袁东升	1963 年生	正高级工程师	1985 年毕业于北京林业大学	学士学位
李月松	1976 年生	高级工程师	1999 年毕业于沈阳农业大学	学士学位
周洪义	1964 年生	正高级工程师	1985 年毕业于北京林业大学	学士学位

◎ 前 言

  彩叶植物色彩鲜艳、观赏期长、种类多，是非常受欢迎的园林绿化植物。彩叶植物既可以表现为漫山遍野植物景观的壮丽，也可是园林绿地中一枝一叶的灿烂；在早春二月，可以感知鹅黄色嫩叶传递的春的消息，也可体会金黄和血红中的秋天的收获和辉煌；从夏天不同层次的墨绿品尝炎热中的清凉，从冬天萧瑟的褐色中探寻凋零中的生机。彩叶植物是大自然的调色板，是装点人们生活的五彩霓裳。因此，彩叶植物越来越受到各地建设单位的重视。

  彩叶植物图书的系统整理出版尚不多见。为此，我们采用恩格勒（1964）系统，根据实际工作的需要，从常用的园林植物中收集一些彩叶植物汇编成本书，既有实用的常用种类，也有一些可以成为未来应用潜力的种类。

  本图鉴共录入彩叶植物含蕨类植物、裸子植物和被子植物 3 个门，共计 139 科 498 属 1580 多种（含变种、栽培品种、变型），其中收录了彩叶植物培育的最新品种。书中对每种彩色植物分别列出中文名、拉丁名、别名，对其形态特征、生长习性和景观应用均予描述，每种彩叶植物都附有代表性的彩色照片一至多幅。

  本书的出版，不仅可以作为园林部门、园林施工企业和苗木生产单位的必备参考书，也可作为科研人员参考用书和相关院校生物学科教学参考书。

  由于我们的业务理论水平有限，书中错误和疏漏在所难免，衷心地盼望国内外专家和广大读者批评指正！

◎ 目录

第一篇

总 论

人对色彩的感知非常直观，也会受到较为强烈的冲击，留下很深刻的印象。虽然人对颜色的感觉是由光的物理性质决定，但人对色彩的认识是通过联想来取得心理的感受，这种感受会受到人的文化素养、民族的历史传统、时代背景和个人生活经历等各方面因素影响。人为色彩有冷暖的感觉和喜欢与厌恶的区别，但自然界中的植物色彩总体上均受到人们欢迎。也就是说，与人为的色彩有一个极大的不同，植物景观几乎都给人一种非常自然的感觉，即使是秋天的落叶也是这样。因为这是真正的自然现象，是生命力展示的一种过程。

一般来说，植物都是以绿色的面貌出现。但因为植物种类的不同，或者植物生长季节的不同，其树枝、树干或树叶的色彩本身也有不同，或产生较大的变化。人们在观赏自然景物时对植物特性及其色彩的变化会较为关注，感受也比较深。比如，沙漠中金黄色的胡杨林，北京香山红色的黄栌，长江流域红色的乌桕和全国各地秋天黄色的银杏，都会给人留下非常浓烈的秋天的诗意和大自然的绚烂印象，引无数人前往观赏、抒怀。

所以，在园林景观设计中，可以运用植物色彩及其变化来体现设计主旨，创造一定的意境来体现一种历史传统和文化内涵。

彩叶植物的应用丰富了城市和园林的面貌，增加了城市和园林的色彩，是非常受欢迎的植物景观。

第一节　彩叶植物的定义

　　彩叶植物，从广义上指在植物整个生长发育过程中的某一阶段，全部或部分叶片，或者枝干中任何一处呈现出非绿色色彩，并且具有较为特殊观赏价值的植物的总称。

　　但是，这些彩叶植物并不一定到秋季才呈现出彩色，有很多一年四季都是彩色的。在自然界中，一般以叶片呈彩色为最多最明显，所以狭义的彩叶植物是广义彩叶植物中的常色叶类，指在春秋两季甚至春夏秋三季均呈现彩色的植物。

　　在实际应用中，以广义的彩叶植物为主。本书所指的彩叶植物均是广义的彩叶植物概念。

第二节　彩叶植物的分类

一、根据彩叶植物的生长类型划分

1. 乔木类

具有比较明显的主干，直立的木本植物。这些树木通常作为行道树布置在道路两边，或成群成片种植形成风景林，也可三五丛植点缀于园林中。常见的乔木类彩叶树有鹅掌楸、香樟、杜英、悬铃木、蓝果树、金边马褂木等。

2. 灌木类

植物枝叶呈丛生，外观上无明显主干或主干低矮，近地面处枝干丛生，均为多年生植物。此类灌木一般布置成群植，形成大色块，亦可孤植欣赏或在园林中丛植体现群体美。如金叶女贞、红花檵木、红叶石楠、金边黄杨、红桑、花叶复叶槭、花叶叶子花、金焰绣线菊等。

3. 藤本类

植物呈现蔓性生长，为木质藤本或草质藤本，色彩丰富，在园林中可以用于花架、廊道、墙面等的垂直绿化。主要种类有花叶常春藤、五叶地锦等。

4．草本类

形态美丽、色彩丰富，以茎或秆和叶为主要观赏部位的草本植物。有金叶、红叶、斑叶、银边等彩叶种类及秋色叶。如蓝羊茅、金色薹草、金叶薯、金叶过路黄、红叶景天、蓝景天、花叶大吴风草、佛甲草等。

二、根据彩叶植物的生长习性划分

1．非落叶彩叶植物

如金心黄杨、金边黄杨、金叶女贞、洒金柏、金叶雪松、金冠柏、金线柏、蓝云杉、蓝冰柏等。

2. 落叶彩叶植物

如红枫、红叶李、红叶碧桃、红叶小檗等。

三、根据彩叶植物的观赏部位划分

（一）彩色枝干类

树干呈白色、红色、金色、绿色、斑驳色。

1. 单色枝干类

植物的枝干呈现单一的色彩。

（1）枝干呈白色者：如柠檬桉、尾叶桉、白桦、白皮松、灌丛石蚕等。

（2）枝干呈红色者：如红瑞木、红茎蓖麻、山桃、咖啡黄葵等。

（3）枝干呈黄色者：如金枝白蜡、异叶南洋杉、金枝国槐、西府海棠、紫薇等。

2. 双色枝干类

以竹类居多，如黄绿相间的黄金间碧玉竹、金镶玉竹、黄纹竹等。

3. 斑驳枝干类

植物的枝干呈现斑驳的色彩。如白皮松、榔榆、脱皮榆、细花泡花树、悬铃木、木瓜、椤木石楠、光皮树等。

（二）彩色叶片类

按植物叶片呈现色彩可分如下几类

1. 按色素种类划分

（1）黄（金）色类：叶片黄色、橙色、橙黄色、橙红色、棕色等黄色系列，如金叶榆树、金叶梓树、黄金榕等。

（2）红色类：叶片红色、粉红色、棕红色等，如五角枫、鸡爪槭、茶条槭、四照花等。

（3）紫色类：叶片紫色、紫红色等，如紫叶黄栌、紫叶马氏榛、紫叶
锦带花、'维多利亚'锦带、'小黑'锦带等。

（4）蓝色类：叶片蓝绿色、蓝灰色、蓝白色等，如蓝粉云杉、蓝冰柏、
密叶云杉等。

（5）白色类：叶片白色、灰白、银白色，如银白杨、新疆杨、巴西野牡丹、银绒野牡丹、大戟科黑面神属的雪花木、大戟属的银边翠、菊科千里光属的银月等。

（6）黑色类：叶片黑色，如美国紫黑石竹、黑色蕾丝西洋紫叶接骨木、莲花掌属的黑法师、石莲花属的黑骑士等。

（7）花叶类：叶片同时呈现两种或两种以上的颜色，如粉白绿相间或绿白、绿黄、绿红相间。如花叶复叶槭、洒金桃叶珊瑚等。

2. 按色素分布划分

(1) 单色叶类：指叶片仅呈现一种色调，如黄色或紫色。例如娃娃朱蕉叶呈紫色。

(2) 双色叶类：叶片的上下表面颜色不同。例如紫鸭跖草叶面深绿色叶背深红色。

(3) 斑叶类或花叶类：叶片上呈现不规则的彩色斑块或条纹。例如花叶木槿。

(4) 彩脉类：叶脉呈现彩色，如红脉、白脉、黄脉等。例如金脉刺桐叶带黄脉。

(5) 镶边类：叶片边缘彩色通常为黄色。例如金边红桑。

四、根据彩叶植物呈色的季节划分

（一）常彩类

其叶在整个生长周期内都表现出非绿色的叶色。

常彩类又分为常色叶类和变色叶类。

1. 常色叶类

叶子全年均呈某一种颜色状。如金扁柏、黄叶锦熟黄杨、红花檵木、紫叶李、金叶女贞、紫叶小檗、红叶碧桃等。

2. 变色叶类

叶的色彩全年在不同的季节呈现一定的变化。如金叶红瑞木，叶色春黄秋红，紫叶加拿大紫荆叶色春夏红秋黄。

（二）春彩类

在春季新抽生的嫩叶呈现出彩色的变化的植物，如臭椿、五角枫、红叶石楠、山麻杆的春叶呈红色，黄连木的春叶呈紫红色等。

（三）秋彩类

在秋季叶子呈现出彩色的变化的植物，此类植物的主流色系则有红、黄两大种类，树种类型也较春光叶树种丰富得多。尤其是大片的景观是非常受欢迎的。

1. 秋叶黄色

有银杏、无患子、七叶树、槐树、马褂木、石榴、柳树等；秋叶由橙黄转锗红的树种主要有水杉、池杉、落羽衫等；而漆树科、槭树科、壳斗科栎属以及蔷薇科梅属中的樱花等，则因树种、种类的差异，呈现出愈加丰富的色彩变化。

2. 秋叶红色

秋叶红色的彩叶植物是秋色叶类群中的生力军，也是季相彩叶植物中色叶表象体现最为出色的。秋叶红艳的知名树种有乌桕、丝棉木、枫香、重阳木、黄栌、三角枫、鸡爪槭等，秋叶由橙黄转锗红的树种首要有榉树、水杉、池杉、落羽杉等。

（四）冬彩类

在冬季，植物的茎干有彩色特征。如红瑞木、山杏等具红色枝条；山桃具古铜色的枝条；梧桐、棣棠、青榨槭具有青翠碧绿的枝条；紫竹呈暗紫色；白皮松、白桦、毛白杨等树干及枝条呈白色或灰白色。

第三节 彩叶植物的应用

一、彩叶植物的应用

1. 适应城市园林绿化景观的需要

随着我国城市建设的需要，生态城市、园林城市和森林城市的建设都需要一定指标的园林绿化面积和一定质量的园林绿化景观，这些园林绿地又以不同面貌绿化美化着城市景观。为形成一种有特色、有传统的城市园林风景，各地在适地适树的总原则下，营造不同的绿化景观广场、景观大道和街头花园，彩叶植物的应用丰富着它们的面貌。

适地适树是园林植物配置的一个基本原则，一般使用乡土树种。但有的地区乡土树种绿化效果略显单调，所以，在普遍绿化的基础上，栽种一些彩叶植物丰富城市景观面貌，在突出地方特色的基础上活跃和丰富城市景观。

彩叶植物在园林绿化中起着重要的作用，未来城市绿化的主导方向是多植物、多色彩、四季多变，园林将以个性化、人性化为主题。因此，适应性广、观赏价值高、生长速度快、容易移植的彩叶植物将受到欢迎。

2. 为丰富园林景观提供植物素材

　　园林景观的创造是充满了活力和魅力的，有的设计会给人以无限的想象空间和深邃的意境，在这种指导思想下，园林植物当仁不让地承担主角，丰富的植物材料是园林设计者不竭的思绪源泉。

　　园林植物中彩叶植物种类丰富，季相变化和各种类之间的搭配也提供了多种多样的物质基础，我们可以通过不断地推敲和探索，创作出有特色、有传统、有文化内涵的园林植物景观。

3. 彩叶植物新品种的应用

　　近年来我国培育的彩色新品种中华金叶榆、中华红叶杨、金叶国槐、金枝国槐、金叶栾、金叶白蜡等，极大地丰富了彩叶植物的品种。推广使用的金叶国槐、金枝国槐、金叶红瑞木、金枝白蜡，不仅具备耐阴、耐寒、耐烟尘、寿命长、生长旺、适应性强等优点，而且落叶更晚，枝叶的色彩也随四季气候变化而不断变化，这些品种均受到各地的欢迎。

另外，从国外引进的红国王挪威槭、紫叶稠李、美国黄栌等，以其耐寒易植、靓丽紫艳的优良特性，深得园林工作者的青睐。从国外引进栽培的地被植物新品种金叶过路黄、红叶景天、佛甲草等地被植物，彩色期长，色彩艳丽，景观效果卓越，且生长势强、耐寒、耐践踏、病虫害少、养护容易，被公认为地被植物之精品，极大地丰富了城市园林景观。

同时，像紫叶加拿大紫荆、红叶皂角、红叶樱花、紫叶红栌、金叶接骨木、花叶常春藤等一系列彩色观叶植物也在使用。这些新品种的推广与应用，可以将目前只有在华北以南地区才有的红、黄、绿交相辉映的缤纷景色，在东北、西北等地区得以实现，改变我国北方地区色彩单调、盐碱地区和山体美化中缺少合适彩叶品种的局面，创造了巨大的生态效益、经济效益和社会效益。

4. 家庭绿化装饰

许多彩色多肉植物的引进和繁殖也极大地丰富了我国家庭观赏植物的种类。如莲花掌属的黑法师、艳日辉、中斑莲花掌，青锁龙属的火祭、红叶祭、赤鬼城、三色花月锦、星乙女锦，伽蓝菜属的仙女之舞、月兔耳，石莲花属的黑骑士、黑王子、女王花舞笠，长生草属的紫牡丹、景天属的白佛甲草，银波锦属的熊童子白锦，菊科千里光属的银月，马齿苋属的彩虹马齿苋，牻牛儿苗科的银边天竺葵，番杏科的红帝玉等，这些彩色多肉植物颜色靓丽、株型小巧、养护容易，而深受年轻人的青睐，日益成为他们的新宠而摆放在办公室的电脑桌上和家庭阳台上。

二、彩叶植物的配置

1.孤　植

　　彩叶植物色彩鲜艳，可发挥景观的中心视点或引导视线的作用。如株型高大丰满的银杏、白玉兰、白皮松、挪威槭等，还有株型紧密的紫叶矮樱、花叶槭等都可以孤植于庭院或草坪中，独立成景。

2. 丛 植

　　三五成丛地点缀于园林绿地中的彩叶植物，既丰富了景观色彩，又活跃了园林气氛。如将紫色或黄色等色彩艳丽的彩叶植物丛植于浅色系的建筑物前，或以高大的绿色乔木为背景，将花叶系列、金叶系列的树种丛植于前，均能起到较好的景观效果。

3. 片 植

　　将彩叶植物成片栽植，达到一定的规模，可营造出较有气势的景观。如北京的香山红叶主要栽种的是黄栌，金陵十景之一的栖霞丹枫主要栽种的是枫香。

4. 彩篱或模纹花坛

如紫叶小檗、金叶女贞、红罗宾石楠等株丛紧密且耐修剪的彩叶植物是极好的彩篱植物材料，与绿色植物相搭配可构成美丽的图案，广泛应用在城市公共绿地、分车道、立交桥下。特别是在绿色草坪的背景下，彩叶植物往往被衬托得更加美丽。

5．地被栽植

许多彩叶草本植物被广泛用于地被栽植。如银边波叶玉簪、假金丝马尾、黑龙沿街草、金叶过路黄、胭脂景天、白佛甲草等。

6. 盆栽观赏

　　许多彩叶植物叶型秀丽、莲座娇小、观赏性强，非常适合室内盆栽观赏，装饰窗台、几架、书桌等处。如百合科的金边吊兰、银边吊兰、油点百合，大戟属的霸王鞭、春峰之辉、麒麟掌锦等；龙舌兰科的朱蕉、金边虎尾兰、雷神、龙血树等；马齿苋科马齿苋属的部分种类；天南星科的大多数种类；景天科的大多数种类；仙人掌科的大多数种类和番杏科的大多数种类。

第二篇

各 论

◎ 卷柏科

翠云草 *Selaginella uncinata* (Desv.) Spring

科属：卷柏科卷柏属　　　别名：蓝地柏、蓝草

【形态特征】中型伏地蔓生蕨。主茎伏地蔓生，长约1米，分枝疏生。节处有不定根，叶全部交互排列，二型，革质，表面光滑，具虹彩，边缘全缘，明显具白边，主茎上的叶排列较疏，较分枝上的大，绿色。孢子囊穗四棱形，孢子叶卵状三角形，四列呈覆瓦状排列。

【生长习性】宜疏松透水且富含腐殖质喜光、喜湿润的土壤环境，不耐干旱，喜半阴。

【景观应用】株态奇特，羽叶似云纹，四季翠绿，并有蓝绿色荧光，清雅秀丽，属小型观叶植物，盆栽适合案头、窗台等处陈设。也可应用于岩石园、水景园等专类园中。

江南卷柏 *Selaginella moellendorffii* Hieron

科属：卷柏科卷柏属

【形态特征】土生或石生，主茎直立，高20～55厘米，上部分枝，叶在下部茎上一型，螺旋状疏生，卵形至卵状三角形；枝上二型，背腹各二列，侧叶斜展，卵形至卵状三角形，短尖头，基部近圆形，有白边和细齿，中叶斜卵圆形，锐尖头，基部斜心形，有细齿。孢子叶穗单生枝顶，四棱柱形，孢子叶卵状三角形，边缘有细齿，具白边，孢子囊圆肾形，孢子二型。

【生长习性】宜疏松透水且富含腐殖质喜光，喜湿润的土壤环境，喜半阴，抗旱性强。

【景观应用】可做盆栽、盆景山石配置、盆景造型、切花陪叶等。也可用于公园林荫下，建筑背阴区，作地被配置。

◎ 凤尾蕨科

白玉凤尾蕨 *Pteris cretica* 'Albo-Lineata'

科属：凤尾蕨科凤尾蕨属　　　　别名：银心凤尾蕨、白斑大叶凤尾蕨

【形态特征】大叶凤尾蕨的变种，具有很高观赏价值的小型陆生蕨。株高20～50厘米，具有短小而匍匐的根状茎，一回奇数羽状复叶，丛生，长15～40厘米。每羽叶有小叶5～7片，叶片宽阔，中间有一纵向的白斑条，十分醒目。

【生长习性】喜温暖、湿润环境，不甚耐旱，喜明亮散射光，也较耐阴，忌强光直射，以疏松、透气的微酸性中性土壤为宜。

【景观应用】株形小巧飘逸，叶片斑纹醒目，是优秀的室内观叶植物，适于小型盆栽，装点书房、案几、窗台等，也可用于山石盆景的布置，或可作切花的配叶。

冠叶凤尾蕨 *Pteris cretica* 'Cristata'

科属：凤尾蕨科凤尾蕨属

【形态特征】大叶凤尾蕨的变种。

【生长习性】喜温暖、湿润环境，不甚耐旱，喜明亮散射光，也较耐阴，忌强光直射，以疏松、透气的微酸性中性土壤为宜。

【景观应用】优秀的室内观叶植物，适于小型盆栽。

银脉凤尾蕨 *Pteris ensiformis* 'Victoriae'

科属：凤尾蕨科凤尾蕨属
别名：白羽凤尾蕨、白斑凤尾蕨、维多利亚剑叶凤尾蕨

【形态特征】中小型陆生蕨类，株高20～40厘米，丛生。根状茎匍匐生长，有条状披针形鳞片。叶二型，一为孢子叶，直立，具叶轴，羽片狭长，孢子囊群沿叶缘分布；另一种为裸叶，较矮，羽状展开，质薄。叶脉部分为明显的银白色。

【生长习性】喜温暖湿润和半阴环境，耐寒性较强，稍耐旱，怕积水和强光，宜在肥沃、排水良好的钙质土壤中生长，冬季温度不低于5℃。

【景观应用】叶丛小巧细柔，叶脉银白色，姿态清秀，素雅美丽。适宜盆栽点缀窗台、阳台、案头和书桌，也用于插花配叶和盆景。

◎ 蹄盖蕨科

光蹄盖蕨 *Athyrium otophorum* (Miq.) Koidz

科属：蹄盖蕨科蹄盖蕨属

【形态特征】植株高 60～70 厘米。根状茎斜生，顶部和叶柄基部密生条状披针形鳞片。叶簇生；叶柄长 30～35 厘米；叶片纸质，长卵形，和叶柄近等长，宽 20～25 厘米，基部不变狭，无毛，叶轴和羽轴上面有沟互通，向顶部沿沟两侧有短刺，二回羽状；中部以下的羽片长 10～12 厘米，宽 2.5～3 厘米；小羽片无柄，边缘具不明显的细锯齿。小羽片上的侧脉二叉。孢子囊群矩圆形，靠近主脉两侧各 1 行；囊群盖同形。

【生长习性】宜疏松透水且富含腐殖质喜光、喜湿润的土壤环境，不耐干旱，喜半阴。

【景观应用】盆栽观赏。

◎ 铁角蕨科

山苏花 *Asplenium antiquuum*

科属：铁角蕨科铁角蕨属　　　　别名：鸟巢蕨、巢蕨、王冠蕨

【形态特征】附生草本，株高 80～100 厘米。根状茎直立，粗短，木质。叶簇生，叶片阔披针形，长 75～98 厘米，先端渐尖，向下逐渐变狭而长下延，叶边全缘并有软骨质的狭边，干后略反卷。主脉两面均隆起，上面下部有阔纵沟，表面平滑不皱缩，暗棕色，光滑；小脉两面均稍隆起，斜展，分叉或单一，平行。叶革质，干后棕绿色或浅棕色，两面均无毛。孢子囊群线形。

【生长习性】喜高温湿润，不耐强光。

【景观应用】大型的阴生观叶植物，株型丰满，用来制作大型悬吊或壁挂盆栽，悬吊于室内别具热带情调；植于热带园林树木下或假山岩石上，可增添野趣。

◎ 南洋杉科

肯氏南洋杉 *Araucsaria cunninghamii*

科属：南洋杉科南洋杉属　　　　别名：南洋杉、鳞叶南洋杉

【形态特征】为现代孑遗植物之一。常绿大乔木，株高 40 ～ 60 米，树皮棕红色，粗糙，横裂。大枝平展或斜生，侧生小枝密集下垂，近羽状排列。幼树树冠尖塔形，老树则为平顶。时二型。幼树的叶排列疏松，开展、锥形、针形、镰形或三角形，深绿色，作覆瓦状排列。花为雌雄异株，雄花序顶生或腋生；雌花序球形。球果卵圆形，种子有翅。

【生长习性】性喜暖热气候而空气湿润处，不耐干旱，不耐寒，喜生于肥沃土壤，较耐风。

【景观应用】树形尖塔形，枝叶茂盛，叶片呈三角状卵形，体态秀丽美观，为世界著名的庭园树之一。盆栽适用前庭或厅堂内点缀环境。

智利南洋杉 *Araucaria araucana*

科属：南洋杉科南洋杉属　　　别名：猴爪杉

【形态特征】常绿大乔木，树冠为
规整的圆锥形，侧枝轮状密生，水
平方向伸展，小枝对生。叶片长卵
状，披针形至披针状三角形，幼树
营养枝上的叶片较大。

【生长习性】性喜暖热气候而空气
湿润处，不耐干旱，不耐寒，喜生
于肥沃土壤，较耐风。

【景观应用】姿态优美，绿地中栽
植观赏。

异叶南洋杉 *Araucaria heterophylla*

科属：南洋杉科南洋杉属
别名：诺和克南洋杉、塔形南洋杉、小叶南洋杉

【形态特征】常绿大乔木，树皮略灰色，裂成薄片状。树冠塔形。大枝平
伸，长达15米；小枝平展或下垂；侧枝常成羽状排列，下垂。叶二型。幼
枝及侧生小枝的叶排列疏松，开展，钻形，光绿色，向上弯曲，质软，表
面有多数气孔线及白粉；大树及老枝之叶，排列较密，微展开，宽卵形或
三角状卵形，叶面具多条气孔线和白粉。雄球花单生枝顶，圆柱形。球果
近圆形，苞鳞刺状，种子椭圆形，两侧具宽翅。

【生长习性】性喜暖热气候而空气湿润处，不耐干旱，不耐寒，喜生于肥
沃土壤，较耐风。

【景观应用】根、茎古铜色，有光泽，观赏价植较高。不仅是世界著名的
庭园观赏树种，而且是制作盆景的好材料。

◎ 松 科

金钱松 *Pseudolarix amabilis*

科属：松科金钱松属　　　　别名：金松、水树

【形态特征】落叶乔木，树干通直，高可达 40 米。树皮深褐色，深裂成鳞状块片。枝条轮生而平展，小枝有长短之分。叶片条形，扁平柔软，在长枝上成螺旋状散生，在短枝上 15 ～ 30 枚簇生，向四周辐射平展。花雌雄同株，雄花球数个簇生于短枝顶端，雌花球单个生于短枝顶端。

【生长习性】适宜温凉湿润气候，喜深厚肥沃、排水良好的土壤。

【景观应用】为珍贵的观赏树木之一，形高大，树干端直，入秋叶变为金黄色极为美丽。适合在公园、风景区等孤植、丛植或做行道树。

落叶松 *Larix gmelinii*

科属：松科落叶松属

【形态特征】落叶乔木；小枝下垂；1 年生长枝淡褐黄色至淡褐色，有光泽，间或被白粉。叶在长枝上疏散生，在短枝上簇生，倒披针状条形。球花单生短枝顶端。球果卵圆形，幼时红紫色，后变绿，熟时黄褐色至紫褐色。

【生长习性】强阳性树，性极耐寒。对土壤的适应性强，喜深厚湿润而排水良好的酸性或中性土壤。

【景观应用】叶轻柔而潇洒，常组成纯林。

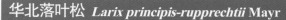

华北落叶松 *Larix principis-rupprechtii* Mayr
科属：松科落叶松属

【形态特征】针叶乔木，株高达 30 米，树冠圆锥形。树皮暗灰褐色，呈不规则鳞状裂开；大枝平展，小枝不下垂。叶披针形至线形，于当年生枝上螺旋排列，短枝上簇生。雌雄同株，花单性，雄球花黄色圆形至椭圆形，生在 2～5 年生长枝上，雌球花近圆形，生在短枝上。球果卵圆形，成熟后淡褐色、有光泽，种鳞近五角状卵形，先端截形、圆钝；种子有长翅，卵圆形。花期 4～5 月，果 9～10 月成熟。

【生长习性】强阳性树，性极耐寒。对土壤的适应性强，喜深厚湿润而排水良好的酸性或中性土壤。

【景观应用】树冠整齐呈圆锥形，叶轻柔而潇洒，可形成美丽的风景区。

日本落叶松 *Larix kaempferi*
科属：松科落叶松属

【形态特征】针叶乔木，株高达 30 米，1 年生小枝淡黄色或淡红褐色，有白粉，幼时有褐毛。叶长 1.5～3.5 厘米。球果卵球形，长 2～3.5 厘米；果鳞显著向外反曲，背面常有褐腺毛；苞鳞不外露；9～10 月果熟。

【生长习性】喜光，喜肥厚的酸性土壤，适应性强，抗早期落叶病，生长快。

【景观应用】树冠整齐呈圆锥形，叶轻柔而潇洒，是园林绿化、风景林及荒山造林优良树种。

白皮松 *Pinus bungeana Zucc.*

科属：松科松属　　　　　**别名**：虎皮松、白骨松、蛇皮松

【形态特征】常绿针叶乔木，株高达 30 米。幼树干皮灰绿色，光滑；大树干皮呈不规则片状脱落，形成白褐相间的斑鳞状。冬芽红褐色，小枝灰绿色，无毛。叶 3 针 1 束，针叶短而粗硬，叶鞘早落。雌雄同株异花；球果卵圆形，种子卵圆形，有膜质短翅。花期 4 ～ 5 月，果翌年成熟。

【生长习性】喜光、耐旱、耐干旱瘠薄，抗寒力强，是松类树种中能适应钙质黄土及轻度盐碱土壤的主要树种；在深厚肥沃、向阳温暖、排水良好的土壤生长最为旺盛；对二氧化硫有较强抗性。

【景观应用】树姿优美，干皮斑驳美观，为珍贵庭园观赏树种。适于庭园中、屋前、亭侧栽植，或与山石相配置，在公园、街道绿地或纪念场所栽植。

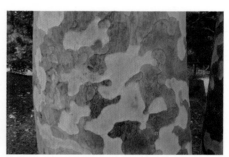

华南五针松 *Pinus kwangtungensis* Chun.

科属：松科松属 别名：广东松、粤松

【形态特征】常绿针叶乔木，高可达 30 米，胸径达 1.5 米，树皮褐色，树皮裂成不规则的鳞状块片。侧枝轮生，平展；1 年生枝淡褐色，顶芽和小枝较细，无毛。叶线状针形，长 6～8 厘米，5 针一束，浅绿色，多螺旋状生于枝顶。雄球花集生于新枝下部，雌球花单生于近新枝顶端或少数集生，球果圆柱形，种鳞边缘不外曲，种子具翅。4～5 月开花，翌年 10 月种熟。

【生长习性】喜温凉湿润气候，土壤深厚，排水良好的酸性土生长良好。也能耐瘠薄。

【景观应用】国家二级重点保护植物，为优良的园林绿化和观赏树种。

萌芽松 *Pinus echinata* Miller

科属：松科松属

【形态特征】常绿针叶乔木，在原产地高达 40 米；树皮淡栗褐色，纵裂成鳞状块片，树干上常有不定芽萌生出许多针叶；枝条每年生长多轮，小枝较细，暗红褐色，初被白粉。针叶 2～3 针一束，长 5～12 厘米，较细，深蓝绿色。球果圆锥状卵圆形，长 4～6 厘米，具短梗或几无梗，熟时种鳞张开。

【生长习性】喜光，稍耐阴，喜凉爽湿润的气候及排水良好的酸性土壤。

【景观应用】为有发展前途的造林观赏树种。

日本五针松 *Pinus parviflora* Siebold et Zuccarini

科属：松科松属　　　　别名：日本五须松、五钗松、五针松

【形态特征】常绿针叶乔木，在原产地高达 25 米，胸径 1 米；幼树树皮淡灰色，平滑，大树树皮暗灰色，裂成鳞状块片脱落；枝平展，树冠圆锥形。针叶 5 针一束，微弯曲，边缘具细锯齿，背面暗绿色；球果卵圆形或卵状椭圆形，几无梗，熟时种鳞张开。种子较大。其种翅短于种子长。

【生长习性】能耐阴，忌湿畏热，不耐寒，生长慢。喜生于土壤深厚、排水良好、适当湿润之处。

【景观应用】是珍贵的园林观赏树种，品种很多，特适作盆景及布置假山园材料。

金叶雪松 *Cedrus deodara* 'Aurea'

科属：松科雪松属　　　　别名：金叶喜马拉雅杉

【形态特征】常绿针叶乔木，高达 50 米，树冠塔形，主干端直，侧枝平展，小枝下垂，叶在长枝上辐射伸展，在短枝上簇生，长 2.5～5 厘米，春季叶色金黄色，入秋变黄绿色，冬季变粉绿黄色。雌雄同株或异株。

【生长习性】阳性树种，喜凉爽湿润的气候及排水良好的微酸性土壤，浅根性。对二氧化硫、氟化物反应敏感，可做环保监测树种。

【景观应用】姿态雄伟，挺拔苍翠，是良好的园林绿化点缀树种，孤植、列植均极壮观。

白杆 *Picea meyeri* Rehd. et Wils.

科属：松科云杉属　　　别名：红杆、红杆云杉、毛枝云杉

【形态特征】常绿针叶乔木，树高达 30 米；小枝常有短柔毛，淡黄褐色，有白粉；小枝基部宿存芽鳞反曲或开展。针叶长 1.3 ～ 3 厘米，微弯曲，横切面菱形，先端微钝，粉绿色。球果圆柱形，幼时常紫红色。花期 4 月；果期 9 ～ 10 月。

【生长习性】喜荫蔽、冷凉湿润，要求排水良好、疏松、肥沃、微酸性土壤。

【景观应用】我国特有树种，树形优美，叶之气孔线极明显，如白霜，为优良观赏树种。

蓝粉云杉 *Picea pungens* 'Glauca'

科属：松科云杉属　　　别名：绿粉云杉

【形态特征】常绿针叶乔木，高达 15 米，树冠圆锥形至柱形，幅宽达 5 米。叶四棱，锐尖，粗壮，蓝灰绿色，螺旋状排列在紫灰色小枝上。向上弯曲生长，有淡灰绿色蜡粉。雌果球柱形，绿色，成熟时变为淡灰褐色。

【生长习性】喜光，稍耐阴，喜凉爽湿润的气候及排水良好的酸性土壤。

【景观应用】枝叶苍翠，冬夏常青，叶泛蓝绿色，可与别的树种混植，以突出不同的色彩效果。

密叶云杉 *Picea pungens* 'Compacta'

科属：松科云杉属　　　别名：紧凑锐尖北美云杉

【形态特征】常绿针叶乔木，枝叶繁密，层层如波浪状，有突出的景观效果。其他同蓝粉云杉。

【生长习性】喜光，稍耐阴，喜凉爽湿润的气候及排水良好的酸性土壤。

【景观应用】枝叶苍翠，冬夏常青，叶泛蓝绿色，可与别的树种混植，以突出不同的色彩效果。

◎ 杉 科

鸡冠柳杉 *Cryptomeria japonica* 'Cristata'

科属：杉科柳杉属　　　别名：鸡冠日本柳杉

【形态特征】日本柳杉的栽培变种。常绿乔木，小枝扁平，形成鸡冠状树冠。其他原种。

【生长习性】喜光耐阴，喜温暖湿润气候，耐寒，畏高温炎热，忌干旱和积水。适生于深厚肥沃、排水良好的砂质壤土。

【景观应用】作庭园观赏树种。

小钻石柳杉 *Cryptomeria japonica* 'Little Diamond'

科属：杉科柳杉属　　　别名：小钻石日本柳杉

【形态特征】日本柳杉的栽培变种。常绿乔木，叶金黄色，株型矮小。其他原种。

【生长习性】喜光耐阴，喜温暖湿润气候，耐寒，畏高温炎热，忌干旱和积水。适生于深厚肥沃、排水良好的砂质壤土。

【景观应用】作庭园观赏树种。

紫叶矮柳杉 *Cryptomeria japonica* 'Compressa'

科属：杉科柳杉属　　　别名：紫叶矮日本柳杉

【形态特征】日本柳杉的栽培变种。常绿乔木，叶金黄色。其他原种。

【生长习性】喜光耐阴，喜温暖湿润气候，耐寒，畏高温炎热，忌干旱和积水。适生于深厚肥沃、排水良好的砂质壤土。

【景观应用】作庭园观赏树种。

池杉 *Taxodium ascendens* Brongn

科属：杉科落羽杉属　　　　别名：沼衫、池柏、沼落羽松

【形态特征】落叶乔木，高达 25 米；树干基部膨大，通常有屈膝状的呼吸根。树皮纵裂成长条片状脱落。大枝向上伸展，2 年生枝褐红色，脱落性小枝常直立向上。叶锥形略扁，螺旋状互生，贴近小枝，通常不为二列状。球果圆球形或矩圆状球形。花期 3～4 月，球果 10 月成熟。

【生长习性】喜温热气候，也有一定耐寒性，极耐水湿，也颇耐干旱，不耐碱性土。抗风力强，生长较快。

【景观应用】树形优美，秋叶棕褐色，常在园林绿地中栽植观赏。

落羽杉 *Taxodium distichum* (L.) Rich.

科属：杉科落羽杉属　　　　别名：落羽松

【形态特征】落叶乔木，原产地高达 50 米；树干基部常膨大，具膝状呼吸根；树皮赤褐色，裂成长条片。大枝近水平开展，侧生短枝排成二列。叶扁线形，互生，羽状排列，淡绿色，冬季小枝俱落。球果圆球形，幼时紫色。

【生长习性】喜光，耐水湿，有一定耐寒能力；生长较快。

【景观应用】树形美丽，秋叶变为红褐色，是平原、水边的优良绿化用材及观赏树种。

中山杉 *Taxodium hybrid* 'Zhongshanshan'
科属：杉科落羽杉属

【形态特征】常绿大乔木，树冠圆锥形至宽卵形。树干通直，中、上部分叉，形成扫帚状。羽状复叶，叶呈条形，互生，螺旋状散生小枝上，小叶长0.6～1厘米。雌球花着生在新枝顶部，单个或2～3个簇生，成熟时呈球形，珠鳞张开；雄球花着生在小枝上，成熟时呈椭圆形，多个雄球花形成荑荑花序。

【生长习性】耐水湿，耐盐碱，抗风力强，病虫害少，适应性广。

【景观应用】树干挺拔，树形优美，绿色期长等特点，适宜于湿地植物造景，与地被灌木、球形植物、色叶灌木或小乔木配置能形成优美秀丽的植物群落。

墨西哥落羽杉 *Taxodium mucronatum* Tenore

科属：杉科落羽杉属

【形态特征】常绿或半常绿乔木，原产地高达 50 米；树皮裂成长条片。大枝水平开展；侧生短枝螺旋状散生，不为二列，在第二年春季脱落。叶扁线形，互生，紧密排成羽状二列。球果卵球形。

【生长习性】喜温暖，耐寒性差，耐水湿，对碱性土适应能力较强。

【景观应用】枝繁叶茂，落叶较迟、冠形雄伟秀丽，是优美的庭园、道路绿化树种，也是海滩湿地、盐碱地的适宜树种。

金叶水杉 *Metasequoia glyptostroboides* 'Ogon'

科属：杉科水杉属

【形态特征】水杉的栽培变种。叶金黄色。其他同水杉。

【生长习性】喜温暖湿润气候，喜光，不耐贫瘠和干旱，生长缓慢。

【景观应用】树姿优美，为庭园观赏树。

水杉 *Metasequoia glyptostroboides* Hu et Cheng
科属：杉科水杉属

【形态特征】落叶乔木，株高达 40 米，树干端直，树冠广椭圆形。树皮灰褐色，呈条状剥落；大枝斜展，小枝下垂，侧生无芽小枝呈两列羽状。叶扁条形，全缘，薄而柔软，叶无叶柄，叶面淡绿色，秋季变成橘红色。雌雄同株异花，球果近圆形，具长柄，下垂。花期 3 月，果期 11 月。

【生长习性】深根性速生树种，喜光，耐寒，耐水湿，也稍耐瘠薄和干旱，但以光照充足，水分充沛，温暖湿润的气候和深厚肥沃的砂质壤土最为适宜。

【景观应用】树干通直，树姿优美，叶片秀丽，生长快速，是良好的行道树种，多种植于河湖畔、水岸边或作防护林。

◎ 柏 科

金冠柏 *Cupressus macrocarpa* 'Goldcrest'

科属： 柏科柏木属

【形态特征】常绿乔木，树冠呈宝塔形，冠幅可达4米。枝叶紧密，外形美观。叶色随季节变化，全年呈三种颜色，冬季金黄色，春秋两季浅黄色，夏季呈浅绿色，其叶色变化幅度之大在针叶树种中十分少见，所以有人称它变色柏。

【生长习性】耐高温，更喜冷凉，亦需日照充足。喜疏松、湿润、排水良好的土壤。

【景观应用】树形优美，叶色随季节多变，在园林中可广泛推广应用，如片植修剪形成色块，单植可修剪成球形、圆柱形，群植、列植的景观更加有气势。

蓝冰柏 *Cupressus glabra* 'Blue Ice'

科属： 柏科柏木属

【形态特征】常绿乔木。生长迅速。垂直、整洁且紧凑的锥形松柏科植物，全年树叶呈迷人的霜蓝色。株型垂直，枝条紧凑且整洁，整体呈圆锥形。

【生长习性】极端耐寒，能适应多种气候，喜疏松、湿润的土壤。

【景观应用】树姿优美，可孤植或丛植，是欧美传统的彩叶观赏树种，片植可修剪成色块，单植可修剪成球形、圆柱形，适用于隔离树墙、绿化园艺。

绿干柏 *Cupressus arizonica*

科属：柏科柏木属

【形态特征】常绿乔木，树皮红褐色，纵裂成长条剥落；枝条颇粗壮，向上斜展；生鳞叶的小枝方形或近方形，末端鳞叶枝径1～2毫米，2年生枝暗紫褐色，稍有光泽。鳞叶斜方状卵形，蓝绿色，微被白粉，先端锐尖，背面具棱脊，中部具明显的圆形腺体。球果圆球形或矩圆球形。

【生长习性】耐寒，喜疏松、湿润的土壤。

【景观应用】树姿优美，可孤植或丛植，适用于隔离树墙、绿化园艺。

美国扁柏 *Chamaecyparis lawsoniana* (A. Murr.) Parl.

科属：柏科扁柏属　　　　别名：美国花柏、劳森花柏

【形态特征】常绿乔木，树皮红褐色，鳞状深裂；生鳞叶的小枝排成平面，扁平，下面之鳞叶微有白粉，部分近无白粉。鳞叶形小，排列紧密，先端钝尖或微钝，背部有腺点。雄球花深红色。球果圆球形，红褐色，被白粉。花期4～5月，果期7～8月成熟。

【生长习性】喜光，也稍耐阴，耐寒。喜排水良好的潮湿土壤。

【景观应用】是欧、美园林中常用的树种，可丛植或孤植，也可列植或应用于岩石园。

扁柏常见的栽培品种

| 1 | 凯勒金美国扁柏 *Chamaecyparis lawsoniana* 'Kelleriis Gold' | 2 | 桑科斯特美国扁柏 *Chamaecyparis lawsoniana* 'Sunkist' |

日本扁柏 *Chamaecyparis obtusa*

科属：柏科扁柏属　　　　别名：白柏、钝叶扁柏

【形态特征】常绿乔木，原产地高40米，胸径1.5米；树冠尖塔形。树皮红褐色，裂成薄片。生鳞叶的小枝背面有白线或微被白粉。鳞叶先端钝，肥厚。球果圆球形，熟时红褐色；种鳞4对，顶部五边形或四方形，平或中央微凹，中间有小尖头。种子近圆形，翅窄。花期4月；球果10～11月成熟。

【生长习性】较耐阴，喜温暖湿润的气候，能耐－20℃低温，喜肥沃、排水良好的土壤。

【景观应用】可作园景树、行道树、树丛、绿篱、基础种植材料及风景林用。

黄叶扁柏 *Chamaecyparis obtusa* 'Crippsii'

科属：柏科扁柏属　　　　别名：黄塔扁柏

【形态特征】常绿乔木，日本扁柏的品种。

【生长习性】同日本扁柏。

【景观应用】同日本扁柏。

云片柏 *Chamaecyparis obtusa* 'Breviramea-Aurea'

科属：柏科扁柏属　　　　别名：金边云片柏

【形态特征】常绿乔木，日本扁柏的栽培变种。小乔木，树冠窄塔形；枝短，生鳞叶的小枝薄片状，有规则地排列，侧生片状小枝盖住顶生片状小枝，如层云状；球果较小。

【生长习性】中性，不耐寒，喜凉爽湿润气候。

【景观应用】为园林绿地常见观赏树种。

金线柏 *Chamaecyparis pisifera* 'Filifera Aurea'

科属：柏科扁柏属　　　　别名：金叶日本花柏

【形态特征】常绿乔木，树皮红褐色，裂成薄片，树冠尖塔形。小枝细长而下垂，鳞叶紧贴，具金黄色叶。雌雄同株，雄球花椭圆形，雌球花单生枝顶，球果当年成熟，球形，种鳞木质，盾形，种子卵圆形，微扁，有棱角。3月开花，11月成熟。

【生长习性】喜光，耐半阴，抗寒耐旱，较耐阴，性喜温暖湿润气候及深厚的沙壤土，抗寒力较强，耐修剪。

【景观应用】园林中孤植、丛植、群植均宜。

金塔侧柏 *Platycladus orientalis* 'Beverleyensis'

科属：柏科侧柏属　　　　别名：金塔柏

【形态特征】为侧柏的栽培变种。常绿丛生灌木，树冠近球形，叶全年保持黄色。

【生长习性】喜光，幼树稍耐阴；对土壤要求不严，在酸性、中性、石灰性和轻碱土壤上均可生长；耐干旱瘠薄，萌芽力强，耐寒力中等。

【景观应用】用于绿篱或庭园栽植观赏。

金球侧柏 *Platycladus orientalis* 'Semperaurescens'

科属：柏科侧柏属　　　别名：金黄球柏

【形态特征】为侧柏的栽培变种。常绿丛生灌木，树冠近球形，叶全年保持黄色。

【生长习性】喜光，幼树稍耐阴；对土壤要求不严，在酸性、中性、石灰性和轻碱土壤上均可生长；耐干旱瘠薄，萌芽力强，耐寒力中等。

【景观应用】用于绿篱或庭园栽植观赏。

金枝千头柏 *Platycladus orientalis* 'Aurea Nana'

科属：柏科侧柏属　　　别名：洒金柏

【形态特征】为侧柏的栽培变种。常绿丛生灌木，树冠卵圆形或球形。枝密，早春枝条金黄色，嫩枝叶黄色，后期转黄绿色。

【生长习性】同金球侧柏。

【景观应用】用于庭园栽植观赏。

岸刺柏 *Juniperus conferta*

科属：柏科刺柏属

【形态特征】常绿灌木。针叶刺形，有似鳞叶的刺形叶。

【生长习性】抗寒性强。

【景观应用】在海滨生长迅速；宜于堤岸边种植。

蓝剑柏 *Juniperus scopulorun* 'Blue Arrow'

科属：柏科刺柏属

【形态特征】常绿乔木。株高5米，直立，整体呈剑形，没有分枝，叶霜蓝色。

【生长习性】耐水湿，适应性强，能够适应多种气候和土壤条件。

【景观应用】树姿优美，可孤植或丛植。

平铺圆柏 *Juniperus horizontalis*

科属：柏科刺柏属　　　别名：平枝圆柏、密生刺柏

【形态特征】匍匐灌木。针叶刺形，有似鳞叶的刺形叶。球果6～8毫米，熟时深蓝色，有许多栽培品种。

【生长习性】抗寒性强。

【景观应用】可在街道、小区、公园以及道路的绿化带内做地被栽植，亦是布置岩石园和进行坡地覆盖的好材料。

福建柏 *Fokienia hodginsii*

科属：柏科福建柏属　　　　别名：建柏

【形态特征】常绿乔木，高达 20 米。小枝扁平，排成平面，平展。鳞叶大而薄，长 4 ~ 7 毫米，先端尖或钝尖；枝片上面叶绿色，下面叶有白色气孔群。球果圆球形，果鳞 6 ~ 8 对，木质盾形；种子上部有两个大小不等的薄翅。

【生长习性】喜光，稍耐阴，喜温暖多雨气候及酸性土壤。

【景观应用】树形优美，树干通直，适应性强，生长较快，材质优良，是南方的重要用材树种，又是庭园绿化的优良树种。

北美香柏 *Thuja standishii*

科属：柏科崖柏属　　　　别名：香柏、美国侧柏、黄心柏木

【形态特征】乔木，株高达 18 米；树皮红褐色，裂成鳞状薄片脱落；大枝开展，枝端下垂，形成宽塔形树冠。生鳞叶的小枝较厚，扁平，下面的鳞叶无明显的白粉或微有白粉；鳞叶先端钝尖或微钝，小枝上面的叶绿色或深绿色，下面的叶灰绿色或淡黄绿色。球果卵圆形，熟时暗褐色；种鳞 5 ~ 6 对；种子扁，两侧有窄翅。

【生长习性】喜光，耐阴，对土壤要求不严，能生长于温润的碱性土中。耐修剪，抗烟尘和有毒气体的能力强。

【景观应用】树冠优美整齐，园林上常作园景树点缀装饰树坛，丛植草坪一角，亦适合作绿篱。

日本香柏 *Thuja occidentalis*

科属：柏科崖柏属

【形态特征】常绿乔木，株高达 15～20 米；干皮常红褐色。大枝平展，小枝片扭旋近水平或斜向排列，上面叶暗绿色，下面叶灰绿色。鳞叶先端突尖，中间鳞叶具发香的油腺点。球果长卵形，果鳞薄。种子扁平，周围有窄翅。因叶被揉碎后有浓烈的苹果香气而受人们的喜爱。

【生长习性】耐低温、喜湿润环境。

【景观应用】广泛应用于欧美园林，尤其是整形式园林中。

粉柏 *Sabina squanata* 'Meyeri'

科属：柏科圆柏属　　　　别名：翠柏

【形态特征】直立常绿灌木，枝条上伸，小枝茂密短直。叶刺形，3枚轮生，两面被白粉，呈翠蓝色。球果卵形，仅具一粒种子。

【生长习性】喜光，喜石灰质肥沃土壤，较耐寒。

【景观应用】庭园观赏树或盆栽。

金星球桧 *Sabina chinensis* 'Aureo-globosa'

科属：柏科圆柏属

【形态特征】丛生或卵形常绿灌木，为圆柏的栽培变种。树冠卵形，株高约 120 厘米。枝端鳞叶绿色中间杂有金黄色枝叶。

【生长习性】同金叶桧。

【景观应用】同金叶桧。

金叶桧 *Sabina chinensis* 'Aurea'

科属：柏科圆柏属　　　别名：金星松

【形态特征】直立常绿灌木，为圆柏的栽培变种。株高3～5米，树冠宽塔形。树皮灰褐色，枝上伸，小枝具刺叶和鳞叶，刺叶3叶轮生，叶面具两条灰蓝色气孔带，新芽呈金黄色，后渐变为绿色；嫩枝端鳞叶呈金黄色。

【生长习性】喜光，喜温暖湿润气候，也耐严寒，萌蘖力强，耐修剪。耐干燥和瘠薄，对土壤适应性强，但喜土层深厚、肥沃和排水良好的土壤，不耐水涝。

【景观应用】树形端庄，叶色丰富，可在庭园作对植布置，也可丛植于高大乔木的树丛或树林前。

金龙柏 *Sabina chinensis* 'Kaizuca Aurea'

科属：柏科圆柏属

【形态特征】常绿乔木，为圆柏的变种。枝条顶端叶金黄色，其他特征同龙柏。

【生长习性】耐热又稍耐寒，喜高燥、肥沃而深厚的中性土壤；排水不良处常引起烂根。

【景观应用】常列植于建筑物两侧或自然丛植栽培，也常常用作地被使用。

◎ 三白草科

三白草 *Saururus chinensis*

科属：三白草科三白草属　　　别名：五路叶白、塘边藕、白花莲

【形态特征】多年生草本，株高 30 ～ 80 厘米。根茎较粗，白色。茎直立，下部匍匐状。叶互生，纸质，基部与托叶合生为鞘状，略抱茎；叶片卵形或卵状披针形，先端渐尖或短尖，基部心形或耳形，全缘。总状花序 1 ～ 2 枝顶生，花序具 2 ～ 3 片乳白色叶状总苞；花小，无花被。花期 4 ～ 8 月，果期 8 ～ 9 月。

【生长习性】喜光照充足、温暖的环境，在疏阴环境下亦能较好生长，稍耐低温。

【景观应用】用于沼泽绿化，在水边条状配置或湿地成片作地被种植均有良好的效果。

变色龙鱼腥草 *Houttuynia cordata* 'Chameleon'

科属：三白草科蕺菜属

【形态特征】多年生挺水草本，为鱼腥草的变种，株高 20 ～ 60 厘米。茎呈扁圆柱形，扭曲。叶对生，基出五脉，叶片心脏形或阔卵形，具花斑，呈现出红色、绿色、褐色、黄色等几种颜色。花期 4 ～ 9 月，果期 6 ～ 10 月。

【生长习性】喜高温多湿，喜光也耐阴，喜富含腐殖质的湿润土壤，也是水边常用的栽植植物。

【景观应用】是点缀园林水景区的优良观赏植物材料，与周围其他植物搭配种植，更能突出园林水景之美。

◎ 胡椒科

白斑圆叶椒草 *Peperomia obtusifolia* 'Variegata'

科属：胡椒科草胡椒属　　　　别名：乳斑圆叶椒草、花叶圆叶椒草

【形态特征】多年生常绿草本，高约30厘米。单叶互生，叶椭圆形或倒卵形。叶端钝圆，叶基渐狭至楔形。叶面光滑有光泽，质厚而硬挺，茎及叶柄均肉质粗圆。叶长5～6厘米，宽4～5厘米，叶柄较短，叶面绿色有白斑。

【生长习性】喜温暖、湿润和半阴的环境，稍耐干旱和半阴，忌强光暴晒。要求疏松、肥沃、排水良好的土壤。

【景观应用】盆栽作观赏。

白脉椒草 *Peperomia tetragona* Ruiz & Pav.

科属：胡椒科草胡椒属　　　　别名：白脉椒豆瓣绿、弦月椒草

【形态特征】多年生草本植物，植株易丛生，高20～30厘米，茎直立生长，红褐色；叶片3～4枚轮生，具红褐色短柄，叶质厚，稍呈肉质，椭圆形，全缘，叶端突起，呈尖形，叶长5～8厘米，宽3～5厘米；叶色深绿，新叶略呈红褐色；叶面有5条凹陷的月牙形白色脉纹。

【生长习性】喜温暖、湿润的半阴环境，稍耐干旱，不耐寒，忌阴湿。对空气湿度要求不是很高，能在干燥的居室内正常生长。

【景观应用】小型观叶植物，株型矮小，玲珑秀美，叶片白、绿相间，对比强烈，可作中、小型盆栽。

斑叶垂椒草 *Peperomia serpens* 'Variegata'

科属：胡椒科草胡椒属　　　　别名：蔓性椒草、花叶垂椒草

【形态特征】多年生草本植物。植株蔓性，匍匐状生长，长1～2米。茎圆形，肉质，多汁。叶长心形，前端尖，稍肉质；叶面淡绿色，叶缘有黄白色斑纹。穗状花序长。

【生长习性】喜温暖湿润和半阴环境。不耐寒，怕水湿，忌强光暴晒。

【景观应用】适于吊盆栽植，可以点缀门厅、走廊。蔓长的茎叶，还是插花的新型材料。

红皱椒草 *Peperomia caperata* 'Autumn Leaf'

科属：胡椒科草胡椒属

【形态特征】多年生常绿草本，植株簇生。叶丛生，圆心形。叶面有皱摺，暗红色，主脉及侧脉向下凹陷。花穗较长，高于植株之上，花梗红褐色。花期春夏。

【生长习性】喜温暖湿润和半阴环境。不耐寒，怕水湿，忌强光暴晒。要求疏松、肥沃、排水良好的土壤。

【景观应用】原产南美洲，园艺种，多用作盆栽。

三色椒草 *Peperomia arifolia* 'Tricolor'

科属：胡椒科草胡椒属　　　别名：红边斑叶椒草、彩叶椒草

【形态特征】多年生常绿草本，植株簇生。叶片倒卵形，叶片中脉附近为绿色，叶边为黄绿色，叶缘有细的红色镶边。

【生长习性】喜温暖湿润和半阴环境。不耐寒，怕水湿，忌强光暴晒。要求疏松、肥沃、排水良好的土壤。

【景观应用】原产南美洲，园艺种，多用作盆栽。

斑叶豆瓣绿 *Peperomia arifolia* 'Variegata'

科属：胡椒科草胡椒属　　　别名：花叶豆瓣绿

【形态特征】多年生草本。株高15～20厘米。无主茎。叶簇生，近肉质较肥厚，倒卵形，绿色斑叶黄色。穗状花序，灰白色。

【生长习性】喜温暖湿润和半阴环境。不耐寒，怕水湿，忌强光暴晒。要求疏松、肥沃、排水良好的土壤。

【景观应用】园艺种，多用作盆栽。

西瓜皮椒草 *Peperomia argyreia* (Hook.f.) E.Morren

科属：胡椒科草胡椒属

【形态特征】多年生常绿草本，株高15～20厘米。叶密集，肉质，盾形或宽卵形，叶面绿色，叶背为红色。叶面具银白色的规则色带，似西瓜皮。穗状花序，花小，白色。

【生长习性】喜温暖湿润和半阴环境。不耐寒，怕水湿，忌强光暴晒。要求疏松、肥沃、排水良好的土壤。

【景观应用】原产南美洲，我国广泛栽培。

红背椒草 *Peperomia graveolens*

科属：胡椒科草胡椒属　　　别名：紫背椒草、红叶椒草

【形态特征】多年生常绿肉质草本植物，植株矮小，高 5～8 厘米，全株呈肉质，除叶面为暗绿色，其他部分均为暗红色。肥厚的叶片椭圆形，对生或轮生，具短柄，叶片两边向上翻，使叶面中间形成一浅沟，背面呈龙骨状突起。叶面光亮，稍呈透明状。花序棒状，绿色，春夏季节开放。

【生长习性】喜温暖湿润和半阴环境。不耐寒，怕水湿，忌强光暴晒。要求疏松、肥沃、排水良好的土壤。

【景观应用】盆栽观赏。

红边椒草 *Peperomia clusiifolia* (Jacq.) Hook.

科属：胡椒科草胡椒属

【形态特征】多年生常绿草本，株高 10～30 厘米。叶肉质，肥厚。互生，全缘，叶边缘红色。肉穗花序。花期春季。

【生长习性】喜温暖湿润和半阴环境。不耐寒，怕水湿，忌强光暴晒。要求疏松、肥沃、排水良好的土壤。

【景观应用】原产南美洲，我国南方引种栽培。

塔翠草 *Peperomia columella*

科属：胡椒科草胡椒属　　　别名：塔叶椒草

【形态特征】多年生常绿肉质草本植物，植株矮小，全株呈肉质，肥厚。叶片马蹄形，对生或轮生，叶片具短柄，叶片两边微微上翻，使叶面中间形成一浅沟，背面呈龙骨状突起。叶面光亮，强光下叶缘发红，叶片稍呈透明状，背面密被淡红色细毛。穗状花序，花黄绿色，花期夏初。

【生长习性】光充足和凉爽、干燥的环境，耐半阴，怕水涝，忌闷热潮湿。具有冷凉季节生长，夏季高温和冬季低温休眠的习性。

【景观应用】盆栽观赏。

刀叶椒草 *Peperomia ferreyrae*

科属：胡椒科草胡椒属

【形态特征】多年生草本。叶簇生，肉质较肥厚，狭长形，黄绿色，叶中间有一条透明的窗。穗状花序。

【生长习性】喜温暖湿润和半阴环境。不耐寒，怕水湿，忌强光暴晒。要求疏松、肥沃、排水良好的土壤。

【景观应用】盆栽观赏。

红叶皱叶椒草 *Peperomia caperata* 'Schumi'

科属：胡椒科草胡椒属

【形态特征】多年生常绿草本，植株簇生。叶丛生，圆心形。叶面有皱摺，暗红色，主脉及侧脉向下凹陷，叶面有白色斑纹。

【生长习性】喜温暖湿润和半阴环境。不耐寒，怕水湿，忌强光暴晒。要求疏松、肥沃、排水良好的土壤。

【景观应用】原产南美洲，园艺种，多用作盆栽。

花叶椒草 *Peperomia tithymaloides* 'Variegata'

科属：胡椒科草胡椒属　　　　别名：斑叶垂椒草、花叶豆瓣绿

【形态特征】多年生常绿草本植物。植株蔓性，匍匐状生长，茎圆形，肉质，多汁。叶长心脏形，叶面淡绿色，叶缘有黄白色斑纹。穗状花序长。

【生长习性】喜温暖湿润和半阴环境。不耐寒，怕水湿，忌强光暴晒。以疏松、肥沃和排水良好的砂质壤土为好。

【景观应用】原产南美洲，园艺种，多用作盆栽。

观赏胡椒 *Piper ornatum* N. E. Br.

科属：胡椒科胡椒属　　　　别名：美叶胡椒

【形态特征】多年生攀缘藤本，叶互生，全缘；叶面具银白色的不规则斑纹。

【生长习性】喜温暖湿润和半阴环境。不耐寒，忌强光暴晒。要求疏松、肥沃、排水良好的土壤。

【景观应用】原产南美洲，我国华南栽培。

◎ 杨柳科

垂柳 *Salix babylonica* Linn.

科属：杨柳科柳属　　　　别名：水柳、垂丝柳、清明柳

【形态特征】落叶乔木，株高达 18 米。树皮灰褐色，不规则开裂，小枝细长下垂。叶狭披针形至椭圆状披针形，缘有细锯齿，表面绿色，背面带白色。雌雄异株，菜荑花序，雄花具 2 枚雄蕊，离生，雌花具一个腺体，花黄绿色，花期 3～4 月，果期 4～5 月。

【生长习性】喜光，较耐旱，特耐水湿，但亦能生于土层较厚的干燥地区，萌芽力强，根系发达，生长迅速。

【景观应用】树姿优美潇洒，植于河岸、湖池边最为理想。可作行道树、庭荫树、固岸护堤和平原造林树。

旱柳 *Salix matsudana* Koidz.

科属：杨柳科柳属　　别名：柳树

【形态特征】落叶乔木，株高达 20 米，树冠卵圆形至倒卵形。树皮灰褐色，纵裂。枝条斜展或直伸。叶披针形至狭披针形，缘有细锯齿，背面微被白粉，叶柄短，托叶披针形早落。花期 4 月，果期 4～5 月。

【生长习性】喜光不耐阴，喜水湿，耐寒性强，亦耐干旱；对土壤要求不严，稍耐盐碱；深根性，抗风强，树干强韧，不易风折。

【景观应用】枝繁叶茂，树冠丰满，尤以春天早绿，颇为美观，常栽培为行道树。

火焰柳 *Salix* 'Flame'

科属：杨柳科柳属

【形态特征】落叶灌木或小乔木。株高 2～6 米，枝呈火红色，顶部的叶、花为黄色，远看就像燃烧的火焰山。小乔木，秋季叶为橘黄色，落叶较晚。

【生长习性】喜光，也耐阴，耐寒，喜湿润土壤，但也能耐干旱。

【景观应用】适宜丛植、片植或带状种植。

绦柳 *Salix matsudana* 'Pendula'

科属：杨柳科柳属　　　　别名：旱垂柳

【形态特征】旱柳的栽培变型。本变型小枝黄色，叶为披针形，下面苍白色或带白色，叶柄长 5～8 毫米；而垂柳的小枝褐色，叶为狭披针形或线状披针形，下面带绿色。

【生长习性】喜光不耐阴，喜水湿，耐寒性强，亦耐干旱；对土壤要求不严，稍耐盐碱；深根性，抗风强，树干强韧，不易风折。

【景观应用】北方平原最常见的乡土树种，树形似垂柳，姿态优美潇洒。

彩叶杞柳 *Salix integra* 'Hakuro-nishiki'

科属：杨柳科柳属　　　　别名：花叶柳

【形态特征】落叶灌木，栽培种，株高 2～3 米。株型球型，枝条柔软，略微下垂，粉红色。春季叶片白色和粉红色，缀有白色花纹，老叶变为黄、绿、红等色交织，椭圆状长圆形或长椭圆形。

【生长习性】喜光、耐阴、耐寒，适应性强，对土壤要求不严，但以肥沃、疏松，潮湿土壤最为适宜。

【景观应用】叶片十分美观，景观效果亮丽，可种植于庭院、池畔、河湖岸边，幼树也可盆栽观赏。

红叶腺柳 *Salix chaenomelodies* Kimura

科属：杨柳科柳属　　　别名：腺柳

【形态特征】落叶小乔木，小枝红褐色，有光泽。叶椭圆形、卵圆形或椭圆状披针形，长 4～8 厘米，先端渐尖，基部楔形，有叶裙，从春季到秋季新长出的 6～8 片嫩叶始终是鲜红色，老叶绿色。叶柄长 0.5～1.2 厘米，先端有腺点，托叶半圆形或长圆形，具腺齿。

【生长习性】耐寒、抗旱、耐水湿，抗病虫害，适应强。

【景观应用】枝叶清秀，整个生长期顶端新叶始终为亮红色；截干后形成像馒头柳一样的树冠，在生长期形成亮红的球状，十分鲜艳，是一种良好的行道树和庭院点缀的美化树种。

金丝柳 *Salix × aureo-pendula*

科属：杨柳科柳属

【形态特征】落叶乔木，高可至 10 米以上，枝条细长下垂。小枝黄色或金黄色。叶狭长披针形，长 9～14 厘米，缘有细锯齿。

【生长习性】喜光不耐阴，喜水湿，耐寒性强，亦耐干旱；对土壤要求不严，稍耐盐碱；喜光，较耐寒，性喜水湿，也能耐干旱，以湿润、排水良好的土壤为宜。

【景观应用】优良的园林观赏树种，宜在岸边、水旁栽培。

银芽柳 *Salix leucopithecia*

科属：杨柳科柳属　　　　别名：棉花柳、银柳

【形态特征】落叶灌木，杂交种，株高 2 ~ 3 米。叶长椭圆形，长 9 ~ 15 厘米，缘具细锯齿，背面密被白毛，半革质。雌雄异株，先花后叶，柔荑花序，花序密被银白色绢毛，花芽肥大，每个芽有一个紫红色的苞片，苞片脱落后，即露出银白色的花芽，形似毛笔；花期 12 月至翌年 2 月。

【生长习性】喜光，也耐阴，耐湿、耐寒，适应性强，在土层深厚、湿润、肥沃的环境中生长良好。

【景观应用】花序十分美观，可种植于池畔、河湖岸边；系观芽植物，水养时间耐久，适于瓶插观赏，早春为观赏其银色花序而去除其芽外鳞片插瓶观赏，是北方春节主要的切花植物。

金叶杨 *Populus deltoides* 'Aurea'

科属：杨柳科杨属

【形态特征】高大乔木，单叶互生，嫩叶黄色，夏叶金黄色，冬季变橘黄。

【生长习性】抗性强、生长快、抗洪涝、耐干旱。

【景观应用】叶色鲜艳靓丽，观赏价值高。

中红杨 *Populus deltoides* 'Zhonghong'

科属：杨柳科杨属　　　别名：中华红叶杨

【形态特征】高大乔木，单叶互生，叶片大而厚，有光泽，叶面颜色三季四变，在3月末展叶后，叶片呈玫瑰红色，可持续到6月下旬，7～9月份变为紫绿色，10月份为暗绿色，11月份变为杏黄或金黄色，树杆7月底以前为紫红色。叶柄、叶脉和新梢始终为红色。

【生长习性】抗性强、生长快、抗洪涝、耐干旱。

【景观应用】生长快、适应性强、繁殖容易，雄性无飞絮，叶色鲜艳靓丽，观赏价值高。

胡杨 *Populus euphratica* Oliv.

科属：杨柳科杨属　　　　别名：幼发拉底杨

【形态特征】乔木，高 10～15 米，稀灌木状。树皮淡灰褐色，下部条裂。苗期和萌枝叶披针形或线状披针形，全缘或不规则的疏波状齿牙缘；叶形多变化，卵圆形、卵圆状披针形、三角伏卵圆形或肾形，先端有粗齿牙，基部楔形、阔楔形、圆形或截形；叶柄微扁，约与叶片等长。花期 5 月，果期 7～8 月。

【生长习性】喜光，耐干旱，较耐寒，适于寒冷、干燥的大陆性气候。

【景观应用】用于风景林或行道树。

加杨 *Populus × canadensis* Moench.

科属：杨柳科杨属　　　　别名：加拿大杨、欧美杨

【形态特征】落叶乔木，株高达 30 米，树冠开展卵圆形。树皮灰褐色，粗糙，纵裂。小枝在叶柄下具三条棱脊，无毛。叶近三角形，长枝及萌枝叶长 10～20 厘米，无腺体，稀 1～2 腺体，锯齿钝圆，整齐具短睫毛，下面淡绿色，叶柄扁。果卵圆形。花期 4 月，果期 5～6 月。

【生长习性】喜光耐寒，对水涝和盐碱、瘠薄土地均有一定的耐性，生长快，萌蘖性强。

【景观应用】树体高大，树冠宽阔，夏荫浓密，宜作行道树、庭荫树及防护林树种。

毛白杨 *Populus tomentosa* Carr.

科属：杨柳科杨属　　　别名：大叶杨、响叶杨

【形态特征】落叶乔木，株高达 30 米，树干端直，树冠圆形或卵形。树干灰白色，皮孔菱形，幼枝密被白色绒毛，后脱落。长枝叶三角状卵形，叶缘波状缺裂或锯齿，两面光滑无毛；叶柄无腺体。雌株大枝平展，花芽小而稀疏，皮孔少，雄株大枝多斜生，花芽和皮孔大而密。花期 3～4 月，先叶开放，果 4 月下旬成熟。

【生长习性】喜光，要求凉爽和较湿润气候，对土壤要求不严，但在特别低洼或积水处生长不良，抗烟尘和污染能力强。

【景观应用】宜作庭荫树、行道树，孤植、片植均适宜，也常作固沙、保土、护岸及荒山绿化造林树种。

银白杨 *Populus alba* Linn.

科属：杨柳科杨属

【形态特征】落叶乔木，株高达30米，树冠广卵形或圆柱形。干皮灰白色，光滑无毛。嫩枝、幼叶、叶背均密生白绒毛，长枝的叶宽卵形或三角卵形，长5~12厘米，宽3~5厘米，先端急尖，基部圆形或近心形，3~5掌状圆裂或不裂，有钝齿，幼时两面密生白色绒毛，后上面的毛脱落，下面的绒毛不落；叶柄长2~5厘米，有白色绒毛；短枝的叶较小，卵形或椭圆状卵形。雌雄异株，雄株干形挺直，菜荑花序粗壮；花期4月。

【生长习性】喜光，耐干旱，较耐寒，适于寒冷、干燥的大陆性气候，在黏重和过于贫瘠的土壤上生长不良。

【景观应用】用于风景林或行道树。

新疆杨 *Populus alba* 'Pyramdalis'

科属：杨柳科杨属

【形态特征】银白杨的变种。落叶乔木，株高达30米，树冠窄圆柱形或尖塔形。树皮灰白或青灰色，光滑少裂；主枝与树干夹角小。萌条和长枝叶掌状深裂，基部平截；短枝的叶近圆形，有缺刻状粗齿，下面绿色，几乎无毛；长枝叶叶缘有不规则齿牙状齿，叶表光滑，叶背密生绒毛，叶柄扁。

【生长习性】喜光，耐大气干旱，较耐寒，抗风，抗烟尘，较耐盐碱。

【景观应用】用于行道树、庭园绿化、风景林和防护林。

◎ 桦木科

白桦 *Betula platyphylla* Suk.

科属：桦木科桦木属　　　　别名：粉桦

【形态特征】落叶乔木，株高达 25 米，树冠卵圆形。树皮白色，纸状分层剥离，皮孔黄色。小枝细，红褐色，无毛，外被白色蜡层。叶三角状卵形或菱状卵形，先端渐尖，基部广楔形，缘有不规则重锯齿，侧脉 5～8 对，背面疏生油腺点。花单性，雌雄同株，荑荑花序。果序圆柱形，小坚果椭圆形，膜质翅与果等宽或较果稍宽。花期 5～6 月，果期 8～10 月。

【生长习性】深根性，喜光，不耐阴，耐严寒，耐瘠薄，对土壤适应性强，喜酸性土，沼泽地、干燥阳坡及湿润阴坡都能生长。

【景观应用】风景林树种，常常种植于风景林、庭院中。

紫叶榛 *Corylus maxima* 'Purpurea'

科属：桦木科榛属　　　别名：紫叶大叶榛

【形态特征】灌木或小乔木，叶心形，深紫色，秋季叶片转为灰紫色。

【生长习性】喜光，适应性强，较耐寒、耐旱，喜肥沃的酸性土，在盐碱土及瘠薄之地也能生长。

【景观应用】庭园观赏灌木。

◎ 壳斗科

红槲栎 *Quercus rubra*

科属：壳斗科栎属

【形态特征】落叶乔木，株高可达 15 米，树冠圆形。树皮光滑，灰褐色或深灰色。单叶互生，卵圆形，长可达 20 厘米，基部楔形，5～7 羽状裂，裂片具细裂齿。秋季叶片会变为黄色或红褐色。

【生长习性】抗寒性强，抗风，适应城市环境，喜中等干湿土壤。

【景观应用】观赏期长，可用于公园、广场、厂区、庭院绿化，亦可作行道树。

夏栎 *Quercus palustris*

科属：壳斗科栎属　　　别名：英国栎、夏橡、橡树

【形态特征】落叶乔木，高达 40 米；小枝幼时有毛，后脱落。叶倒卵形或倒卵状长椭圆形，长 6～20 厘米，先端钝圆，基部近耳形，缘有 4～7 对圆钝大齿，背面无毛；叶柄短。果序轴细长；坚果卵状长椭球形，长 1.5～2.5 厘米。

【生长习性】喜光，极耐寒，喜深厚、湿润而排水良好的土壤。

【景观应用】是良好的庭阴及观赏树。

沼生栎 *Quercus palustris*

科属：壳斗科栎属

【形态特征】落叶乔木，株高 22 米，树冠呈圆锥形，枝条顶梢下垂。单叶互生，叶卵形或椭圆形，长 8 ~ 12 厘米，5 ~ 7 羽状裂，裂片具细裂齿。叶片暗绿色，秋季叶片会橙红色或铜红色。花期 4 ~ 5 月，果熟翌年秋季。坚果长椭圆形。

【生长习性】耐干燥，喜光照，耐高温，抗霜冻，适应城市环境污染，抗风性强，喜排水良好的土壤，但也适应黏重土壤。

【景观应用】叶型独特，新叶亮红色，入秋变橙红色，落叶晚。是优美的观叶彩叶树种。

槲树 *Quercus dentata*

科属：壳斗科栎属

【形态特征】落叶乔木，高达 25 米；小枝粗壮，有灰黄色星状柔毛。叶倒卵形至倒卵状楔形，长 10 ~ 20 厘米，宽 6 ~ 13 厘米，先端钝，基部耳形，有时楔形，边缘有 4 ~ 10 对波状裂片，幼时有毛，老时仅下面有灰色柔毛和星状毛，侧脉 4 ~ 10 对。壳斗杯形，包围坚果 1/2；坚果卵形至宽卵形。

【生长习性】强阳性树种，喜光、耐旱、抗瘠薄，适宜生长于排水良好的砂质壤土。深根性，萌芽、萌蘖能力强，寿命长，有较强的抗风、抗火和抗烟尘能力。

【景观应用】树干挺直，树冠广展，叶片入秋呈橙黄色且经久不落，可孤植、片植或与其他树种混植，季相色彩极其丰富。

蒙古栎 *Quercus mongolica*

科属：壳斗科栎属

【形态特征】落叶乔木，高达 30 米；幼枝具稜，无毛，紫褐色。叶倒卵形至长椭圆状倒卵形，长 7～17 厘米，宽 4～10 厘米，先端钝或急尖，基部耳形，边缘具 8～9 对深波状钝齿。壳斗杯形，包围坚果 1/3～1/2；坚果卵形至长卵形。

【生长习性】喜温暖湿润气候，也能耐一定寒冷和干旱。对土壤要求不严，耐瘠薄，不耐水湿。根系发达，有很强的萌蘖性。

【景观应用】是营造防风林、水源涵养林及防火林的优良树种，孤植、丛植或与其他树木混交成林均甚适宜。

麻栎 *Quercus acutissima* Carruth.

科属：壳斗科栎属

【形态特征】落叶乔木，高达 25 米；树皮暗灰色，浅纵裂；幼枝密生绒毛，后脱落。叶椭圆状被针形，长 8 ~ 18 厘米，宽 3 ~ 4.5 厘米，顶端渐尖或急尖，基部圆或阔楔形，边缘有锯齿，齿端成刺芒状，背面幼时有短绒毛，后脱落，仅在脉腋有毛；叶柄长 2 ~ 3 厘米。壳斗杯形；苞片锥形，粗长刺状，有灰白色绒毛，反曲，包围坚果 1／2；坚果卵球形或长卵形，果脐隆起。

【生长习性】深根，抗风能力强。能在干旱瘠薄的山地生长，深根性，萌芽力强，但不耐移植。抗污染、抗尘土、抗风能力都较强。寿命长。

【景观应用】可作庭荫树、行道树，也是营造防风林、防火林、水源涵养林的乡土树种。

栓皮栎 *Quercus variabilis* Blume

科属：壳斗科栎属

【形态特征】落叶乔木，高达 25 ~ 30 米；树皮木栓层发达。叶长椭圆形或长椭圆状披针形，长 8 ~ 15 厘米，齿端具刺芒状尖头，叶背密被灰白色星状毛。壳斗杯形，包围坚果 2/3 以上。

【生长习性】喜光，对气候、土壤的适应性强，耐寒，耐干旱瘠薄；深根性，抗风力强，不耐移植，萌芽力强，寿命长；树皮不易燃烧。

【景观应用】树干通直，树冠雄伟，浓阴如盖，秋叶橙褐色。是良好的绿化、观赏、防风、防火及用材树种。

◎ 桑 科

构树 *Broussonetia papyrifera* (L.) L'Her. ex Vent.

科属：桑科构树属

【形态特征】落叶乔木，株高达18米，树皮暗灰色平滑。叶片纸质，广卵形、卵形或长圆状卵形，先端渐尖，基部略偏斜，边缘粗锯齿，腹面粗糙，有疏粗短毛，背面密被柔毛。花期5～6月，果期8～9月。

【生长习性】喜光，适应性强，耐干冷和湿热气候，生长快，萌发力强；根系浅，侧根分布广。

【景观应用】枝叶繁茂且抗性强、生长快，是城乡绿化的重要树种，亦可选作庭荫树及作防护林树种。

花叶构树 *Broussonetia papyrifera* 'Variegata'

科属：桑科构树属

【形态特征】落叶乔木，叶片具黄色花纹。其他同构树。

【生长习性】同构树。

【景观应用】作庭荫树及作防护林树种。

金叶啤酒花 *Humulus lupulus* 'Aureus'

科属：桑科葎草属

【形态特征】多年生攀缘草本，茎、枝和叶柄密生绒毛和倒钩刺。叶卵形或宽卵形，黄色，先端急尖，基部心形或近圆形，不裂或 3～5 裂，边缘具粗锯齿，表面密生小刺毛。雄花排列为圆锥花序，花被片与雄蕊均为 5；雌花每两朵生于一苞片腋间；苞片呈覆瓦状排列为一近球形的穗状花序。果穗球果状；宿存苞片干膜质。瘦果扁平。花期秋季。

【生长习性】喜冷凉，耐寒畏热，喜光，不择土壤，中性或微碱性土壤均可，但以土层深厚、疏松、肥沃、通气性良好的壤土为宜。

【景观应用】用于攀缘花架或篱棚。雌花序可制干花。花为酿造啤酒的原料。

斑叶垂榕 *Ficus benjamina* 'Variegata'

科属：桑科榕属　　　别名：花叶垂榕

【形态特征】垂叶榕的栽培变种。株高1～2米，分枝较多，有下垂的枝条，叶互生，阔椭圆形，革质光亮，全缘，淡绿色，叶脉及叶缘具不规则的黄白色斑块。叶柄长，托叶披针形。全株具乳汁。

【生长习性】喜温暖、湿润和散射光的环境。

【景观应用】树形优美，叶色清新，耐阴性好，可作盆栽观叶植物。

黄金垂榕 *Ficus benjamina* 'Golden Leaves'

科属：桑科榕属　　　别名：金叶垂榕

【形态特征】垂叶榕的栽培变种。常绿小乔木或灌木，有时为藤本样。株高可达30米。枝干易生气根，小枝弯垂。叶椭圆形，端尖，叶面平滑光亮，略为革质，边缘微呈波浪状，金黄色至黄绿色。果呈长圆形至球形，对生，成熟前为橘红色，成熟时为黑色。

【生长习性】喜高温多湿，耐旱、抗污染。需植于向阳处，如光照不充分，则叶面会渐渐变为绿色。对土壤要求不严，以排水良好的砂质土壤为好。

【景观应用】株型较矮，可以盆栽观赏，或在草坪、花坛孤植、列植，也可修剪成球形或作绿篱。

金容垂榕 *Ficus benjamina* 'Golden Rush'

科属：桑科榕属

【形态特征】垂叶榕的栽培变种。叶面平滑光亮，有金黄色至黄绿色斑纹。

【生长习性】同黄金垂榕。

【景观应用】同黄金垂榕。

斑叶垂枝榕 *Ficus microcarpa* 'Perduliramea Variegata'

科属：桑科榕属

【形态特征】垂叶榕的栽培变种。叶面具不规则的黄色斑块。

【生长习性】喜温暖、湿润和散射光的环境。

【景观应用】垂榕树形优美，叶色清新，耐阴性好，可作盆栽观叶植物。

花叶薜荔 *Ficus pumila* 'Variegata'

科属：桑科榕属

【形态特征】常绿蔓生植物，单叶卵心形，叶缘常呈不规则的圆弧形缺刻，并镶有乳白斑块或斑条。

【生长习性】喜温暖，但有一定的耐寒性。对光照的要求有较大的弹性，全光照或阴暗均能生长，但以明亮的散射光为宜。喜土壤湿润。忌干燥。

【景观应用】用于攀缘花架或盆栽。

银边垂榕 *Ficus benjamina* 'Golden King'

科属：桑科榕属

【形态特征】垂叶榕的栽培变种。叶面平滑光亮，叶缘银白色。

【生长习性】同黄金垂榕。

【景观应用】同黄金垂榕。

黄金榕 *Ficus microcarpa* 'Golden Leaves'

科属：桑科榕属　　　别名：黄叶榕、金叶榕

【形态特征】常绿乔木或灌木，高达 25 米，树冠阔伞形，枝干上有下垂的气根。单叶互生，倒卵形枝至椭圆形，革质，全缘，叶有光泽，嫩叶呈金黄色，老叶则为深绿色。花单性，雌雄同株，隐头花序。果实球形，熟时红色。

【生长习性】性强健，喜光，耐阴，喜温暖湿润的气候及酸性土壤，耐涝，抗污染能力强。

【景观应用】枝叶茂密，树冠扩展，树叶色金黄亮丽，适作行道树、园景树、绿篱树或修剪造型，也可构成图案、文字，均可单植、列植、群植或利用其来强调色彩变化。

橡皮树 *Ficus elastica* Roxb

科属：桑科榕属　　　别名：印度橡皮树、胶榕

【形态特征】树冠大，广展，树皮灰白色，平滑。叶片具长柄，互生，厚革质，长椭圆形至椭圆形，顶端圆形，基部圆形，全缘，深绿色，有光泽。雌雄同株，果实成对生于已落叶的叶腋，熟时带黄绿色，卵状长椭圆形。

【生长习性】耐热、不耐寒、耐旱、耐瘠、耐阴、耐风、抗污染、耐剪、萌芽强、易移植，适应性强。

【景观应用】枝叶厚实茂密，为优良行道树、园景树、遮荫树。可单植、列植、群植。可作盆栽观叶植物。

橡皮树常见的栽培品种

1 黑叶印度胶榕 *Ficus elastica* 'Abidjan'
别名：黑金刚

【形态特征】叶黑色。

2 黑叶橡皮树 *Ficus elastica* 'Decora Burgundy'
别名：紫叶橡皮树

【形态特征】叶黑紫色。

3 花叶橡皮树 *Ficus elastica* 'Variegata'
别名：彩叶橡皮树

【形态特征】叶缘及叶脉具浅黄色斑纹。

4 金边印度榕 *Ficus elastica* 'Aureo-marginata'

【形态特征】叶缘为金黄色。

5 富贵榕 *Ficus elastica* 'Schryveriana'

【形态特征】叶色斑驳、黄绿相间。

6 美叶橡皮树 *Ficus elastica* 'Decora Tricolor'

【形态特征】新叶带粉红色，成熟叶主脉附近浓绿色，周围为乳白色。

◎ 榆 科

大叶榉 *Zelkova schneideriana* Hand-Mazz.

科属：榆科榉树属

【形态特征】落叶乔木，高达35米，树皮灰褐色至深灰色，呈不规则的片状剥落；叶厚纸质，大小形状变异很大，卵形至椭圆状披针形，先端渐尖、尾状渐尖或锐尖，基部稍偏斜，圆形、宽楔形、稀浅心形，叶面绿色，叶背浅绿，干后变淡绿至紫红色，边缘具圆齿状锯齿。雄花1～3朵簇生于叶腋，雌花或两性花常单生于小枝上部叶腋。花期4月，果期9～11月。

【生长习性】喜光，土壤适应性强，对烟尘、有毒气体有抗性，深根性，抗风能力强，寿命较长。

【景观应用】是绿化、营造防风林的优良树种。

榉树 *Zalkova serrata* (Thunb.) Makino

科属：榆科榉树属　　别名：光叶榉

【形态特征】落叶乔木；树高达15米；树皮不裂，老干薄鳞片状剥落后仍光滑。叶薄纸质至厚纸质，大小形状变异很大，卵形、椭圆形或卵状披针形，先端渐尖或尾状渐尖，基部有的稍偏斜，圆形或浅心形，稀宽楔形，边缘有圆齿状锯齿，表面粗糙，背面密生浅灰色柔毛。坚果歪斜，有皱纹。花期4月，果期9～11月。

【生长习性】喜光，稍耐阴，喜温暖气候及肥沃湿润土壤；耐烟尘，抗病虫害能力较强；深根性，侧根广展，抗风力强，生长较慢，寿命较长。

【景观应用】枝叶细密，树形优美，是优良的彩叶树种，适合作行道树、园景树、防风树、盆景。

绿瓶榉 *Zalkova serrata* ' Green Vase '

科属：榆科榉树属

【形态特征】榉树品种。落叶乔木；叶表面光滑。

【生长习性】喜光，喜温暖气候及肥沃湿润土壤，稍耐阴，在酸性、中性及石灰性土壤上均可生长。

【景观应用】树形优美，宜作庭荫树及行道树。在园林绿地中孤植、丛植、列植皆宜。

黑弹树 *Celtis bungeana* Bl.

科属：榆科朴属　　别名：黑弹朴、小叶朴

【形态特征】落叶乔木；1 年生枝无毛。叶斜卵形至椭圆形，长 4 ～ 11 厘米，中上部边缘具锯齿，有时近全缘，下面仅脉腋常有柔毛；叶柄长 5 ～ 10 毫米。核果单生叶腋，球形，紫黑色，果柄较叶柄长，长 1.2 ～ 2.8 厘米，果核平滑，稀有不明显网纹。

【生长习性】喜光耐阴，耐寒，耐旱，喜黏质土；深根性，萌蘖力强，生长慢，寿命长。

【景观应用】风景林树种。

朴树 *Celtis sinensis* Pers.

科属：榆科朴属　　　别名：沙朴

【形态特征】落叶乔木，株高达 20 米。树皮灰褐色，粗糙而不开裂，枝条平展。叶质较厚，阔卵形或圆形，中上部边缘有锯齿，三出脉，侧脉在 6 对以下，不直达叶缘，叶面无毛，叶脉沿背疏生短柔毛。花杂性同株，雄花簇生于当年生枝下部叶腋，雌花单生于枝上部叶腋，1～3 朵聚生。核果近球形，单生叶腋，红褐色。果柄等长或稍长于叶柄。花期 4 月，果熟期 10 月。

【生长习性】喜光，稍耐阴，耐寒；深根性，萌蘖力强，生长较慢。

【景观应用】行道树或风景林树种。

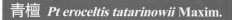

青檀 *Pteroceltis tatarinowii* Maxim.

科属：榆科青檀属　　　别名：翼朴、檀树

【形态特征】落叶乔木，高达 20 米以上；树皮淡灰色，裂成长片脱落。叶卵形或椭圆状卵形，长 3.5 ～ 13 厘米，边缘有锐锯齿，具三出脉，侧脉在近边缘处弧曲向前，上面无毛或有短硬毛，下面脉腋常有簇生毛。花单性，雌雄同株，生于叶腋；雄花簇生，花药先端有毛，雌花单生。翅果近方形或近圆形，翅宽，先端有凹缺。

【生长习性】喜温暖气候及肥沃湿润土壤。

【景观应用】为我国特有的单种属，茎皮纤维优质，是制宣纸、人造棉原料。

花叶榆 *Ulmus pumilia* 'Variegata'

科属：榆科榆属

【形态特征】落叶乔木，为白榆的栽培变种。株高达 25 米，树冠圆球形。树皮灰黑色，纵裂而粗糙。小枝灰色，常排列成二列状。叶椭圆状卵形，先端尖，基部稍歪，边缘具单锯齿。叶绿色有白斑。花先叶开，紫褐色，簇生于 1 年生枝上，花期 3 ~ 4 月。翅果近圆形或倒卵形，先端有缺裂。4 ~ 5 月果熟。

【生长习性】喜光，耐寒，抗旱，不耐水湿。能适应干凉气候；喜肥沃、湿润而排水良好的土壤，在干旱、瘠薄和轻盐碱土也能生长。生长较快，萌芽力强，耐修剪，主根深，侧根发达，抗风、保土力强。

【景观应用】优良的彩叶树种，可做为园林风景树。

金串榆 *Ulmus pumilia* 'Golden Stem'

科属：榆科榆属

【形态特征】落叶乔木，为白榆的栽培变种，与原种形态近似，唯叶片金黄色，枝直立。

【生长习性】耐寒抗旱，适应性强，耐盐碱；主根深，侧根发达，抗风；萌芽力强，耐修剪；生长快。

【景观应用】优良的彩叶树种，叶片金黄艳丽，可培育为乔木，做为园林风景树。

金叶榆 *Ulmus pumilia* 'Golden Leaves'

科属：榆科榆属　　　　别名：中华金叶榆

【形态特征】落叶乔木，为白榆的栽培变种，与原种形态近似，唯叶片金黄色，十分醒目。

【生长习性】耐寒抗旱，适应性强，耐盐碱；主根深，侧根发达，抗风；萌芽力强，耐修剪；生长快。

【景观应用】优良的彩叶树种，叶片金黄艳丽，既可培育为乔木，做为园林风景树，又可培育成灌木，广泛应用于绿篱、色带。

金叶垂榆 *Ulmus pumilia* var. *pendula* 'Golden Leaves'

科属：榆科榆属

【形态特征】落叶乔木，为白榆的栽培变种。单叶互生，椭圆状窄卵形或椭圆状披针形，长2～9厘米，基部偏斜，叶缘具单锯齿。叶片金黄鲜亮，有自然光泽，格外醒目。枝条柔软、细长下垂呈伞形，树冠丰满，花先叶开放。

【生长习性】喜光，抗干旱、耐盐碱、耐土壤瘠薄，耐修剪，耐旱，耐寒，－35℃无冻梢。不耐水湿。根系发达，对有害气体有较强的抗性。

【景观应用】树干形通直，枝条下垂细长柔软，树冠呈圆形蓬松，形态优美，适合作庭院观赏、公路、道路行道树绿化，还可作绿篱使用，是园林绿化的优良彩叶观赏树种。

脱皮榆 *Ulmus lamellosa* Wang et S. L. Chang ex L. K. Fu

科属：榆科榆属

【形态特征】落叶乔木，为白榆的栽培变种，与原种形态近似，唯叶片金黄色，十分醒目。

【生长习性】耐寒抗旱，适应性强，耐盐碱；主根深，侧根发达，抗风；萌芽力强，耐修剪；生长快。

【景观应用】优良的彩叶树种，叶片金黄艳丽，既可培育为乔木，做为园林风景树，又可培育成灌木，广泛应用于绿篱、色带。

榔榆 *Ulmus parvifolia* Jacq.

科属：榆科榆属　　　别名：小叶榆

【形态特征】落叶小乔木，株高达 25 米，树冠卵圆形。干皮灰褐色，鳞片状剥落。小枝灰褐色，密生短柔毛。单叶互生，叶狭椭圆形，近革质，先端短渐尖，叶缘具单细锯齿，叶表深绿光亮。花两性，簇生于当年生枝叶腋。翅果较小，椭圆形，顶端凹陷，果梗细。花期 9 月，果期 10 月。

【生长习性】喜光，适应性强，在酸性土、中性土、钙质土的山坡、平原和溪边均生长良好。

【景观应用】干皮美丽，叶片清秀，春花秋实，是园林绿化中的较为特殊的季相树种，也是良好的园林点缀树种，还可用于制作盆景。

欧洲白榆 *Ulmus laevis* Pall.

科属：榆科榆属　　　别名：大叶榆

【形态特征】落叶乔木，高达 30 米；树冠半球形；树皮淡褐灰色。叶卵形至倒卵形，长 6～12 厘米，基部甚偏斜，重锯齿，表面暗绿色，近光滑，背面有毛。花 20～30 余朵成短聚伞花序，花梗细长。翅果椭圆形，边缘密生睫毛；果梗长可达 3 厘米。花期 4 月；5 月果熟。

【生长习性】喜光，要求土层深厚、湿润的沙壤土，抗病虫能力较强；深根性。

【景观应用】是世界著名的四大行道树之一。列植于公路及人行道。群植于草坪、山坡或密植作树篱。是防风固沙、水土保持和盐碱地造林的重要树种。

◎ 荨麻科

吐烟花 *Pellionia repens* (Lour.) Merr.

科属： 荨麻科赤车属　　　　**别名：** 吐烟草

【形态特征】多年生草本。茎肉质，平卧，在节处生根，常分枝，有稀疏短柔毛。叶具短柄；叶片斜长椭圆形或斜倒卵形，上面无毛，下面沿脉有短毛；花序雌雄同株或异株。雄花序有长梗，雌花序无梗，有多数密集的花；瘦果有小瘤状突起。花期5～10月。

【生长习性】喜明亮光照的半阴环境和温暖潮湿气候，栽培土壤以排水良好、富含腐殖质的壤土最适宜。

【景观应用】多在温室栽培。

花叶吐烟花 *Pellionia pulchra* N. E. Brown

科属： 荨麻科赤车属

【形态特征】1年生草本植物。茎肉质，紫红色，光滑，匍匐状，肉质的退化叶比较细小，无叶柄，正常叶比较大，叶面杂夹着深绿色，淡紫色、红色或苍白色，色彩鲜艳。

【生长习性】喜明亮光照的半阴环境，避免阳光直射。喜温暖潮湿气候，栽培土壤以排水良好、富含腐殖质的壤土最适宜。

【景观应用】茎蔓生，一般都种在吊盆内，悬挂室内或屋檐下。

皱叶冷水花 *Pilea mollis* 'Moon Valley'

科属： 荨麻科冷水花属

【形态特征】多年生常绿草本，株高20～50厘米。叶十字形对生，叶脉褐红色，叶面黄绿色，表面有皱纹，缘有锯齿，叶脉茶褐色。

【生长习性】喜半阴多湿环境，宜明亮的散射光，忌直射光，对温度适应范围广，冬季能耐4～5℃低温，土壤以富含腐殖质的壤土最好。

【景观应用】叶片褐红色，叶脉凸起，叶面褶皱十分美观，适宜室内外成片布置。

花叶冷水花 *Pilea cadierei* Gagnep. et Guill

科属：荨麻科冷水花属　　　别名：白斑叶冷水花

【形态特征】多年生草本，茎直立多分枝，株高 30～40 厘米，茎绿色，叶对生，叶片椭圆形先端锐尖，三条主脉明显，脉间有大块银白色斑纹，十分美丽。花小，灰白色，不明显。

【生长习性】喜阴，耐肥，耐湿，喜温暖，喜排水良好的砂质壤土，生长健壮，抗病虫能力强。

【景观应用】观叶植物，常作盆栽作为室内布置用，或作阳台、窗台的装饰植物。

◎ 山龙眼科

澳洲银桦杂交种 *Grevillea hybrid*

科属：山龙眼科银桦属

【形态特征】密生灌木或纤细的小乔木，高 2～5 米，冠幅 1～2 米。叶长，分裂深，叶两面光滑，大型的花蜜丰富的毛刷状花；花亮红色，花期春到夏，花期长。

【生长习性】阳性树种。适宜排水性良好，略带酸性土壤。

【景观应用】常用于园林观赏，装饰性的常绿植物，可庭园孤植或集中栽植，亦可作道路隔离带树种。

红花银桦 *Grevillea banksii*

科属：山龙眼科银桦属

【形态特征】常绿乔木，株高可达 7 米。叶互生，二回羽状开裂复叶，不对称，叶片光滑，叶背和新芽都有美丽的银白色丝状细毛。顶生穗状花序，单生或聚生，深粉红色。

【生长习性】喜光，喜温暖、抗污能力较强，较耐干旱，耐贫瘠的土壤。不耐寒，在肥沃、疏松、排水良好的微酸性沙壤土上生长良好。

【景观应用】分枝纤细，树冠飘逸，树形紧凑成圆锥或卵形，花、叶均美观，是良好的观赏树木，景观效果出众，用于花境、道路绿带。

阔叶银桦 *Grevillea baileyana* McGill.

科属：山龙眼科银桦属

【形态特征】常绿乔木，圆柱形，株高可达 15 米。

【生长习性】生长迅速。适应性强，喜排水良好肥沃酸性土壤。稍耐阴，喜酸性土壤。耐霜冻，抗污染。

【景观应用】遮阴树种，可作行道树。

银桦 *Grevillea robusta* A. Cunn. ex R. Br.

科属：山龙眼科银桦属

【形态特征】常绿乔木，株高可达 20 米。叶互生，二回羽状开裂复叶，裂片 5～10 对，披针形，不对称，叶片光滑，叶背银白色丝状细毛。总状花序，花呈橙黄色。盛花期春、夏季，果期秋季。

【生长习性】喜光，喜温暖、抗污能力较强，较耐干旱，耐贫瘠的土壤。不耐寒，在肥沃、疏松、排水良好的微酸性沙壤土上生长良好。

【景观应用】树干通直，高大伟岸，树冠整齐，宜作行道树、庭阴树。

◎ 马兜铃科

花脸细辛 *Asarum maximum* Hemsl.

科属：马兜铃科细辛属　　　别名：花叶细辛、大叶马蹄香、马蹄细辛

【形态特征】多年生草本，茎直立多分枝，株高 30 ～ 40 厘米，茎绿色，叶对生，叶片椭圆形先端锐尖，三条主脉明显，脉间有大块银白色斑纹，十分美丽。花小，灰白色，不明显。

【生长习性】喜阴，耐肥，耐湿，喜温暖，喜排水良好的砂质壤土，生长健壮，抗病虫能力强。

【景观应用】观叶植物，常作盆栽作为室内布置用，或作阳台、窗台的装饰植物。

◎ 蓼　科

何首乌 *Fallopia multiflora* (Thunb.) Harald.

科属：蓼科何首乌属　　　别名：多花蓼、紫乌藤、夜交藤

【形态特征】缠绕藤本植物，块根肥厚，长椭圆形，黑褐色，茎缠绕，长 2 ～ 4 米，多分枝，具纵棱，下部木质化。叶卵形或长卵形，顶端渐尖，基部心形或近心形，两面粗糙，边缘全缘。花序圆锥状，顶生或腋生；花被 5 深裂，白色或淡绿色，花被片椭圆形。瘦果卵形，黑褐色，有光泽。花期 8 ～ 9 月，果期 9 ～ 10 月。

【生长习性】性喜凉爽湿润，忌高温积水。

【景观应用】作为爬藤植物栽植，块根可入药。

花叶虎杖 *Reynoutria japonica* 'Variegated'

科属：蓼科虎杖属　　　别名：斑叶虎杖

【形态特征】多年生草本。株高 1～2 米，茎直立，粗壮，空心，散生红色或紫红斑点。叶宽卵形或卵状椭圆形，近革质，边缘全缘，绿色有白色、粉色斑纹或全部为粉色。花单性，雌雄异株，花序圆锥状，花被 5 深裂，淡绿色。瘦果卵形。花期 8～9 月，果期 9～10 月。

【生长习性】性强健，管理粗放，喜光亦耐阴，耐寒，耐瘠薄。

【景观应用】适宜布置花境、路边或栽植于疏林下或药草园。

血红酸模 *Rumex sanguineus*

科属：蓼科酸模属

【形态特征】多年生草本。茎大部具叶；阔披针形叶，全缘有皱纹；花两性或单性，淡绿色，具柄；瘦果通常包藏于扩大的内轮花被片内。

【生长习性】性喜凉爽湿润，忌高温积水。较耐寒。喜半阴、忌暴晒。

【景观应用】因色叶独特可用于花境材料。

火炭母 *Polygonum chinense* Linn.

科属：蓼科蓼属　　　别名：赤地利、火炭藤、川七

【形态特征】多年生草本，株高约 50 厘米。茎直立或蜿蜒状，节膨大，下部节上常有不定根。叶互生，纸质，卵状长圆形，全缘或具细齿，叶脉紫红色，叶面有人字形暗紫色斑纹。伞房花序，花密，白色。花期 7～8 月。

【生长习性】喜温暖湿润环境，切忌干燥和大雨冲刷。土壤以疏松、肥沃的腐叶土最宜。

【景观应用】适宜布置花境、路边或栽植于疏林下或药草园，颇有野趣。

赤胫散 *Polygonum runcinatum* 'Sinense'

科属：蓼科蓼属

【形态特征】多年生草本，株高 50 厘米，植株丛生，茎较纤细，紫色，茎上有节。春季幼株枝条、叶柄及叶中脉均为紫红色，夏季成熟叶片绿色，中央有锈红色晕斑，叶缘淡紫红色。叶互生，卵状三角形，基部常具 2 圆耳，宛似箭镞，上面有紫黑斑纹。头状花序，常数个生于茎顶，上面开粉红色或白色小花；瘦果黑色卵圆形。花期 7 ～ 8 月。

【生长习性】性强健，管理粗放，喜光亦耐阴，耐寒，耐瘠薄。

【景观应用】适宜布置花境、路边或栽植于疏林下或水体绿化。

◎ 藜 科

盐地碱蓬 *Suaeda salsa* (L.) Pall.

科属：藜科碱蓬属　　　别名：黄须菜

【形态特征】一年生草本，株高 20 ～ 80 厘米。植株初期绿色，后变红紫色，地毯式分布。茎基部多分枝，直立，圆柱形。叶线形，肉质，互生，无柄，常被粉粒。花 3 ～ 5 朵簇生叶腋。花期 6 ～ 9 月，果期 7 ～ 10 月。

【生长习性】适应性强，耐寒、耐旱，极耐盐碱，不择土壤。

【景观应用】是重要的盐碱土指示植物，可用做先锋植物，改良重盐碱地。

树滨藜 *Atriplex halimus* L.

科属：藜科滨藜属　　　别名：地中海滨藜

【形态特征】小灌木，被有糠秕状被覆物（粉）；叶互生，扁平，叶灰白色；团伞花腋生，在茎、枝上部排成穗状花序；花单性，稀两性。

【生长习性】具有抗旱、耐盐碱的抗逆性。

【景观应用】我国引种栽培。

扫帚菜 *Kochia scoparia* f. *trichophylla*

科属：藜科地肤属

【形态特征】地肤的园艺栽培变型。一年生草本，株高 50 ～ 100 厘米，茎直立，多分枝，整个植株外形卵球形。叶披针形。花常 1 ～ 3 个簇生于叶腋，构成穗状圆锥花序。

【生长习性】喜光，耐干旱瘠薄，耐碱，不耐寒。

【景观应用】晚秋枝叶变红，可植于坡地、草坪边缘、花境或药草园，也可盆栽观赏。

甜菜 *Beta vulgaris*

科属：藜科甜菜属　　　别名：七色叶甜菜、君达菜、牛皮菜

【形态特征】二年生草本植物，一般为一年生栽培。株高 30 ～ 70 厘米，茎短缩；叶肥大，卵形或长柄形，叶面皱缩，有光泽；叶色有浅绿、深绿、紫红等色；花白色，复总状花序。

【生长习性】喜冷凉气候，耐热和耐寒性均较强，较耐涝；适宜在中性或弱酸性土壤种植，极耐肥。

【景观应用】按叶柄颜色分为粉红梗、白梗、橘黄梗、金黄梗、紫色梗等多种，是菜用、饲用、观赏兼用的优良品种，栽培容易，是一种优质蔬菜。

橙柄甜菜 *Beta vulgaris* L. 'Bright Yellow'

科属：藜科甜菜属

【形态特征】多年生草本观叶植物。甜菜的栽培品种。叶片绿色，叶柄及叶脉橙黄色。

【生长习性】同甜菜。

【景观应用】叶柄橙色醒目，可植于花坛、花带、花境或草坪边缘。

红柄甜菜 *Beta vulgaris* L. 'Dracaenifolia'

科属：藜科甜菜属

【形态特征】多年生草本观叶植物。甜菜的栽培品种。叶片绿色，叶柄紫色。

【生长习性】同甜菜。

【景观应用】叶柄红色，可植于花坛、花带、花境或草坪边缘。

红叶甜菜 *Beta vulgaris* L. 'Cicla'

科属：藜科甜菜属　　别名：紫叶甜菜

【形态特征】多年生草本观叶植物。甜菜的栽培品种。叶柄及叶片紫色。

【生长习性】同甜菜。

【景观应用】叶片红色醒目，可植于花坛、花带、花境或草坪边缘。

◎ 苋 科

绿苋草 *Alternanthera paronychioides* A,St,Hil.

科属：苋科莲子草属

【形态特征】多年生草本，株高 5 ～ 15 厘米。茎叶呈绿色，也有黄色、乳白色镶嵌。

【生长习性】阳性植物，需强光。性强健，喜高温，耐旱、耐剪。

【景观应用】适合庭院花坛边缘栽植及水边湿地美化。

红苋草 *Alternanthera paronychioides* A,St,Hil. 'Picta'

科属：苋科莲子草属

【形态特征】绿苋草的栽培品种。多年生草本，株高 5 ～ 15 厘米。叶面铜红色，春、夏季节转为绯红或桃红色。

【生长习性】阳性植物，需强光。性强健，喜高温，耐旱、耐剪。

【景观应用】适合庭院花坛边缘栽植及水边湿地美化。

大叶红草 *Alternanthera dentate* 'Ruliginosa'

科属：苋科莲子草属　　　别名：莲子草

【形态特征】多年生草本，茎叶铜红色，冬季开花，花乳白色，小球形，酷似千日红。

【生长习性】性强健，耐热、耐旱、耐瘠、耐剪。

【景观应用】可在花台、庭园丛植、列植及在高楼大厦中庭美化，以强调色彩效果。

锦绣苋 *Alternanthera bettzickiana* (Regel) Nichols.

科属：苋科莲子草属　　　**别名：**五色草、红节节草、红莲子草

【形态特征】多年生草本，高 20～50 厘米；茎直立或基部匍匐，多分枝。叶片矩圆形、矩圆倒卵形或匙形，顶端急尖或圆钝，有凸尖，基部渐狭，边缘皱波状，绿色或红色，或部分绿色，杂以红色或黄色斑纹。头状花序顶生及腋生，2～5 个丛生。花期 8～9 月。

【生长习性】性强健，耐热、耐旱、耐瘠、耐剪。

【景观应用】由于叶片有各种颜色，可用作布置花坛，排成各种图案。

霓彩苋 *Alternanthera ficoidea* 'Partytime'

科属：苋科莲子草属

【形态特征】多年生草本。法国苋的栽培品种。叶片较小，具光泽，绿色中夹杂暗红、粉红色。

【生长习性】喜光，不耐寒。土壤需要有肥力，排水良好。

【景观应用】可用作布置花坛，花境。

红柳叶牛膝 *Achyranthes longifolia* (Makino) Makino 'Rubra'

科属：苋科牛膝属

【形态特征】多年生草本，高 70～120 厘米。根淡红色至红色；叶片披针形或宽披针形，长 10～20 厘米，宽 2～5 厘米，顶端尾尖。叶片上面深绿色，下面紫红色至深紫色；花序带紫红色。

【生长习性】适宜疏松、肥沃和排水良好的土壤。

【景观应用】根供药用，药效和牛膝略同。

凤尾鸡冠花 *Celosia cristata* 'Plumosa'

科属：苋科青葙属 　　别名：羽状鸡冠花

【形态特征】一二年生草本。株高 30～50 厘米，茎直立。叶卵状披针形，紫红色。花序由多数小花序聚集呈穗状，紫红、橙红色。花期 7～10 月。

【生长习性】喜光，不耐寒，喜肥忌涝。

【景观应用】用于布置花坛、花境、盆栽或作干花。

青葙 *Celosia argentea* Linn.

科属：苋科青葙属

【形态特征】一年生草本，株高60～100厘米。茎红褐色，直立，多分枝。叶卵状披针形，先端渐尖，全缘。穗状花序顶生，呈火焰状，花初开时粉红色，后变为白色。花期6～9月。

【生长习性】性强健，喜光，耐旱，不耐寒，忌涝，适宜疏松、肥沃和排水良好的土壤。

【景观应用】用于布置花坛、花境、盆栽或作干花。

雁来红 *Amaranthus tricolor*

科属：苋科苋属　　　　别名：苋、老少年、三色苋

【形态特征】一年生草本，高80～150厘米；茎粗壮，绿色或红色。叶片卵形、菱状卵形或披针形，绿色或常成红色，紫色或黄色，或部分绿色加杂其他颜色，顶端圆钝或尖凹，全缘或波状缘。花簇腋生，成下垂的穗状花序。花期5～8月，果期7～9月。

【生长习性】喜阳光充足、温暖湿润的气候及肥沃、良好的土壤，耐干旱，不耐水湿。

【景观应用】叶色浓郁，色彩斑斓，颇具热带风情，且观赏期长，盆栽或露地片状栽培均好，布置花坛效果更佳。

雁来黄 *Amaranthus tricolor* 'Aurea'

科属：苋科苋属

【形态特征】雁来红的栽培变种。外形与雁来红相同，但茎、叶、苞片都呈绿色，顶叶于初秋变亮黄色。

【生长习性】同雁来红。

【景观应用】同雁来红。

十样锦苋 *Amaranthus tricolor* 'Salicifolius'

科属：苋科苋属　　　别名：锦西风

【形态特征】雁来红的栽培变种。外形与雁来黄相似，幼苗叶片基部呈暗褐色，初秋，顶叶变成下半部红色，上中部黄色，先端绿色。

【生长习性】同雁来红。

【景观应用】同雁来红。

紫叶雁来红 *Amaranthus tricolor* 'Splendens'

科属：苋科苋属

【形态特征】雁来红的栽培变种。外形与雁来红相似，叶片大部分紫色，中间部分红色。

【生长习性】同雁来红。

【景观应用】同雁来红。

◎ 紫茉莉科

花叶叶子花 *Bougainvillea spectabilis* 'Variegata'

科属：紫茉莉科叶子花属
别名：花叶三角梅、花叶簕杜鹃、花叶宝巾

【形态特征】常绿攀缘灌木，有枝刺；枝叶密生柔毛。单叶互生，卵形或卵状椭圆形，长5～10厘米，全缘。花常3朵顶生，各具1大形叶状苞片，椭圆状卵形，基部圆形至心形，暗红色或淡紫红色。

【生长习性】喜光，喜温暖，不耐寒，不择土壤。

【景观应用】我国各地有栽培。华南地区多植于庭园、宅旁，设立栅架或令其攀缘山石、园墙、廊柱而上，十分美丽；长江流域及其以北地区多于温室盆栽。是优美的园林观花树种。

◎ 商陆科

美国商陆 *Phytolacca americana* L.

科属：商陆科商陆属　　别名：垂序商陆

【形态特征】多年生草本，株高120～150厘米。茎粗壮，紫红色，肉质多汁。叶互生，长圆形，全缘。总状花生于枝顶或侧生于茎上；花初为白色，后变浅粉色。浆果熟时紫黑色，果穗下垂。花期6～7月。

【生长习性】喜半阴、湿润环境，耐寒，适宜疏松、肥沃的砂质壤土。

【景观应用】用于花坛、花境、疏林下或盆栽。

◎ 番杏科

五十铃玉 *Fenestraria aurantiaca*

科属： 番杏科棒叶花属　　　**别名：** 橙黄棒叶花

【形态特征】多年生肉质草本植物。植株非常肉质，密生成丛。叶棍棒状，顶端变粗，扁平，灰绿色，下部稍带红色，叶面有透明小点，而凸起部分则完全透明；9～12月开花，花梗长4～6厘米，花朵直径3～7厘米金黄色。

【生长习性】喜温暖及阳光充足，很耐干旱，要保持良好的通风。

【景观应用】多肉植物，盆栽观赏。

红帝玉 *Pleiospilos nelii* 'Rubra'

科属： 番杏科帝玉属

【形态特征】多年生肉质草本植物。植株无茎，非常肉质的卵形叶交互对生，基部联合，整个株形像元宝。叶外缘钝圆，表面较平，背面凸起，因此植株始终保持着1～3对对生叶，红色或紫红色，叶片上有许多淡黑色的小斑点。花具短梗，直径4～6厘米，花从两叶的中缝开出，花紫红色，花期春季。

【生长习性】耐干旱，喜光但不耐晒，夏季一定要遮阳，但对湿热环境耐受性很差，应加强土壤的透水性。

【景观应用】多肉植物，盆栽观赏。

青鸾 *Pleiospilos simulans*

科属： 番杏科帝玉属　　　**别名：** 凤翼、亲鸾

【形态特征】雁来红的栽培变种。外形与雁来红相似，叶片大部分紫色，中间部分红色。

【生长习性】同雁来红。

【景观应用】同雁来红。

唐扇 *Aloinopsis schooneesii*

科属： 番杏科菱鲛属

【形态特征】多年生肉质草本植物。植株丛生，具肥大的肉质根，无茎。叶 8～10 枚直接从根基部长出，排列成松散的莲座状，叶肉质，很小，近似匙形，先端为浑圆的三角形，蓝绿或褐绿色，密布深色舌苔状小疣突。花径 1～2 厘米，花色黄、红相间，有丝绸般的光泽。花期春末夏初。

【生长习性】喜温暖、干燥和阳光充足的环境，耐干旱和半阴，忌积水，既怕酷热，也不耐寒。其主要生长期在春、秋季，可给予充足的光照。

【景观应用】多肉植物，盆栽观赏。

天女裳 *Aloinopsis luckhoffii*

科属： 番杏科菱鲛属

【形态特征】多年生肉质草本植物。植株叶片近似匙形，先端钝圆的三角形、肉质，比叶下部明显厚，青绿色。肉质叶片排列成松散的莲座状，基部联合。植株丛生，具肥大的肉质根，无茎、叶密布舌苔状小疣突，另有散乱的刺状凸起，有点像海参的刺。花黄色或淡黄，有丝绸般的光泽。花期春末夏初。

【生长习性】喜温暖、干燥和阳光充足的环境，耐干旱和半阴，忌积水，既怕酷热，也不耐寒。其主要生长期在春、秋季，可给予充足的光照。

【景观应用】多肉植物，盆栽观赏。

鹿角海棠锦 *Fenestraria aurantiaca 'Variegata'*

科属： 番杏科鹿角海棠属　　　**别名：** 熏波菊锦

【形态特征】多年生肉质草本植物。为鹿角海棠的斑锦变异品种。植株矮小，株高 8～15 厘米，叶片对生，无柄，叶片长半圆型，叶背面呈龙骨状突起，肥厚的叶片带黄色的锦。花顶生，具短梗，单出或数朵间生，花白色或粉红色。

【生长习性】喜温暖干燥和阳光充足环境。怕寒，耐干旱，怕高温。要求肥沃、疏松的沙壤土。冬季温度不低于 15℃。

【景观应用】叶形叶色较美，观赏价值高。

红怒涛 *Faucaria tuberculosa* 'Rubra'

科属：番杏科肉黄菊属

【形态特征】多年生肉质草本植物。荒波的栽培变种。植株小型，非常肉质。交互对生的肉质叶长三角形，先端呈菱形，长3厘米、宽1.6厘米，表面平、背面圆凸，先端有龙骨状突起。与原种荒波不同的是叶深绿色中带红色，叶表面中央不只是有几个星散的肉齿，而是连结成线状或块状的肉质突起，形状不规则。花径4厘米，黄色。花期秋季。

【生长习性】喜温暖、干燥和阳光充足的环境，耐干旱和半阴，忌积水，既怕酷热，也不耐寒。冷凉季节生长。盛夏高温时有短时间休眠。

【景观应用】是肉黄菊属中形态最富于变化、最奇特的，作为小型盆栽点缀书桌、几架很合适。

少将 *Conophytum bilobum*

科属：番杏科肉锥花属

【形态特征】多年生肉质草本植物。非常肉质，扁心形的对生叶长3～4.5厘米、宽2～2.5厘米，顶部有鞍形中缝，中缝深0.7～0.9厘米，两叶先端钝圆，叶浅绿至灰绿色，顶端略红色，老株常密集成丛。花期秋季，花在中缝开出，多是黄色，直径可达3厘米。一般每株只开一朵花。

【生长习性】喜温暖、干燥和阳光充足的环境，耐干旱和半阴，忌积水，既怕酷热，也不耐寒。

【景观应用】是肉黄菊属中形态最富于变化、最奇特的，作为小型盆栽点缀书桌、几架很合适。

富贵玉 *Lithops turbiniformis*

科属：番杏科生石花属　　　别名：露美玉

【形态特征】非常肉质的草本植物，植株近似陀螺状，高2～2.5厘米，顶部扁平或稍凸起，近圆形。侧面灰色中带黄褐色，顶面红褐色中带点紫褐色，有紫褐色的弯曲的树枝状条纹。花黄色，花径3.5～4厘米。在所有生石花中，露美玉的花是最大的种类之一。

【生长习性】耐干旱，喜光但不耐晒。

【景观应用】多肉植物，盆栽观赏。

红大内玉 *Lithops optica* 'Rubra'
科属：番杏科生石花属

【形态特征】园艺种。株高 3 ～ 4 厘米，圆柱状，中裂明显，新叶露出旧叶时为绿中泛水红色，并有金属般光泽。尔后在充足光照下，逐渐转红，老叶脱落后，株体深红发紫，晶莹剔透，酷似红玉，故名。花白色，花期秋季。

【生长习性】耐干旱，喜光，但对湿热环境耐受性很差，应加强土壤的透水性。

【景观应用】多肉植物，盆栽观赏。

黄微纹玉 *Lithops fulviceps* 'Aurea'
科属：番杏科生石花属

【形态特征】非常肉质的草本植物，园艺种。叶面底色黄绿色到翠绿色，偶尔会有个体有模糊半透明的窗面。叶面分布暗点，灰绿色到蓝绿色。暗点间夹杂有橙褐色红纹线条，有时也会没有红纹。花白色，接近单头直径的，当中为黄色的花蕊，非常具有观赏性。属于早花品种。

【生长习性】耐干旱，喜光但不耐晒。

【景观应用】多肉植物，盆栽观赏。

日轮玉 *Lithops aucampiae*
科属：番杏科生石花属

【形态特征】非常肉质的草本植物，植株易群生。单株通常仅 1 对对生叶，组成直径 2 ～ 3 厘米的倒圆锥体，个体之间大小很不一致。叶表面基本色调为褐色，也是深浅不一，有深色的斑点。花黄色，直径 2.5 厘米。花期 9 月。

【生长习性】日轮玉是生石花属中习性较强健的一种，夏季休眠不太明显。耐干旱，喜光但不耐晒。

【景观应用】多肉植物，盆栽观赏。

紫勋 *Lithops lesliei*
科属：番杏科生石花属

【形态特征】非常肉质的草本植物，株高 3 ～ 4.5 厘米，顶端平或稍圆凸，长 4 厘米、宽 3 厘米，中缝较深。根据类型不同，顶端表皮颜色有灰黄色、咖啡色中带红褐色、淡绿色中有深红斑点等区别。花径 3 厘米，黄色或白色。

【生长习性】性强健，耐干旱，喜光但不耐晒。

【景观应用】多肉植物，盆栽观赏。

白花紫勋 *Lithops lesliei* 'Albinica'

科属：番杏科生石花属

【形态特征】紫勋的园艺种。花白色，花期9月。

【生长习性】性强健，耐干旱，喜光但不耐晒。

【景观应用】多肉植物，盆栽观赏。

绿紫勋 *Lithops lesliei* 'Luteoviridis'

科属：番杏科生石花属

【形态特征】紫勋的园艺种。花黄色。

【生长习性】耐干旱，喜光但不耐晒。

【景观应用】多肉植物，盆栽观赏。

天女簪 *Titanopsis fulleri*

科属：番杏科天女属

【形态特征】多年生肉质草本植物。植株小型，莲座叶盘6～8厘米大。叶伸展，匙形，长2.5厘米，先端宽而厚，近似三角形，1.2厘米宽、0.8厘米厚，淡绿色密被灰色或淡红褐色小疣。花黄色，径2厘米，单生，有短花梗。

【生长习性】喜温暖、干燥和阳光充足的环境，耐干旱和半阴，忌积水，既怕酷热，也不耐寒。其主要生长期在春、秋季，可给予充足的光照。

【景观应用】多肉植物，盆栽观赏。

照波 *Bergeranthus multiceps*

科属：番杏科照波属　　别名：仙女花

【形态特征】多年生肉质草本，株高10～15厘米。叶放射状丛生，三棱形，肉质，叶面平，背面龙骨状突起，深绿色。花单生，黄色。

【生长习性】喜温暖、干燥通风环境，忌高温多湿，忌强光直射。以疏松肥沃、排水良好的砂质壤土为佳。

【景观应用】盆栽观赏或温室内栽植。

◎ 马齿苋科

银蚕 *Anacampseros albissima*

科属：马齿苋科回欢草属　　　别名：群蚕、妖精之舞

【形态特征】矮小的匍匐性多肉植物。具肥大的肉质短茎，丛生细圆形分枝，表面密被鳞片样螺旋形小叶，白色。叶小具托叶，托叶为丝状毛着生在叶基部。

【生长习性】喜阳光充足和温暖、干燥的环境，耐干旱。

【景观应用】作观叶多肉植物盆栽。

韧锦 *Anacampseros quinaria*

科属：马齿苋科回欢草属

【形态特征】多肉植物。具块根，叶小具托叶，是纸质托叶，包住细小的叶。花5基数，花期极短。

【生长习性】喜阳光充足和温暖、干燥的环境，耐干旱。

【景观应用】作观叶多肉植物盆栽。

彩虹马齿苋 *Portulaca* 'Hana Misteria'

科属：马齿苋科马齿苋属　　　别名：马齿苋锦、太阳花锦、斑叶太阳花

【形态特征】马齿苋的锦斑品种。多年生草本，植株匍匐低矮，茎肉质，红色，叶互生，卵圆型，叶端钝圆，叶片微厚，肉质化，叶片中间有深浅交替的绿色，四周为乳白色的斑纹，叶缘粉色或玫瑰红的晕边。花单生或者簇生，花瓣五，桃红色。种子黑色，扁圆形。

【生长习性】喜阳光充足和温暖、干燥的环境，耐干旱，忌阴湿和寒冷。

【景观应用】作观叶植物盆栽。

紫米粒 *Portulaca gilliesii*

科属：马齿苋科马齿苋属　　　别名：米粒花、紫米饭、紫珍珠

【形态特征】属于微型品种。叶片紫色，像一颗颗小米粒而得名。

【生长习性】喜阳光充足和温暖、干燥的环境，耐干旱。

【景观应用】作观叶植物盆栽。

雅乐之舞 *Portulaca afra* 'Foliis-variegatis'

科属：马齿苋科马齿苋属　　　别名：斑叶马齿苋树

【形态特征】多年生肉质灌木，系马齿苋树的斑锦变异品种。植株具肉质茎，分枝多水平伸出，新枝红褐色，老干灰白色；肉质叶卵形，交互对生，新叶的边缘有红晕。叶片大部分为白色和黄色，只有中央一小部分为淡绿色。

【生长习性】喜阳光充足和温暖、干燥的环境，耐干旱，忌阴湿和寒冷。

【景观应用】色彩明快，株形秀美，是多肉植物中叶、形俱美的品种，常作中、小型盆栽或吊盆栽种。

◎ 石竹科

地被石竹 *Dianthus plumarius* L.

科属：石竹科石竹属　　　别名：常夏石竹

【形态特征】多年生草本，高30厘米，植株丛生，茎蔓状簇生，上部分枝，越年呈木质状，光滑而被白粉，叶厚，灰绿色，长线形。花2～3朵，顶生枝端，花色有紫、粉红、白色，具芳香。花期5～10月。

【生长习性】喜光、耐寒、极耐旱、耐瘠薄，−35℃可露地越冬，pH值6.5～7.5的土质均可生长，是不可多得的开花常绿地被。

【景观应用】是布置花坛、护坡、高速公路分车带及大型绿地的好材料。

蓝灰石竹 *Dianthus gratianopolitanus* Vill.

科属：石竹科石竹属

【形态特征】多年生草本。矮生型，茎蔓状丛生，全株无毛，被白粉。叶线状披针形，蓝绿色。花茎高7～30厘米，花高脚杯形，红色、白色或粉色。芳香，花喉部有髯毛，花瓣倒卵楔形，具不整齐锯齿缘。花期夏季。果长圆柱形，种子扁圆形，有翅。

【生长习性】适应性强，不择土壤，寒耐旱，喜阳光充足。

【景观应用】适用于地被和花境应用。

美国紫黑石竹 *Dianthus barbatus*

科属：石竹科石竹属

【形态特征】二年生或多年生草本，株高30～75厘米，茎直立。叶对生，披针形或线形，较窄，深紫黑色。花小而多密生呈头状聚伞花序，花紫黑色，花期5～6月。果期7月。

【生长习性】适应性强，不择土壤，耐寒耐旱，怕热忌涝，喜阳光充足，夏季以半阴为宜，喜干燥通风之地。

【景观应用】适用于地被和花境应用。

◎ 睡莲科

芡实 *Euryale ferox* Salisb.

科属：睡莲科芡实属　　别名：鸡头米、鸡头莲、刺莲藕

【形态特征】一年生大型浮水草本，全株具刺。浮叶圆形，盾状着生，径100～120厘米，叶面绿色，皱缩，有光泽。花单生，蓝紫色。萼4片，披针形，绿色，刺密聚。花期7～8月。

【生长习性】喜阳光充足、温暖环境，在肥沃的黏泥中生长良好，适应性极强，深水浅水皆可生长。

【景观应用】用于水面绿化或缸栽，与荷花、睡莲、香蒲等配植水景，尤多野趣。

花叶睡莲 *Nymphaea tetragona* Georgi 'Areen Ciel'

科属：睡莲科睡莲属

【形态特征】多年生浮叶水生草本。根状茎粗壮，横生或直立。叶丛生，质薄，具细长柄，近圆形或卵状椭圆形，全缘无毛，叶面浓绿色，有斑纹，叶背暗紫色。花单生于细长的花柄顶端，浮于水面或挺出水上，花冠呈莲座状；花色有深红、粉红、白、紫红、淡紫、蓝、黄等。花期6～8月。聚合果。

【生长习性】喜阳光充足、温暖，也耐寒；喜水质清洁，水面通风好的静水以及肥沃的黏质壤土。

【景观应用】花色艳丽，是应用最广泛的水生花卉；也常常用于小庭院地栽或作切花用。

延药睡莲 *Nymphaea stellata* Willd.

科属：睡莲科睡莲属　　　别名：蓝睡莲

【形态特征】多年生水生草本。根状茎短，肥厚。叶纸质，圆形或椭圆状圆形，长7～13厘米，直径7～10厘米，基部具弯缺，裂片平行或开展，先端急尖或圆钝，边缘有波状钝齿或近全缘，下面带紫色；花梗略和叶柄等长；萼片条形或矩圆状披针形，有紫色条纹；花直径3～15厘米；花瓣白色带青紫、鲜蓝色或紫红色，条状矩圆形或披针形，先端急尖或稍圆钝。浆果球形；种子具条纹。花果期7～12月。

【生长习性】喜阳光充足、温暖，也耐寒；喜水质清洁，水面通风好的静水以及肥沃的黏质壤土。

【景观应用】花色艳丽，是应用广泛的水生花卉。

亚马孙王莲 *Victoria amazonica*

科属：睡莲科王莲属

【形态特征】多年生大型浮水植物，根茎粗壮。叶大而圆，叶缘直立，叶表绿色，背紫红色并有隆起网状叶脉，叶脉分枝处有强刺。花单生，大型，径 25 ～ 35 厘米，浮于水面，清香；花瓣多数。第一次花白色，次日呈淡红色至深红色；夏秋开花。

【生长习性】喜高温及阳光充足，不耐寒，适宜水质清洁和肥沃的河泥土。

【景观应用】是优良的水景观赏植物。水池内栽培，供展览观赏。

克鲁兹王莲 *Victoria cruziana*

科属：睡莲科王莲属

【形态特征】多年生大型浮水植物，根茎粗壮。成熟叶大而圆，叶缘直立，叶表绿色，背紫红色并有隆起网状叶脉，叶脉分枝处有强刺。边缘翘起，底部绿色。花单生，大型，径25～35厘米，浮于水面，清香；花瓣多数。第一次花白色，次日呈淡红色至深红色；夏秋开花。植株比亚马孙王莲稍小，叶缘背面的紫色不如亚马孙王莲那么红。

【生长习性】喜高温及阳光充足，不耐寒，适宜水质清洁和肥沃的河泥土。

【景观应用】是优良的水景观赏植物。水池内栽培，供展览观赏。

长木王莲 *Victoria* 'Longwood Hybrid'

科属：睡莲科王莲属　　　别名：朗伍德王莲

【形态特征】多年生大型浮水植物，亚马孙王莲、克鲁兹王莲两者杂交而成，叶片是3种王莲中最大的。

【生长习性】喜高温及阳光充足，不耐寒，适宜水质清洁和肥沃的河泥土。

【景观应用】是优良的水景观赏植物。水池内栽培，供展览观赏。

◎ 连香树科

连香树 *Cercidiphyllum japonicum* Sieb. Et Zucc.

科属：连香树科连香树属

【形态特征】落叶乔木，高 10 ～ 40 米，胸径达 1 米；树皮灰色，纵裂，呈薄片剥落；叶在长枝上对生，在短枝上单生，近圆形或宽卵形，先端圆或锐尖，基部心形、圆形或宽楔形，边缘具圆钝锯齿。花雌雄异株，先叶开放或与叶同放，腋生。　果。花期 4 ～ 5 月，果熟期 9 ～ 10 月。

【生长习性】喜光，喜温凉气候及湿润而肥沃的土壤。深根性，抗风，耐湿，生长慢。

【景观应用】树姿高大雄伟，叶型奇特，为很好的园林绿化树种。为第三纪孑遗植物，现为国家二级珍稀保护植物。

◎ 毛茛科

杂交铁筷子 *Helleborus × hybridus*

科属：毛茛科铁筷子属　　别名：杂种嚏根草、杂交嚏根草

【形态特征】多年生半常绿草本。丛生。叶多，基叶具长柄，有分裂。花 1 朵顶生或少数组成顶生聚伞花序。花下垂，花大。萼片 5 片，花瓣状，白色、粉红色或绿色，常宿存。花瓣小，筒形或杯形。

【生长习性】耐寒，适宜排水良好的砂质壤土或土质深厚壤土。

【景观应用】药用植物，可植于、庭院岩石园或盆栽。

◎ 木通科

三叶木通 *Akebia trifoliata* (Thunb.) Koidz.

科属：木通科木通属

【形态特征】落叶木质缠绕藤本，全株无毛。叶为三出复叶；小叶卵圆形、宽卵圆形或长卵形，长宽变化很大，先端钝圆、微凹或具短尖，基部圆形或楔形，有时微呈心形，边缘浅裂或呈波装，侧脉 5～6 对。总状花序腋生，花单性，雌雄同株。果肉质，长卵形。花期 8 月。

【生长习性】喜阴湿，耐寒，适宜在中性至微酸性土壤中生长。

【景观应用】枝叶浓密，叶形、叶色别有风趣，春花别致，夏季浓阴，秋果累累，是大型棚架良好的垂直绿化植物。

◎ 小檗科

阔叶十大功劳 *Mahonia bealei*

科属：小檗科十大功劳属　　别名：土黄柏、八角刺、黄天竹

【形态特征】常绿灌木。树高可达 4 米，枝丛生直立。奇数羽状复叶，坚硬革质，卵形或卵状椭圆形，小叶 7～15 枚，叶缘反卷，每边有大刺齿 2～5 枚，侧生小叶基部歪斜，表面深绿色有光泽，背面黄绿色。花黄色，有香气，总状花序直立，6～9 个簇生花顶。浆果卵形，蓝黑色，被白粉。花期 4～5 月，果期 9～10 月。

【生长习性】喜温暖湿润的气候，喜光也较耐阴湿，对土壤要求不严，但须排水良好。萌蘖能力强，对有毒气体有一定的抗性。

【景观应用】树干挺直，叶形奇特，黄花密集，具有独特的观赏价值，是草坪、假山、岩隙、河边的良好点缀树种，可作为林缘下木或绿篱应用，也可用于盆栽观赏。

南天竹 *Nandina domestica* **Thunb.**

科属：小檗科南天竹属

【形态特征】常绿直立灌木，株高达4米。枝干直立，丛生，褐色，幼枝呈红色。叶对生，二或三回羽状复叶，革质，全缘，椭圆形，先端渐尖，初为黄绿色，渐为绿色，入冬现红色。圆锥花序顶生，花白色，花期5～6月。浆果球形，果期10～11月，成熟时为红色，经霜不落。

【生长习性】喜温暖及湿润的环境，比较耐阴，也耐寒；要求肥沃、排水良好的砂质壤土，既耐湿也能耐旱。

【景观应用】春赏嫩叶，夏观白花，秋冬观果，是十分难得的观叶、观花、观果植物；在园林中常与山石、沿阶草、杜鹃配植成丛，植于庭院房前、草地边缘等处。

南天竹常见的栽培品种

1 矮型南天竹 *Nandina domestica* 'Harbour Dwarf'

2 火焰南天竹 *Nandina domestica* 'Firepower'

【形态特征】常绿灌木，植株低矮，枝叶密集。叶片椭圆或卵圆形，幼叶及冬季叶亮红色至紫红色，初秋叶变红色，较南天竹红色叶深，变色期早。

3 林矮南天竹 *Nandina domestica* 'Wood's Dwarf'

【形态特征】叶细长，浓绿色，有明显的散生黄色斑点。

金叶小檗 *Berberis thunbergii* 'Aurea'

科属：小檗科小檗属

【形态特征】小檗的园艺品种。叶片全年金黄色。其他同紫叶小檗。

【生长习性】喜光，稍耐阴，耐寒，对土壤要求不严。萌芽力强，耐修剪。

【景观应用】叶形、叶色优美，姿态圆整，适宜做模纹色块，并可丛植或孤植。

紫叶小檗 *Berberis thunbergii* 'Atropurpurea'

科属：小檗科小檗属

【形态特征】为小檗的栽培品种。落叶灌木，株高 1～2 米。幼枝紫红色，老枝灰棕色或紫褐色，有沟槽，刺单一。叶倒卵形或匙形，先端钝时有小尖头，全缘，叶常年深紫色或紫红色，花黄色，簇生状伞形花序。花期 5 月，果期 10 月。

【生长习性】喜光，稍耐阴，耐寒，对土壤要求不严。萌芽力强，耐修剪。

【景观应用】春季黄花，叶紫红色，果熟后亦红艳美丽，是良好的观景、观叶材料。

'玫瑰光辉' 小檗 *Berberis thunbergii* 'Rose Glow'

科属：小檗科小檗属　　　别名：玫红小檗

【形态特征】小檗的园艺品种。落叶灌木。株高 1～2 米，多分枝。幼枝带红色或紫红色。叶 1～5 枚簇生，匙状矩圆形或倒卵形，全缘，叶片有黄、赤褐等斑纹镶嵌，叶面桃红色。花序伞形或簇生，花黄色，花期 4～5 月。浆果椭圆形，鲜红色。果期 8～9 月。

【生长习性】喜光，稍耐阴，耐寒，对土壤要求不严。萌芽力强，耐修剪。

【景观应用】同紫叶小檗。

'赞美' 小檗 *Berberis thunbergii* 'Admiration'

科属：小檗科小檗属

【形态特征】小檗的园艺品种。叶片边缘金黄色。其他同紫叶小檗。

【生长习性】喜光，稍耐阴，耐寒，对土壤要求不严。萌芽力强，耐修剪。

【景观应用】同紫叶小檗。

小檗属品种 *Berberis gladwynesis* 'Willian Penn'

科属：小檗科小檗属

【形态特征】小檗的园艺品种。叶片边缘金黄色。其他同紫叶小檗。

【生长习性】喜光，稍耐阴，耐寒，对土壤要求不严。萌芽力强，耐修剪。

【景观应用】同紫叶小檗。

豪猪刺 *Berberis julianae* C. K. Schneid

科属：小檗科小檗属

【形态特征】常绿灌木，高 1～3 米。老枝黄褐色或灰褐色，幼枝淡黄色；茎刺粗壮，三分叉，腹面具槽，与枝同色。叶革质，椭圆形，披针形或倒披针形，先端渐尖，基部楔形，叶缘平展，每边具 10～20 刺齿；叶柄长 1～4 毫米。花 10～25 朵簇生；黄色。浆果长圆形，蓝黑色，被白粉。花期 3 月，果期 5～11 月。

【生长习性】环境条件要求不严，山坡、田埂、庭院四周均可栽种。

【景观应用】栽培观赏。

◎ 五味子科

五味子 *Schisandra chinensis* (Turcz.) Baill.

科属：五味子科五味子属　　　别名：北五味子

【形态特征】落叶木质藤本，幼枝红褐色，老枝灰褐色，常起皱纹，片状剥落。叶膜质，宽椭圆形，卵形、倒卵形，或近圆形，先端急尖，基部楔形，上部边缘具胼胝质的疏浅锯齿，近基部全缘；侧脉每边 3～7 条。花单性异株，生于叶腋，花被片 6～9，乳白色或粉红色。果熟时呈穗状聚合果。浆果球形，肉质，熟时深红色。花期 5～7 月，果期 7～10 月。

【生长习性】耐旱性较差。在肥沃、排水好、湿度均衡适宜的土壤上发育最好。

【景观应用】具药用和观赏价值，适用于药草园。

◎ 木兰科

广玉兰 *Magnolia grandiflora* Linn.

科属：木兰科木兰属　　　别名：荷花玉兰、洋玉兰

【形态特征】常绿乔木，株高达30米，树冠阔圆锥形。小枝有锈色柔毛，叶卵状长椭圆形，叶革质，背被锈色绒毛，表面有光泽，边缘微反卷，长10～20厘米。花大白色，清香，径20～30厘米，花瓣6，花大如荷，萼片花瓣状，3枚，花丝紫色。花期5～7月，9～10月果熟，种子外皮红色。

【生长习性】喜光耐阴，对土壤要求不严，对有害气体抗性强。

【景观应用】树枝雄伟壮丽，树形优美，花大清香，是优良庭院树。

鹅掌楸 *Liriodendron chinense* (Hemsl.) Sarg.

科属：木兰科鹅掌楸属　　　别名：中国郁金香木

【形态特征】落叶乔木，株高达 40 米。树冠圆锥状，干皮紫褐色，光滑，具明显皮孔。叶互生，马褂形，近基部每边有 1 个侧裂片，老叶背面具乳头状白粉点。花单生枝顶，花被片 9 枚，外轮 3 片萼状，绿色，内二轮花瓣状黄绿色，基部有黄色条纹；雄蕊多数，雌蕊多数。花期 5～6 月，果 10 月成熟。

【生长习性】喜光、耐寒、耐修剪性和抗大气污染，生长快，耐高温干旱。

【景观应用】树干挺拔，冠形端正，叶形奇特，花色金黄，为珍贵的绿化树种。可作为行道树、庭荫树以及草坪、广场等处的点缀树种。

金边马褂木 *Liriodendron tulipifera* 'Aureomarginatum'

科属：木兰科鹅掌楸属　　　别名：金边美国鹅掌楸

【形态特征】株高可达 30 米，冠幅可达 15 米。主干挺直秀拔，树冠近圆柱形。树皮灰，有纵纹。叶形奇特，马褂状，近方形，先端截形，基部内凹，两边各有一个突起，叶面边缘具有金黄色的宽带。花单生枝端，杯状，长 6 厘米，基部有橘红色带，淡绿，于夏季中期开放。聚合果纺锤形，10 月成熟。

【生长习性】喜光，稍耐阴，适宜生长于酸性至弱酸性土中，风口处不宜栽植。

【景观应用】干姿笔直，叶形奇特，花如金盏，秋季色金黄。是观姿、观叶的优良的行道树和庭荫树，可孤植、丛植、群植、列植。

北美鹅掌楸 *Liriodendron tulipifera* L.

科属：木兰科鹅掌楸属　　　别名：美国鹅掌楸

【形态特征】落叶乔木，株高达 60 米。叶互生，马褂形，较宽短，侧裂较浅，每边有 2 个侧裂片，先端 2 浅裂，叶端常凹入，幼叶背面被白色细毛。秋季叶片为灿烂的黄色。花单生枝顶，橘黄色，大似郁金香。花期 5 ～ 6 月，果期 9 ～ 10 月。

【生长习性】阳性树，较耐寒。喜湿润而排水良好的土壤。

【景观应用】花朵美丽，树形高大，为著名的荫道树和秋色树种。

杂交鹅掌楸 *L. chinense* × *L. tulipifera*

科属：木兰科鹅掌楸属

【形态特征】为鹅掌楸与北美鹅掌楸杂交而成。落叶乔木，干皮紫褐色，光滑，具明显皮孔。叶形与鹅掌楸相似，但老叶背面白粉点小。

【生长习性】较原种适应性强、耐寒性强、生长迅速、落叶晚。

【景观应用】同鹅掌楸。

◎ 樟 科

红毛山楠 *Phoebe hungmaoensis* S. Lee

科属：樟科楠属　　　别名：毛丹、红丹

【形态特征】常绿乔木，高达25米。小枝、嫩叶、叶柄及芽均被红褐色或锈色长柔毛。叶革质，倒披针形、倒卵状披针形或椭圆状倒披针形，先端钝头、宽阔近于圆形或微具短尖头，基部渐狭。圆锥花序生于当年生枝中、下部；花长4～6毫米；花被片长圆形或椭圆状卵形。果椭圆形。花期4月，果期8～9月。

【生长习性】较喜光、喜湿。对土壤要求不高，以疏松的红黄壤或黄壤为佳。

【景观应用】适宜庭院、公园观赏。

檫木 *Sassafras tzumu*

科属：樟科檫木属　　　别名：檫树、桐梓树、黄揪树

【形态特征】落叶大乔木，树高可达35米。树干圆满通直。树皮深灰色，纵裂。叶互生，全缘或2～3裂。羽状脉；叶柄细长。花两性，花药4室。核果呈紫黑色或蓝黑色。

【生长习性】阳性树种，幼时稍耐阴；深根性，喜土层深厚、通气、排水良好的酸性土壤，忌积水或土壤板结；萌芽力强。

【景观应用】树干通直挺拔，姿态优雅，叶形奇特，深秋转红色，花、叶均具有较高的观赏价值，适宜于风景区、庭院和公园观赏。

山胡椒 *Lindera glauca* (Sieb.et Zucc.) Blume

科属：樟科山胡椒属

【形态特征】落叶灌木或小乔木，高达8米；树皮灰白色、平滑。单叶互生，叶薄革质，长椭圆形至倒卵状椭圆形，密生细柔毛。叶全缘，羽状脉，叶片枯后留存树上，来年新叶发出时始落。雌雄异株。腋生伞形花序，有短花序梗，花2～4朵成单生、黄色，花被片6。浆果球形，熟时黑色或紫黑色。花期4月，果熟9～10月。

【生长习性】为阳性树种，喜光照，也稍耐阴湿，抗寒力强，以湿润肥沃的微酸性砂质土壤生长最为良好。

【景观应用】秋叶红色，经久不落，可用作园林点缀树种配植于草坪、花坛。

舟山新木姜子 *Neolitsea sericea* (Bl.) Koidz

科属：樟科新木姜子属　　别名：男刁樟

【形态特征】常绿乔木，高达12米；小枝带绿色，光滑。叶互生，革质，长椭圆形或卵状长椭圆形，两端渐狭，先端渐尖，尖头钝，离基三出脉，上面深绿色，下面粉白色。花单性，雌雄异株；伞形花序簇生于枝端叶腋，花被裂片4，卵形。核果多少椭圆形，常与花同生在枝上，成熟时鲜红色。

【生长习性】适应力强，对环境要求不严，养护管理较为粗放。

【景观应用】为珍稀植物，是不可多得的观叶兼观果树种，珍贵的庭园观赏树及行道树。

◎ 罂粟科

博落回 *Macleaya cordata* (Willd.) R. Br.

科属：罂粟科博落回属

【形态特征】直立草本，基部木质化，具乳黄色浆汁。茎高 1～4 米，绿色，光滑，多白粉，中空。叶片宽卵形或近圆形，先端急尖、渐尖、钝或圆形，通常 7 或 9 深裂或浅裂，边缘波状、缺刻状、粗齿或多细齿，表面绿色，背面多白粉。大型圆锥花序多花，顶生和腋生；花瓣无；雄蕊 24～30。蒴果狭倒卵形或倒披针形。花果期 6～11 月。

【生长习性】喜温暖湿润环境，耐寒、耐旱。喜阳光充足。对土壤要求不严，但以肥沃、砂质壤土和黏质壤土生长较好。

【景观应用】秆茎高大粗壮，叶大如扇，开花繁茂。宜植于庭园僻隅、林缘池旁。

血水草 *Eomecon chionantha* Hance

科属：罂粟科血水草属

【形态特征】多年生无毛草本，具红黄色液汁。叶全部基生，叶片心形或心状肾形，先端渐尖或急尖，基部耳垂，边缘呈波状，表面绿色，背面灰绿色，掌状脉 5～7 条。花葶灰绿色略带紫红色，有 3～5 花，排列成聚伞状伞房花序；花瓣倒卵形，白色。蒴果狭椭圆形。花期 3～6 月，果期 6～10 月。

【生长习性】喜阴，喜温暖湿润气候环境。

【景观应用】根状茎及全草入药。

◎ **十字花科**

羽衣甘蓝 *Brassica oleracea* L. var. *acephala* 'Ttricolor'

科属：十字花科芸苔属　　　别名：叶牡丹、牡丹菜

【形态特征】二年生草本，株高 30 ～ 40 厘米。植株呈莲座状，叶丛被白霜。由于品种不同，叶色丰富多变，叶缘有紫红、绿、红、粉等颜色，叶面有淡黄、绿、翠绿、紫红等颜色，叶中心有白、乳黄、肉色、紫红、绿等色；叶形也多变，有羽裂、深裂叶等。伞房状总状花序，花鲜黄至淡黄色，呈十字形开展，花瓣 5。花期 9 月。

【生长习性】喜光、耐寒，耐盐碱。喜凉爽环境，适宜疏松肥沃的土壤。

【景观应用】观赏期长，叶色极为鲜艳。用于布置花坛，也可盆栽观赏，为冬季花坛的重要材料。

皱叶羽衣甘蓝 *Brassica oleracea* L. var. *acephala* 'Crispa'

科属：十字花科芸苔属

【形态特征】二年生草本，叶皱，其他特征同羽衣甘蓝。

【生长习性】同羽衣甘蓝。

【景观应用】同羽衣甘蓝。

瓶子草 *Sarracenia purpurea* L.

科属：瓶子草科瓶子草属

【形态特征】多年生食虫草本。无茎，叶丛莲座状，叶常绿，粗糙，圆筒状，叶中具倒向毛，使昆虫能进但不易出。花葶直立，花单生，下垂，从黄色到粉红色不等，4～5月开放。

【生长习性】喜温暖，要求较高的湿度，适宜在通风，阳光直射的开放地带生长。

【景观应用】盆栽观赏。可在花园内做装饰，更适宜作生物科普材料栽培。

捕蝇草 *Dionaea muscipula*

科属：茅膏菜科捕蝇草属

【形态特征】多年生草本，贝壳状，无球茎，高5～38厘米，直立或匍匐状。叶互生，淡绿色或红色，线形，扁平，上部叶伸直，下部叶下弯成支柱状。花序与叶近对生或腋生，具花5～20朵，花瓣5，具脉纹，倒卵形或倒披针形，白色、淡红色至紫红色；花果期全年。

【生长习性】性喜暖热气候而空气湿润处，不耐干旱，不耐寒。

【景观应用】盆栽观赏。

◎ 景天科

白银之舞 *Kalanchoe pumila*

科属：景天科伽蓝菜属　　　　别名：蓝地柏、蓝草

【形态特征】多年生肉质草本植物。根茎直立，圆柱状，光滑无毛有白粉，茎中空。叶对生，平展，长卵圆形，叶片边缘有不规则的锯齿，花序圆锥状，花朵向上，花为粉红色，花开四瓣。

【生长习性】喜阳光充足和凉爽、干燥的环境，耐半阴，怕水涝，忌闷热潮湿。具有冷凉季节生长，夏季高温休眠的习性。

【景观应用】叶片覆盖稠密浓厚的白粉，冬季尤其显得纯白如雪，非常美丽。适于小型盆栽，供室内观赏。

不死鸟锦 *Kalanchoe daigremontiana* 'Variegata'

科属：景天科伽蓝菜属　　　　别名：落地生根锦

【形态特征】多年生肉质草本植物。茎直立，圆柱状，光滑无毛，中空。叶对生，叶片为长三角型，叶缘有不规则的锯齿，其缺口处长有小植株状的不定芽，叶边缘粉红色。花序圆锥状，花冠钟形，稍微向外卷，花为粉红色，多下垂少量会上翘。

【生长习性】喜温暖，湿润的环境，要求阳光充足，通风良好，不耐寒。

【景观应用】适于小型盆栽，供室内观赏。叶端常生具根小植株，具有比较好的观赏性。

梅兔耳 *Kalanchoe* 'Roseleaf'

科属：景天科伽蓝菜属　　　　别名：玫叶兔耳

【形态特征】多年生肉质草本。叶背有疣粒。

【生长习性】喜温暖、干燥和阳光充足环境，耐旱，不耐寒，忌水湿，适宜肥沃、疏松排水良好的砂质壤土。

【景观应用】温室栽植和盆栽观赏。

白兔耳 *Kalanchoe eriophylla*

科属：景天科伽蓝菜属

【形态特征】多年生肉质草本。叶片雪白，叶片及茎干全部覆盖白色绒毛。

【生长习性】喜温暖、干燥和阳光充足环境，耐旱，不耐寒，忌水湿，适宜肥沃、疏松排水良好的砂质壤土。

【景观应用】温室栽植和室内盆栽观赏。

千兔耳 *Kalanchoe millotii*

科属：景天科伽蓝菜属

【形态特征】多年生肉质草本。叶菱形，白绿色，叶面满布细毛，叶缘有缺口。

【生长习性】喜温暖、干燥和阳光充足环境，耐旱，不耐寒，忌水湿，适宜肥沃、疏松排水良好的砂质壤土。

【景观应用】温室栽植和室内盆栽观赏。

月兔耳 *Kalanchoe tomentosa*

科属：景天科伽蓝菜属　　　　别名：褐斑伽蓝菜

【形态特征】多年生肉质草本。叶长圆形，肥厚，灰色，密被银色绒毛，叶缘锯齿状，缺刻处有淡红褐色斑；聚伞花序，花钟状，黄绿色，具红色腺毛。

【生长习性】喜温暖、干燥和阳光充足环境，耐旱，不耐寒，忌水湿，适宜肥沃、疏松排水良好的砂质壤土。

【景观应用】温室栽植和室内盆栽观赏。

黄金月兔耳 *Kalanchoe tomentosa* 'Golden Rabbit'

科属：景天科伽蓝菜属

【形态特征】多年生肉质草本。叶黄褐色。

【生长习性】喜温暖、干燥和阳光充足环境，耐旱，不耐寒，忌水湿，适宜肥沃、疏松排水良好的砂质壤土。

【景观应用】温室栽植和室内盆栽观赏。

黑兔耳 *Kalanchoe tomentosa* 'Chocolate Soldier'

科属：景天科伽蓝菜属　　　别名：巧克力兔

【形态特征】多年生肉质草本；叶片对生，长梭型，整个叶片及茎干密布凌乱绒毛。新叶片金黄色或巧克力色，老叶片颜色变淡，叶尖圆型，冬季整个植株的叶片金黄色非常漂亮。聚伞花序，花序较高，小花管状向上，

花白粉色，花瓣4片，花期较长。

【生长习性】喜温暖、干燥和阳光充足环境，耐旱，不耐寒，忌水湿，适宜肥沃、疏松排水良好的砂质壤土。

【景观应用】温室栽植和室内盆栽观赏。

虎纹伽蓝菜 *Kalanchoe humilis*

科属：景天科伽蓝菜属　　　别名：魅惑彩虹

【形态特征】多年生肉质草本植物，植株呈灌木状，通常在基部分枝，茎圆柱形，直立生长。肉质叶交互对生，无柄，叶片倒卵形，叶缘有不规则的波状齿，叶片表面有一层薄薄的白粉，叶片有红褐至紫褐色不规则横斑。初夏开花，聚伞花序，花序较高，小花管状向上，花粉白色，花瓣4片。

【生长习性】喜温暖、干燥和阳光充足环境，耐旱，不耐寒，忌水湿，适宜肥沃、疏松排水良好的砂质壤土。

【景观应用】温室栽植和室内盆栽观赏。

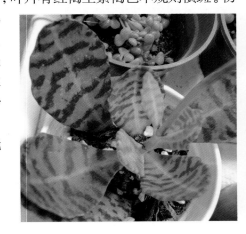

江户紫 *Kalanchoe marmorata*

科属：景天科伽蓝菜属　　　别名：花叶伽蓝菜、石纹伽蓝菜

【形态特征】温室栽植和植株呈灌木状，茎粗壮，呈圆柱形，直立生长，通常在基部分枝。对生倒卵形或圆形叶片，无柄，叶长 15～20 厘米，宽 10～15 厘米。叶身有较薄的白粉，叶缘有圆钝的锯齿，叶片具有紫色细碎斑点。室内盆栽观赏。

【生长习性】喜温暖、干燥和阳光充足环境，耐旱，不耐寒，忌水湿，适宜肥沃、疏松排水良好的砂质壤土。

【景观应用】温室栽植和室内盆栽观赏。

扇雀 *Kalanchoe rhombopilosa*

科属：景天科伽蓝菜属　　　别名：姬宫

【形态特征】多年生肉质草本，植株呈灌木状，通常在基部分枝，茎圆柱形，直立生长。肉质叶交互对生，无柄，叶片倒卵形，长 10 厘米，叶缘有不规则的波状齿，蓝灰至灰绿色，被有一层薄薄的白粉，表面有红褐至紫褐色斑点或晕纹。花白色。

【生长习性】喜温暖、干燥和阳光充足环境，耐旱，不耐寒，忌水湿，适宜肥沃、疏松排水良好的砂质壤土。

【景观应用】温室栽植和盆栽观赏。

唐印 *Kalanchoe thyrsiflora*

科属：景天科伽蓝菜属

【形态特征】多年生肉质草本植物。茎粗壮，叶对生，排列紧密，叶片倒卵形，全缘，先端钝圆，淡绿或黄绿色，被白粉；小花筒形，黄色。

【生长习性】喜光，也耐半阴，稍耐寒，夏季高温近停止生长。

【景观应用】温室栽植和室内盆栽观赏。

唐印锦 *Kalanchoe thyrsiflora* 'Variegata'

科属：景天科伽蓝菜属

【形态特征】多年生肉质草本植物，唐印的变种，叶缘红色。其他同唐印。

【生长习性】喜光，也耐半阴，稍耐寒，夏季高温近停止生长。

【景观应用】温室栽植和室内盆栽观赏。

玉吊钟 *Kalanchoe fedtschenkoi* 'Rosy Dawn'

科属：景天科伽蓝菜属　　　　别名：洋吊钟、白姬舞、蝴蝶之舞锦

【形态特征】多年生肉质草本植物。植株高20～30厘米，叶片交互对生，肉质扁平，卵形至长圆形，缘具齿，蓝或灰绿色，上有不规则的乳白、粉红或黄色斑块，新叶更是五彩斑斓，甚为美丽。聚伞花序，小花红或橙色。

【生长习性】喜温暖凉爽的气候环境，不耐高温烈日暴晒。

【景观应用】叶色艳丽，形态如花，株型美观，具有极高的观赏价值。温室栽植和室内盆栽观赏。

圆叶景天 *Kalanchoe farinacea*

科属：景天科伽蓝菜属

【形态特征】多年生草本。叶对生，圆形，叶面粉绿色。花红色。

【生长习性】喜湿润，较耐阴，耐寒，适湿润、肥沃的土壤，耐旱，耐瘠薄。

【景观应用】盆栽观赏。

掌上珠 *Kalanchoe gastonis bonnieri*

科属：景天科伽蓝菜属

【形态特征】多年生肉质草本植物。根茎直立，圆柱状，光滑无毛有白粉，茎中空。叶对生，平展，长卵圆形，叶片边缘有不规则的锯齿，其缺刻处长有小植株状的不定芽。叶片覆盖稠密浓厚的白粉，冬季尤其显得纯白如雪，非常美丽。花序圆锥状，花冠钟形，下垂，稍微向外卷，花为粉红色。

【生长习性】喜温暖、干燥和阳光充足环境，耐旱，不耐寒，忌水湿，适宜肥沃、疏松排水良好的砂质壤土。

【景观应用】温室栽植和室内盆栽观赏。

朱莲 *Kalanchoe longiflora*

科属：景天科伽蓝菜属　　　　别名：齿叶伽蓝菜

【形态特征】多年生肉质草本植物。根茎直立。叶对生，平展，长卵圆形，叶片边缘有不规则的锯齿。

【生长习性】不怕热，比较抗病，日常叶子颜色为绿色，朱莲很喜欢光照，叶片肥厚抗晒，可全日照，几乎没有休眠期。在日照充足温差较大后正株会变红。

【景观应用】温室栽植和室内盆栽观赏。

仙女之舞 *Kalanchoe beharensis*

科属：景天科伽蓝菜属　　　　别名：贝哈伽蓝菜

【形态特征】多年生肉质草本，茎高2～3米，幼株茎有灰白色毛。叶有柄，叶对生，叶片广卵形至披针形，肉质，灰绿色，叶面微凹，边缘有锯齿；圆锥花序，花坛状，黄绿色。

【生长习性】喜温暖、干燥和阳光充足环境，耐旱，不耐寒，忌水湿，适宜肥沃、疏松排水良好的砂质壤土。

【景观应用】温室栽植和盆栽观赏。

粉美人 *Pachyphytum species*

科属：景天科厚叶草属

【形态特征】多年生肉质草本，叶片环状排列，匙型，叶缘圆弧状，叶片肥厚，叶片光滑有大量白粉，叶片粉白色至白粉红色，有的叶片会出现不规则的红色锦斑。花秆很高。簇状花序红色花朵，花朵倒钟形，串状排列，花开五瓣，初夏开花。

【生长习性】喜光，耐寒性不强，耐半阴，耐旱。喜半阴和湿润环境，忌积水，对土壤要求不严，以疏松富含腐殖质的沙土为佳。

【景观应用】盆栽观赏。

红手指 *Pachyphytum* 'Ganzhou'

科属：景天科厚叶草属

【形态特征】厚叶草和景天属跨属杂交的品种。多年生无毛肉质草本，扁圆柱状。叶片环状互生排列，长圆型叶片，无叶尖但尖端部分为圆形，叶片肥厚圆润，光滑有微量白粉，灰红色至紫红色。花杆很高。簇状花序红色花朵，花朵钟形，串状排列，花开五瓣，初夏开花，可以异花授粉。

【生长习性】喜温暖、干燥和光照充足的环境，耐旱性强，要求质地疏松、排水良好的沙壤土。

【景观应用】盆栽观赏。

美尻 *Pachyphytum* 'Orpet'

科属：景天科厚叶草属

【形态特征】多年生无毛肉质草本，叶缘比较圆钝是它的一大特点，叶上有粉，叶灰绿色，天气较寒冷时老叶会泛粉红色。繁殖方法主要有播种和分株、砍头、叶插。

【生长习性】喜欢阳光充足、凉爽干燥的生长环境，生长季节应放在阳光充足的地方种植，光线不足，会出现徒长的现象。

【景观应用】盆栽观赏。

千代田之松 *Pachyphytum compactum*

科属：景天科厚叶草属

【形态特征】多年生无毛肉质草本，叶片环状互生排列，圆梭型，有叶尖但尖端部分略有棱，叶片肥厚圆润，叶背有棱线。叶片光滑有微量白粉，草绿色至墨绿色。阳光充足叶片紧密排列，弱光则叶色浅绿，叶片变的细且长，叶片间的间距会徒长拉长。

【生长习性】喜温暖、干燥和光照充足的环境，耐旱性强，要求质地疏松、排水良好的沙壤土。

【景观应用】盆栽观赏。

千代田之松缀化 *Pachyphytum compactum* 'Cristata'

科属：景天科厚叶草属

【形态特征】多年生无毛肉质草本，千代田之松的缀化品种。

【生长习性】喜温暖、干燥和光照充足的环境，耐旱性强，要求质地疏松、排水良好的沙壤土。

【景观应用】盆栽观赏。

青星美人 *Pachyphytum* 'Dr Cornelius'

科属：景天科厚叶草属

【形态特征】多年生无毛肉质草本，叶片环状排列，匙型，有叶尖，叶缘圆弧状，叶片肥厚，叶片光滑微量白粉，叶片草绿色至墨绿色。阳光充足叶片紧密排列边缘和叶尖会发红，弱光则叶色浅绿，叶片变的窄且长，叶片间的间距会徒长拉长。花杆很高。簇状花序红色花朵，花朵倒钟形，串状排列，花开五瓣，初夏开花，可以异花授粉。繁殖方法主要有播种和分株、砍头、叶插。

【生长习性】喜温暖、干燥和光照充足的环境，耐旱性强，要求质地疏松、排水良好的沙壤土。

【景观应用】盆栽观赏。

星美人 *Pachyphytum oviferum*

科属：景天科厚叶草属　　　　别名：厚叶草、白美人

【形态特征】多年生肉质草本，有短茎。叶疏散排列为近似莲坐的形态，叶肉质，很厚，长圆形，先端圆，叶面有霜粉，有时带淡紫红色晕。花红色，五瓣平展。

【生长习性】喜温暖、干燥和光照充足的环境，耐旱性强，要求质地疏松、排水良好的沙壤土。

【景观应用】盆栽观赏。

桃美人 *Pachyphytum oviferum* 'Momobijin'

科属：景天科厚叶草属

【形态特征】多年生无毛肉质草本，星美人的园艺品种。它的显著特点是如桃子一般肥厚的可爱叶子，先端盾圆，叶表被粉，冬天的时候会悄悄变成粉红色。

【生长习性】喜欢阳光充足、凉爽干燥的生长环境，生长季节应放在阳光充足的地方种植，光线不足，会出现徒长的现象。

【景观应用】盆栽观赏。

紫丽殿 *Pachyphytum* 'Shireiden'

科属：景天科厚叶草属

【形态特征】多年生无毛肉质草本，叶上有粉，叶灰紫色。

【生长习性】喜欢阳光充足、凉爽干燥的生长环境，生长季节应放在阳光充足的地方种植，光线不足，会出现徒长的现象。

【景观应用】盆栽观赏。

春之奇迹 *Sedum chontalense*

科属：景天科景天属　　　　别名：薄毛万年草

【形态特征】迷你型袖珍多肉植物，成株个头不超过1厘米，叶片上有许多小绒毛，在某些特殊的地域环境下可以整株变成粉色。

【生长习性】喜欢日照，一定要多晒，株型才会漂亮，夏天需要适当遮阳。

【景观应用】用于花坛或地被植物，也常常用于屋顶绿化或盆栽观赏。

白佛甲草 *Sedum lineare* 'Variegatum'

科属： 景天科景天属　　　**别名：** 佛甲草锦、姬吹雪

【形态特征】佛甲草的白边品种。多年生肉质常绿草本，株高 10～20 厘米，茎初直立，后下垂。有分枝，3 叶轮生，叶无柄，线状至线状披针形，黄绿色，叶缘白色。花密集，黄色。花期 5～6 月。

【生长习性】喜光，耐寒性不强，耐半阴，耐旱。喜半阴和湿润环境，忌积水，对土壤要求不严，以疏松富含腐殖质的沙土为佳。

【景观应用】用于花坛或地被植物，也常常用于屋顶绿化或盆栽观赏。

白霜 *Sedum spathulifolium* 'Pruinosum'

科属： 景天科景天属

【形态特征】小型多年生肉质植物，易群生。高 3～6 厘米。叶片轮生，叶匙形，先端钝尖，无柄，有短距，叶片上覆盖厚白粉，故名。花序聚伞状，顶生，花金黄色。

【生长习性】喜阳光充足和凉爽、干燥的环境，耐半阴，怕水涝，忌闷热潮湿。具有冷凉季节生长，夏季高温休眠的习性。

【景观应用】是家庭盆栽佳品。

反曲景天 *Sedum reflexum* L.

科属： 景天科景天属

【形态特征】多年生肉质常绿草本，株高 15～25 厘米，茎匍匐，全株灰绿色。叶互生，密集，圆柱形，尖端弯曲，带有白色蜡粉，灰绿色。花枝较长且很坚硬，花亮黄色。

【生长习性】喜光，耐寒，耐半阴，尤其耐旱。喜半阴和湿润环境，忌积水，对土壤要求不严，以疏松富含腐殖质的沙土为佳。

【景观应用】用于布置花坛或地被植物。

翡翠景天 *Sedum morganianum*

科属： 景天科景天属　　　　**别名：** 串珠草、玉珠帘、白菩提

【形态特征】多年生肉质常绿草本。植物匍匐下垂，青绿色，表面附白粉。叶小，多汁，纺锤形，紧密重叠，似松鼠尾巴。花小，深玫瑰色，春季开放。

【生长习性】喜光，耐寒，耐半阴，尤其耐旱。喜半阴和湿润环境。

【景观应用】用于布置花坛或地被植物。

红霜 *Sedum spathulifolium* 'Carnea'

科属： 景天科景天属

【形态特征】多年生肉质草本植物。茎高 3～6 厘米。叶片轮生，叶匙形，叶先端钝尖，茎部无柄，有短距，叶片上覆盖厚白粉，叶片紫红色至微红色。花序聚伞状，顶生，花开金黄色。

【生长习性】需要阳光充足和凉爽、干燥的环境，耐半阴，怕水涝，忌闷热潮湿。具有冷凉季节生长，夏季高温休眠的习性。

【景观应用】盆栽观赏。

虹之玉 *Sedum rubrotinctum*

科属： 景天科景天属　　　　**别名：** 耳坠草、玉米粒

【形态特征】多年生肉质草本植物。虹之玉的锦化品种。直立。叶轮生，排列呈延长的莲座状，肉质，长圆形，长 2～4 厘米，先端平滑钝圆，叶面光滑红润。花期夏季。婴儿手指一般的叶子，在春天到夏天的繁殖期里呈美丽的绿色。秋冬开始红叶，阳光充分且干燥的环境下能愈发变成红色。光照增强，肉质叶片逐渐会变为红色。

【生长习性】喜光，干旱。适应性非常强，对土壤要求不严。

【景观应用】是室内盆栽佳品。

虹之玉锦 *Sedum rubrotinctum* 'Aurora'

科属：景天科景天属

【形态特征】多年生肉质草本植物，虹之玉的锦化品种。直立。叶轮生，排列呈延长的莲座状，肉质，长圆形，长 2～4 厘米，先端平滑钝圆，叶面光滑红润。花期夏季。植物呈美丽的粉红色。

【生长习性】同虹之玉。

【景观应用】是室内盆栽佳品。

黄丽景天 *Sedum adolphii*

科属：景天科景天属　　　别名：铭月、金景天

【形态特征】多年生多肉类植物。植株具短茎，肉质叶，排列紧密，呈莲座状，叶片匙形，顶端有小尖头，叶片松散，表面附蜡质呈黄绿色或金黄色偏红，长期生长于阴凉处时叶片呈绿色，光照充足情况下，叶片边缘会泛红，花单瓣，聚伞花序，浅黄色，较少开花。

【生长习性】喜温暖干燥和阳光充足环境，较耐寒，怕水湿，耐干旱。

【景观应用】盆栽观赏。

姬星美人 *Sedum dasyphyllum*

科属：景天科景天属

【形态特征】多年生肉质植物，株高 5～10 厘米，茎多分枝，叶膨大互生，倒卵圆形，长 2 厘米，绿色。叶片肉质，深绿色，似翡翠深绿色肉质叶片在阳光照射下非常鲜艳美丽。春季开花，花淡粉白色。

【生长习性】喜温暖干燥和阳光充足环境，较耐寒，怕水湿，耐干旱，夏季高温半休眠。

【景观应用】盆栽观赏。

旋叶姬星美人 *Sedum dasyphyllum* 'Major'

科属：景天科景天属

【形态特征】多年生肉质植物，株高 5 ~ 10 厘米，茎多分枝。叶膨大互生，倒卵圆形，长 2 厘米，绿色，叶片肉质，常年蓝绿色，叶片密布小凹陷。

【生长习性】喜温暖干燥和阳光充足环境，较耐寒，怕水湿，耐干旱，夏季高温半休眠。

【景观应用】盆栽观赏。

金叶景天 *Sedum* 'Aurea'

科属：景天科景天属

【形态特征】多年生肉质草本，株高约 5 厘米。茎匍匐生长，节间短，分枝能力强，丛生性好。单叶对生，密生于茎上，叶片圆形，金黄色，鲜亮，肉质。

【生长习性】喜光，亦耐半阴，较耐寒，耐旱，忌水涝，适宜排水良好的砂质壤土。

【景观应用】长势较弱，存在不能迅速铺满地面的缺点，因此不宜用于屋顶绿化等低维护的地点，但由于其鲜亮的颜色可作为点缀植物。

松塔景天 *Sedum sediforme*

科属：景天科景天属　　　　别名：千佛手

【形态特征】多年生肉质草本，茎匍匐，光滑。叶互生，椭圆状披针形，叶端尖。花无柄，白色或黄色，萼片卵形，花瓣倒披针形。

【生长习性】喜光，耐寒，耐半阴，耐旱，忌积水，对土壤要求不严，以疏松富含腐殖质的沙土为佳。

【景观应用】用于花坛或地被植物或盆栽观赏。

信东尼 *Sedum hintonii*

科属：景天科景天属　　　　别名：毛叶蓝景天

【形态特征】多肉植物，小型品种。肉质叶排成紧密的莲座状。叶片广卵形至三角卵形。叶色常年绿色，叶面上布满白色绒毛。开簇状花穗，花白色，五瓣。

【生长习性】对高温多湿抵抗力弱，喜阳光充足，耐干旱。

【景观应用】栽培繁殖简便，是家庭盆栽佳品。

丸叶松绿 *Sedum lucidum* 'Obesum'

科属：景天科景天属

【形态特征】小型群生多肉灌木。叶椭圆形至匙形，叶片尖端小钝尖，绿色叶片肥厚有光泽，翠绿色，油光发亮；叶缘容易泛红，非常鲜明。

【生长习性】喜欢阳光充足、凉爽干燥的生长环境，耐干旱，不耐寒；光照不足，很容易徒长，叶色变绿。

【景观应用】是家庭盆栽佳品。

胭脂红景天 *Sedum spurium* 'Coccineum'

科属：景天科景天属　　　　别名：红地毯景天

【形态特征】多年生肉质草本，株高 10 ～ 20 厘米，枝较细弱。茎匍匐，光滑。叶对生，卵形至楔形，叶缘上部锯齿状，叶为紫红色。花粉红色。

【生长习性】喜光，耐寒，耐半阴，耐旱，忌积水，对土壤要求不严，以疏松富含腐殖质的沙土为佳。

【景观应用】用于花坛或地被植物。

小球玫瑰 *Sedum spurium* 'Dragon's Blood'

科属：景天科景天属

【形态特征】植株低矮，茎细长，常呈匍匐状，较易生新枝，形成群生株，茎叶基本同为红紫色。叶卵圆形，或近似圆形，叶缘有波浪形，互生或对生，血红色或紫红色，排列组合成一朵朵仿真的"小球玫瑰"。花期在秋冬季节，花由数十朵粉红色五星状小花组成，雄蕊花药5～7个头，紫红色，花梗长，红褐色，聚伞花序生于顶端。

【生长习性】喜温暖干燥和阳光充足的环境。具有耐旱、耐贫瘠、耐寒的能力，适应性较强。

【景观应用】用于花坛或地被植物，也可盆栽观赏。

小球玫瑰锦 *Sedum spurium* 'Tricolor'

科属：景天科景天属　　　别名：龙血锦

【形态特征】小球玫瑰的品种。叶片中间紫红色，边缘粉色，或是绿叶、粉色的边和红色的晕。其他同小球玫瑰。

【生长习性】同小球玫瑰

【景观应用】同小球玫瑰。

乙女心 *Sedum pachyphyllum*

科属：景天科景天属

【形态特征】灌木状肉质植物。株高30厘米，株幅20厘米。叶片簇生于茎顶，圆柱状，淡绿色或淡灰蓝色，叶先端具红色，叶长3～4厘米。花小，黄色，花期春季。叶片上披着薄薄的白霜，阳光充足的话，叶尖形成好看的褐色。

【生长习性】对高温多湿抵抗力弱，喜阳光充足，耐干旱。

【景观应用】栽培繁殖简便，是家庭盆栽佳品。

银边垂盆草 *Sedum sarmentosum* 'Variegatum'
科属：景天科景天属

【形态特征】多年生肉质草本，为垂盆草的栽培变种。株高10～25厘米，叶3片轮生，倒披针形至长圆形，顶端尖，基部渐狭，全缘。绿色小叶片边缘有白色花纹。聚伞花序疏松，常3～5分枝；花淡黄色。

【生长习性】喜湿润，较耐阴，耐寒，适湿润、肥沃的土壤，耐旱，耐瘠薄。

【景观应用】植株自然成型，可做封闭式地被植物材料，或作屋顶绿化材料，亦可做盆栽栽培。

黄金丸叶万年草 *Sedum makinoi* 'Ogonj'
科属：景天科景天属　　别名：金叶景天

【形态特征】多年生草本，圆叶景天的栽培变种。植株低矮，叶片长约0.5厘米，椭圆形，黄色，叶表有结晶状突起。茎匍匐性，接触地面容易生长不定根。

【生长习性】喜阳光充足环境，耐寒，适湿润、肥沃的土壤，耐旱，耐瘠薄。

【景观应用】叶色明亮，多用于盆栽，或大面积栽培作为薄层式绿屋顶的地被植物。

长茎景天锦 *Crassula sarmentosa* 'Variegata'
科属：景天科青锁龙属　　别名：彩凤凰

【形态特征】多年生肉质植物。茎圆柱形，绿色或红色，有白色短线条纹。叶片椭圆形，肉质，交互对生，叶面光滑，中间绿色或深绿色，周边白色、黄色或浅绿色，叶缘具细小缺刻。花小、星状、黄白色。花期春季。

【生长习性】喜温暖、干燥和阳光充足的环境。不耐寒，耐干旱和半阴，畏强光，忌水湿。宜用肥沃、疏松和排水良好的沙壤土栽培。

【景观应用】叶形较美，有一定的观赏价值；盆栽观赏。

丛珊瑚 *Crassula* 'Coralita'

科属：景天科青锁龙属

【形态特征】多肉植物，是神刀与漂流岛的杂交品种，丛珊瑚兼具父本和母本的特性，不但开花漂亮，外形也很好看，不像神刀那么超大，也不像漂流岛那样迷你。花簇生，花朵较小，小花红色。

【生长习性】喜温暖、干燥和阳光充足的环境，耐干旱，稍耐半阴。

【景观应用】养护简单，适合家庭栽培。

阿尔巴 *Crassula alba*

科属：景天科青锁龙属

【形态特征】多年生肉质草本植物，叶片莲座状排列，披针型，表面有不规则红斑，叶缘有白色的细小绒毛，形成漂亮的微白边。花簇生，花朵较小，小花红色。

【生长习性】喜温暖、干燥和阳光充足的环境，耐干旱，稍耐半阴。

【景观应用】养护简单，适合家庭栽培。

巴 *Crassula hemisphaerica*

科属：景天科青锁龙属

【形态特征】多年生肉质草本植物，植株具短茎，肉质叶半圆形，交互对生，上下叠接呈十字形排列，叶面绿色，有光泽，因密生白色细小疣突而略显粗糙，顶端有椭圆形尖头，全缘具白色毫毛，基部易生侧芽。聚伞花序，小花白色。

【生长习性】喜凉爽干燥和阳光充足的环境，夏季高温休眠。

【景观应用】养护简单，适合家庭栽培。

白鹭 *Crassula deltoidea*

科属：景天科青锁龙属

【形态特征】多年生肉质草本植物。小型品种，叶片对生，叶片肥厚，表面密密排列白色小颗粒，看起来像白色的粉，有不规则的凹点，就像人工用尖的东西在叶片上扎出来的一个一个小孔。花白色，花瓣五角星型。

【生长习性】需要阳光充足和凉爽、干燥的环境，耐半阴，怕水涝，忌闷热潮湿，土壤以疏松透气为主。具有冷凉季节生长，夏季高温休眠的习性。

【景观应用】养护简单，适合家庭栽培。

白妙 *Crassula coralline* Thunb

科属：景天科青锁龙属

【形态特征】多年生肉质草本植物。小型品种，叶片对生，肥厚，表面密密排列白色小疣状突起，花黄色。

【生长习性】需要阳光充足和凉爽、干燥的环境，耐半阴，怕水涝，忌闷热潮湿，土壤以疏松透气为主。

【景观应用】养护简单，适合家庭栽培。

半球乙女 *Crassula brevifolia*

科属：景天科青锁龙属　　　　别名：半球星乙女

【形态特征】多年生肉质草本植物，全株无毛，株高20厘米，从基部丛生很多分枝，茎和分枝初白色肉质状，后变褐色，下部中空。叶无柄，交互对生，长1厘米，宽和厚均为0.6厘米，正面平背面浑圆似半球状，肉质坚硬。黄绿色叶缘呈红色。花色从白色到柠檬黄色。

【生长习性】喜凉爽干燥和阳光充足的环境，夏季高温休眠。

【景观应用】养护简单，适合家庭栽培。

彩色蜡笔 *Crassula brevifolia* 'Pastel'

科属：景天科青锁龙属

【形态特征】多年生肉质草本植物。植株丛生，有细小的分枝，茎肉质。肉质叶浅绿色至嫩粉色，叶缘具粉红色，在晚秋和早春，温差大的时候粉红色尤为明显。叶片交互对生，卵圆状三角形，无叶柄，基部连在一起，新叶上下叠生，成叶上下有少许间隔。花白色，4～5月开放。

【生长习性】喜凉爽干燥和阳光充足的环境，夏季高温休眠。

【景观应用】养护简单，适合家庭栽培。

赤鬼城 *Crassula fusca*

科属：景天科青锁龙属

【形态特征】多年生肉质草本。叶片对生且紧密排列在枝干上，叶片长且窄。新叶绿色，老叶褐色或者暗褐色，温差大的季节整个植株叶片呈现紫红色，非常漂亮。花簇状，小花白色。

【生长习性】喜温暖、干燥和阳光充足的环境，耐干旱，能够忍耐−4℃的室内低温。

【景观应用】养护简单，适合家庭栽培。置于桌案、几架、阳台等处，充满趣味。

克拉夫 *Crassula clavata*

科属：景天科青锁龙属

【形态特征】多肉植物。叶片肉质，红色。

【生长习性】喜温暖干燥和阳光充足的环境，耐干旱和半阴，不耐寒。夏季半休眠。

【景观应用】盆栽观赏。

方塔 *Crassula* 'Buddha's Temple'

科属：景天科青锁龙属　　　　别名：绿玉珠

【形态特征】多年生肉质草本植物。绿白色叶紧密排列对生，叶面粗糙有颗粒，俯视植株叶片组成正方形，侧看就象是一座塔，叶片一层层紧密排列。方塔花开乳白色，五角型的花瓣，花朵簇生。

【生长习性】喜凉爽干燥和阳光充足的环境。

【景观应用】养护简单，适合家庭栽培。

红叶祭 *Crassula* 'Momiji Matsuri'

科属：景天科青锁龙属

【形态特征】多年生肉质草本，为赤鬼城和火祭的杂交种。叶片对生且紧密排列在枝干上，长三角型，叶片表面有微小的凹点，叶缘有白色的细小绒毛，形成漂亮的白边。新叶绿色，老叶褐红色或者暗红色，温差大的季节整个植株叶片呈现紫红色，非常漂亮。小花白色。

【生长习性】喜温暖、干燥和阳光充足的环境，耐干旱，能够忍耐 −4℃ 的低温。

【景观应用】养护简单，适合家庭栽培。置于桌案、几架、阳台等处，充满趣味。

黄金花月 *Crassula argentea* 'Ohgonkagetsu'

科属：景天科青锁龙属

【形态特征】为花月的园艺变种，多年生肉质草本。株高 50～60 厘米，易分枝，叶卵圆形，肉质，深绿色，日照充足时，叶片边缘会变红，植株呈现出金色，因此得名。花期秋季。

【生长习性】喜温暖干燥和阳光充足的环境，耐干旱贫瘠，不耐寒，怕积水，在半阴处也能正常生长。

【景观应用】养护简单，适合家庭栽培。置于桌案、几架、阳台等处，充满趣味。

红稚儿 *Crassula pubescens* 'Radicans'

科属：景天科青锁龙属

【形态特征】多年生肉质草本。叶片细小扁平，密集紧凑，冬季则一片红艳。花很小，堆积成团，白色。

【生长习性】喜温暖干燥和阳光充足的环境，怕低温和霜雪，耐半阴，无明显休眠期。

【景观应用】养护简单，适合家庭栽培。

三色花月锦 *Crassula argentea* 'Tricolor Jade'

科属：景天科青锁龙属

【形态特征】为花月的园艺变种，小型肉质灌木，株高 50 ～ 60 厘米，易分枝。叶卵圆形，肉质，深绿色，嵌有红、黄、白三色叶斑。花期在秋季。

【生长习性】喜温暖干燥和阳光充足的环境，怕低温和霜雪，耐半阴，无明显休眠期。

【景观应用】养护简单，适合家庭栽培。

筒叶花月 *Crassula argentea* 'Gollum'

科属：景天科青锁龙属　　　别名：吸财树、马蹄角

【形态特征】为花月的园艺变种。植株呈多分枝的灌木状，茎明显，圆形，表皮黄褐色或灰褐色。叶互生，在茎或分枝顶端密集成簇生长，肉质叶筒状，长 4 ～ 5 厘米，粗 0.6 ～ 0.8 厘米，顶端呈斜的截形，截面通常为椭圆形，叶色鲜绿，有光泽，冬季其截面的边缘呈红色，非常美丽。

【生长习性】喜温暖干燥和阳光充足的环境，耐干旱和半阴，不耐寒。除盛夏高温时要避免烈日暴晒外，其他季节都要给予充足的光照。

【景观应用】叶形奇特，色彩宜人，是理想的室内小型观叶植物。

花簪 *Crassula exilis*

科属：景天科青锁龙属

【形态特征】多年生肉质草本，植株丛生，具短茎，喜群生。叶长卵形，肉质，交互对生，上下叠接紧密排列，叶面墨绿色，有暗紫色细小凹疣点而略显粗糙，叶缘两边有毛。聚伞花序，小花白色。花期夏末至秋末。

【生长习性】喜温暖干燥和阳光充足的环境，需要接受充足日照叶色才会艳丽，株型才会更紧实美观，叶片的疣点也会变的红艳艳。

【景观应用】养护简单，适合家庭栽培。

乙姬花簪 *Crassula exilis* 'Cooperi'

科属：景天科青锁龙属　　　　别名：厚叶花簪

【形态特征】多年生肉质草本，植株丛生，具短茎，喜群生。叶长卵形，厚肉质，交互对生，上下叠接紧密排列，叶面绿色，有暗紫色细小凹疣点而略显粗糙，叶缘两边有毛。聚伞花序，小花白色。花期夏末至秋末。

【生长习性】喜温暖干燥和阳光充足的环境，需要接受充足日照叶色才会艳丽，株型才会更紧实美观，叶片的疣点也会变的红艳艳。

【景观应用】养护简单，适合家庭栽培。

火祭 *Crassula capitella* 'Campfire'

科属：景天科青锁龙属　　　　别名：秋火莲

【形态特征】多年生肉质草本，植株丛生。长圆形肉质叶交互对生，排列紧密，使植株呈四棱状，叶色在阳光充足的条件下呈红色。

【生长习性】喜温暖干燥和阳光充足的环境，在半阴或荫蔽处植株虽然也能生长，但叶色不红。

【景观应用】叶色鲜艳，用于装饰光照充足的窗台、阳台、庭院等处。

火祭（六角变异） *Crassula erosula* 'Campfire'

科属：景天科青锁龙属

【形态特征】多年生肉质草本，火祭的六角变异品种。变异后由对生叶序变为轮生叶，株型已经呈现出莲座状了。

【生长习性】喜温暖、干燥和阳光充足的环境。耐干旱，能够忍耐 −4℃的室内低温。

【景观应用】养护简单，适合家庭栽培。置于桌案、几架、阳台等处，充满趣味。

火祭之光 *Crassula erosula* 'Campfire Variegata'

科属：景天科青锁龙属   别名：秋火莲之光

【形态特征】多肉植物，火祭的斑锦品种。植株丛生，长圆形肉质叶交互对生，排列紧密，使植株呈四棱状，叶边缘粉红色。

【生长习性】喜温暖干燥和阳光充足的环境，在半阴或荫蔽处植株虽然也能生长，但叶色不红。

【景观应用】叶色鲜艳，用于装饰光照充足的窗台、阳台、庭院等处。

火星兔子 *Crassula ausensis* 'Titanopsis'

科属：景天科青锁龙属

【形态特征】多肉植物，叶紧密对生，直立生长，无茎、叶面覆盖白色疣点，喜欢阳光，多晒叶尖会变红。

【生长习性】喜温暖干燥和阳光充足的环境。怕潮湿，不宜过多浇水。

【景观应用】盆栽观赏。

神丽 *Crassula* 'Shinrei'

科属：景天科青锁龙属

【形态特征】多年生肉质草本植物，植株茎和叶片肉质，叶片环状对生，叶无柄，叶片上有很多细小的透明状疣凸，有叶尖，叶片紧密排列。簇状花序，花开白色。

【生长习性】需要阳光充足和凉爽、干燥的环境。耐半阴，怕水涝，忌闷热潮湿。具有冷凉季节生长，夏季高温休眠的习性。

【景观应用】养护简单，适合家庭栽培。

纪之川 *Crassula* 'Moonglow'

科属：景天科青锁龙属

【形态特征】多肉植物，是同属的两个种稚儿姿 *C.deceptor* 和神刀 *C.falcate* 的杂交种。叶的排列方式像稚儿姿，交互对生，基部联合，而且叶的大小几乎一致，因而整个株形就像一座绿色的方塔。

【生长习性】喜温暖干燥和阳光充足的环境。怕潮湿，不宜过多浇水。

【景观应用】株形奇特，清奇高雅，生长慢。适合做室内小型盆栽。

丽人 *Crassula columnaris*

科属：景天科青锁龙属

【形态特征】多肉植物，叶紧密对生，直立生长，无茎、叶片上布有暗点，有短绒毛，与玉椿的叶片相似，植株直径可达 4 厘米，株高不超过 10 厘米，通常单生，但是老株偶尔会长出多头。花为伞状簇生，花为橙黄色。

【生长习性】喜温暖干燥和阳光充足的环境。

【景观应用】盆栽观赏。

龙宫城 *Crassula* 'Ivory Pagoda'

科属：景天科青锁龙属

【形态特征】多肉植物，是小夜衣和稚儿姿的杂交种，叶片为对生，呈塔状，叶面多褶皱和白色小点。

【生长习性】喜阳光充足和温暖、干燥的环境，不耐寒。忌水湿、高温闷热和过于荫蔽，耐干旱和半阴，无明显休眠期。

【景观应用】盆栽观赏。

吕千惠 *Crassula 'Morgan Beauty'*

科属： 景天科青锁龙属

【形态特征】多年生肉质草本植物，植株丛生。叶片为圆弧状，肥厚，绿白色，对生且紧密排列呈叠加状，叶面粗糙有微细颗粒，富肉质感且带有磨砂质感，像石头质地。伞房状聚伞花序顶生，花橙红色，五角型的微型花瓣，蓇葖果。花期7～9月。

【生长习性】喜温暖、干燥，阳光充足的环境，加强日照时叶片会呈淡粉色。

【景观应用】盆栽观赏。

方鳞绿塔 *Crassula pyramidalis* Thunb.Y

科属： 景天科青锁龙属　　**别名：** 绿塔

【形态特征】多年生肉质草本植物，茎叶丛生，叶片部分时间都是绿色，温差增大、日照充足时变红，某些地区甚至会整株变红。特别容易群生。

【生长习性】喜温暖、干燥，阳光充足的环境，忌大湿大水的闷湿环境，水分过多容易腐烂。夏季休眠明显。

【景观应用】叶形叶色较美，有一定的观赏价值。盆栽观赏。

醉斜阳 *Crassula watermeyeri*

科属： 景天科青锁龙属　　**别名：** 姬红神刀

【形态特征】多年生肉质草本。叶对生，不规则匙形，或近似卵圆形，茎和叶密被细毛，绿色，经日晒后，从叶片边缘，到茎干和叶片的大部分，甚至大部分叶片，都转变成红褐色，或玫瑰红色。聚伞花序，花小，白或粉色，花蕊黄色。

【生长习性】喜温暖、干燥和阳光充足的环境，耐干旱和半阴，不耐寒，怕潮湿。

【景观应用】盆栽观赏。

毛海星 *Crassula* sp.
科属：景天科青锁龙属

【形态特征】迷你型多肉植物。叶片交互环生，匙形，叶面长有小疣点和透明状的肉刺，或细毛，绿色，温差大时，叶子在阳光直接照射下，会转变成红褐色。聚伞花序，小花成簇开放，花瓣白色或浅粉色，形似五角星。花期春季。

【生长习性】喜温暖、干燥和阳光充足的环境。忌高温多湿，怕积水，畏霜雪。浇水以湿润盆土为宜，不适合大量浇水及喷淋。

【景观应用】叶形叶色较美，有一定的观赏价值。盆栽观赏。

梦椿 *Crassula pubescens*
科属：景天科青锁龙属

【形态特征】多肉植物，属冬型种。叶片平展，长椭圆形，表面密被白色、细短毫毛，夏天或光照不足叶片易呈现绿色，大部分时间可呈现梦幻般红色和黑紫色，茎干不长，容易群生。花期冬季，小花黄白色。

【生长习性】喜温暖、干燥和阳光充足的环境。忌高温多湿，怕积水。

【景观应用】叶形叶色较美，有一定的观赏价值。盆栽观赏。

青锁龙锦 *Crassula muscosa* 'Variegated'
科属：景天科青锁龙属

【形态特征】多年生肉质草本植物，青锁龙的锦化品种。丛生，茎细易分枝，茎和分枝通常垂直向上。叶鳞片般呈三角形，在茎和分枝上排列成4棱，非常紧密，叶色斑锦。花着生于叶腋部，很小。叶片排列非常紧密。

【生长习性】需要阳光充足和凉爽、干燥的环境，耐半阴，怕水涝，忌闷热潮湿。具有冷凉季节生长，夏季高温休眠的习性。

【景观应用】叶形叶色较美，有一定的观赏价值。盆栽观赏。

茜之塔 *Crassula corymbulosa*

科属：景天科青锁龙属

【形态特征】多年生肉质草本植物，矮小的植株呈丛生状，高仅 5 ～ 8 厘米，直立生长，有时也具匍匐性。叶无柄，对生，密集排列成四列，叶片心形或长三角形，基部大，逐渐变小，顶端最小，接近尖形。整个植株叶片排列紧密而整齐，由基部向上逐渐变小，形成宝塔状。叶色浓绿，在冷凉季节或阳光充足的条件下，叶呈红褐或褐色。

【生长习性】喜凉爽、干燥和阳光充足的环境，耐干旱，半阴环境。缺少日照会导致叶片颜色偏暗，叶间距拉大，失去美感。夏季高温时需遮阴，放于通风阴凉处，冬季环境温度应维持在 5℃ 以上，保持盆土干燥。

【景观应用】叶形叶色较美，有一定的观赏价值。盆栽观赏。

绒针 *Crassula mesembrianthoides*

科属：景天科青锁龙属　　别名：银箭

【形态特征】多年生肉质草本植物，有矮小的细茎。叶片对生，短小，新叶片长圆型，老叶叶面有微凹陷，叶片较尖，绿色，整个叶片有透明状白色短绒毛。

【生长习性】喜温暖干燥和阳光充足的环境，怕低温和霜雪，耐半阴，无明显休眠期。

【景观应用】盆栽观赏。

岩塔 *Crassula 'Pagoda Rupestris'*

科属：景天科青锁龙属

【形态特征】多年生肉质草本植物，叶厚肉质。

【生长习性】喜温暖干燥和阳光充足的环境。

【景观应用】盆栽观赏。

若歌诗 *Crassula 'Rogersii'*

科属：景天科青锁龙属　　　　别名：银箭

【形态特征】多年生肉质草本植物，易丛生。茎细柱状，淡绿色，冷凉季节在阳光下会变红。叶片对生，肉质，叶长 3～3.5 厘米，叶形像微型的柳琴或调羹，叶缘微黄或微红，在充足的阳光下，叶子会变得肥厚饱满，全叶覆盖细细的绒毛，长得胖嘟嘟、毛茸茸，十分可爱，新叶片出来错位排列。秋季开花，花色淡绿色。

【生长习性】喜温暖干燥和阳光充足的环境，怕低温和霜雪，耐半阴，无明显休眠期。

【景观应用】盆栽观赏。

神刀 *Crassula falcate*

科属：景天科青锁龙属

【形态特征】多年生肉质草本植物，株高 50～100 厘米。单叶互生，镰刀状，肉质，叶片有淡淡的白粉。伞房状聚伞花序顶生，小花橙红色。果。花期 7～8 月。

【生长习性】喜温暖、干燥和半阴环境。不耐寒。耐干旱，怕积水，忌强光。生长适温 15～25℃，冬季温度不低于 10℃。宜肥沃、疏松和排水良好的砂质壤土。

【景观应用】养护简单，适合家庭栽培。

神童 *Crassula* 'Shindou'

科属：景天科青锁龙属

【形态特征】多年生肉质草本植物，较大体型的青锁龙。植株茎和叶片肉质，叶无柄。簇状花序，花开粉色，开花十分壮观。

【生长习性】对日照要求不高，可半阴养护，怕水涝，忌闷热潮湿。

【景观应用】养护简单，适合家庭栽培。

苏珊乃 *Crassula susannae*

科属：景天科青锁龙属　　　　别名：**漂流岛**

【形态特征】多年生肉质草本植物，小型的青锁龙。薄薄的绿色叶片紧密对生排列，叶面有点光滑，叶缘密布凸起小颗粒，就像有人撒了佐料在叶片的截面积上，非常可人。开簇生乳白色小花，花期冬季。

【生长习性】要求阳光充足和凉爽、干燥的环境，耐半阴，怕水涝，忌闷热潮湿。

【景观应用】盆栽观赏。

天狗之舞 *Crassula dejecta*

科属：景天科青锁龙属

【形态特征】多年生肉质草本植物。植株丛生，有细小的分枝，茎肉质，时间养久了茎会逐渐半木质化。叶片有点薄，叶片颜色绿，叶缘褐红色，在晚秋和早春，温差大的时候红褐色尤为明显。叶片交互对生无叶柄，基部连在一起，新叶上下叠生，成叶上下有些许间隔。开花为白色，4～5月开放。

【生长习性】需要阳光充足和凉爽、干燥的环境，耐半阴，怕水涝，忌闷热潮湿。

【景观应用】盆栽观赏。

小米星 *Crassula rupestris*

科属：景天科青锁龙属

【形态特征】多年生肉质草本植物。植株丛生，有细小的分枝，茎肉质，时间养久了茎会逐渐半木质化，植株肉质叶灰绿至浅绿色，叶缘稍具红色，在晚秋和早春，温差大的时候红色尤为明显。叶片交互对生，卵圆状三角形，无叶柄，基部连在一起，新叶上下叠生，成叶上下有少许间隔。花白色，4～5月开放。

【生长习性】需要阳光充足和凉爽、干燥的环境，耐半阴，怕水涝，忌闷热潮湿。具有冷凉季节生长，夏季高温休眠的习性，为多肉植物中的"冬型种"。

【景观应用】盆栽观赏。

小天狗 *Crassula nudicaulis* 'Herrei'

科属：景天科青锁龙属

【形态特征】多年生肉质草本植物，为小型品种。植株丛生，有细小的分枝，茎肉质，时间养久了茎会逐渐半木质化，叶片半橄榄型，颜色绿，密布小斑点，叶缘至叶片的顶端微褐红色，在晚秋和早春，温差大的时候红褐色尤为明显。叶片交互对生无叶柄，基部连在一起，新叶上下叠生，成叶上下有些许间隔。开花为白色，簇状散开型花序。

【生长习性】需要阳光充足和凉爽、干燥的环境，耐半阴，怕水涝，忌闷热潮湿。具有冷凉季节生长，夏季高温休眠的习性。

【景观应用】盆栽观赏。

雨心 *Crassula* 'Volkensii'

科属：景天科青锁龙属　　　别名：紫雨心

【形态特征】多年生肉质草本植物，植株多分枝，易丛生。肉质的叶子梭形，对生，排列较紧密，绿色的叶片正面有浅褐色或褐紫色细密的点状斑纹。花开在枝叶顶端，很小，白色，花蕊黄色，花成簇的开放。花期春季。

【生长习性】喜温暖干燥和阳光充足的环境。耐寒、耐热和耐阴性较强，是比较好养的品种。

【景观应用】盆栽观赏。

舞乙女 *Crassula marnierana*

科属：景天科青锁龙属　　　别名：数珠星

【形态特征】多年生肉质草本植物，较大体型的青锁龙。植株茎和叶片肉质。簇状花序，花开粉白色，开花十分壮观。

【生长习性】要求阳光充足和凉爽、干燥的环境，耐半阴，怕水涝，忌闷热潮湿。具有冷凉季节生长，夏季高温休眠的习性。

【景观应用】养护简单，适合家庭栽培。

星乙女 *Crassula perforata* Thunb

科属：景天科青锁龙属　　　别名：串钱景天

【形态特征】多年生肉质草本植物，植株丛生呈亚灌木状，高约60厘米，具小分枝，茎肉质，以后稍木质化。肉质叶灰绿至浅绿色，叶缘稍具红色。交互对生，卵圆状三角形，无叶柄，基部连在一起，幼叶上下叠生，成叶上下有少许间隔。叶长1.5～2.5厘米，宽0.9～1.3厘米，花白色，4～5月开放。

【生长习性】宜阳光充足和凉爽、干燥的环境，耐半阴，怕水涝，忌闷热潮湿。具有冷凉季节生长，夏季高温休眠的习性，为多肉植物中的"冬型种"。

【景观应用】盆栽观赏。

月光 *Crassula barbata*

科属：景天科青锁龙属

【形态特征】多年生肉质草本植物。叶排列成环状簇生，叶片表面光滑，叶缘有簇状、多芒绒毛。开花时叶盘向上延长抽出花序。

【生长习性】喜温暖干燥和阳光充足环境。不耐寒，怕强光，稍耐阴。

【景观应用】最具观赏性的就是它的叶缘芒状绒毛了，晶莹剔透，非常漂亮。盆栽观赏。

星乙女锦 *Crassula perforata* Thunb 'Variegata'

科属：景天科青锁龙属　　　别名：十字星锦

【形态特征】多年生肉质草本植物，星乙女的锦化变种。植株丛生，有分枝，茎肉质，半木质化。叶片交互对生，卵状三角形，无叶柄，基部连在一起，新叶上下叠生，成叶上下有少许间隔。灰绿至浅绿色，叶片两边黄色或红色的锦，叶面有绿色斑点，叶缘温差大会稍具红色，在温差大时叶缘红色尤为明显。花米黄色，花期4～6月。

【生长习性】宜阳光充足和凉爽、干燥的环境，耐半阴，怕水涝，忌闷热潮湿。具有冷凉季节生长，夏季高温休眠的习性，为多肉植物中的"冬型种"。

【景观应用】叶色鲜艳，用于装饰光照充足的窗台、阳台、庭院等处。

玉椿 *Crassula barklyi*

科属：景天科青锁龙属

【形态特征】多年生肉质草本植物，叶厚肉质。

【生长习性】喜阳光充足和温暖、干燥的环境，不耐寒，忌水湿、高温闷热和过于荫蔽。

【景观应用】盆栽观赏。

玉树 *Crassula arborescens*

科属：景天科青锁龙属　　　别名：红边玉树

【形态特征】多浆肉质亚灌木，株高1～3米。茎干肉质，粗壮，干皮灰白，色浅，分枝多，小枝褐绿色，色深。叶肉质，卵圆形，长4厘米左右，宽3厘米，叶片灰绿色，与燕子掌有所区别的是燕子掌的叶子边缘有一圈细细的红边，玉树是没有的。花期春末夏初，筒状花直径2厘米，白或淡粉色。

【生长习性】喜温暖干燥和阳光充足环境。不耐寒，怕强光，稍耐阴。土壤以肥沃、排水良好的沙壤土为好。

【景观应用】盆栽观赏。

玉稚儿 *Crassula arta*

科属：景天科青锁龙属　　　　　别名：数珠星

【形态特征】多年生肉质草本植物。肥厚的绿白色叶片对生紧密排列，叶面有微绒毛，叶缘有微绒毛。花开簇状，花乳白色，花瓣五角形。

【生长习性】喜温暖干燥和阳光充足环境。不耐寒，怕强光。

【景观应用】盆栽观赏。

白闪冠 *Echeveria* 'Bombycina'

科属：景天科石莲花属

【形态特征】多年生肉质草本植物。叶上有白毛，叶尖点缀着红褐色，被厚厚绒毛包裹的绿色叶片。

【生长习性】喜欢阳光充足的环境，浇水时注意避免顶部积水。春秋生长季节，土完全干了再浇水。夏季需要避免日晒，加强通风，并且减少浇水频率。冬天则要放在室内向阳处。

【景观应用】形态独特，叶色美丽，是家庭盆栽佳品。

白闪冠缀化 *Echeveria* 'Bombycina Cristata'

科属：景天科石莲花属

【形态特征】多肉植物，白闪冠的缀化品种。

【生长习性】同白闪冠。

【景观应用】同白闪冠。

大和锦 *Echeveria purpsorum*

科属：景天科石莲花属

【形态特征】多年生肉质草本植物。叶片广卵形至散三角卵形，排成紧密的莲座状，背面突起呈龙骨状，叶长 3～4 厘米，宽约 3 厘米，先端急尖。叶色灰绿，上有红褐色的斑纹。

【生长习性】喜阳光充足和凉爽、干燥的环境，耐半阴，怕水涝，忌闷热潮湿。喜温暖、通风良好的环境，无明显休眠期。

【景观应用】形态独特，叶色美丽，花色鲜艳，给人以高贵之感，是一种花叶俱佳的多肉植物，栽培繁殖简便，是家庭盆栽佳品。

魅惑之宵 *Echeveria agavoides* 'Corderoyi'

科属：景天科石莲花属

【形态特征】魅惑之宵是中大型园艺种。植株叶片光滑叶片比红缘东云微窄，叶片边缘冬季发红，颈部粗壮，随着生长而逐渐长粗。叶片莲座型密集排列，叶片广卵形至散三角卵形，背面突起微呈龙骨状，叶片先端急尖。叶色常年嫩绿色至黄绿色，昼夜温差大或冬季低温期叶缘至叶尖会大红或艳红，弱光状态则叶色浅嫩绿，叶片也会拉长，叶缘红边也会减退，只留下叶尖是红的。

【生长习性】喜阳光充足和凉爽、干燥的环境，耐半阴，怕水涝，忌闷热潮湿。喜温暖、通风良好的环境，无明显休眠期。

【景观应用】叶色美丽，是家庭盆栽佳品。

广寒宫 *Echeveria cante*

科属：景天科石莲花属

【形态特征】多肉植物，茎高达10厘米，几乎不出侧芽。莲座直径可达40厘米。叶片呈椭圆的倒卵形，先端尖锐，长18厘米左右，宽7厘米。叶片被厚厚的白粉覆盖，在充足的阳光下泛淡淡紫色，叶缘红色。聚伞圆锥花序，长达45～60厘米，全部覆盖白粉。通常有5个分枝，每个分枝有4～12朵花。花萼片直立，花冠长2厘米，外部覆盖有白粉，橙色至粉色。

【生长习性】喜阳光充足和凉爽、干燥的环境，耐半阴，怕水涝，忌闷热潮湿。喜温暖、通风良好的环境，无明显休眠期。

【景观应用】形态独特，叶色美丽，栽培繁殖简便，是家庭盆栽佳品。

黑门萨 *Echeveria* 'Mensa'

科属：景天科石莲花属　　　　　别名：门萨

【形态特征】多年生肉质草本，为园艺种。叶肉质，排成莲座状。长梭型，微微向叶心弯曲，叶尖也往叶心弯曲，强光下或者温差大，叶片出现轻微的紫蓝色，非弱光则叶色微浅绿，叶面光滑。花序簇状，花型倒钟状。

【生长习性】喜温暖干燥和阳光充足环境，不耐寒、耐半阴，怕积水，忌烈日。以肥沃、排水良好的沙壤土为宜。

【景观应用】养护简单，适合家庭栽培。

红辉殿 *Echeveria* 'Spruce Oliver'

科属：景天科石莲花属

【形态特征】多肉植物，株型呈漂亮的莲座状，是容易长茎的多肉品种，老桩易成小灌木状。叶子细长，叶背显红色，叶面覆有短绒毛。

【生长习性】喜温暖干燥和阳光充足的环境，耐干旱，不耐寒，稍耐半阴。以肥沃、排水良好的沙壤土为宜。在阳光强烈的时候，叶色越发黑亮。

【景观应用】栽培繁殖简便，是家庭盆栽佳品。

黑助 *Echeveria affinis*

科属： 景天科石莲花属

【形态特征】多肉植物。肉质叶排成松散的莲座状。叶片长梭型，微微向叶心弯曲，叶尖也往叶心弯曲，强光下或者温差大，叶片出现漂亮的紫红色。簇状花序，花大红色，花型倒钟状。

【生长习性】喜温暖干燥和阳光充足环境，不耐寒、耐半阴，怕积水。以肥沃、排水良好的沙壤土为宜。

【景观应用】养护简单，适合家庭栽培。

黑骑士 *Echeveria affinis* 'Black Knight'

科属： 景天科石莲花属　　　　　**别名：** 古紫

【形态特征】多肉植物，为黑助的栽培变种。肉质叶排成松散的莲座状，莲座直径达 22 厘米。叶宽倒披针形，尖端锐利，长达 11 厘米，从绿色到近乎于黑色都有，上表面几乎扁平，微微向叶心弯曲，叶尖也往叶心弯曲。花序高 20～30 厘米，平顶聚伞花序，花冠为钝五角形。

【生长习性】需要阳光充足和凉爽、干燥的环境，耐半阴，怕水涝，忌闷热潮湿。具有冷凉季节生长，夏季高温休眠的习性。

【景观应用】栽培繁殖简便，是家庭盆栽佳品。

黑王子 *Echeveria* 'Black Prince'

科属： 景天科石莲花属

【形态特征】多肉植物，为栽培变种。植株具短茎，肉质叶排列成标准的莲座状，生长旺盛时其叶盘直径可达 20 厘米，单株叶片数量可达百余枚。叶片匙形，稍厚，顶端有小尖，叶色黑紫。聚伞花序，小花红色或紫红色。

【生长习性】喜温暖、干燥和阳光充足的环境，耐干旱，不耐寒，稍耐半阴。以肥沃、排水良好的沙壤土为宜。在阳光强烈的时候，叶色越发黑亮。

【景观应用】栽培繁殖简便，是家庭盆栽佳品。

红司 *Echeveria nodulosa*

科属：景天科石莲花属　　　　　别名：突叶红司

【形态特征】多肉植物，茎部短缩，叶序莲座型排列，株径5～10厘米。叶片匙形或长卵型，叶色灰绿或黄绿，叶背中央、叶缘与叶面有深红色斑纹。花浅橘色。

【生长习性】喜温暖干燥和阳光充足环境，不耐寒，耐半阴和干旱，怕水湿和强光暴晒，无明显休眠期。

【景观应用】栽培繁殖简便，是家庭盆栽佳品。

红稚莲 *Echeveria macdougallii*

科属：景天科石莲花属

【形态特征】多肉植物，叶片莲座型松散排列。叶片光滑，广卵形至散三角卵形，叶缘有红边，叶片先端急尖，中线微微往内凹，叶缘两侧翘起，叶背突起微呈龙骨状，叶色常年绿色至黄红色。花穗簇状，花五瓣，倒吊钟形，花瓣外皮橙色，内皮黄色。

【生长习性】喜温暖、干燥和通风的环境，喜光，耐旱，耐寒、耐阴，不耐烈日暴晒，无明显休眠期。

【景观应用】栽培繁殖简便，是家庭盆栽佳品。

锦司晃 *Echeveria setosa*

科属：景天科石莲花属

【形态特征】多肉植物，莲座叶盘无茎，老株易丛生。大的莲座叶盘由100片以上的叶组成。叶长5～7厘米、宽2厘米，基部狭窄，先端卵形并较厚，叶正面微凹、背面圆突，叶先端有微小的钝尖。叶绿色，叶端微呈红褐色，叶被绒毛。花序高20～30厘米，小花多，黄红色。

【生长习性】喜阳光充足和凉爽、干燥的环境，耐半阴，怕水涝，忌闷热潮湿。以肥沃、排水良好的沙壤土为宜。

【景观应用】养护简单，适合家庭栽培。

锦晃星 *Echeveria pulvinata*

科属： 景天科石莲花属　　　　**别名：** 金晃星、绒毛掌、猫耳朵

【形态特征】多肉植物，植株具分枝，细茎圆棒状，被有红棕色绒毛。肥厚、多肉的叶片倒披针形，呈莲座状互生于分枝上部，叶片平展，绿色，表面密被白色、细短毫毛，在冷凉时期阳光充足的条件下，叶缘及叶片上部均呈深红色。穗状花序，小花钟形，花被绿色，也被有绒毛，内瓣橙红至红色，冬季和早春开放。

【生长习性】喜阳光充足和凉爽、干燥的环境，耐半阴，怕水涝，忌闷热潮湿。以肥沃、排水良好的沙壤土为宜。

【景观应用】养护简单，适合家庭栽培。

蜡牡丹 *Echeveria agavoides* × **Sedum**

科属： 景天科石莲花属

【形态特征】多肉植物，为园艺品种。其亲本是由 *Echeveria agavoides*（冬云原始种）× *Sedum cuspidatum* 杂交而来。

【生长习性】喜阳光充足和凉爽、干燥的环境，耐半阴，怕水涝，忌闷热潮湿。以肥沃、排水良好的沙壤土为宜。

【景观应用】养护简单，适合家庭栽培。

罗密欧 *Echeveria agavoides* 'Romeo'

科属：景天科石莲花属

【形态特征】多肉植物，东云的园艺品种。叶片肥厚，叶尖，叶面光滑有质感，常年紫红色。聚伞状圆锥花序，花橙色，五瓣。

【生长习性】喜阳光充足和凉爽、干燥的环境，耐半阴，怕水涝，忌闷热潮湿。喜温暖、通风良好的环境，无明显休眠期。

【景观应用】栽培繁殖简便，是家庭盆栽佳品。

血色罗密欧 *Echeveria agavoides* 'RED Ebody'

科属：景天科石莲花属

【形态特征】多肉植物，东云的园艺品种。叶片肥厚，叶尖，叶面光滑有质感，常年红色。聚伞状圆锥花序，花橙色，五瓣。

【生长习性】喜阳光充足和凉爽、干燥的环境，耐半阴，怕水涝，忌闷热潮湿。喜温暖、通风良好的环境，无明显休眠期。

【景观应用】栽培繁殖简便，是家庭盆栽佳品。

墨西哥巨人 *Echeveria* 'Mexican Giant'

科属：景天科石莲花属

【形态特征】多肉植物，大型的石莲品种，成株可以长到30厘米高，叶展50厘米。叶子绿色，棱型厚质，所有表面完全覆盖着粉末状白色蜡质涂层，老叶会显红色。花橙黄色。

【生长习性】喜欢充足的阳光照射和排水良好的土壤。耐半阴，稍耐寒，浇水时轻轻地浇于侧面，不要触摸，以免叶片上白粉被抹掉。

【景观应用】养护简单，适合家庭栽培。

紫珍珠锦 *Echeveria* 'Rainbow'

科属：景天科石莲花属　　　别名：彩虹

【形态特征】多肉植物，是紫珍珠的锦斑品种，肉质叶排成紧密的莲座状。红色带点暗紫色的叶片向内凹陷有明显的皱褶，强光下或者温差大，叶片出现漂亮的嫩粉红，叶片带锦。花序簇状，花粉红色，倒钟状。

【生长习性】喜阳光充足和凉爽、干燥的环境，耐半阴，怕水涝，忌闷热潮湿。以肥沃、排水良好的沙壤土为宜。

【景观应用】养护简单，适合家庭栽培。

爱染锦 *Aeonium domesticum* 'Variegata'

科属：景天科莲花掌属　　　别名：黄笠姬锦、墨染

【形态特征】矮小灌木状植株。茎有落叶痕迹，半木质化有，叶片匙形，绿色的叶片中间含有黄色的锦斑。锦斑可能会消失，也可能完全锦斑化（全黄色）。圆锥花序，花黄色。

【生长习性】喜阳光，也耐半阴；喜排水良好的沙壤土。

【景观应用】绿白相间，叶型秀丽，莲座娇小，室内盆栽观赏性强。

灿烂 *Aeonium percarneum* 'Variegata'

科属：景天科莲花掌属

【形态特征】多年生肉质草本植物，植株稍具分枝，叶肉质，呈莲座状排列。叶片倒卵圆形，叶片色彩丰富，中央部分为杏黄色，与淡绿色间杂，外缘则呈红、红褐及粉红等色。花为总状花序。

【生长习性】喜阳光，也耐半阴；宜用排水、透气性良好的沙壤土。

【景观应用】株形秀丽美观，叶片色彩绚丽斑斓，常用小型工艺盆栽种，装饰窗台、几架、书桌等处，效果很好。

灿烂缀化 *Aeonium percarneum* 'Cristata'

科属：景天科莲花掌属

【形态特征】灿烂的缀化品种。缀化变异是指某些品种的多肉植物受到不明原因的外界刺激，其顶端的生长锥异常分生、加倍，而形成许多小的生长点，而这些生长点横向发展连成一条线，最终长成扁平的扇形或鸡冠形带状体。缀化变异植株因形态奇异，观赏价值更高，又因其稀少，较原种更为珍贵。

【生长习性】喜阳光，也耐半阴；宜用排水、透气性良好的沙壤土。

【景观应用】常用小型工艺盆栽种，或制作盆景。

黑法师 *Aeonium arboreum* 'Atropurpureum'

科属：景天科莲花掌属

【形态特征】多年生肉质草本，为莲花掌的栽培品种，茎高1米，分枝多。叶在茎端和分枝顶端集成莲座状叶盘，叶盘直径可达20厘米，叶黑紫色，叶顶端有小尖，叶缘有睫毛状纤毛。花集成大的总状花序，小花黄色。

【生长习性】喜阳光，也耐半阴；生长期喜水湿，但亦能耐干旱；喜排水良好的沙壤土。

【景观应用】叶形叶色美丽，室内盆栽观赏性强。

黑法师锦 *Aeonium arboreum* 'Rubrolineatum'

科属：景天科莲花掌属

【形态特征】黑法师的斑锦品种。叶片生长在茎端和分枝顶端集，成莲座状叶盘，叶盘直径达10厘米，叶绿色带暗紫色斑点，叶顶端有小尖，叶缘有睫毛状纤毛。其花集成大的总状花序，小花黄色。

【生长习性】喜温暖、干燥和阳光充足的环境，耐干旱；喜排水良好的沙壤土。

【景观应用】叶形叶色美丽，室内盆栽观赏性强。

黑法师缀化 *Aeonium arboreum* 'Cristata'

科属：景天科莲花掌属

【形态特征】黑法师的缀化品种。

【生长习性】喜温暖、干燥和阳光充足的环境，耐干旱；喜排水良好的沙壤土。

【景观应用】叶形叶色美丽，室内盆栽观赏性强。

中斑莲花掌 *Aeonium arboreum* 'Variegata'

科属：景天科莲花掌属

【形态特征】多年生肉质草本植物，莲花掌的变异品种，叶片中间凸显白斑。是一种大型莲花掌，叶片直径可超过50厘米。

【生长习性】喜温暖、干燥、阳光充足的环境，也耐半阴，不耐寒，耐干旱，怕积水，忌烈日。

【景观应用】室内盆栽观赏。

红缘莲花掌 *Aeonium haworthi* Kwebb et Berth

科属：景天科莲花掌属 　　　　　别名：赤边莲花掌

【形态特征】多年生肉质草本植物。质厚，蓝绿色，被白霜，叶缘红褐色。聚伞花序，花浅黄色，有时带红晕。

【生长习性】喜阳光，也耐半阴；宜用排水、透气性良好的沙壤土。

【景观应用】室内盆栽观赏。

晶钻绒莲 *Aeonium smithii*

科属：景天科莲花掌属

【形态特征】多年生肉质草本。茎粗1厘米左右，布满白色毛发状纤维，有不定根。叶缘波浪状，叶子背面有红色透明腺体。

【生长习性】适宜温度20～30℃，最低温度5℃；喜排水良好的沙壤土。

【景观应用】叶形叶色美丽，室内盆栽观赏性强。

小人祭 *Aeonium sedifolius*

科属：景天科莲花掌属 　　　　　别名：妹背镜、日本小松

【形态特征】多年生肉质草本，株型小，多分枝。细小卵状的叶片排列成莲花状，叶片带有少量柔毛，有黏性，叶片绿色中间带紫红纹，叶缘也有红边，充分光照下，叶片颜色会变色，紫红色纹理也愈发明显；总状花序，小花黄色。

【生长习性】性强健，喜温暖、干燥和阳光充足的环境，耐干旱，适合露养或者半露养，光照越充足，长相越喜人。

【景观应用】叶形叶色美丽，室内盆栽观赏性强。

艳日辉 *Aeonium decorum* 'Variegata'

科属：景天科莲花掌属　　　　别名：清盛锦

【形态特征】多年生肉质草本植物，成株直径约 10 ～ 15 厘米。成基生叶丛，呈莲座状，叶片为扁平卵形，新生叶片总体为淡黄色，中心淡绿色，老叶黄色减少。夏季几乎完全为深绿色，秋冬季节绿色减淡，锦斑会变得较为模糊，充足光线下边缘会呈现橘红色至桃红色。

【生长习性】喜阳光，也耐半阴；宜用排水、透气性良好的沙壤土。

【景观应用】株形秀丽美观，叶片色彩绚丽斑斓，常用小型工艺盆栽种。

锦蝶 *Bryophyllum tubiflorum* Harv.

科属：景天科落地生根属　　　　别名：棒叶落地生根、洋吊钟

【形态特征】多年生肉质草本植物。茎直立，粉褐色，高约 1 米。叶圆棒状，上表面具沟槽，粉色，叶端锯齿上有许多已生根的小植株（由不定芽生成）。圆锥花序顶生，花冠钟形，小花红色。

【生长习性】喜阳光充足，不耐寒，但也耐半阴，喜干燥环境，要求排水良好的砂质壤土。

【景观应用】适于小型盆栽，供室内观赏。叶端常生具根小植株，具有比较好的观赏性。

达摩福娘 *Cotyledon pendens*

科属：景天科银波锦属　　　　别名：丸叶福娘

【形态特征】多年生肉质草本植物。叶片尖细狭长呈棒形，叶对生叶尖叶缘有暗红或褐红色。

【生长习性】喜欢凉爽通风、日照充足的环境。生长期浇水干透浇透，夏季休眠期要通风降温、节制浇水，冬季保持盆土稍干燥。

【景观应用】叶形叶色较美，有一定的观赏价值；盆栽观赏。

福娘 *Cotyledon orbiculata* 'Oophylla'

科属：景天科银波锦属　　　　别名：丁氏轮回

【形态特征】多分枝的肉质灌木。叶近似棒形，灰绿色，上面覆盖白粉，叶尖和叶缘为红褐色，叶对生。花呈红或橘红色，团簇悬垂。

【生长习性】喜欢排水良好的土壤，喜阳光，稍耐寒。夏季适当遮光。注意浇水和避雨，防止水分过多导致腐烂。

【景观应用】盆栽观赏。

巧克力线福娘 *Cotyledon* 'Choco'

科属：景天科银波锦属

【形态特征】多分枝的肉质灌木。叶片椭球体，厚厚圆圆的，侧面有两条巧克力色的线，因此得名。

【生长习性】喜欢排水良好的土壤，喜阳光，稍耐寒。夏季适当遮光。注意浇水和避雨，防止水分过多导致腐烂。

【景观应用】盆栽观赏。

奥普琳娜 *Graptoveria* 'Opalina'

科属：景天科杂交属

【形态特征】多肉植物，是醉美人 *Graptopetalum amethystinum* 和卡罗拉 *Echeveria colorata* 杂交的品种，属于大型品种。肉质叶互生，呈莲花状排列，叶长匙型，叶上部斜尖，顶尖易红，叶面略内凹，叶背有龙骨，奥普琳娜叶面有白粉，整体颜色呈现粉粉的淡蓝色，叶缘和尖端容易泛红。在春季中旬开花，穗状花梗，钟型花朵，花黄色，尖端橙色。

【生长习性】喜温暖、干燥和阳光充足环境。不耐寒，夏季需凉爽，耐干旱，怕水湿和强光暴晒。宜肥沃、疏松和排水良好的砂质壤土。

【景观应用】盆栽观赏。

黛比 *Graptoveria* 'Deby'

科属：景天科杂交属

【形态特征】多年生肉质草本。叶片粉色，夏天比较热的月份，或是日照不足，叶片将变成粉蓝色。秋冬季节，红色会加深。

【生长习性】喜温暖、干燥和阳光充足环境。不耐寒，夏季需凉爽，耐干旱，怕水湿和强光暴晒。宜肥沃、疏松和排水良好的砂质壤土。应在通风好的环境种植。生长季节是春秋两季，土完全干透后浇透水。夏季需要遮阴，并减少浇水。冬季放于室内向阳处养护。

【景观应用】盆栽观赏。

红宝石 *Sedeveria* 'Pink Ruby'

科属：景天科杂交属　　　别名：紫葡萄、红葡萄

【形态特征】多年生肉质草本，小型的多肉品种，叶缘红色。

【生长习性】喜温暖干燥和阳光充足环境，不耐寒，耐半阴和干旱，怕水湿和强光暴晒，无明显休眠期。

【景观应用】叶形叶色较美，有一定的观赏价值；适合家庭栽培。

葡萄 *Graptoveria amethorum*

科属：景天科杂交属　　　　　别名：紫葡萄、红葡萄

【形态特征】多年生肉质草本，中小型品种。易从基部萌生匍匐茎，半匍匐于土表，茎顶端有小莲座叶丛。肉质叶呈莲座状排列，叶短匙形，叶面平，叶背凸起有紫红色密集小点点，叶片先端有小尖，叶色浅灰绿或浅蓝绿，叶面光滑有蜡质层，不怕水，花期 6～8 月。

【生长习性】喜温暖、干燥和阳光充足环境。不耐寒，夏季需凉爽，耐干旱，怕水湿和强光暴晒。宜肥沃、疏松和排水良好的砂质壤土。

【景观应用】盆栽观赏。

小玉 *Cremnosedum 'Little Gem'*

科属：景天科杂交属　　　　　别名：特里尔宝石

【形态特征】多年生肉质草本，小型品种。植株丛生，有细小的分枝，茎肉质，时间养久了茎会逐渐半木质化，不过不会直立，基本是匍匐的。叶片短梭型，叶片颜色绿至暗红或紫红，叶片光滑，在晚秋和早春，温差大的时候暗红色尤为明显。叶片环生无叶柄，基部连在一起，形成莲花状叶盘。簇状花穗，花开黄色。

【生长习性】需要阳光充足和凉爽、干燥的环境，耐半阴，怕水涝，忌闷热潮湿。具有冷凉季节生长，夏季高温休眠的习性。

【景观应用】盆栽观赏。

银星 *Graptoveria* 'Silver Star'

科属：景天科杂交属

【形态特征】多年生肉质植物，莲座状叶盘较大，株幅可达 10 厘米。老株易丛生。叶长卵形，较厚，叶面青绿色略带红褐色，有光泽，叶尖非常特殊；银星常在春季开花，从莲座状叶盘中心抽出花莛，花后叶盘逐渐枯萎死亡。为保护叶盘，当抽薹时，要及时剪除，可保持叶盘的正常生长。

【生长习性】喜温暖干燥和阳光充足环境，土壤以肥沃、疏松和排水性良好的砂质壤土为宜。

【景观应用】盆栽观赏。

紫梦 *Graptoveria* 'Purple Dream'

科属：景天科杂交属

【形态特征】多年生肉质草本，是华丽风车属和拟石莲花属杂交的多肉，在色泽上也容易呈现出紫色，叶缘色泽更明显，莲花型也更标准。

【生长习性】喜温暖、干燥和阳光充足环境。不耐寒，夏季需凉爽，耐干旱，怕水湿和强光暴晒。宜肥沃、疏松和排水良好的砂质壤土。

【景观应用】盆栽观赏。

蒂亚 *Sedeveria* 'Letizia'

科属：景天科杂交属　　　　　**别名：绿焰**

【形态特征】多年生肉质草本，株高达 20 厘米，易从茎干底部群生，形成多分支，新生的枝干底部有叶片，叶片会逐渐脱落，形成老桩，老茎容易长出气根。肉质叶片排列成莲花状，叶片短尖呈倒卵状楔形，叶背具龙骨，边缘有极短的硬毛刺，夏季或者光照不足的时候叶片呈现绿色，但是在温差变化大的秋冬季节里，光照充足，叶缘会呈现漂亮的红色。聚伞花序，小花白色。

【生长习性】喜温暖干燥和阳光充足环境，不耐寒，耐半阴和干旱，怕水湿和强光暴晒，无明显休眠期。

【景观应用】叶形叶色较美，有一定的观赏价值；适合家庭栽培。

密叶莲 *Sedeveria* 'Darley Dale'

科属：景天科杂交属　　　　　　别名：达利

【形态特征】多年生肉质草本，列叶片莲座型密集排列，比较容易群生，春季叶片颜色红绿相间，夏季度夏的时候会变绿色，12月份的时候随着温差变大颜色会变红色。

【生长习性】喜温暖干燥和阳光充足环境，不耐寒，耐半阴和干旱，怕水湿和强光暴晒，无明显休眠期。

【景观应用】叶形叶色较美，有一定的观赏价值；适合家庭栽培。

花叶八宝景天 *Hylotelephium erythrostictum* 'Variegata'

科属：景天科八宝属

【形态特征】多年生肉质草本，为八宝景天的栽培变种。株高30～70厘米。地下茎肥厚，地上茎簇生，粗壮而直立，全株略被白粉，呈灰绿色。叶肉质，3～4枚轮生，倒卵形，全缘，叶缘有银色斑纹。伞房状聚伞花序着生茎顶，如平头状，花序径10～13厘米，小花有红、白、粉、紫等色。花期7～9月。

【生长习性】适应性强，喜光，稍耐阴，耐寒，耐旱，对土壤要求不严，适宜疏松土壤。

【景观应用】植株整齐，可植于花坛、花带、花境、草坪边缘或岩石园。

大红卷绢 *Sempervivum arachnoideum* 'Rubrum'

科属：景天科长生草属　　　　　　别名：蜘蛛网长生草

【形态特征】多年生肉质草本，植株低矮，呈丛生状。肉质叶呈匙形或长倒卵形，椭圆形肉质叶排列密集，呈放射状生长，尖端微向外侧弯，叶端密生白色短毛，植株中心尤为密集，好似蜘蛛网。叶绿色，在冷凉且阳光充足的条件下呈紫红色，极富观赏价值。

【生长习性】适合生长在阳光充足、凉爽、干燥的环境中，比较耐干旱，不耐寒冷和酷热，忌水涝和闷热，有一定的耐寒能力。

【景观应用】盆栽观赏。

绫缨 *Sempervivum tectorum*

科属：景天科长生草属

【形态特征】多年生肉质草本，植株低矮，呈丛生状。肉质叶呈匙形或长倒卵形，叶片偏硬，颜色偏蓝，叶尖红色，并且不会褪色。

【生长习性】适合生长在阳光充足、凉爽、干燥的环境中，比较耐干旱，不耐寒冷和酷热，忌水涝和闷热，有一定的耐寒能力。

【景观应用】盆栽观赏。

紫牡丹 *Sempervivum* 'Stansfieldii'

科属：景天科长生草属

【形态特征】多年生肉质草本，植株低矮，呈丛生状。叶片莲座状环生，叶片扁平，叶片尖，叶缘有长绒毛，叶背有一条微棱，长有细细的绒毛。叶面轻微有小绒毛，冬季温差大点的时候叶片基本是紫红色，叶面发亮，叶片也会变的肥厚。植株侧芽出来绿色，慢慢会变酒红色，叶片尖端慢慢红向基部，右外围往叶心部分红，夏季休眠期植株颜色会变成灰红色或绿色。

【生长习性】适合生长在阳光充足、凉爽、干燥的环境中，比较耐干旱，不耐寒冷和酷热，忌水涝和闷热，有一定的耐寒能力。

【景观应用】盆栽观赏。

蛛丝卷绢 *Sempervivum arachnoideum*

科属：景天科长生草属

【形态特征】多年生肉质草本。叶片环生，叶片扁平细长，叶片尖有白色的丝。养植时间久了，叶尖的丝会相互缠绕，形成非常漂亮的形状，看起来就像织满了蛛丝的网。

【生长习性】喜冷凉和阳光充足的环境，忌湿热，耐寒，夏季高温休眠。春天和秋天是生长期，可以全日照。

【景观应用】盆栽观赏。

旭鹤 *Graptoveria* Baines

科属：景天科风车草属　　　　别名：厚叶旭鹤

【形态特征】多年生肉质草本，是胧月的杂交品种。

【生长习性】喜温暖干燥和阳光充足的环境。耐旱、耐寒、耐阴，不耐烈日暴晒，无明显休眠期。

【景观应用】盆栽观赏。

姬胧月 *Graptoveria* Gilva

科属：景天科风车草属

【形态特征】多年生肉质草本，有着特殊颜色的蜡质叶片。

【生长习性】在阳光充足的条件下，呈现迷人的深红色。光线不足的话，颜色会变得黯淡，茎也会伸长。喜欢较干燥的环境。

【景观应用】盆栽观赏。

华丽风车 *Graptopetalum pentandrum*
科属：景天科风车莲属

【形态特征】多年生肉质草本植物。叶片莲座状水平排列，广卵型叶片，有叶尖，叶缘圆弧状，叶片肥厚，叶片光滑有白粉，叶片粉色至紫粉色。簇状花序红白色花朵，花朵向上开放，花开五瓣，非常的漂亮，初夏开花。

【生长习性】喜温暖、干燥，喜充足的光照，对土壤要求不严，耐干旱，不耐寒。

【景观应用】盆栽观赏。

姬秋丽 *Graptopetalum mendozae*
科属：景天科风车莲属

【形态特征】多年生肉质草本。叶片饱满圆润，在强光下，叶片会出现可爱的橘红色，在阳光下会有轻微的星星点点金属状光泽。时间久了叶片上会有轻微的白蜡，样子非常可人。花白色，五瓣花。

【生长习性】喜欢较干燥的环境。喷雾或给大水，叶心水分停留太久，容易引起腐烂。

【景观应用】盆栽观赏。

蓝豆 *Graptopetalum pachyphyllum*
科属：景天科风车莲属

【形态特征】多年生肉质草本，罕见品种，也是少有的有香味的多肉植物。叶片淡蓝色，叶片长圆型，环状对生，叶片先端微尖，叶尖常年轻微红褐色，弱光则叶色浅蓝，叶片变的窄且长。叶片覆盖有白粉，光滑状。簇状花序，开白红相间的花朵，五角形，花朵向上开放。

【生长习性】喜温暖、干燥，喜充足的光照，对土壤要求不严，耐干旱，不耐寒。

【景观应用】盆栽观赏。

桃之卵 *Graptopetalum amethystinum*

科属：景天科风车莲属　　　　　别名：醉美人

【形态特征】多年生肉质草本。叶卵型，叶面有白蜡。开花六角形。

【生长习性】能够接受较为强烈的日照，日照充足时，会呈现出令人沉醉的粉红色。

【景观应用】盆栽观赏。

银天女 *Graptopetalum rusbyi*

科属：景天科风车莲属

【形态特征】多年生肉质草本，叶片排列成环状簇生，叶片表面微距下有规则的微微凸起，叶尖微红。开花时叶盘向上延长抽出花序，花开6或7瓣，花瓣基本黄，渐渐到花瓣尖端成红色。

【生长习性】喜温暖、干燥，喜充足的光照，对土壤要求不严，耐干旱，不耐寒。

【景观应用】盆栽观赏。

印地卡 *Sinocrassla indca*

科属：景天科石莲属

【形态特征】多肉植物，植株直立或匍匐生长，叶盘呈莲座状，极易群生。叶片肉质厚实，轮生，棱形，叶端急尖，表面平坦，背面隆起，生长期以绿色为主色调，秋冬季在充足的光照下，随着温差加大，叶子的主色调渐渐变成紫色或紫红色。总状花序，花5瓣，五角星形。

【生长习性】性强健，喜光照、爱干燥和通风，耐干旱，稍耐寒，适应通透性好的砂质壤土培植。

【景观应用】栽培繁殖简便，是家庭盆栽佳品。

立田凤 *Sinocrassula densirosulata*

科属：景天科石莲属

【形态特征】多肉植物。叶片长型，叶片较厚，先端尖，叶色在强光与昼夜温差大或冬季低温期叶色会变的非常漂亮的蓝红，叶尖也会轻微发红，弱光则叶色浅蓝，叶片变的窄且长，也会变薄。

【生长习性】性强健，喜光照、爱干燥和通风，耐干旱，稍耐寒，适应通透性好的砂质壤土培植。

【景观应用】栽培繁殖简便，是家庭盆栽佳品。

滇石莲 *Sinocrassula yunnanensis*

科属：景天科石莲属　　　　　别名：四马路、云南石莲

【形态特征】多肉植物，是中国的特有品种。在阳光下呈现蓝灰黑色，叶片饱满，形态漂亮。整个植株覆盖短柔毛，株高5～10厘米。茎直立，不分枝，植被柔毛。植株莲座状，叶丛也较小，直径约2.5～5厘米，叶片卵形至披针形，长1.2～2.5厘米，宽4～5毫米，叶片顶端急尖，有个很短的尖头，叶片基部渐狭，无柄，覆盖密密的柔毛；叶环状互生。伞状花序，长约3厘米，簇状小花。

【生长习性】性强健，喜光照、爱干燥和通风，耐干旱，稍耐寒，适应通透性好的砂质壤土培植。

【景观应用】栽培繁殖简便，是家庭盆栽佳品。

花鹿水泡 *Adromischua marianiae* 'Antidorcatum'

科属：景天科天锦章属

【形态特征】多年生肉质植物，株高15厘米以内；茎紫红色，直立或斜生或匍匐，分枝；叶互生，肥厚肉质，长卵形，长达3.5厘米，绿色至浅黄绿色，叶面上散生红色斑点或斑块；总状花序，小花管状，先端5裂，粉紫色，盛开在春末至初夏。

【生长习性】喜阳光充足和凉爽、干燥的环境，耐旱，耐半阴，怕水涝，忌闷热潮湿。具有冷凉季节生长，夏季高温休眠的习性。

【景观应用】是家庭盆栽佳品。

草莓蛋糕 *Adromischus* 'Schuldtianus'

科属：景天科天锦章属

【形态特征】多年生肉质草本植物，株型较大，叶子肥厚，叶面有紫色斑点。

【生长习性】喜阳光充足和凉爽、干燥的环境，配土可以选择以颗粒土为主，栽培时给予充足日照，夏季注意遮阴。

【景观应用】是家庭盆栽佳品。

大疣紫朱玉 *Adromischus marianae* 'Herrei'

科属：景天科天锦章属　　　　　别名：疣朱唇石

【形态特征】多年生肉质草本植物，朱唇石的园艺品种，小型品种。叶片对生排列，肥厚长卵形，有较长的叶尖，叶片表面是坑坑洼洼疣状凸起，均匀分布。叶色为紫绿色至紫红色，强光与昼夜温差大或冬季低温期叶色深，老叶紫红。弱光则叶色浅红绿。总状花序，花较小，先端五裂，花期5～7月。

【生长习性】需要阳光充足和凉爽、干燥的环境，耐半阴，怕水涝，忌闷热潮湿。需要接受充足日照叶色才会艳丽可人，株型才会更紧实美观。日照太少则叶色浅，叶片排列松散拉长。

【景观应用】是家庭盆栽佳品。

天章锦 *Adromischus cristatus* f

科属：景天科天锦章属

【形态特征】多年生肉质草本植物。天章园艺品种，叶子肥厚成倒三角的圆柱状，叶缘有波纹，叶面有紫色斑点。

【生长习性】喜阳光充足和凉爽、干燥的环境，配土可以选择以颗粒土为主，栽培时给予充足日照，夏季注意遮阴。

【景观应用】是家庭盆栽佳品。

御所锦 *Adromischus maculatus*

科属：景天科天锦章属　　　　　　别名：褐斑天锦章

【形态特征】多年生肉质草本植物。叶近圆形，褐色有光泽，叶缘角质，叶面有深红色斑点。花钟状，花筒绿色，花瓣白色或淡紫色。

【生长习性】喜阳光充足和凉爽、干燥的环境，无明显休眠期。

【景观应用】是家庭盆栽佳品。

子持年华 *Orostachys furusei*

科属：景天科瓦松属　　　　　　别名：白蔓莲

【形态特征】多年生肉质草本植物。株高6厘米，多数叶聚生成莲座状，群生，有匍匐走茎放射状蔓生，落地产生新株。叶倒卵形，先端尖，绿色，叶片表面有淡淡的白粉。伞房花序顶生，花瓣白色。

【生长习性】喜阳光充足和凉爽、干燥的环境。

【景观应用】是家庭盆栽佳品

红昭和 *Orostachys polycephalus* 'Glaucus'

科属：景天科瓦松属

【形态特征】多年生肉质草本植物。昭和的变种，肉质叶排成莲座状。白色的叶片扁梭型或扁长锥状，叶片带厚厚的白粉，温差大整个叶片会有点泛红，白中带点红，弱光则叶色浅灰白，叶片拉长变薄，颜色也变的有点浅灰白。长穗状花序花色白红粉色，夏季开花。

【生长习性】喜阳光充足和凉爽、干燥的环境。

【景观应用】是家庭盆栽佳品。

仙女杯 *Dudleya brittonii*

科属：景天科仙女杯属

【形态特征】多年生肉质草本，叶片莲座型密集排列，株直径很大。叶片剑型、叶尖，叶面有不太明显的凸痕，沿着叶尖到基部，叶片有白粉，有时呈现微蓝色，白粉比较涩。

【生长习性】喜温暖干燥和阳光充足环境，不耐寒，耐半阴和干旱，怕水湿和强光暴晒，无明显休眠期。

【景观应用】叶形叶色较美，有一定的观赏价值；适合家庭栽培。

◎ 虎耳草科

红花矾根 *Heuchera sanguinea*

科属：虎耳草科矾根属　　　　别名：红肾形草

【形态特征】多年生常绿草本，株高30～50厘米。叶近圆形，边缘具圆齿，品种不同，叶色有差异。圆锥花序，花小，粉红色。

【生态习性】耐寒，喜阳，耐阴，宜肥沃、排水良好的土壤。

【景观应用】花色鲜艳，株型优美，适用于花坛或花带的边缘，也可用作地被植物植于岩石园以及道路两侧。

红叶矾凌风草矾根 *Heuchera × brizoïdes* 'Coral Colud'

科属：虎耳草科矾根属

【形态特征】多年生草本。矾根杂交种。

【生态习性】适宜生长在湿润但排水良好、半遮阴的环境中。

【景观应用】适合林下片植营造地被景观，也适宜点缀于不同主题的花境中，亦可盆栽观赏。

美洲矾根 *Heuchera americana* L.

科属：虎耳草科矾根属

【形态特征】常绿多年生草本。株高 30 ～ 60 厘米，株幅 50 ～ 60 厘米。枝叶被毛，叶互生，叶片圆卵形，基部心形，叶面粗糙，掌状多裂，有明显锯齿，形似枫叶状，叶色多以红色、紫色以及大理石花纹等为主。总状花序多花性；花小，粉色或红色。花期 5 ～ 6 月，果期夏季。

【生态习性】喜半阴，耐全光。

【景观应用】是主要的观叶植物。多用于林下花境，地被，庭院绿化等。

舞姿杂种矾根 *Heuchera hybrid* 'Swirling Fantasy'

科属：虎耳草科矾根属

【形态特征】多年生草本。矾根杂交种。

【生态习性】适宜生长在湿润但排水良好、半遮阴的环境中。

【景观应用】适合林下片植营造地被景观，也适宜点缀于不同主题的花境中，亦可盆栽观赏。

'紫色宫殿' 小花矾根 *Heuchera micrantha* 'Palace Purple'

科属：虎耳草科矾根属　　　　别名：紫叶珊瑚钟

【形态特征】多年生草本。小花矾根 *H.micrantha* 和毛矾根 *H.villosa* 的杂交种。叶基生，圆弧形，叶片暗紫红色，边缘有锯齿，基部密莲座状。花白色、较小、铃形，穗状花序，花梗细长、暗紫色，花期夏季。

【生态习性】适宜生长在湿润但排水良好、半遮阴的环境中。

【景观应用】叶片终年紫红色，是少有的彩叶阴生地被植物，适合林下片植营造地被景观，也适宜点缀于不同主题的花境中，增强色彩的丰富度，亦可盆栽观赏。

矾根 *Heuchera micrantha*

科属：虎耳草科矾根属 　　　　别名：小花矾根

【形态特征】多年生草本。叶基生，阔心型，长 20 ～ 25 厘米，叶片颜色丰富，花小，钟状，花径 0.6 ～ 1.2 厘米，红色粉色和白色，两侧对称。花期夏季。

【生态习性】适宜生长在湿润但排水良好、半遮阴的环境中。

【景观应用】多用于林下花境，地被，庭院绿化等。

虎儿草 *Saxifraga stolonifera*

科属：虎耳草科虎耳草属 　　　　别名：耳朵红、老虎草

【形态特征】多年生常绿草本，株高 8 ~ 45 厘米，全株有毛。匍匐茎细长，赤紫色，先端着地长出新株毛。叶数片基生，肉质，密生长柔毛，叶柄长，紫红色；叶片广卵形或肾形，基部心形或截形，边缘有不规则钝锯齿，上面有白色斑纹，下面紫红色或有斑点。圆锥花序，稀疏；花小，两侧对称，萼片 5，不等大，卵形；花瓣 5，白色，下面 2 瓣较大，披针形，上面 3 片小，卵形，都有红色斑点。蒴果卵圆形。花期 5 ~ 8 月，果期 7 ~ 11 月。

【生态习性】喜半阴、凉爽环境，不耐高温、干燥，怕强光直射，土壤以排水良好、肥沃的腐叶土为宜。

【景观应用】用于地被绿化或盆栽观赏。

斑叶虎儿草 *Saxifraga stolonifera* 'Tricolor'

科属：虎耳草科虎耳草属 　　　　别名：三色虎儿草

【形态特征】多年生常绿草本，虎耳草的栽培变种。叶面绿色，具白色网状脉，叶片中央深绿色，叶缘呈乳白色，有粉红色的线条镶边。其他同虎儿草。

【生态习性】同虎儿草。

【景观应用】同虎儿草。

华中虎耳草 *Saxifraga fortunei* Hook. f.

科属：虎耳草科虎耳草属

【形态特征】多年生草本，高 24 ~ 40 厘米。叶均基生，具长柄；叶片肾形至近心形，先端钝或急尖，基部心形，7 ~ 11 浅裂，边缘有不规则齿牙，具掌状达缘脉序。多歧聚伞花序圆锥状；花瓣白色至淡红色，5 枚，其中 3 枚较短，卵形，1 枚较长，狭卵形，另 1 枚最长，狭卵形。花期 6 ~ 7 月。

【生态习性】同虎儿草。

【景观应用】同虎儿草。

金叶欧洲山梅花 *Philadelphus coronarius* 'Aureus'

科属：虎耳草科山梅花属　　　　别名：金叶西洋山梅花

【形态特征】落叶灌木，树冠扩展。株高 1 ～ 3 米，幅宽 2.5 米。叶卵形或狭卵形，具浅矩齿，长 10 厘米；叶面为金黄色。花香，乳白色，总状花序顶生，具花 5 ～ 7 朵，夏初开放。

【生态习性】喜光，较耐阴，较耐寒，喜温暖湿润的气候，喜肥沃、排水良好的土壤。

【景观应用】是花叶俱美的观赏花卉，可群植或孤植等。

斑叶欧洲山梅花 *Philadelphus coronarius* 'Variegataus'

科属：虎耳草科山梅花属　　　　别名：白边欧洲山梅花

【形态特征】落叶灌木。小枝光滑无毛或幼时疏生毛。叶卵形至卵状长椭圆形，先端渐尖，基部阔楔形或圆形，边缘疏生细尖齿，叶绿色边缘乳白色。花白色，径 2.5 ～ 3.5 厘米。浓香，5 ～ 7 朵组成总状花序；花瓣阔倒卵形。蒴果球状倒圆锥形。花期 5 ～ 6 月；果熟期 8 ～ 9 月。

【生态习性】喜光，较耐阴，较耐寒，喜温暖湿润的气候，喜肥沃、排水良好的土壤。

【景观应用】是优良的庭院植物，可群植或孤植等。

弗吉尼亚鼠刺 *Itea virginica*

科属：虎耳草科鼠刺属　　　　别名：美国鼠刺、弗森虎耳

【形态特征】半常绿灌木。小枝下垂，叶互生，叶片春、夏季呈现绿色，秋、冬季呈现鲜红色和橙色；穗状花序顶生，花序长5～15厘米，花微小，浅黄色，有蜂蜜香味，花期4～5月。

【生态习性】耐旱，耐寒，稍耐阴，对土壤要求不严，适应能力较强。

【景观应用】可作色块、绿篱、造型群植或孤植等。

鼠刺 *Itea chinensis* Hook. et Arn.

科属：虎耳草科鼠刺属

【形态特征】灌木或小乔木，高4～10米。幼枝黄绿色，老枝棕褐色，具纵棱条。叶薄革质，倒卵形或卵状椭圆形，长5～12厘米，宽3～6厘米，先端锐尖，基部楔形，边缘上部具不明显圆齿状小锯齿，呈波状或近全缘，上面深绿色，下面淡绿色。腋生总状花序，长3～7（9）厘米；花多数；花瓣白色，披针形。花期3～5月，果期5～12月。

【生态习性】耐旱，耐寒，稍耐阴，对土壤要求不严，适应能力较强。

【景观应用】秋、冬季叶呈现鲜红色和橙色，可作色块、绿篱、造型群植或孤植等。

阳春鼠刺 *Itea yangchunensis* S. Y. Jin

科属：虎耳草科鼠刺属

【形态特征】灌木叶厚革质，长圆形或长圆状椭圆形，长 5.5～7 厘米，宽 1.7～2.5 厘米，先端圆形或钝，基部宽楔形，边缘除近基部外具密细锯齿，平时多少背卷，上面深绿色，下面淡绿色。总状花序腋生，常短于叶，长 3～5 厘米；花序轴及花轴被短柔毛；花较少数。蒴果锥状。果期 11 月。

【生态习性】耐旱，耐寒，稍耐阴，对土壤要求不严，适应能力较强。

【景观应用】可作造型群植或孤植等。

银边八仙花 *Hydrangea macrophylla* 'Maculata'

科属：虎耳草科绣球属　　　　别名：银边绣球

【形态特征】半常绿灌木，高 3～4 米；小枝光滑，老枝粗壮，有很大的叶迹和皮孔。叶对生，有柄；叶片厚，光滑，常为椭圆形，长 7～15 厘米，宽 4～10 厘米，顶端尖，基部阔楔形，边缘有粗锯齿，叶片边缘为白色。伞房花序，顶生。有柔毛，全为不孕花，密集成球状，蓝色或粉红色；萼瓣 4，阔卵形，全缘。花期 6～7 月。

【生态习性】耐半阴，喜温暖阴湿，不甚耐寒。喜湿润、肥沃、排水良好的壤土。

【景观应用】近年来非常热门的园林花境植物，也可以盆栽观赏，是花叶俱美的观赏花卉。

厚叶岩白菜 *Bergenia crassifolia* (L.) Fritsch

科属： 虎耳草科岩白菜属

【形态特征】多年生草本。高 15 ～ 31 厘米。根状茎粗壮。叶基生；叶片革质，倒卵形、狭倒卵形、阔倒卵形或椭圆形，先端钝圆，边缘具波状齿，基部通常楔形。聚伞花序圆锥状，具多花；花瓣红紫色，椭圆形至阔卵形，先端微凹，基部变狭成爪。花果期 5 ～ 9 月。

【生态习性】适宜湿润、肥沃、排水良好的壤土。

【景观应用】园林地被植物，同时也可以盆栽观赏。

◎ **海桐花科**

花叶海桐 *Pittosporum tobira* 'Variegatum'

科属： 海桐花科海桐花属　　　　**别名：** 金边海桐

【形态特征】常绿灌木，高达 3 米。单叶互生，狭倒卵形，全缘，顶端钝圆或内凹，基部楔形，边缘常外卷，有柄，叶边缘具灰白色斑圈。聚伞花序顶生，花白色或带黄绿色，芳香。蒴果近球形。花期 3 ～ 5 月，果熟期 9 ～ 10 月。

【生态习性】喜温暖湿润的海洋性气候，喜光，亦较耐阴。对土壤要求不高，黏土、沙土、偏碱性土及中性土均能适应，耐灰尘、耐修剪。

【景观应用】是理想的造景、绿化树种，尤其是适合种植于河道护堤和海滨地区。亦是道路、小区绿化的优良树种。

◎ 金缕梅科

北美枫香 *Liquidambar styraciflua*

科属：金缕梅科枫香树属

【形态特征】落叶乔木，株高22.5米，冠幅15米。小枝红褐色，通常有木栓质翅。叶5～7掌状裂，叶背主脉有明显白簇毛。叶片茂盛，亮绿色，秋季叶片变成紫红色。

【生长习性】喜光，不耐寒，喜温暖湿润气候，耐干旱、瘠薄。

【景观应用】秋叶变红或黄色，作庭园观赏树、行道树。

枫香树 *Liquidambar formosana* Hance

科属：金缕梅科枫香树属

【形态特征】落叶乔木，高达30米，树皮灰褐色；小枝干后灰色；叶薄革质，阔卵形，掌状3裂，中央裂片较长，先端尾状渐尖，上面绿色，干后灰绿色，不发亮。头状果序圆球形，木质。种子多数，褐色，多角形或有窄翅。

【生长习性】喜温暖湿润气候，喜光，幼树稍耐阴，耐干旱瘠薄土壤，不耐水涝。抗风力强，不耐移植及修剪。

【景观应用】秋叶变红，作庭园观赏树、行道树。

红花檵木 *Lorpetalum chindense* 'Rubrum'

科属：金缕梅科檵木属　　　　别名：红叶檵木

【形态特征】常绿灌木或小乔木。嫩枝被暗红色星状毛。叶互生，革质，卵形，全缘，嫩叶淡红色，越冬老状或短穗状花序，花瓣4枚，淡紫红色，带状线形。蒴果木质，倒卵圆形；种子长卵形，黑色，光亮。花期4～5月，果期9～10月。

【生长习性】喜温暖向阳的环境和肥沃湿润的微酸性土壤。适应性强，耐寒、耐旱，不耐瘠薄。发枝力强，耐修剪，耐蟠扎整形。

【景观应用】春季观花观叶植物。枝繁叶茂，树态多姿，是美化公园、庭院、道路的名贵观赏树种。耐修剪蟠扎，亦是制作树桩分景的好材料。

金缕梅 *Hamamelis mollis* Oliver

科属：金缕梅科金缕梅属　　　　别名：木里香、牛踏果

【形态特征】落叶灌木或小乔木，高达8米；叶纸质或薄革质，阔倒卵圆形，上面稍粗糙，不发亮，边缘有波状钝齿。头状或短穗状花序腋生，有花数朵，无花梗，苞片卵形，花序柄短，花瓣带状。蒴果卵圆形。种子椭圆形，黑色，发亮。花期5月。

【生长习性】喜温暖湿润气候，喜光，幼树稍耐阴，耐寒。对土壤要求不严，在酸性、中性土壤中都能生长，尤以肥沃、湿润、疏松，且排水好的砂质土生长最佳。

【景观应用】是一种具有观赏价值的花木，树形雅致，秋叶变红，作庭园观赏树，早春观花，秋季观叶。

杂种金缕梅 *Hamamelis×intermedia*

科属：金缕梅科金缕梅属

【形态特征】落叶灌木或小乔木；叶纸质或薄革质，阔倒卵圆形，上面稍粗糙，边缘有波状钝齿。头状或短穗状花序腋生。

【生长习性】喜温暖湿润气候，喜光，幼树稍耐阴，耐寒。

【景观应用】是一种具有观赏价值，作庭园观赏树，早春观花，秋季观叶。

◎ **悬铃木科**

一球悬铃木 *Platanus occidentalis* L.

科属：悬铃木科悬铃木属　　　　　　别名：美国梧桐

【形态特征】落叶大乔木，株高达40米。树皮有浅沟，小块状剥落。叶柄长4～7厘米，密被柔毛。叶片广卵形，通常3浅裂，稀5浅裂，长比宽略小，基部截形、广心形或楔形，中裂片短三角形，宽显著大于长，边缘有粗大锯齿，两面幼时被灰黄色柔毛，后渐脱落，仅在背面脉上有毛，具3出脉。花通常4～6数，聚合果球形，单生稀为2个，直径约3厘米。花期5月，果期9～10月。

【景观应用】树形雄伟端正，叶大荫浓，树冠广阔，是优良的庭荫树种。

二球悬铃木 *Platanus acerifolia* (Ait.) Willd.

科属：悬铃木科悬铃木属　　　　　别名：英国梧桐

【形态特征】落叶乔木，高 30 余米，树冠广卵圆形。树皮灰绿色，裂成不规则的大块状脱落，嫩枝密生星状毛。叶基心形或截形，裂片三角状卵形，疏生粗锯齿，中部裂片长宽近相等。聚合果常 2 个成串生于总柄。花期 4 ～ 5 月，果熟 9 ～ 10 月。

【生长习性】耐寒力及对土壤的适应能力和对不良环境因子的抗性在本属中最强。

【景观应用】本种是三球悬铃木与一球悬铃木的杂交种，树形雄伟端正，叶大荫浓，树冠广阔，是优良的庭荫树种。

三球悬铃木 *Platanus orientalis* **L.**

科属：悬铃木科悬铃木属　　　　别名：法国梧桐

【形态特征】落叶大乔木，高达30米，树冠阔圆形。树皮灰褐色至灰白色，片状剥落，幼枝密被黄褐色星状毛。叶片5～7深裂至中部或中部以下，裂片长大于宽，叶缘疏生锯齿或全缘。头状花序黄绿色。聚合果序3～6个成一串。花期4～5月，果期9～10月。

【生长习性】阳性树种，略耐寒，适应多种土壤，萌芽力强，耐修剪；速生树种。

【景观应用】树形雄伟端正，叶大荫浓，树冠广阔，有"行道树之王"的美称，是优良的庭荫树种。

◎ 蔷薇科

白鹃梅 *Exochorda racemosa* (Lindl.)

科属：蔷薇科白鹃梅属　　　　别名：总花白鹃梅、金瓜果

【形态特征】落叶灌木，高达 3～5 米，全体无毛。叶椭圆形或倒卵状椭圆形，长 3.5～6.5 厘米，全缘或上部疏钝齿，先端钝或具短尖，背面粉蓝色。花白色，径约 3～4 厘米，花瓣较宽，基部突然收缩成爪，6～10 朵成顶生总状花序；4～5 月与叶同放。蒴果倒卵形，具 5 棱脊。

【生态习性】喜光，也耐半阴，适应性强，耐干旱瘠薄土壤，有一定的耐寒性。

【景观应用】枝叶秀丽，春日开花洁白，是美丽的观赏树种。

木瓜 *Chaenomeles sinensis* Thouin Koehne

科属：蔷薇科木瓜属　　　　　别名：木李、海棠

【形态特征】落叶小乔木，株高达 10 米，树皮片状脱落。枝无刺，但
小枝常呈棘状；幼枝被柔毛，后脱落。叶椭圆状卵形，先端急尖或渐尖，
边缘具刺芒状尖锐锯齿，齿尖有腺，叶柄长。花单生叶腋，叶后开放，
淡粉红色，花梗短粗。梨果长椭圆形，暗黄色，木质，芳香。花期 4 月，
果期 9 ～ 10 月。

【生态习性】耐旱耐瘠，对土壤要求不严，适应性强，但喜温暖湿润气候。

【景观应用】春季观花，秋季观干、观果，具有极高的观赏价值，是街
道、游园、道路、庭院绿化的优良树种。

'草莓果冻' 海棠 *Malus* 'Strawberry Parfait'

科属：蔷薇科苹果属

【形态特征】落叶小乔木或灌木。叶及果实均为紫红色，花浅粉色，缘有深粉晕。果实宿存，是冬季观果的好品种。

【生态习性】耐旱耐瘠，对土壤要求不严，适应性强。

【景观应用】春季观花观叶，秋季观果，具有极高的观赏价值，是街道、游园、道路、庭院绿化的优良树种。

'高原之火'海棠 *Malus* 'Prairifire'

科属：蔷薇科苹果属　　　　　别名："草原之火"海棠

【形态特征】落叶小乔木。树冠为开放的圆形。新叶亮酒红色，成熟叶逐渐变成带有紫晕的橄榄绿色；明亮的酒红色秋梢，深秋叶棕绿向酒红渐变。花深紫红色，4月下旬盛花，花期10天左右。灯笼形紫红色小果，垂悬状均匀分布，秋季红果颜色逐渐明亮，经冬不落。

【生态习性】耐旱耐瘠，对土壤要求不严，适应性强。

【景观应用】具有极高的观赏价值，是街道、游园、道路、庭院绿化的优良树种。

'宝石'海棠 *Malus* 'Jewelberry'

科属：蔷薇科苹果属

【形态特征】落叶小乔木。春季红色的枝条发芽后，其嫩芽嫩叶血红，整个生长季节叶片呈紫红色，整株色感极好，蜡质光亮。花粉红色，花期4～5月。果鲜红色，接近于球形，果实成熟期为8～9月份。秋天满树红叶，满枝红果，满树紫枝，果实累累。

【生态习性】耐旱耐瘠，对土壤要求不严，适应性强。

【景观应用】春季观花观叶，秋季观果，具有极高的观赏价值，是街道、游园、道路、庭院绿化的优良树种。

'王族'海棠 *Malus* 'Royalty'

科属：蔷薇科苹果属

【形态特征】落叶小乔木。直立的卵圆形树冠。新叶红色、成熟后为带绿晕的紫色。花单瓣或半重瓣，暗红近紫色，花如紫绒。花期4月下旬。果深紫色，果熟期6～10月。本品种花、叶及果实均为紫红色，呈深玫瑰红色，是少有的色叶海棠品种。

【生态习性】耐旱耐瘠，对土壤要求不严，适应性强。

【景观应用】春季观花观叶，秋季观果，花、叶、果甚至枝干均为紫红色，是罕见的彩叶海棠品种，具有极高的观赏价值，是街道、游园、道路、庭院绿化的优良树种。

'绚丽'海棠 *Malus* 'Radiant'

科属：蔷薇科苹果属

【形态特征】落叶小乔木。树形紧密，干棕红色，株高4.5～6米，冠幅6米，小枝暗紫色。新叶红色，老叶绿色。花深粉色，开花繁而艳。花期4月下旬。果亮红色，鲜艳夺目，直径1.2厘米，数量甚多，6月就红艳如火，直到隆冬。

【生态习性】耐旱耐瘠，对土壤要求不严，适应性强。

【景观应用】春季观花观叶，秋季观果，具有极高的观赏价值，是街道、游园、道路、庭院绿化的优良树种。

'钻石'海棠 *Malus* 'Sparkler'

科属：蔷薇科苹果属

【形态特征】落叶小乔木。花深粉色，繁而艳，果亮红色，鲜艳夺目。盛花期4月中旬。

【生态习性】比较耐贫瘠，而且抗寒、抗盐碱能力都比较强。它对环境的适应性极强，能够忍受冬季－25℃，夏季高达40℃的环境条件。

【景观应用】春季观花观叶，秋季观果，具有极高的观赏价值，是街道、游园、道路、庭院绿化的优良树种。

西府海棠 *Malus micromalus* Makino

科属：蔷薇科苹果属 别名：小果海棠、海红

【形态特征】落叶小乔木，株高达 5 米，树态峭立。小枝红褐色。叶椭圆形至长椭圆形，先端急尖或渐尖，边缘有尖锐锯齿，幼时叶被柔毛，老时无毛，叶薄革质，上面有光泽，叶柄细。花粉红色，4 ~ 7 朵成伞形总状花序，花梗及花萼均具柔毛。果近球形，红色。花期 4 ~ 5 月，果期 8 ~ 9 月。

【生态习性】喜光，耐旱，耐寒，忌水湿；在干燥地带生长良好。

【景观应用】为我国著名的观赏花木，宜植与门旁、庭院、亭廊四周、草地及林缘。

紫叶蔷薇 *Rosa rubrifolia*

科属：蔷薇科蔷薇属　　　　别名：粉叶蔷薇

【形态特征】落叶灌木，枝条长且弯曲；枝叶平日为灰紫色，在蔽荫处却显现为灰绿色；花淡粉色，单瓣。

【生态习性】喜光，稍耐阴，耐寒。

【景观应用】庭园观赏。

山楂 *Crataegus pinnatifida* Bge.

科属：蔷薇科山楂属　　　　别名：山梨

【形态特征】落叶乔木，株高达6米。叶三角状卵形至菱状卵形，羽状5～9裂，分裂较浅，边缘有不规则锐锯齿，托叶大而有齿。伞房花序有长柔毛，花白色，花径1.8厘米。果较大，深亮红色。花期5～6月，果期9～10月。

【生态习性】喜光，稍耐阴，耐寒，耐干旱及贫瘠土壤，根系发达，萌蘖性强。

【景观应用】庭园观赏树。

山里红 *Crataegus pinnatifida* 'Major'

科属：蔷薇科山楂属　　　　　别名：大山楂

【形态特征】落叶小乔木，为山楂的变种，树皮灰色或灰褐色。叶三角形、卵形或菱状卵形，有 3 ~ 7 羽状裂，边缘重锯齿。花白色，多花组成伞房花序。果近球形，鲜红色，较大。花期 5 月，果期 9 月。

【生态习性】喜光，稍耐阴，耐寒，耐干旱、瘠薄。

【景观应用】庭园观赏树。

光叶石楠 *Photinia glabra*

科属：蔷薇科石楠属　　　　　别名：红芽石楠

【形态特征】常绿乔木，高 3 ~ 5 米。小枝灰黑色，无毛。叶革质，椭圆形、矩圆形或矩圆状倒卵形，长 5 ~ 9 厘米，宽 2 ~ 4 厘米，有稀疏浅钝细锯齿，两面无毛。复伞房花序顶生，总花梗和花梗均无毛；花直径 7 ~ 8 毫米；花瓣倒卵形，内面近基部有白色绒毛。

【生态习性】耐瘠薄土壤，有一定的耐盐碱性和耐干旱能力。

【景观应用】新梢和嫩叶火红，观赏性佳。

红叶石楠 *Photinia × fraseri*

科属：蔷薇科石楠属　　　别名：弗雷泽石楠

【形态特征】 常绿小乔木，高达12 米，多做灌木栽培。叶革质，长椭圆至侧卵状椭圆形，先端尖，基部楔形，边缘具细锯齿，新叶亮红色，老叶绿色。复伞房花序，花白色。浆果红色。

【生态习性】 有很强的适应性，耐低温，耐瘠薄土壤，有一定的耐盐碱性和耐干旱能力。性喜强光照，也有很强的耐阴能力，但在直射光照下，色彩更为鲜艳。

【景观应用】 园艺种，新梢和嫩叶火红，色彩艳丽持久，被誉为"红叶绿篱之王"，观赏性极佳。

椤木石楠 *Photinia davidsoniae*

科属：蔷薇科石楠属　　　别名：弗雷泽石楠

【形态特征】 常绿乔木，高 6～15 米；幼枝黄红色，后成紫褐色。叶片革质，长圆形、倒披针形，先端急尖或渐尖，有短尖头，基部楔形，边缘稍反卷，有具腺的细锯齿，上面光亮，无毛。花多数，密集成顶生复伞房花序，花瓣圆形。果实球形或卵形，黄红色。花期 5 月，果期 9～10 月。

【生态习性】 喜温暖湿润和阳光充足的环境。耐寒、耐阴、耐干旱，不耐水湿，萌芽力强，耐修剪。以深厚、肥沃和排水良好的砂质壤土为宜。

【景观应用】 常栽培于庭园，冬季叶片常绿并缀有黄红色果实，颇为美观。

小丑火棘 *Pyracantha fortuneana* 'Harlequin'

科属：蔷薇科火棘属

【形态特征】常绿灌木（在北方为半常绿），单叶，叶卵形，叶片有花纹，似小丑花脸，故名小丑火棘，冬季叶片粉红色。花白色，花期 3 ~ 5 月；果期 8 ~ 11 月，红色的小梨果，挂果时间长达 3 个月。

【生态习性】有较强的耐寒性、耐盐碱土、耐瘠薄能力，根系密集、保土能力强，可以抵御暴雨溅滴，防止地表径流冲刷；能吸附 SO_2、Cl_2 等有毒气体，是优良的生态公益性树种；生长快，耐修剪。

【景观应用】小丑火棘，枝叶繁茂，叶色美观，初夏白花繁密，入秋果红如火，且留枝头甚久，是优良的观叶兼观果植物，且萌芽力强，耐袖箭整形，实为庭院绿篱的优良植物材料，可丛植，也可孤植于草坪边缘及园路转角处。

山桃 *Amygdalus davidiana* Franch.

科属：蔷薇科桃属　　　别名：山毛桃、野桃

【形态特征】落叶小乔木，株高达 10 米。树皮暗紫色，光滑，有光泽。叶卵状披针形，两面无毛，叶缘具细锐锯齿；叶柄无毛常具腺体。花单生，先叶开放，花有白、红、粉等色。果实近球形，密被短柔毛，果肉薄而干，不可食。花期 3 ~ 4 月，是北方地区开花最早的树种。果期 7 ~ 8 月。

【生态习性】喜光，耐寒。耐旱，较耐盐碱，忌水湿。

【景观应用】是北方园林中早春重要的观花树种，干冬季观赏，在园林中广泛应用，是庭院、草坪、堆石、水畔、建筑物前绿化的好材料。

山桃常见的栽培品种

1 白花山桃 *Amygdalus davidiana* 'Aiba'

【形态特征】花白色，单瓣。

2 红花山桃 *Amygdalus davidiana* 'Rubra'

【形态特征】花深粉红色，单瓣。

3 曲枝山桃 *Amygdalus davidiana* 'Tortuosa'

【形态特征】枝近直立而自然扭曲。花淡粉红色，单瓣。

4 白花曲枝山桃 *Amygdalus davidiana* 'Alba Tormosa'

【形态特征】花白色，单瓣；枝近直立而自然扭曲。

5 **白花山碧桃** *Amygdalus davidiana* 'Albo-plena'

【形态特征】树体较大而开展，树皮光滑，似山桃；花白色，重瓣，颇似白碧桃，但萼外近无毛，而且花期较白碧桃早半月左右，是桃花和山桃的天然杂交种。

紫叶桃 *Amygdalus persica* 'Atropurpurea'

科属：蔷薇科桃属　　　　　　　别名：红叶碧桃、紫叶碧桃

【形态特征】落叶小乔木，株高达8米。树皮暗红色，小枝绿褐色或红褐色。叶椭圆状披针形，先端渐尖，叶缘具细锯齿或腺齿；叶片紫红色。花单生，先叶开放，粉红色，单瓣，花形似梅花，径4厘米。果卵球形、宽椭圆形或扁圆形，淡绿白色至橙黄色。花期3～4月，果熟6～9月。

【生态习性】喜光，喜排水良好的土壤，耐旱怕涝。喜富含腐殖质的沙壤土及壤土，在黏重土壤上易发生流胶病。

【景观应用】园林广泛应用，孤植、丛植、群植、列植均适宜，传统上多以桃柳间植水岸，形成"桃红柳绿"美景。

重瓣紫叶桃 *Amygdalus persica* 'Atropurpurea Plena'

科属：蔷薇科桃属　　　　　别名：重瓣红叶碧桃、重瓣紫叶碧桃

【形态特征】落叶小乔木。花重瓣，其他同紫叶桃。

【生态习性】其他同紫叶桃。

【景观应用】其他同紫叶桃。

山杏 *Armeniaca sibirica*

科属：蔷薇科杏属

【形态特征】落叶小乔木，高3～5米，有时呈灌木状。叶较小，卵圆形或近扁圆形，先端尾尖，锯齿圆钝。花单生，白色或粉红色，近无梗；叶前开花。果小而肉薄，密被短茸毛，成熟后开裂。

【生态习性】喜光，耐寒性强，耐干旱瘠薄。可作杏树的砧木。

【景观应用】春季观花，秋季赏叶。可在庭院栽植。

金山绣线菊 *Spiraea×bumalda* 'Gold Mound'

科属：蔷薇科绣线菊属　　　　别名：金叶粉花绣线菊

【形态特征】落叶小灌木，株高50～60厘米。枝细长而有棱。叶菱状披针形，长1～3厘米，叶缘具深锯齿，叶面稍粗糙；新叶金黄色，展开后渐变为淡黄绿色，秋季金黄色。伞形总状花序，深粉红色，花期6～9月。

【生态习性】喜光，耐干燥气候，耐盐碱，忌水涝。

【景观应用】花期长，叶色美丽，群植效果特别好，是良好的地被灌木。

金焰绣线菊 *Spiraea × bumalda* 'Gold Flame'.

科属：蔷薇科绣线菊属

【形态特征】落叶小灌木，株高60～90厘米，新枝黄褐色。单叶互生，叶浅黄色，新生叶为紫红色至黄红色，夏天为绿色，秋天变为铜红色；叶卵状披针形。复伞形花序，花小，浅粉红色。花期5～10月。

【生态习性】喜光，稍耐阴，极耐寒，耐旱，耐盐碱，怕涝，生长快。

【景观应用】叶色有丰富的季相变化，橙红色新叶、黄色叶片和秋季红叶颇具感染力，是花叶俱佳的新优小灌木。可单株修剪成球型，或群植色块、作花境、花坛植物。

珍珠绣线菊 *Spiraea thunbergii* Sieb.

科属：蔷薇科绣线菊属　　　　　**别名：**喷雪花、珍珠花

【形态特征】落叶灌木，株高达 150 厘米。枝条纤细而开展，呈弧形弯曲，小枝有棱角，褐色，老时红褐色。叶条状披针形，先端长渐尖，基部狭楔形，边缘有锐锯齿，羽状脉；叶柄极短或近无柄。伞形花序无总梗或有短梗，基部有数枚小叶片，每花序有 3～7 花，花梗长 6～10 毫米；花直径 5～7 毫米；萼筒钟状，花瓣宽倒卵形，白色。蓇葖果 5，开张。花期 4～5 月；果期 7 月。

【生态习性】喜光，较耐寒，不耐阴，喜湿润、排水良好土壤。

【景观应用】树姿优美，花期早，早春时节，满树白花密集如积雪；叶秋季变红，是不可多得的观花、观叶树种。可以单株点缀，也可以丛植、修剪成球形点缀。

大山樱 *Cerasus sargentii*

科属：蔷薇科樱属

【形态特征】落叶乔木，高 12 ～ 20m，干皮栗褐色，枝暗紫褐色，斜上方伸展。小枝粗而无毛。叶互生，椭圆形至卵状椭圆形或倒卵状椭圆形，叶长 6 ～ 14 厘米，宽 4 ～ 9 厘米，叶端急锐尖，叶基圆形或浅心形，质厚，叶缘锯齿粗大呈斜三角形，叶表浓绿色无毛或有散毛，叶背略呈粉白色无毛。叶柄常呈紫红色。花 2 ～ 4 朵，呈伞形花序，总梗极短而近于无总梗。花红色，径 3 ～ 4.5 厘米，无芳香。

【生态习性】喜光，稍耐阴，耐寒性强，喜湿润气候及排水良好的肥沃土壤。

【景观应用】树形美观，花大而色艳，秋叶变橙或红色，是很好的庭园观赏树。

山樱花 *Cerasus serrulata*

科属：蔷薇科樱属　　　　　别名：樱花

【形态特征】落叶乔木，株高 3 ～ 8 米，树皮灰褐色或灰黑色。叶片卵状椭圆形或倒卵椭圆形，先端渐尖，基部圆形，边有渐尖单锯齿及重锯齿。花序伞房总状或近伞形，有花 2 ～ 3 朵；总苞片褐红色，倒卵长圆形；花瓣白色，稀粉红色，倒卵形，先端下凹；雄蕊约 38 枚。核果球形或卵球形，紫黑色。花期 4 ～ 5 月，果期 6 ～ 7 月。

【生态习性】喜光，稍耐阴，耐寒性强，喜湿润气候及排水良好的肥沃土壤。

【景观应用】在园林中用途极广，可列植于街道、花坛、建筑物四周，公路两侧等。

日本晚樱 *Cerasus serrulata* 'Lannesiana'

科属：蔷薇科樱属　　　　　　　别名：矮樱

【形态特征】落叶乔木，山樱花的变种。叶边有渐尖重锯齿，齿端有长芒，花常有香气。花期 3 ~ 5 月。其他同山樱花。

【生态习性】喜光，稍耐阴，耐寒性强，喜湿润气候及排水良好的肥沃土壤。

【景观应用】我国各地庭园栽培，供观赏。

麦李 *Cerasus glandulosa*

科属：蔷薇科樱属

【形态特征】落叶灌木，高达 1.5 米。小枝灰褐色；叶卵形至卵状椭圆形，先端长尾状，基部圆形，缘有锐重锯齿，入秋叶转为紫红色；花单生或 2 朵簇生，花叶同开或近同开，粉红或近白色。果似球形，深红色；花期 3 ～ 4 月，果期 5 ～ 6 月。

【生态习性】喜光，适应性强，耐寒又耐干旱。忌低洼积水、土壤黏重，喜生于湿润疏松排水良好的沙壤土。

【景观应用】花朵繁茂，入秋叶色变红，硕果累累，为花、果俱美的观赏树种，宜群植作花境、花篱，也可孤植和丛植在庭前，还可盆栽观赏。常见栽培品种有白花重瓣麦李、粉花麦李、粉花重瓣麦李。

麦李常见的栽培品种

1 白花重瓣麦李 *Cerasus glandulosa* 'Alba-plena'

【形态特征】花较大，白色，重瓣。其他特征同麦李。

2 粉花麦李 *Cerasus glandulosa* 'Rosea'

【形态特征】花粉红色，单瓣。其他特征同麦李。

3 粉花重瓣麦李 *Cerasus glandulosa* 'Roseo-plena'

【形态特征】花粉红色，重瓣，更具观赏价值。其他特征同麦李。

珍珠梅 *Sorbaria sorbifolia* (L.)A.Br.

科属：蔷薇科珍珠梅属　　　　　别名：花楸珍珠梅

【形态特征】落叶灌木，株高 2～3 米。枝条开展，小枝稍弯曲。奇数羽状复叶，小叶 13～21 枚，对生，披针形或长圆状披针形，先端渐尖，基部稍圆，稀偏斜，具尖重锯齿。圆锥花序顶生，长 10～20 厘米，花小，白色，蕾时似珍珠，雄蕊与花瓣等长或稍短。果长圆形。花期 6～9 月。

【生态习性】喜阳光充足，耐阴，耐寒。喜肥沃湿润土壤，对环境适应性强，生长较快，萌蘖性强，耐修剪。

【景观应用】花、叶清丽，是优良的夏季观花灌木；通常丛植在草坪边缘或水边、房前、路旁，亦可栽植成自然式花篱。

金叶风箱果 *Physocarpus opulifolius* 'Luteus'

科属：蔷薇科风箱果属　　　　　别名：金叶无毛风箱果

【形态特征】落叶灌木，高可达 3 米，全株无毛或微有毛。单叶互生，呈三角阔卵形至广卵形，叶黄色。花白色，顶生总状花序。花期 6 月。

【生态习性】喜光，也能耐半阴，性强健，较耐寒。

【景观应用】观赏彩叶灌木，叶、花、果均有观赏价值，叶片颜色金黄独特，适合庭院观赏，也可作路篱、镶嵌材料和带状花坛背衬。

紫叶美国风箱果 *Physocarpus opulifolius* 'Diabolo'

科属： 蔷薇科风箱果属　　　　**别名：** 空竹荚蒾叶风箱果

【形态特征】落叶灌木，株高1～2米。叶片生长期紫红色，落前暗红色，三角状卵形，缘有锯齿。花白色，直径0.5～1厘米，花期5月中下旬，顶生伞形总状花序。果实膨大呈卵形，果外光滑。

【生态习性】性喜光，耐寒，耐瘠薄，耐粗放管理。突出特点是光照充足时叶片颜色紫红，而弱光或荫蔽环境中则呈暗红色。

【景观应用】叶、花、果均有观赏价值。可孤植、丛植和带植，适合庭院观赏，也可作路篱、镶嵌材料和带状花坛背衬，或花径或镶边。

大叶桂樱 *Laurocerasus zippeliana*

科属： 蔷薇科桂樱属　　　　**别名：** 大叶野樱、大驳骨、大叶稠李

【形态特征】常绿乔木，高10～25米；小枝灰褐色至黑褐色。叶片革质，宽卵形至椭圆状长圆形或宽长圆形，先端急尖至短渐尖，基部宽楔形至近圆形，叶边具稀疏或稍密粗锯齿，侧脉明显，7～13对。总状花序单生或2～4个簇生于叶腋；花直径5～9毫米，花瓣近圆形，白色；果实长圆形或卵状长圆形，黑褐色。花期7～10月，果期冬季。

【生态习性】偏阳树种，幼苗较耐阴。深根性，萌芽力较强。喜温暖、湿润气候,在土层深厚肥沃，排水良好的地方生长良好。

【景观应用】是优良的观叶观果树木。

豆梨 *Pyrus calleryana* Dcne.

科属：蔷薇科梨属

【形态特征】乔木，高 5 ～ 8 米；小枝粗壮，圆柱形。叶片宽卵形至卵形，先端渐尖，基部圆形至宽楔形，边缘有钝锯齿，两面无毛，秋季叶色变为红色、褐色或橙色。伞形总状花序，具花 6 ～ 12 朵；花瓣卵形。梨果球形，直径约 1 厘米，黑褐色，有斑点。花期 4 月，果期 8 ～ 9 月。

【生态习性】喜阳光充足，耐阴，耐寒。喜肥沃湿润土壤，对环境适应性强，耐修剪。

【景观应用】春季白花朵朵，秋季红叶飘飘，可供春秋两季观赏。

杜梨 *Pyrus betulifolia* Bge.

科属：蔷薇科梨属　　　　　别名：野梨、海棠梨

【形态特征】落叶乔木，株高达10米。枝具刺，叶菱状卵形至长圆形。伞形总状花序，有花10～15朵，花瓣白色。果实近球形，褐色。花期4月，果期8～9月。

【生态习性】适生性强，喜光，耐寒，耐旱，耐涝，耐瘠薄，在中性土及盐碱土中均能正常生长。

【景观应用】树冠开张，叶片美丽，白花繁多而美丽，可植于庭园观赏。是平原盐碱、水涝、沙化地区的优良绿化树种，也可用作防护林及沙荒造林树种。

美人梅 *Prunus blireana* 'Meiren'

科属：蔷薇科李属

【形态特征】落叶小乔木，以紫叶李为母本、宫粉梅为父本杂交而成，既保留了紫叶李的红叶性状，又具备了宫粉梅大花重瓣、着花密集的特征，同时具有梅花的抗寒性。芽与叶鲜红色，成熟叶片泛红色。叶片卵圆形，长 5～9 厘米。花大，重瓣，径 2～4 厘米，具芳香，粉红色，内层的色泽较深。花期春季。

【生长习性】适应性强，抗寒、耐旱，对土壤要求不严，微酸、微碱性土壤都能够适应，也较耐瘠薄，但在土层深厚、疏松、肥沃的壤土中生长更佳。

【景观应用】观赏价值高，广泛用于园林中，适合片植、列植、孤植或做行道树。

紫叶矮樱 *Prunus×cistena* 'Pissardii'

科属：蔷薇科李属

【形态特征】 株形类似紫叶李，但较矮，多为灌木状，株体各部分呈暗紫色。单叶互生，小叶有齿，叶紫红色，有光泽。花粉色，5瓣，淡香。花期4月下旬。

【生态习性】 稍耐阴，较耐寒，喜温暖、湿润的气候，耐干旱、瘠薄土壤，但不耐涝。

【景观应用】 全年叶呈紫红色，可修剪成球形，适宜丛植于草坪，也可作为彩色篱。

紫叶稠李 *Prunus virginiana*

科属：蔷薇科李属　　　　　别名：加拿大红樱

【形态特征】 落叶乔木，植株高8～14米，树皮灰褐色，小枝光滑。树形自然开张，叶片繁茂，叶片长椭圆形至倒卵形，长8～14厘米，宽5～7厘米，缘具粗齿。短枝开花，叶腋抽生总状花序，花序长4～6厘米，花白色。花期4～6月。果实紫红色，果皮光亮。果期7～9月。

【生态习性】 抗逆性强，耐寒、耐旱、耐瘠薄、抗病虫害，适宜长江以北的大部分地区。

【景观应用】 叶色变化四季极为丰富，色彩艳丽，从粉红色、嫩绿色、淡红一直到紫红色，有良好的观赏价值。

加拿大红樱 *Prunus virginiana* 'Red Select Shurb'

科属：蔷薇科李属

【形态特征】落叶乔木，株高6～12米，冠幅5.5～7.5米。树干灰褐色。单叶互生，阔椭圆形至倒卵形，叶子2/3处宽，锐尖。新发嫩叶绿色，随后展开逐渐转为紫红色，到夏季叶子上面蓝紫色，下面白色或灰绿色，到秋季叶色又逐渐转变为紫红色。花朵乳白色，总状花序。4月末至5月开花。果实为核果，深红色，成熟后为黑紫色。

【生态习性】适生性强，喜阳光及温暖、湿润的气候环境，抗逆性极强，耐寒、耐旱、耐瘠薄、抗病虫害，适宜长江以北的大部分地区生长。

【景观应用】叶色变化四季极为丰富，色彩艳丽，有良好的观赏价值。

黑紫叶李 *Prunus cerasifera* 'Nigra'

科属：蔷薇科李属　　　　　　　　别名：樱桃李

【形态特征】落叶小乔木，为紫叶李栽培品种。枝叶黑紫色。其他同紫叶李。

【生态习性】同紫叶李。

【景观应用】同紫叶李。

紫叶李 *Prunus cerasifera* 'Atropurpurea'

科属：蔷薇科李属　　　　　　别名：樱桃李、红叶李

【形态特征】落叶小乔木，为欧洲樱李的栽培变种，株高达8米。叶椭圆形或卵形，长5厘米，先端急尖，基部广楔形或圆形，叶缘有锯齿，叶为紫红色，叶背沿中脉有短柔毛。花单生或2~3朵簇生，浅粉红色。花期4月，果期7~8月。

【生态习性】喜光，稍耐寒，喜温暖湿润气候及肥沃、排水良好的土壤。

【景观应用】著名的彩叶庭园观赏树种。

红叶李 *Prunus cerasifera* 'Newpiortii'

科属：蔷薇科李属　　　　　　别名：樱桃李、红叶李

【形态特征】落叶小乔木，为紫叶李栽培品种。叶红色，花白色。其他同紫叶李。

【生态习性】同紫叶李。

【景观应用】同紫叶李。

◎ 牛栓藤科

小叶红叶藤 *Rourea microphylla*

科属：牛栓藤科牛栓藤属　　别名：红叶藤、牛见愁、荔枝藤

【形态特征】攀缘灌木，多分枝，株高 1 ～ 4 米，枝褐色。奇数羽状复叶，小叶通常 7 ～ 17 片，小叶片坚纸质至近革质，卵形、披针形或长圆披针形，先端渐尖而钝，基部楔形至圆形，常偏斜，全缘。圆锥花序，丛生于叶腋内，花芳香，花瓣白色、淡黄色或淡红色。

【生态习性】常生于海拔 1000 米以下的丘陵、山地林中和山坡灌丛中。

【景观应用】为南方地区优良的乡土藤本植物，蔓生性强，常攀缘在石壁上或覆盖在林层冠上生长，叶色变化明显，嫩叶均为鲜红而成熟叶为浅绿色或浅紫色。

◎ 豆 科

蝙蝠草 *Christia vespertilionis* (L. f.) Bahn.

科属：豆科蝙蝠草　　别名：雷州蝴蝶草、飞锡草

【形态特征】多年生直立草本，高 60 ～ 120 厘米。常由基部开始分枝，枝较纤细。叶通常为单小叶，稀有 3 小叶；小叶近革质，灰绿色，顶生小叶菱形或长菱形或元宝形。总状花序顶生或腋生；花萼半透明，被柔毛，花后增大，5 裂，裂片三角形；花冠黄白色。荚果有荚节 4 ～ 5，椭圆形，成熟后黑褐色。花期 3 ～ 5 月，果期 10 ～ 12 月。

【生长习性】喜温暖，耐旱，耐半阴。

【景观应用】多生于旷野草地、灌丛中、路旁及海边地区。该种全草可入药。

白三叶草 *Trifolium repens* L.

科属： 豆科车轴草属　　　　　**别名：** 白车轴草、白花苜蓿

【形态特征】多年生匍匐草本，株高 10 ～ 30 厘米，主根短，侧根和须根发达。茎匍匐蔓生，节上生根。掌状 3 出复叶具长柄，小叶倒卵形至倒心形。花序球形，顶生，总花梗甚长，具花 20 ～ 50 朵，密集，径约 2 厘米，白色至淡红色，具香气。花期 5 ～ 7 月。

【生长习性】喜温暖，较耐寒，耐旱，耐半阴，适应性强，易于管理。对践踏的耐受性一般。

【景观应用】是优良的地被植物，繁衍能力强，绿色期长，适合作为观赏性草坪在庭院、公园、绿地大面积栽植，也常作固土护坡、地面覆盖应用。

紫叶三叶草 *Trifolium repens* 'Purpurascens Quadrifolium'

科属： 豆科车轴草属　　　　　**别名：** 花叶车轴草

【形态特征】白三叶草的栽培品种。多年生草本，株高 10 ～ 20 厘米。茎匍匐，叶基生，3 小叶复叶，叶脉周围深紫色，叶缘呈绿色，头状花序，花白色。花期 5 ～ 8 月。

【生长习性】适应性强，喜光，稍耐阴，不择土壤，耐寒耐旱。

【景观应用】草层低密，叶色鲜艳，是新型的彩叶地被植物，适合片植的地被景观，也适合于花坛镶边或点缀于不同主题的花境中，亦适合于坡面绿化。

红三叶草 *Trifolium pratense* Linn.

科属： 豆科车轴草属　　　　　**别名：** 红车轴草

【形态特征】和白车轴草同属，但是直根型，茎不匍匐，分枝能力强，寿命较白车轴草短；花红色；种子较白车轴草大，千粒重 1.5 克。

【生长习性】喜温暖，较耐寒，但耐旱性差，适宜于中性和酸性土壤生长。

【景观应用】同白车轴草，但由于植株稍高，一般不适宜作混播草坪。

金叶刺槐 *Robinia pseudoacacia* 'Frisia'

科属：豆科刺槐属　　　　　　　　别名：金叶洋槐、金叶黄槐

【形态特征】为刺槐的栽培变种。落叶乔木，高达 25 米。树冠呈圆柱形，小枝带刺。干皮深纵裂。奇数羽状复叶互生，小叶 7 ~ 19 枚，椭圆形，全缘，先端微凹并有小刺尖。春季叶为金黄色，至夏季变为黄绿色，秋季变为橙黄色，叶色变化丰富，极为美丽。初夏开花，花白色，芳香，呈下垂总状花序。

【生长习性】喜光、耐干旱瘠薄，对土壤适应性强；浅根性，萌蘖性强，生长快。

【景观应用】适合孤植观赏。

北美肥皂荚 *Gymnocladus dioicus* K.Koch.

科属：豆科肥皂荚属　　　　　　　　别名：美国肥皂荚

【形态特征】落叶乔木，高达 30 米。树皮厚、粗糙、灰色，老树呈薄片状开裂。二回偶数羽状复叶，互生，长达 35 厘米，有羽片 5 ~ 7 对，每羽片有小叶 6 ~ 14 枚，在最下部常为一片单叶，小叶卵形或长圆形，先端具芒状尖头。花单性或杂性；果为荚果，肥厚膨胀，长圆状变镰形。花期 5 ~ 6 月，果熟 10 月。

【生长习性】喜光，喜温暖湿润环境。深根性、抗旱力强。

【景观应用】树干通直，树冠广阔，羽叶庞大，花色清秀，是良好的庭荫树种，适宜植于草坪、河边、池畔、假山、路边等处。

金脉刺桐 *Erythrina variegate 'Picta'*

科属：豆科刺桐属　　　　　别名：黄脉刺桐、斑叶刺桐、刻脉刺桐

【形态特征】落叶小乔木，为刺桐的栽培变种。叶片叶脉处具金黄色条纹，与绿色叶肉对比鲜明，叶为三出复叶，小叶菱形或阔卵形，为著名观叶植物。总状花序，花鲜红色或橘红色，且密集于枝梢。

【生长习性】喜光、耐干旱瘠薄，对土壤适应性强；浅根性，萌蘖性强，生长快。

【景观应用】优良的庭园和行道树种及盆栽树，可观花观叶。

紫叶合欢 *Albizia julibrissin 'Purpurea'*

科属：豆科合欢属　　　　　别名：红叶合欢、"夏日巧克力"合欢

【形态特征】为合欢的栽培变种。落叶乔木，树冠呈伞状。偶数羽状复叶，春季叶为紫红色，夏季则为绿色，树冠上部叶为紫红色。花为深红色，较合欢花期长。

【生态习性】喜光，稍耐寒，耐干旱、瘠薄，不耐水涝。

【景观应用】宜做庭园观赏树、行道树。

金叶槐 *Sophora japonica* 'Aurea'

科属：豆科槐属

【形态特征】为国槐的栽培变种。落叶乔木，冠形圆柱形。奇数羽状复叶，小叶 5 ~ 15 枚，卵形或椭圆形，全缘。枝条在生长到 50 ~ 80 厘米时出现较强的下垂性。春、秋季叶片金黄色，夏季变为黄绿色，落叶后枝条向阳面为黄色，背阴面为绿色。其他特征同国槐。

【生态习性】喜深厚、湿润、肥沃、排水良好的沙壤土，抗风力较强。

【景观应用】色彩金黄，树冠丰满，可用做园林景观树种，孤植、群植均宜；如与其他红、绿色乔、灌木树种配植，更会显示出其鲜艳夺目的效果。

金枝国槐 *Sophora japonica* 'Flaves'

科属：豆科槐属　　　　　别名：金枝槐

【形态特征】为国槐的栽培变种。落叶乔木，树冠圆球形或倒卵形，高可达 25 米。枝条金黄色。奇数羽状复叶，小叶对生，全缘。花序为顶生圆锥花序，花黄白色，花期 6 ~ 9 月。

【生态习性】中等喜光，喜温凉气候和深厚排水良好的砂质壤土，但在高温多湿或石灰性、酸性及轻盐碱土上均能正常生长，忌低洼积水；根系发达，深根性，萌芽力强。

【景观应用】是重要的城市庭荫树和行道树。

金合欢 *Acacia farnesiana* (L.) Willd

科属：豆科金合欢属　　　　　　别名：夜合花、消息花

【形态特征】落叶小乔木或灌木，株高达9米；小枝常呈之字形，托叶针刺状。二回羽状复叶，羽片4～8对，小叶10～20对，小叶片线状长椭圆形。头状花序腋生，常多个簇生。花小，芳香，聚生成球形或圆筒形的簇，金黄色，偶为白色；雄蕊多数，使花朵外形呈绒毛状。荚果圆柱形，种子多数，黑色。花期4～5月。

【生态习性】喜光，不耐寒，不耐水涝，适宜土层深厚沙壤或壤土。是澳大利亚的国花。

【景观应用】做庭园观赏树、行道树、绿篱。

三角叶相思树 *Acacia pravissima* F.Muell.

科属：豆科金合欢属　　　　　　别名：夜合花、消息花

【形态特征】常绿乔木或灌木。树冠开展。枝拱形。叶状柄三角形，银灰色，先端刺状。头状花序小，花亮黄色，冬末或初春开放。

【生态习性】原产澳大利亚，我国引种栽培。

【景观应用】园林栽植。

银叶金合欢 *Acacia podalyriifolia* A.Cunningham ex G.Don

科属：豆科金合欢属　　　　　　别名：珍珠合欢、真珠相思树

【形态特征】常绿灌木或小乔木，株高可达6米。老茎褐色，嫩茎银绿色；叶片银灰色，单叶，呈现规则地交叉竖起排列着生，叶片正反面披白色柔软绒毛，叶柄极短或无；总状花序，每个花序由6～22朵小花组成，小花球形，金黄色。

【生态习性】原产澳大利亚，我国广东、广西有引种栽培。

【景观应用】枝条密集，可修剪成球形、伞形、柱形等各种形状，适宜种植在草坪、庭院或用作道路中间绿化带。盛花时节，满树金黄色，艳丽多彩，园林观赏价值高。

垂枝无忧树 *Saraca declinata* Miq.

科属：豆科无忧花属

【形态特征】常绿乔木。偶数羽状复叶互生，叶柄短，1.5～2厘米。小叶4～7对，长椭圆形，近革质，全缘；嫩叶柔软下垂，先紫红色后渐变正常的绿色。花无花瓣，花萼管状，端4裂，花瓣状，橘红色至黄色；小苞片花瓣状，红色；由伞房花序组成顶生圆锥花序。花期5～6月。荚果长圆形，扁平或略肿胀。

【生态习性】喜温暖、湿润的亚热带气候，不耐寒。宜在排水良好、湿润肥沃的土壤中生长。

【景观应用】树势雄伟，花大而美丽，在华南可栽作庭荫观赏树和行道树。

中国无忧花 *Saraca dives* Pierre

科属：豆科无忧花属
别名：火焰花、无忧树、中国无忧树、无忧花

【形态特征】常绿乔木，高达25米。偶数羽状复叶互生，叶柄长，约4厘米。小叶5～6对，长椭圆形，全缘，硬革质；嫩叶柔软下垂，先红色后渐变正常的绿色。花无花瓣，花萼管状，端4裂，花瓣状，橘红色至黄色；小苞片花瓣状，红色；由伞房花序组成顶生圆锥花序。雄蕊8～10枚，花期3～4月。荚果长圆形，扁平或略肿胀。

【生态习性】喜温暖、湿润的亚热带气候，不耐寒。宜在排水良好、湿润肥沃的土壤中生长。

【景观应用】树势雄伟，花大而美丽，盛开时如火焰，是优良的观花树种。在华南可栽作庭荫观赏树和行道树。

金叶皂角 *Gleditsia triacanthos* 'Sunburst'

科属：豆科皂荚属　　　　别名：阳光美国皂荚、金叶美国皂荚

【形态特征】美国皂荚的栽培品种。落叶乔木，株高达10米，树冠扁球形，枝水平开展，无刺。互生羽状复叶，幼叶金黄，叶片春夏季为明亮的黄绿色，秋季转为鲜艳的黄色，叶尖呈金黄色。花期4～5月，不结实。

【生态习性】性喜光而稍耐阴、耐旱、耐寒，喜温暖湿润气候及深厚肥沃适当湿润土壤，但对土壤要求不严，适应性较广。

【景观应用】树形美丽，枝条舒展，叶形秀丽，色泽金黄明媚，是点缀庭院、园林的优秀彩叶树种，可孤植、丛植于草坪、路旁或其他场所，也可做行道树。

无刺美国皂荚 *Gleditsia triacanthos* 'Inermis'

科属：豆科皂荚属

【形态特征】美国皂荚的栽培变种。落叶乔木。树冠开张。株高20米，冠径15米。树干多刺。羽状复叶，有光泽，暗绿色，秋季变为黄色。

【生态习性】喜光，喜温暖气候，耐盐碱，耐干旱。适宜潮湿、排水好土壤。

【景观应用】可种于庭院、公园，做行道树、绿篱。

山皂荚 *Gleditsia japonica* Miq.

科属：豆科皂荚属　　　　　　别名：日本皂荚

【形态特征】落叶乔木，株高达25米。枝刺扁，小枝淡紫色。一回羽状复叶，有小叶6～10对，小叶卵形至卵状披针形。杂性花，穗状花序，花柄极短，花黄白色。荚果带状，薄而扭曲，长18～30厘米。花期5～7月，果期10～11月。

【生态习性】喜光，喜土层深厚，喜温暖湿润环境，适应性强，对土壤要求不严。

【景观应用】是盐碱地的绿化树种，适宜在广场、草坪、河畔、池边、建筑物周围栽植。

紫叶紫荆 *Cercis canadensis*

科属：豆科紫荆属　　　　　别名：加拿大紫荆

【形态特征】落叶灌木或小乔木。高达 10 米。叶互生，叶大，呈心形，紫红色，早春先花后叶，新枝老干上布满紫红花，新叶青铜色至紫红色，继而变为深绿色，秋季变为黄色。花苞紫红色，花色玫瑰红色，花多，荚果长 9 厘米。花期 3 ～ 5 月。

【生态习性】适应性强，较耐寒。在酸碱性土壤及干旱湿润土壤都可生长。

【景观应用】红花彩叶，艳丽动人。可种于庭院、公园、路边，是极佳的园林彩叶树种。

◎ 酢浆草科

黄麻子酢酱草 *Oxalis pes-caprae*

科属：酢浆草科酢浆草属　　　　别名：雀斑酢浆草

【形态特征】多年生草本。叶上有黑色的斑点，就像雀斑一样，叶梗和花梗都很长。

【生长习性】喜温暖湿润，喜光也耐寒和耐干旱，对土壤适应性强。

【景观应用】原产热带美洲，我国有少量引种。盆栽观赏。

芙蓉酢浆草 *Oxalis purpurea*

科属：酢浆草科酢浆草属

【形态特征】多年生草本。地下部分生长鳞茎，叶片大，掌状三出复叶，小叶倒心形，花大单生，颜色绚丽，花色丰富，白色、黄色和红色，冠筒黄色，开花时花柄从叶片中穿出，立于叶片之上。

【生长习性】喜温暖湿润，喜光也耐半阴和干旱，对土壤适应性强。

【景观应用】花姿柔美可爱，适合做花坛美化或盆栽，是优良的观赏草花。

紫叶芙蓉酢浆草 *Oxalis purpurea* 'Garnet'

科属：酢浆草科酢浆草属　　　　别名：紫叶芙蓉

【形态特征】多年生草本。叶片在阳光照射下呈紫色，晒得越好越显紫色。花茎红色，花冠玫红色、喉部黄色。

【生长习性】喜温暖湿润，喜光也耐半阴和干旱，对土壤适应性强。

【景观应用】盆栽观赏。

紫叶酢浆草 *Oxalis triangularis* 'Purpurea'

科属：酢浆草科酢浆草属　　　　别名：三角紫叶酢浆草

【形态特征】多年生草本，常作一、二年生栽培。叶丛生，3 小叶，叶片紫红色，阔倒三角形。伞形花序，花 12 ~ 14 朵，花冠 5 裂，淡红色。

【生长习性】喜温暖湿润，喜光也耐半阴和干旱，对土壤适应性强。

【景观应用】地被致密，质地较细，是应用广泛的花、叶俱美的地被植物，观赏价值较高。可大面积种植或布置花坛、花境，也可盆栽观赏。

棕榈叶酢浆草 *Oxalis palmifrons*

科属：酢浆草科酢浆草属　　　　别名：三角紫叶酢浆草

【形态特征】多年生草本。叶片棕榈状，紫色。

【生长习性】喜温暖湿润，喜光也耐半阴和干旱，对土壤适应性强。

【景观应用】原产热带美洲，我国有少量引种。盆栽观赏。

◎ 牻牛儿苗科

格思龙骨葵 *Sarcocaulon crassicaule*

科属：牻牛儿苗科龙骨葵属　　　　别名：青罗摩仏

【形态特征】块根多肉植物，茎上长刺。

【生态习性】喜温暖、湿润和阳光充足的环境，怕水湿和高温。宜肥沃、疏松和排水良好的砂质壤土。

【景观应用】观叶品种，常作中、小型盆栽或吊盆栽种。

黑罗莎 *Sarcocaulon multifidum*

科属：牻牛儿苗科龙骨葵属　　　　别名：黑皮月界

【形态特征】龙骨葵属中，最经典的植物之一。半直立的矮灌木，茎上长刺；叶片宽卵形或者椭圆形，有毛，通常不带刺，有几排叶子和短钝的叶柄，花瓣白色、粉色或者洋红色并在花瓣基部有深红色标记。

【生态习性】喜温暖、湿润和阳光充足环境，耐寒性差，怕水湿和高温。

【景观应用】观叶品种，常作中、小型盆栽或吊盆栽种。

斑纹皱叶天竺葵 *Pelargonium crispum* 'Variegatum'

科属：牻牛儿苗科天竺葵属　　　　别名：斑叶柠檬味天竺葵

【形态特征】多年生灌木状草本。茎直立，多分枝。幼枝绿色，柔软，老枝木化。叶互生，有柠檬香气，扇形；叶缘卷皱，沿叶周有黄色斑纹。花单生或 2 ~ 3 朵成簇生于短花梗上。花冠白色或深粉色。花期自 8 月至翌年 4 月。

【生态习性】喜阳光充足和温暖、干燥的环境，耐热性，耐湿，忌阴湿和寒冷。

【景观应用】经典观叶品种，常作中、小型盆栽或吊盆栽种。

波洛克夫人天竺葵 *Pelargonium* 'Mrs Pollock'

科属：牻牛儿苗科天竺葵属　　　　别名：三色旗天竺葵、彩叶天竺葵

【形态特征】多年生草本，植株直立，叶片上有红、绿、黄三种颜色。

【生态习性】喜温暖、湿润和阳光充足环境。耐寒性差，怕水湿和高温。

【景观应用】稀有品种，花叶兼赏，盆栽观赏。

枫叶天竺葵 *Pelargonium hortorum* 'Vancouver Centennial'

科属：牻牛儿苗科天竺葵属　　　　别名："百年温哥华"枫叶天竺葵

【形态特征】多年生草本，幼株肉质，老株半木质化。茎直立或匍匐状。单叶互生，掌状或羽状浅裂，具长叶柄。叶红褐色或紫褐色，边缘黄色，有脉纹。花红色，异形，5 瓣，大小不同。

【生态习性】喜阳光充足和温暖、干燥的环境，耐热性，耐湿，忌阴湿和寒冷。

【景观应用】经典观叶品种，常作中、小型盆栽或吊盆栽种。

枯叶洋葵 *Pelargonium alternans*

科属：牻牛儿苗科天竺葵属　　　别名：沙漠洋葵

【形态特征】为块根类冬型种多肉植物，树干非常紧凑，呈灰绿色。枝干扭曲交叉，分支众多和表面被短柔毛覆盖，叶生在茎端。花白色或者粉红色，一个花枝群集最多有四朵。

【生态习性】喜温暖、湿润和阳光充足环境，耐寒性差，怕水湿和高温。

【景观应用】观叶品种，常作中、小型盆栽或吊盆栽种。

马蹄纹天竺葵 *Pelargonium zonale* (L.) L 'Hérit.'

科属：牻牛儿苗科天竺葵属

【形态特征】灌木，直立或攀缘生长，株高一般 1 米，最高可达 3 米。分枝多肉质，通常被毛；茎随老化质地渐变坚硬。叶片通常平展，具有深色马蹄形纹。伞形花序，花粉色至深浅不等的红色，亦有白色。花期全年。

【生态习性】喜温暖、湿润和阳光充足环境。耐寒性差，怕水湿和高温。

【景观应用】观叶品种，常作中、小型盆栽或吊盆栽种。

银边天竺葵 *Pelargonium hortorum* 'Marginatum'

科属：牻牛儿苗科天竺葵属　　　别名：花叶天竺葵

【形态特征】多年生草本，天竺葵杂交种。植株直立，叶片边缘呈白色。花单瓣，红色。

【生态习性】喜温暖、湿润和阳光充足环境。耐寒性差，怕水湿和高温。

【景观应用】观叶品种，常作中、小型盆栽或吊盆栽种。

◎ 旱金莲科

花叶旱金莲 *Tropaeolum majus* L. 'Variegatum'

科属：旱金莲科旱金莲属　　　别名：花叶金莲花

【形态特征】多年生的半蔓生或倾卧植物。株高 30 ～ 70 厘米。基生叶具长柄，叶片五角形，三全裂，二回裂片有少数小裂片和锐齿，叶片具斑纹。花单生或 2 ～ 3 朵成聚伞花序，花瓣五，花色有紫红、橘红、乳黄等，花瓣与萼片等长，狭条形。

【生态习性】性喜温和气候，不耐严寒酷暑。冬、春、秋需充足光照，夏季盆栽忌烈日暴晒。盆栽需疏松、肥沃、通透性强的培养土，喜湿润怕渍涝。

【景观应用】叶形如碗莲，花朵盛开时，如群蝶飞舞，是一种重要的观赏花卉。

◎ 蒺藜科

白刺 *Nitraria tangutorm* Bobr.

科属：蒺藜科白刺属　　　别名：酸胖、唐古特白刺

【形态特征】匍匐性小灌木，株高 1 ～ 2 米。多分枝，皮淡黄色，嫩枝白色，尖端刺状。叶密生在嫩枝上 2 ～ 3 片簇生，宽倒披针形，先端钝，基部斜楔形，全缘，表面灰绿色，肉质，被细绢毛；无叶柄。花序顶生，聚伞花序，萼绿色，萼片三角形，花瓣黄白色，长圆形。核果卵形或椭圆形，种子卵形。花期 5 ～ 6 月，果期 7 ～ 8 月。

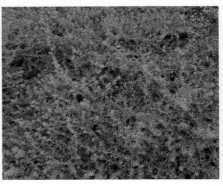

【生长习性】根系发达，喜光耐寒、耐干旱，适应性强，管理粗放。

【景观应用】花和果均可欣赏，果可以食用，可作抗盐碱优良覆盖地被，还可防风固沙。

◎ 芸香科

黄檗 *Phellodendron amurense*

科属：芸香科黄檗属

【形态特征】落叶乔木，高达
15～22米；树皮木栓层发达，
有弹性，纵深裂；内皮鲜黄色。
单数羽状复叶对生，小叶5～13
枚，卵状披针形，缘有不显小齿
及透明油点，仅背面中脉基部及
叶缘有毛，撕裂后有臭味。顶生
聚伞状圆锥花序，花小，单性异株；
顶生圆锥花序。核果黑色，径约
1厘米。

【生长习性】喜光，耐寒力强，喜
湿润、肥沃而排水良好的土壤；
深根性，抗风，萌芽力强，生长
较慢。

【景观应用】枝叶茂密，树形美观，
可栽作庭荫树及行道树。树干内
皮为中药材（黄柏）。

榆橘 *Ptelea trifoliata* L.

科属：芸香科榆橘属

【形态特征】株高约3米。树冠圆形，2年生枝赤褐色。叶互生，有3小叶，
小叶无柄，卵形至长椭圆形，基部两侧略不对称，中央1片小叶的基
部楔尖。伞房状聚伞花序；花梗被毛；花蕾近圆球形；花淡绿或黄白色，
略芳香；花瓣椭圆形或倒披针形，边缘被毛。翅果外形似榆钱，扁圆，
径1.5～2厘米或更大，顶端短齿
尖，网脉明显。花期5月，果期8～9
月。

【生长习性】喜光或稍耐阴，易于
栽培，择土不严，排水良好即可。

【景观应用】秋季叶色变黄，可
植于公园、庭园观赏或用于风景
林配植。树皮药用。

芸香 *Ruta graveolens* L.

科属：芸香科芸香属　　　　　别名：臭草

【形态特征】株高达 1 米，有浓烈特殊气味。叶二至三回羽状复叶，长 6～12 厘米，末回小羽裂片短匙形或狭长圆形，灰绿或带蓝绿色。花金黄色，花径约 2 厘米；萼片 4 片；花瓣 4 片。果长 6～10 毫米，由顶端开裂至中部，种子甚多，肾形，褐黑色。花期 3～6 月及冬季末期，果期 7～9 月。

【生长习性】喜光照充足通风良好，排水良好的砂质壤土或土质深厚壤土为佳。

【景观应用】鲜艳的黄色花朵可以增添花坛色彩，或制成干燥花，也是插花的好素材。

◎ 苦木科

红叶椿 *Ailanthus altissima* 'Hongye'

科属：苦木科臭椿属

【形态特征】落叶乔木，为臭椿的栽培品种。奇数羽状复叶，互生，小叶 13～25 枚，互生或对生，披针形或卵状披针形，先端渐尖，基部略偏斜，全缘，叶片紫红色，十分鲜艳。大型圆锥花序顶生，直立，淡黄色或黄白色。翅果扁平，熟时淡褐色或灰黄褐色。花期 5～6 月，果期 9～10 月。

【生态习性】喜光，较耐寒，耐干旱、瘠薄，但不耐积水，喜排水良好的沙壤土，在中度盐碱土上幼树可良好生长，对土壤适应性较强。

【景观应用】枝叶繁茂，色彩鲜艳，园林中多作观赏树或行道树。

◎ 棟 科

棟 *Melia azedarach* L.

科属： 棟科棟属　　　　　**别名：** 苦棟、棟树、紫花树

【形态特征】落叶乔木，高达 15 ～ 20 米；树皮光滑，老则浅纵裂；枝上皮孔明显。二至三回奇数羽状复叶互生，小叶卵形至椭圆形，缘有钝齿或深浅不一的齿裂。花较大，两性，董紫色；腋生圆锥花序；花期 5 月。核果球形，熟时淡黄色，经冬不落。

【生长习性】喜光，喜温暖湿润气候，耐寒性不强。对土壤适应性强，在酸性、钙质及轻盐碱土上均能生长；生长快，寿命较短。

【景观应用】入秋叶色金黄，适宜作庭荫树和行道树，是良好的城市及矿区绿化树种。

香椿 *Toona sinensis* (A. Juss) Roem.

科属：楝科香椿属

【形态特征】落叶乔木，株高达25米。小枝粗壮。偶数羽状复叶，有香气，小叶10～20枚，长椭圆形至宽披针形，先端渐长尖，基部不对称，全缘或具不明显钝锯齿。花白色，有香气。蒴果长椭圆形。花期5～6月，果期8～10月。

【生态习性】喜光，适生于深厚、肥沃、湿润的砂质壤土，耐轻度盐碱，较耐水湿，较耐寒。深根性，萌芽、萌蘖力均强，对有毒气体抗性较强。

【景观应用】枝叶茂密，树干耸直，树冠庞大，嫩叶红色，是良好的庭荫树和行道树，宜植于庭前、院落、草坪、水畔等处。

◎ 大戟科

变叶木 *Codiaeum variegatum* (L.) A. Juss.

科属：大戟科变叶木属　　　　　别名：洒金榕

【形态特征】灌木或小乔木，高达 2 米。幼枝灰褐色，有明显的大而平整的圆形或近圆形的叶痕。叶薄革质，形状大小变异很大，线形、线状披针形、长圆形、椭圆形、披针形、卵形、匙形、提琴形至倒卵形，有时由长的中脉把叶片间断成上下两片。顶端短尖、渐尖至圆钝，基部楔形、短尖至钝，边全缘、浅裂至深裂，两面无毛，绿色、淡绿色、紫红色、紫红与黄色相间、黄色与绿色相间或有时在绿色叶片上散生黄色或金黄色斑点或斑纹。总状花序腋生，雌雄同株异序，长 8 ~ 30 厘米。蒴果近球形，稍扁。花期 9 ~ 10 月。

【生长习性】喜高温、湿润和阳光充足的环境，不耐寒。以肥沃、保水性强的黏质壤土为宜。

【景观应用】叶形千变万化，叶色五彩缤纷，是观叶植物中叶色、叶形和叶斑变化最丰富的，也是最具形态美和色彩美的盆栽植物之一。

变叶木常见的栽培品种

1 彼得变叶木 *Codiaeum variegatum* 'Petra'

2 长叶变叶木 *Codiaeum variegatum* 'Pictum'

【形态特征】叶片长披形，叶色斑斓。

3 多色匙叶变叶木 *Codiaeum variegatum* 'Multicolor'

4 飞燕变叶木 *Codiaeum variegatum* 'Interruptum'

5 复叶变叶木 *Codiaeum variegatum* var. *pictum* f. *appendiculatum*

【形态特征】叶片细长，前端有 1 条主脉，主脉先端有匙状小叶。

5.1 蜂腰飞燕变叶木
Codiaeum variegatum var. *pictum* f. *appendiculatum* 'Interruptum'

【形态特征】叶片细长，前端有 1 条主脉，主脉先端有匙状小叶。

5.2 洒金蜂腰飞燕变叶木
Codiaeum variegatum var. *pictum* f. *appendiculatum* 'Mulabile'

【形态特征】小叶红色或绿色，散生不规则的金黄色斑点。

6 虎尾变叶木 *Codiaeum variegatum* var. *pictum* 'Majesticum'

【形态特征】叶细长，浓绿色，有明显的散生黄色斑点。

7 华丽变叶木 *Codiaeum variegatum* 'Magnificent'

8 戟叶变叶木 *Codiaeum variegatum* 'Lobatum'

别名：裂叶变叶木

【形态特征】叶宽大，3裂，似戟形。

9 金光变叶木 *Codiaeum variegatum* 'Chrysophylla'

【形态特征】株高 80 ~ 150 厘米。单叶互生，长椭圆形，先端尖，基部楔形，全缘，叶面具不规则的金黄色斑。总状花序生于上部叶腋，花白色不显眼。花期秋季。

10 宽叶变叶木 *Codiaeum variegatum* 'Platyplyllum'

别名：阔叶变叶木

【形态特征】叶卵形。

11 砂子剑变叶木 *Codiaeum variegatum* 'Maculatum Katoni'

12 扭叶变叶木 *Codiaeum variegatum var. pictum f. crispum*

【形态特征】叶片波浪起伏，呈不规则的扭曲与旋卷。

13 琴叶洒金变叶木

Codiaeum variegatum var. pictum f. lobatum 'Craigii'

【形态特征】叶片波浪起伏，呈不规则的扭曲与旋卷。

14 洒金变叶木 *Codiaeum variegatum* 'Aureo Maculatum'

别名：桃叶珊瑚变叶木

15 柳叶细叶变叶木 *Codiaeum variegatum* 'Graciosum'

【形态特征】叶狭披针形，浓绿色，中脉黄色较宽，有时疏生小黄色斑点。

16 细叶变叶木 *Codiaeum variegatum* 'Taeniosum'

【形态特征】叶带状，细长。

16 旋叶变叶木 *Codiaeum variegatum* 'Tortilis Major'

【形态特征】叶片波浪起伏，呈不规则的扭曲与旋卷。

紫叶蓖麻 *Ricinus communis* 'Sanguineus'

科属：大戟科蓖麻属　　　　　　别名：红茎蓖麻、红蓖麻

【形态特征】一年生草本，蓖麻的栽培变种。株高 150 ～ 200 厘米。茎直立，粗壮，中空，上部分枝，鲜绿色或带紫色。叶大，互生，盾状圆形，有光泽，掌状 5 ～ 11 裂，边缘有粗锯齿，叶紫色。花单性，花序直立，长 10 ～ 20 厘米。蒴果长圆形或近球形，红色。花期 7 ～ 8 月，果期 8 ～ 10 月。

【生长习性】喜光，适宜湿润环境和肥沃、疏松土壤。

【景观应用】可植于林缘、岩石园或草药园。

白桦麒麟 *Euphorbia mammillaris* 'Variegata'

科属：大戟科大戟属　　　　　　别名：玉鳞凤锦

【形态特征】玉麟凤的斑锦品种，多年生肉质草木。株高 18 ～ 20 厘米，株幅 18 ～ 20 厘米。茎肉质矮小，基部分枝多，群生状，长 18 ～ 20 厘米，6 ～ 8 棱，棱形成六角状瘤块，白色。叶片不发育或早落。杯状聚伞花序簇生于茎端，花红褐色，花谢后花梗会残留在茎上似刺，淡黄色。花期秋、冬季。

【生长习性】喜温暖、干燥和阳光充足的环境，耐干旱，稍耐半阴，忌阴湿，不耐寒。

【景观应用】盆栽观赏。

大戟阁锦 *Euphorbia ammak* 'Variegated'

科属：大戟科大戟属

【形态特征】大戟阁的斑锦变异品种，为多年生肉质植物。植株呈乔木状，主干短而粗，分枝多，肉质茎，棱脊突出，棱缘波浪形，表皮花白色或黄白色，刺灰褐色或紫褐色，成对生于棱缘上。在生长旺盛时茎顶端有披针形、花白色或黄白色叶片长出，但很早就脱落，给人的印象是植株无叶。

【生长习性】喜温暖干燥和阳光充足的环境，不耐寒，耐干旱，怕积水。宜用疏松肥沃，排水良好的砂质壤土栽种。

【景观应用】植株挺拔，色彩奇特，家庭可盆栽装饰大型客厅、居室等处，效果很好。

布纹球 *Euphorbia obesa*

科属：大戟科大戟属　　　　　别名：晃玉、奥贝莎

【形态特征】多年生肉质草木。植株小球形，直径8～12厘米。具棱8，整齐。表皮灰绿色中有红褐色纵横交错的条纹，顶部条纹较密。棱缘上有褐色小钝齿。雌雄异株，雌株球体较扁，雄株茎圆筒形，均为单生，绝不自生仔球。球体顶部棱缘处开花，花极小，黄绿色。

【生长习性】喜温暖、干燥和阳光充足的环境，耐干旱，稍耐半阴，忌阴湿，不耐寒。

【景观应用】　盆栽观赏。

红龙骨 *Euphorbia trigona* 'Variegata'

科属：大戟科大戟属　　　　　别名：红彩云阁、红三角大戟

【形态特征】彩云阁的栽培变型。多年生肉质灌木，全株含白色乳汁，分枝直立状，常密集成丛生长，具3棱，暗红色。叶片匙形，暗红色，叶基两侧各生一尖刺。花单性。花期夏、秋。

【生长习性】喜温暖、干燥和阳光充足的环境，耐干旱，稍耐半阴，忌阴湿，不耐寒。

【景观应用】　盆栽观赏。很适合在大型厅堂布置，作为背景成排布置尤为理想。

春峰之辉 *Euphorbia lactea* **f.** *cristata* 'Variegata'

| 科属：大戟科大戟属 | 别名：彩春峰、春峰锦 |

【形态特征】园艺品种，多年生肉质植物春峰之辉的彩化变种，而春峰之辉又是春峰的斑锦变异品种，春峰则是帝锦的缀化（带化）变异品种。肉质茎依品种的不同有暗紫红、乳白、淡黄以及镶边、斑纹等复色。性状很不稳定，栽培中经常发生色彩的变异，如暗紫红色肉质茎会长出白色、黄色斑块等。有时还会出现返祖现象，使扭曲生长的鸡冠状肉质茎长成柱状。

【生长习性】喜温暖、干燥和阳光充足的环境，耐干旱，稍耐半阴，忌阴湿，不耐寒。

【景观应用】株形奇特而优美，色彩丰富又多变，具有较高的观赏价值，多盆栽观赏。

孔雀之舞 *Euphorbia flanaganii* 'Cristata'

| 科属：大戟科大戟属 | 别名：孔雀冠 |

【形态特征】孔雀丸的缀化品种，为多年生肉质植物，由孔雀丸原先细棒状的肉质枝条缀变成扭曲薄片螺旋状。

【生长习性】喜温暖干燥和阳光充足的环境，不耐寒，耐干旱，怕积水。宜用疏松肥沃，排水良好的砂质壤土栽种。

【景观应用】盆栽观赏。

魁伟玉 *Euphorbia horrida*

科属：大戟科大戟属　　　　别名：恐针麒麟

【形态特征】多年生肉质植物，植株具粗圆筒形肉质茎，有 10 条以上的突出棱，表皮绿色至灰绿色，披有白粉，有较为明显、平行排列的深色横肋，刺生于棱缘上，红褐至深褐色，易脱落。小叶早脱落，因此给人的印象是植株始终无叶。聚伞花序，小花紫红色。

【生长习性】喜温暖干燥和阳光充足的环境，不耐寒，耐干旱，怕积水。宜用疏松肥沃，排水良好的砂质壤土栽种。

【景观应用】形态奇特，酷似某些品种的仙人掌类植物，盆栽观赏。

金刚纂 *Euphorbia neriifolia*

科属：大戟科大戟属　　　　别名：霸王鞭、火殃筋

【形态特征】直立、肉质、秃净的灌木或乔木，高可达 7 米。树皮灰白色，有浅裂纹；老枝圆柱状，或钝三至六角形；小枝有 3～5 条厚而作波浪形的翅，翅的凹陷处有一对利刺。单叶耳生；少而小，具短柄，由翅边发出，肉质；倒卵形，全缘。聚伞花序由 3 个总苞构成。花期 3～4 月。

【生长习性】喜温暖干燥和阳光充足的环境，不耐寒，耐干旱，怕积水。宜用疏松肥沃，排水良好的砂质壤土栽种。

【景观应用】多栽培作观赏及绿篱用。

麒麟掌 *Euphorbia neriifolia* 'Cristata'

科属：大戟科大戟属　　　　　别名：麒麟角、玉麒麟

【形态特征】多肉多汁植物。全株富含乳汁。茎呈不规则的鸡冠状或掌状扇形，绿色，后逐渐木质化而呈黄褐色，茎上密生瘤状小突起，变态茎顶端及边缘密生叶片。叶倒卵形，绿色，先端浑圆，全缘，两面无毛，托叶皮刺状宿存。夏季开花，杯状聚伞花序，花黄绿色。

【生长习性】喜干旱和半阴，温暖潮湿和光照充足的环境。不耐寒。

【景观应用】株形如鸡冠，叶片茂盛，十分奇特而有趣，是装饰性很强的观赏植物。

麒麟掌锦 *Euphorbia neriifolia* 'Cristata Variegated'

科属：大戟科大戟属　　　　　别名：麒麟角锦、玉麒麟锦

【形态特征】为麒麟掌的变种。肉质灌木状小乔木，乳汁丰富。茎圆柱状，上部多分枝，高3～5米，具不明显5条隆起、且呈螺旋状旋转排列的脊，绿色。叶互生，少而稀疏，肉质，常呈五列生于嫩枝顶端脊上，倒卵形、倒卵状长圆形至匙形，顶端钝圆，有黄色斑纹。花序二歧状腋生。

【生长习性】喜干旱和半阴，温暖潮湿和光照充足的环境。不耐寒。

【景观应用】适宜室内栽养。

铜绿麒麟 *Euphorbia aeruginosa*

科属：大戟科大戟属

【形态特征】肉质灌木状，枝叶似狼牙棒，带红褐色长刺，开黄色小花。

【生长习性】喜干旱和半阴，温暖潮湿和光照充足的环境。不耐寒。

【景观应用】盆栽观赏。

一品红 *Euphorbia pulcherrima* Willd. ex Klotzsch

科属：大戟科大戟属　　　　　　别名：圣诞红、猩猩木、老来娇

【形态特征】灌木，高 50 ～ 300 厘米，茎叶含白色乳汁。茎直立光滑，嫩枝绿色，老枝深褐色。单叶互生，卵状椭圆形，全缘或波状浅裂，有时呈提琴形，顶部叶片较窄，披针形；叶被有毛，叶质较薄，脉纹明显；顶端靠近花序之叶片呈苞片状，开花时株红色，为主要观赏部位。杯状花序聚伞状排列，顶生。有白色及粉色栽培品种。

【生长习性】短日照植物，喜温暖，喜湿润，喜阳光。

【景观应用】常见于公园、植物园及温室中，供观赏。

猩猩草 *Euphorbia cyathophora* Murr.

科属：大戟科大戟属　　　　　　别名：草本一品红、叶上花

【形态特征】一年生草本，株高 50 ～ 100 厘米。茎直立，光滑，多分枝，全株具白色乳汁。叶互生，提琴形或卵状椭圆形，全缘波状或浅锯齿。各分枝顶端的叶片变为苞片，也叫顶叶，基部大红色，看似花瓣。花小，有蜜腺，排列成密集的伞房花序。蒴果扁圆形，种子卵圆形，黑色。花期 7 ～ 8 月。

【生长习性】喜光，耐热，不耐寒，耐干不耐湿。对土壤要求不严，以疏松肥沃、排水良好的砂质土为佳。

【景观应用】猩猩草上部叶片红白镶嵌，常用作花境或空隙地的背景材料，也可作盆栽和切花材料。

银边翠 *Euphorbia marginata* Pursh

科属：大戟科大戟属　　　　　　别名：高山积雪、象牙白

【形态特征】一年生草本，株高 50 ～ 70 厘米。茎直立，具乳汁，全株具柔毛，叉状分枝。单叶互生，卵形或椭圆状披针形，茎顶端的叶轮生，入秋后，顶部叶片边缘或全叶变白色。杯状花序着生于分枝上部的叶腋处，有白色花瓣状附属物，花小，单性，无花被；蒴果扁圆形。花期 6 ～ 9 月，果熟期 7 ～ 10 月。

【生长习性】喜温暖、阳光充足的环境。

【景观应用】叶呈银白色，与下部绿叶相映，为良好的花坛背景材料，适宜布置花丛、花坛、花境，还是良好的观赏植物，可作插花配叶。

银角珊瑚 *Euphorbia stenoclada*

科属：大戟科大戟属　　　　　别名：银角麒麟

【形态特征】灌木状肉质植物。株高 1～1.2米，株幅30～50厘米。茎直立，分枝多，羽状复叶先端尖，质硬，深绿色，带银白色斑纹。花黄绿色。花期夏季。

【生长习性】喜温暖、干燥和阳光充足的环境，耐干旱，稍耐半阴，忌阴湿，不耐寒。

【景观应用】盆栽观赏。

紫锦木 *Euphorbia cotinifolia* L.

科属：大戟科大戟属　　　　　别名：俏黄栌、肖黄栌

【形态特征】常绿乔木，高13～15米。叶3枚轮生，圆卵形，先端钝圆，基部近平截；主脉于两面明显，侧脉数对，生自主脉两侧，近平行，不达叶缘而网结；边缘全缘；两面红色；叶柄长2～9厘米，略带红色。花序生于二歧分枝的顶端。

【生长习性】一品红是短日照植物，喜温暖，喜湿润，喜阳光。

【景观应用】为优良的园林景观植物，叶片极其美丽，可露地栽培或盆栽。

将军阁锦 *Monadenium ritchiei* 'Nyambense Variegata'

科属： 大戟科翡翠塔属　　　　**别名：** 里氏翡翠塔

【形态特征】多年生肉质植物，植株低矮，高 10 厘米左右，基部多分枝，茎及分枝均为肉质，呈圆柱形，粗约 1 厘米，浅黄色或浅红色，有线状凹纹。小叶轮生，叶片卵圆形，绿色，稍具肉质，有细毛，边缘稍有波状起伏。假伞形花序，小花黄绿色。

【生长习性】宜温暖干燥和阳光充足的环境，耐干旱和半阴，不耐寒，忌阴湿。

【景观应用】株形奇特，盆栽观赏给人以清新典雅的感觉，点缀阳台、几案等处。

红背桂 *Excoecaria cochinchinensis* Lour.

科属： 大戟科海漆属　　　　**别名：** 红背桂花、紫背桂、青紫木

【形态特征】常绿灌木，高达 1 米许；枝无毛，具多数皮孔。叶对生，稀兼有互生或近 3 片轮生，纸质，叶片狭椭圆形或长圆形，顶端长渐尖，基部渐狭，边缘有疏细齿，腹面绿色，背面紫红或血红色；中脉于两面均凸起，侧脉 8 ～ 12 对。花单性，雌雄异株，聚集成腋生或稀兼有顶生的总状花序。蒴果球形。花期几乎全年。

【生长习性】喜温暖湿润环境，不耐寒，耐半阴，忌阳光暴晒，要求肥沃、排水好的沙壤土。

【景观应用】是优良的室内外盆栽观叶植物。盆栽常作室内厅堂、居室点缀，南方常用于庭院、公园和居住小区绿化。

彩叶红背桂 *Excoecaria cochinchinensis* 'Variegata'

科属： 大戟科海漆属　　　　**别名：** 斑叶红背桂

【形态特征】常绿小灌木，红背桂的斑叶品种，叶片正面绿色有黄白色斑纹。其他同红背桂。

【生长习性】同红背桂。

【景观应用】同红背桂。

彩叶山漆茎 *Breynia nivosa* 'Roseo-Picta'

科属：大戟科黑面神属   别名：五彩龙、斑叶九芎仔、五彩九芎

【形态特征】常绿灌木，株高 0.5～1.2 米，枝较多，顶端优势不明显，枝条柔软。单叶二列状互生，叶形介于椭圆形和倒卵形之间，叶全缘，叶端钝，叶面光滑，叶脉则有五到八对羽状侧脉组成；幼叶有红、白色不规则斑纹，老叶绿色或白斑镶嵌。花小，雌雄同株，无花瓣。

【生态习性】喜高温，耐寒性差。需全日照或半日照，栽培宜用疏松肥沃、排水良好的砂质壤土。

【景观应用】装饰盆栽，园艺造景，庭院观赏之绿篱。

雪花木 *Breynia nivosa* (Bull) Small

科属：大戟科黑面神属   别名：二列黑面神、白雪树、山漆茎

【形态特征】常绿灌木，株高 0.5～1.2 米，叶互生，排成 2 列，小枝似羽状复叶。叶缘有白色或乳白色斑点，新叶色泽更加鲜明。花小，极不明显。

【生态习性】喜高温，耐寒性差。需全日照或半日照，栽培宜用疏松肥沃、排水良好的砂质壤土。

【景观应用】结合乔木进行配置，或作绿篱，孤植，群植等，效果极佳。

斑叶红雀珊瑚 *Pedilanthus tithymaloides* 'Variegatus'

科属：大戟科红雀珊瑚属　　　　别名：花叶红雀珊瑚

【形态特征】红雀珊瑚的变种，多年生无刺多浆植物。高达 1 ~ 2 米。茎圆柱形，肉质，绿色，常呈"之"字形弯曲生长。单叶互生，卵圆形至倒卵形，先端尖，背面龙骨状。绿叶上有白色和红色斑彩。花小，单性同株。红色；成密集的顶生聚伞花序。

【生态习性】喜高温，耐寒性差。需全日照或半日照，栽培宜用疏松肥沃、排水良好的砂质壤土。

【景观应用】适于盆栽装饰书桌、几案等。

银边红雀珊瑚 *Pedilanthus tithymaloides* 'Cuculatus'

科属：大戟科红雀珊瑚属

【形态特征】红雀珊瑚的变种，多年生无刺多浆植物。叶边缘白色，其他同原种。

【生态习性】喜高温，耐寒性差。需全日照或半日照，栽培宜用疏松肥沃、排水良好的砂质壤土。

【景观应用】适于盆栽装饰书桌、几案等。

铁杆丁香 *Pedilanthus carinatus* Spreng

科属：大戟科红雀珊瑚属

【形态特征】多年生多浆植物。绿叶上有白色和红色斑彩。

【生态习性】喜高温，耐寒性差，适宜疏松肥沃、排水良好的砂质壤土。

【景观应用】盆栽观赏。

锦叶珊瑚 *Jatropha berlandieri*

科属：大戟科麻风树属

【形态特征】多年生草本植物，株高30厘米。具圆球状茎干，表皮粗糙，灰褐色至黄褐色，有灰白色粉质斑痕。生长期顶端簇生柔软、多毛的绿色嫩枝，枝上互生叶片7～15枚，小叶3～5片。叶掌状，绿色，被淡淡的白粉，叶片深裂达基部，裂片广椭圆形，边缘具缺刻。伞形花序10～15厘米，小花红色。蒴果球形，带棱。

【生态习性】喜高温，耐寒性差，适宜疏松肥沃、排水良好的砂质壤土。

【景观应用】盆栽观赏。

斑叶琴叶珊瑚 *Jatropha integerrima* 'Variegated'

科属：大戟科麻风树属
别名：斑叶琴叶樱、斑叶南洋樱、斑叶日日樱

【形态特征】琴叶珊瑚的栽培品种。常绿灌木，有乳汁，乳汁有毒。株高约1～2米。单叶互生，倒阔披针形，常丛生于枝条顶端。叶基有2～3对锐刺，叶端渐尖，叶面有黄白斑纹。聚伞花序，花瓣5片，花冠红色或粉红，似樱花；花期春季至秋季。蒴果成熟时呈黑褐色。

【生态习性】喜高温，耐寒性差，适宜疏松肥沃、排水良好的砂质壤土。

【景观应用】适合庭植或大型盆栽。

棉叶珊瑚花 *Jatropha gossypiifolia* Linn.

科属：大戟科麻风树属
别名：桐叶膏棉、红叶麻风树、棉叶麻风树、棉叶膏桐

【形态特征】多年生灌木或小乔木，株高1.5米。叶纸质，多生于枝端，掌状深列，叶缘具细齿。叶柄、叶背及新叶呈紫红色。聚伞花序顶生，花暗红色，五瓣。蒴果。花期夏秋，果期秋冬。

【生态习性】喜高温，耐寒性差，适宜疏松肥沃、排水良好的砂质壤土。

【景观应用】我国南部各省区有栽培。

花叶木薯 *Manibot esculenta* 'Variegata'

科属：大戟科木薯属 别名：斑叶木薯

【形态特征】多年生灌木或小乔木，株高 1.5 米。叶纸质，多生于枝端，掌状深列，叶缘具细齿。叶柄、叶背及新叶呈紫红色。聚伞花序顶生，花暗红色，五瓣。蒴果。花期夏秋，果期秋冬。

【生态习性】喜高温，耐寒性差，适宜疏松肥沃、排水良好的砂质壤土。

【景观应用】我国南部各省区有栽培。

重阳木 *Bischofia polycarpa*

科属：大戟科秋枫属

【形态特征】落叶乔木，高达 15 米；树皮褐色，纵裂；树冠伞形状。三出复叶；顶生小叶通常较两侧的大，小叶片纸质，卵形或椭圆状卵形，有时长圆状卵形，顶端突尖或短渐尖，基部圆或浅心形。花雌雄异株，春季与叶同时开放，组成总状花序。果实浆果状，圆球形，成熟时褐红色。花期 4～5 月，果期 10～11 月。

【生态习性】喜光也稍耐阴，喜温暖湿润的气候和深厚肥沃的砂质壤土，较耐水湿，抗风、抗有毒气体。适应能力强，生长快速，耐寒能力弱。

【景观应用】树姿优美，冠如伞盖，花叶同放，秋叶转红，艳丽夺目，极有观赏价值。生长快速，是良好的庭荫和行道树种。

山麻杆 *Alchornea davidii* Franch.

科属：大戟科山麻杆属

【形态特征】落叶丛生灌木，株高 1 ～ 2 米，茎干直立而分枝少，茎皮常呈紫红色。单叶互生，叶广卵形或圆形，先端短尖，基部圆形，表面绿色，背面紫色，叶表疏生短绒毛，叶缘有齿牙状锯齿。花小、单性同株；雄花密生成短穗状花序；雌花疏生，排成总状花序，位于雄花序的下面。蒴果扁球形，密生短柔毛；种子球形。花期 3 ～ 4 月，果熟 6 ～ 7 月。

【生态习性】喜光照，稍耐阴，喜温暖湿润的气候环境，对土壤的要求不严，以深厚肥沃的砂质壤土生长最佳。萌蘖性强，抗旱能力低。

【景观应用】醒目美观，茎皮紫红，早春嫩叶紫红，后转红褐，是良好的观茎、观叶树种，丛植于庭院、路边、山石之旁，具有丰富色彩有效果。

乌桕 *Sapium sebiferum* (L.) Roxb.

科属：大戟科乌桕属　　　　　别名：腊子树、木蜡树、木油树

【形态特征】乔木，高达 15 米。叶菱形至宽菱状卵形，纸质。花单性，雌雄同株，无花瓣及花盘；穗状花序顶生。蒴果梨状球形。

【生态习性】喜光，不耐阴。喜温暖环境，不甚耐寒。适生于深厚肥沃、含水丰富的土壤，对酸性、钙质土、盐碱土均能适应，是抗盐性强的乔木树种之一。

【景观应用】为中国特有的经济树种，已有 1400 多年的栽培历史。是一种色叶树种，春秋季叶色红艳夺目。

红桑 *Acalypha wilkesiana*

科属：大戟科铁苋菜属　　　　　别名：铁苋菜

【形态特征】常绿阔叶灌木，盆栽株高 1 ～ 2 米。单叶互生，叶纸质，阔卵形，古铜绿色或浅红色，常有不规则的红色或紫色斑块，叶缘有不规则锯齿。雌雄同株，通常雌雄花异序，雄花序长 10 ～ 20 厘米；雌花序长 5 ～ 10 厘米。花期几乎全年。

【生长习性】性强健，喜温暖、湿润、阳光充足的环境，忌水湿，耐寒性差，宜生于疏松肥沃、排水良好的土壤。

【景观应用】广泛栽培于热带、亚热带地区，为庭园赏叶植物。

红桑常见的栽培品种

1 斑叶红桑 *Acalypha wilkesiana* 'Musaia'
别名：彩叶红桑、斑叶铁苋

【形态特征】绿色叶面上有红色或橙黄色斑块。其他同红桑。

2 金边红桑 *Acalypha wilkesiana* 'Marginata'
别名：红边铁苋

【形态特征】叶卵形，长卵形或菱状卵形，边缘具锯齿，上面浅绿色或浅红至深红色，叶缘红色。雌雄花异序。花期全年。其他同红桑。

3 洒金红桑 *Acalypha wilkesiana* 'Java White'
别名：洒金铁苋菜

【形态特征】常绿灌木。丛生、单叶互生阔卵形，铜绿色，叶面具有金黄色不规则斑块或斑点。其他同红桑。

4 小叶红桑 *Acalypha wilkesiana* cv.

【形态特征】株高2～3米，叶互生，纸质，卵状披针形，古铜绿色，边缘浅红色，顶端渐尖，基部楔形，边缘有不规则钝齿。腋生穗状花序，花淡紫色。

5 银边红桑 *Acalypha wilkesiana* 'Obovata'

【形态特征】叶片绿色镶嵌白边。其他同红桑。

6 旋叶银边红桑 *Acalypha wilkesiana* 'Alba'
别名：镶边旋叶铁苋、银边红桑

【形态特征】叶片绿色镶嵌白边，并呈旋转扭曲状。其他同红桑。

7 细彩红桑 *Acalypha wilkesiana* 'Monstroso'
别名：细彩铁苋

【形态特征】常绿灌木。高可达1米。叶互生，线状披针形，叶面铜红或铜绿色，叶绿红色，具不规则波状浅裂或卷曲；因受温度影响，冬、夏季叶色差异大，冬季叶色较红艳。花为穗状花序，腋生。叶形、叶色缤纷美丽，耐旱、耐热。

◎ **黄杨科**

金叶黄杨 *Buxus sempervirens* 'Aurea'

科属：黄杨科黄杨属　　　　　别名：金叶锦熟黄杨

【形态特征】常绿灌木。小枝密集，稍具柔毛，四方形。叶椭圆形或长卵形，全缘，先端钝或微凹，新叶亮黄色，成熟叶变为深绿色具黄斑。花簇生叶腋。

【生态习性】喜光，耐半阴，较耐寒，喜温暖湿润气候及肥沃土壤。

【景观应用】生长慢，耐修剪。常作绿篱及花坛边缘种植材料，也可盆栽观赏。

◎ 漆树科

杧果 *Mangifera indica* L.

科属： 漆树科黄连木属　　　　　**别名：** 芒果

【形态特征】常绿大乔木，高 10 ～ 20 米；树皮灰褐色。叶薄革质，常集生枝顶，叶形和大小变化较大，通常为长圆形或长圆状披针形，先端渐尖、长渐尖或急尖，叶面略具光泽。圆锥花序长 20 ～ 35 厘米，多花密集；花小，杂性，黄色或淡黄色；花瓣长圆形或长圆状披针形，花柱近顶生。核果大，肾形，压扁，成熟时黄色，中果皮肉质，肥厚，鲜黄色，味甜，果核坚硬。

【生态习性】喜光，喜温暖，不耐寒霜。以土层深厚、肥沃土壤，排水良好，微酸性的壤土或沙壤土为好。

【景观应用】树冠球形，常绿乔木，郁闭度大，为热带良好的庭园和行道树种。

金叶黄栌 *Cotinus coggygria* 'Golden Spirit'

科属： 漆树科黄栌属

【形态特征】落叶小乔木或灌木，为黄栌的栽培种。叶互生，黄色，卵形或倒卵形。

【生态习性】同黄栌。

【景观应用】庭园观赏彩叶树种。

黄栌 *Cotinus coggygria* Scop.

科属：漆树科黄栌属　　　　　　别名：红叶

【形态特征】落叶小乔木或灌木，株高达8米。单叶互生，倒卵形或卵形，两面无毛，叶柄细长。顶生圆锥花序，杂性花，花瓣黄绿色，多数为不孕花，花梗在花后伸长，被长柔毛呈粉红色羽毛状。核果小，肾形。花期4～5月，果期6～7月。

【生态习性】喜光也稍耐阴，抗旱、抗寒、耐瘠薄，对土壤要求不严。根系发达，萌芽力强，生长快速，但不耐水湿和盐碱。

【景观应用】秋叶鲜红，叶面光洁，是著名秋日观叶树种。

尊贵黄栌 *Cotinus coggygria* 'Royal Purple'

科属：漆树科黄栌属　　　　　　别名：蓝紫黄栌

【形态特征】落叶小乔木。单叶互生，倒卵形或卵形，两面无毛，三季红色。

【生态习性】喜光也稍耐阴，抗旱、抗寒、耐瘠薄和轻度盐碱，对土壤要求不严。不耐水湿。

【景观应用】秋叶鲜红，叶面光洁，是著名秋日观叶树种。

紫叶黄栌 *Cotinus coggygria* 'Atropurpureea'

科属：漆树科黄栌属

【形态特征】落叶小乔木或灌木，为黄栌的栽培种。树形近圆形，直立，枝条光滑灰褐色，小枝赤褐色，节间密。单叶互生，卵形或倒卵形，叶背无毛，全缘，春、夏、秋三季均呈红色，初春时树体全部为鲜嫩的红色，秋季叶色为深红色，秋霜过后，叶色更加红艳美丽。花期6～7月，圆锥花序顶生，花序絮状鲜红色。

【生态习性】对环境适应性强，对土壤要求不严格，耐干旱、贫瘠、盐碱性土壤，以深厚、肥沃、排水性良好的砂质壤土生长最好。

【景观应用】庭园观赏彩叶树种。

美国红栌 *Cotinus americana* 'Royal Purple'

科属：漆树科黄栌属

【形态特征】落叶小乔木或灌木。在春、夏、秋三季均呈红色，初春时树体全部叶片为鲜嫩的红色，春夏之交，叶色红而亮丽。至盛夏时节，开始开花，杂性，圆锥花序密生，有暗紫色毛，于枝条顶端花序絮状鲜红，远看如火似雾。

【生态习性】对环境适应性强，对土壤要求不严格，耐干旱、贫瘠、盐碱性土壤，以深厚、肥沃、排水性良好的砂质壤土生长最好。

【景观应用】树形美观大方，叶片大而鲜艳，是主要的庭园观赏彩叶树种。

黄连木 *Pistacia chinensis*

科属： 漆树科黄连木属　　　　**别名：** 楷木、黄楝树

【形态特征】落叶乔木，高达 25 ～ 30 米。树皮裂成小方块状。偶数羽状复叶互生，小叶 5 ～ 7 对，披针形或卵状披针形，全缘，基歪斜。花小，单性异株，无花瓣。核果球形，径约 6 毫米，熟时红色或紫蓝色。

【生态习性】适应性强，喜光，耐干旱瘠薄，对二氧化硫和烟的抗性较强；深根性，抗风力强，生长较慢，寿命长。

【景观应用】枝密叶繁，秋叶变为橙黄或鲜红色；雌花序紫红色，能一直保持到深秋，甚美观。

南酸枣 *Choerospondias axillaris* (Roxb.)Burtt et Hill

科属：漆树科南酸枣属　　　　　　别名：酸枣树、连麻树、山枣树

【形态特征】落叶乔木，株高 8 ～ 20 米。树皮灰褐色，纵裂呈片状剥落。单数羽状复叶，互生，长 20 ～ 30 厘米，小叶对生，纸质，长圆形至长圆状椭圆形，顶端长渐尖，基部不等而偏斜，背面脉腋内有束毛。雌雄异株；花瓣 5；核嫩卵形，两端圆形，成熟时黄色。 花期 4 ～ 5 月，果期 9 ～ 11 月。

【生态习性】生长快、适应性强，性喜阳光，略耐阴；喜温暖湿润气候，不耐寒；适生于深厚肥沃而排水良好的酸性或中性土壤，不耐涝。浅根性，萌芽力强。

【景观应用】漆树是我国南方优良速生用材树种，可植于庭园观赏。

火炬树 *Rhus typhina* Linn.

科属：漆树科盐肤木属　　　　别名：鹿角漆

【形态特征】落叶小乔木或灌木，株高 8 米。树皮黑褐色，小枝粗壮，密生黄色长绒毛。奇数羽状复叶，互生，小叶 19 ～ 23，长圆形至披针形，边缘具锯齿，下面被白粉，幼时被绒毛。顶生直立圆锥花序，密被绒毛，花小，淡绿色。核果扁球形，深红色，被红色短刺毛。花期 6 ～ 7 月，果期 8 ～ 10 月。

【生态习性】喜光树种，适应性强，喜湿、耐旱、耐寒并耐盐碱。根系较浅，水平根发达，根萌发能力极强。

【景观应用】果序鲜红，似火炬，秋叶红色，十分鲜艳，是园林绿化和水土保持的优良树种。

裂叶火炬树 *Rhus typhina* 'Laciniata'

科属：漆树科盐肤木属

【形态特征】为火炬树的栽培变种，小叶及苞片羽状条裂，其他同火炬树。

【生态习性】同火炬树。

【景观应用】同火炬树。

红麸杨 *Rhus punjabensis* 'Sinica'

科属：漆树科盐肤木属

【形态特征】落叶乔木，高8～12米。树皮深灰色，小枝有短柔毛。单数羽状复叶互生，叶轴上部有狭翅；小叶7～13，无柄或近无柄，长5～7厘米，宽2～4厘米，边全缘。圆锥花序顶生；花小，杂性。果序下垂；核果近圆形，深红色，密生柔毛。

【生态习性】喜光，不耐严寒，对土壤要求不严。

【景观应用】秋叶红色，可植于庭园观赏。

青麸杨 *Rhus potaninii*

科属：漆树科盐肤木属

【形态特征】落叶乔木，高达5～8米。小叶7～9，长卵状椭圆形，长6～12厘米，有短柄，全缘或幼树之叶有粗齿，近无毛；叶轴上端有时具狭翅。花小，白色；顶生圆锥花序。核果深红色，密生毛，果序下垂。花期5～6月；9月果熟。

【生态习性】喜光，不耐严寒，耐干燥、瘠薄，对土壤要求不严。

【景观应用】秋叶红色，可植于庭园观赏。

盐肤木 *Rhus chinensis* Mill.

科属：漆树科盐肤木属

【形态特征】落叶小乔木或灌木，株高 5 米。小枝、叶柄及花序均密被锈色柔毛。奇数羽状复叶，小叶 5 ～ 13 枚，卵形至卵状长圆形，有粗锯齿，下面密生锈色柔毛。圆锥花序顶生，花小，黄白色。核果近球形，红色，被柔毛和腺毛。花期 8 ～ 9 月，果期 10 月。

【生态习性】喜光，不耐严寒，耐干燥、瘠薄，对土壤要求不严。深根性，萌蘖性强，生长快。

【景观应用】秋叶鲜红，果熟时橘红色，是公园和风景林的优良色叶树种，与常绿树种相配植，可提高观赏价值。

漆树 *Toxicodendron vernicifluum*

科属：漆树科漆属

【形态特征】落叶乔木，高达 20 米；树皮灰白色，浅纵裂；枝内有漆液，嫩枝有棕黄色短柔毛。小叶 9 ～ 15，卵状椭圆形，全缘，侧脉 8 ～ 16 对，背面脉上有柔毛。圆锥花序腋生。核果棕黄色。

【生态习性】喜光，不耐严寒，对土壤要求不严。

【景观应用】漆树是我国重要的经济林木。秋叶红色，可植于庭园观赏。

◎ 冬青科

大叶冬青 *Ilex latifolia* Thunb.

科属：冬青科冬青属　　　　　别名：苦丁茶

【形态特征】常绿乔木，高达20米。树皮灰黑色，粗糙；枝条粗壮，平滑无毛。叶厚革质，长椭圆形，顶端锐尖，基部楔形，主脉在表面凹陷，在背面显著隆起；叶柄粗壮。聚伞花序密集于2年生枝条叶腋内，雄花序每1分枝有花3～9朵，雌花序每1分枝有花1～3朵；花瓣椭圆形。果实球形，红色或褐色。花期4～5月，果熟期10月。

【生态习性】喜温暖、湿润和阳光充足环境，耐寒性强，耐阴，耐干旱。

【景观应用】为观叶、观果兼优的观赏树种。

金边枸骨 *Ilex aquifolium* 'Aurea Marginata'

科属：冬青科冬青属　　　别名：金边枸骨叶冬青、金边英国冬青

【形态特征】直立常绿乔木，枝密集，冠塔型。叶硬革质，叶面深绿色，有光泽，长椭圆形至披针形，叶缘上端有锯齿，叶尖，基部平截，叶缘金黄色。聚伞花序，花黄绿色，簇生。果实球形，成熟时红色，经冬不凋。

【生态习性】喜温暖、湿润和阳光充足环境，耐寒性强，耐阴，耐干旱，枝条萌芽力强，耐修剪。

【景观应用】为观叶、观果兼优的观赏树种，可作球或成片种植。抗污染能力较强，是厂矿区优良的观叶灌木。

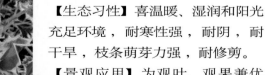

银边枸骨叶冬青 *Ilex aquifolium* 'Argentea Marginata'

科属：冬青科冬青属　　　　　别名：银边地中海冬青

【形态特征】直立常绿乔木，枝密集，冠塔型。叶硬革质，叶面深绿色，有光泽，长椭圆形至披针形，叶缘上端有锯齿，叶尖，基部平截，叶缘银白色。聚伞花序，花黄绿色，簇生。果实球形，成熟时红色，经冬不凋。

【生态习性】喜光，喜温暖，湿润和排水良好的土壤，有较强抗性，耐修剪。

【景观应用】良好的观果观叶树种，也可制作盆景。

金叶钝齿冬青 *Ilex crenata* 'Golden Gem'

科属：冬青科冬青属
别名：金宝石日本冬青、金宝石钝 齿冬青

【形态特征】常绿阔叶灌木，多分枝。单叶、互生，叶小而密生，椭圆形至倒长卵形，厚革质，有光泽，先端圆钝或锐尖，基部楔形或钝，新梢和新叶金黄色，后渐为黄绿色。雄花3～7朵成聚伞花序，雌花单生、花小、绿白色、稀疏，花期5～6月。

【生态习性】喜光及冷凉气候，中性或微酸性土壤，耐低温，不耐水湿，生长较缓慢，耐修剪。

【景观应用】上下新老叶片全部金黄色，一年四季色彩表现都非常出色。丛植或片植，是极好的园林观赏及色块材料。

◎ 卫矛科

金边正木 *Euonymus japonicus* 'Aureomarginata'

科属：卫矛科卫矛属　　　　　别名：金边大叶黄杨、金边冬青卫矛

【形态特征】常绿灌木，株高可达3米。叶革质，有光泽，倒卵形或椭圆形，先端圆阔或急尖，基部楔形，边缘具有浅细钝齿，边缘金黄色。聚伞花序5～12花，花瓣近卵圆形。蒴果，花期6～7月，果期9～10月。

【生态习性】喜光也能耐阴，喜温暖湿润气候，耐干旱瘠薄，极耐整形修剪。

【景观应用】园艺种，我国栽培广泛。可作为绿篱和境界树，可自然式、规则式栽植。

金斑大叶黄杨 *Euonymus japonicus* 'Aureovareigatus'

科属：卫矛科卫矛属　　　　　别名：金星大叶黄杨

【形态特征】常绿灌木，株高可达3米。叶革质，有光泽，有金黄色斑纹。聚伞花序5～12花，花瓣近卵圆形。蒴果，花期6～7月，果期9～10月。

【生态习性】喜光也能耐阴，喜温暖湿润气候，耐干旱瘠薄，极耐整形修剪。

【景观应用】园艺种，我国栽培广泛。可作为绿篱和境界树，可自然式、规则式栽植。

金心正木 *Euonymus japonicus* 'Aureopictus'

科属：卫矛科卫矛属　　　　　　　别名： 金心大叶黄杨

【形态特征】为大叶黄杨的栽培变种，叶中脉附近金黄色，有时叶柄及枝端也变为黄色。其他同金边正木。

【生态习性】喜光也能耐阴，喜温暖湿润气候，耐干旱瘠薄，极耐整形修剪。

【景观应用】园艺种，我国栽培广泛。

玛丽克大叶黄杨 *Euonymus japonicus* 'Marieke'

科属：卫矛科卫矛属

【形态特征】常绿灌木。叶革质，有光泽，倒卵形或椭圆形，边缘金黄色。

【生态习性】喜光也能耐阴，喜温暖湿润气候，耐干旱瘠薄，极耐整形修剪。

【景观应用】园艺种。

银边正木 *Euonymus japonicus* 'Albomarginatus'

科属： 卫矛科卫矛属　　　　　　**别名：** 银边大叶黄杨

【形态特征】常绿灌木，株高可达3米。叶革质，有光泽，倒卵形或椭圆形，先端圆阔或急尖，基部楔形，边缘具有浅细钝齿，边缘银白色。聚伞花序5～12花，花瓣近卵圆形。蒴果。花期6～7月，果期9～10月。

【生态习性】喜光也能耐阴，喜温暖湿润气候，耐干旱瘠薄，极耐整形修剪。

【景观应用】园艺种，我国栽培广泛。可作为绿篱和境界树，自然式、规则式栽植。

金心扶芳藤 *Euonymus fortunei* 'Sunspot'

科属： 卫矛科卫矛属

【形态特征】常绿灌木，叶卵圆形，叶深绿色，中间有金黄色斑，其茎也为黄色，冬叶深红色。

【生态习性】性强健，对土壤要求不严，耐寒，耐旱，喜肥耐瘠薄。

【景观应用】园艺种，作墙面覆盖、垂直绿化和地被植物。

保尔威扶芳藤 *Euonymus fortunei* 'Blondy Interbolwi'

科属：卫矛科卫矛属

【形态特征】常绿灌木，叶长近 3 厘米，叶片中间有宽大的亮黄色或乳白色斑纹。

【生态习性】喜光也能耐阴，喜温暖湿润气候，耐干旱瘠薄。

【景观应用】园艺种，我国引种栽培。

加拿大金扶芳藤 *Euonymus fortunei* 'Canadale Gold'

科属：卫矛科卫矛属

【形态特征】常绿藤本。叶缘为黄白色斑带。

【生态习性】性强健，对土壤要求不严，耐寒，耐旱，喜肥耐瘠薄。

【景观应用】园艺种，我国引种栽培。

银边扶芳藤 *Euonymus fortunei* 'Albomarginata'

科属：卫矛科卫矛属　　　　　别名：银边爬行卫矛

【形态特征】常绿木质灌木状藤本或呈匍匐或以不定根攀缘，茎长可达 5 米以上。枝叶繁密，小枝近四棱形。叶亮绿色，近宽卵形，缘为白色斑带，在叶面所占比例较大，叶小似舌状，对生，薄革质，椭圆形至椭圆披针形。聚伞花序，花小，黄白色，花期 5 ～ 7 月。蒴果淡橙色，有橙红色假种皮。

【生态习性】性强健，对土壤要求不严，耐寒，耐旱，喜肥耐瘠薄。

【景观应用】可用于墙面、林缘、岩石、假山、树干攀缘，也可用作常绿地被植物。

金边扶芳藤 *Euonymus fortunei* 'Emerald Gold'

科属：卫矛科卫矛属　　　　　　**别名：**美翡翠扶芳藤

【形态特征】常绿木质藤木，匍匐或以不定根攀缘，茎长可达 5 米以上。小枝近四棱形。叶小似舌状，较密实，缘为黄色斑带，秋天会微泛粉红色。聚伞花序，花小，黄白色，花期 5 ～ 7 月。蒴果淡橙色，有橙红色假种皮。

【生态习性】喜温暖湿润气候，喜光但也耐阴，也耐干旱瘠薄，耐寒性强，对土壤要求不高，但最适宜在湿润、肥沃的壤土中生长。

【景观应用】枝呈匍匐状，形成的色块植物较低矮，耐修剪，除了作为优秀的地被植物外，还是拼栽低矮耐修剪色块的好材料。

革叶卫矛 *Euonymus lecleri* Lévl.

科属：卫矛科卫矛属

【形态特征】落叶灌木或小乔木，高 1 ～ 7 米。叶厚革质，常有光泽，倒卵形、窄倒卵形或近椭圆形，长 4 ～ 20 厘米，宽 3 ～ 6 厘米，先端渐尖或短渐尖，基部楔形或阔楔形，边缘多具明显浅锯齿，齿端常尖锐，侧脉 5 ～ 9 对。聚伞花序常只 3 花；花黄白色，较大，直径 1 ～ 2 厘米。蒴果 4 深裂，直径达 1.5 厘米，裂瓣长而横展。

【生态习性】性喜光，对气候适应性强，耐寒。

【景观应用】秋叶红色，属优良的观叶观果树种。

胶州卫矛 *Euonymus kiautschovicus* Loes.

科属：卫矛科卫矛属　　　　　　别名：胶东卫矛

【形态特征】直立或蔓生半常绿灌木，高达8米。树皮灰绿色，小枝瘤突不明显。叶对生，薄革质，多为倒卵形。聚伞花序疏松，2回分枝，多具13朵花，花序梗长4～5厘米，分枝较长；花梗长8毫米以上；花数4；花丝细长。蒴果扁球形，径约1厘米，粉红色。种子具黄红色假种皮。

【生态习性】阳性树种，喜温暖气候，对土壤要求不严，适应性强，耐寒、抗旱，极耐修剪整形。

【景观应用】是作绿篱、绿球、绿色模纹造型等平面绿化的常绿树种。

卫矛 *Euonymus alatus*

科属：卫矛科卫矛属

【形态特征】落叶灌木，高达3米，小枝具4木栓质硬翅。叶椭圆形或倒卵形，长3～6厘米，缘有细齿。秋季叶片变成粉红色到红色。花小，黄绿色。果实紫色，籽橘红色。

【生态习性】适应性强，对土壤要求不严，耐寒，耐旱，喜肥耐瘠薄。

【景观应用】适宜群植。

金边小叶卫矛 *Euonymus microphyllus* 'Aurovariegatus'

科属：卫矛科卫矛属

【形态特征】常绿灌木。叶片边缘黄色。

【生态习性】喜温暖湿润气候，对土壤要求不高，但最适宜在湿润、肥沃的壤土中生长。

【景观应用】园艺种。

密冠卫矛 *Euonymus alatus* 'Compacta'

科属：卫矛科卫矛属　　　　　　　别名：火焰卫矛

【形态特征】落叶灌木，株高 1.5 ~ 3 米。分枝多，长势整齐，树冠顶端较平整。叶片夏季为深绿色，秋季变为火焰红色。

【生态习性】适应性强，耐寒，喜光稍耐阴，宜疏松、肥沃、排水良好的土壤，抗病虫害。

【景观应用】叶秋季变为鲜红色，在阳光下色彩甚是鲜艳。株形饱满整齐，耐修剪，非常适合做彩色树篱，也适宜群植。

栓翅卫矛 *Euonymus phellomanus* Loes

科属：卫矛科卫矛属

【形态特征】落叶灌木，高约4米。枝近四棱，硬直，有2～4个软木质翅。叶对生，长椭圆形或略呈椭圆倒披针形，叶长6～12厘米，先端窄长渐尖，基部楔形，边缘具细密锯齿。花紫色，形成聚伞花序，有2～3次分枝，有花7～15朵。蒴果4棱，倒圆心状，粉红色；假种皮橘红色，包被种子全部。果期9～10月。

【生态习性】性喜光，对气候适应性强，耐寒，耐旱，中性酸性石灰性封均可正常生长，萌发力强，耐修剪。

【景观应用】适宜群植。

南蛇藤 *Celastrus orbiculatus* Thunb.

科属：卫矛科南蛇藤属　　　　**别名：**苦皮藤、过山风

【形态特征】落叶藤状灌木，长达12米。小枝圆柱形或微有棱，髓心充实白色，皮孔大而隆起。叶近圆形或椭圆状倒卵形，先端钝尖或突尖，基部宽楔形或近圆形，边缘有疏钝锯齿。雌雄异株，聚伞花序，花3～7朵，常3朵，腋生或顶生；花黄绿色，花梗短。蒴果近球形，鲜黄色。种子白色，外包肉质红色假种皮。花期5月，果期9～10月。

【生态习性】适应性强，喜光也耐半阴，耐寒冷，在土壤肥沃、排水良好及气候湿润处生长良好。

【景观应用】枝叶繁茂，果黄籽红，入秋叶色变红，颇为悦目，四季均具观赏性，是有栽培价值的藤本。可用于花棚、绿廊或缠绕它物，亦适用于湖畔、溪边、岩壁、山坡作披垂或地被应用。

丝绵木　*Euonyms maackii* Rupr.

科属：卫矛科丝绵木属　　　　别名：桃叶卫矛、明开夜合、白杜

【形态特征】落叶小乔木，株高6～8米，树冠圆形或卵形。树皮灰褐色，小枝绿色，近四棱形。单叶对生，叶片椭圆状卵形或宽卵形，先端长渐尖或尾状尖，边缘有细锯齿。花两性，腋生二歧聚伞花序，花淡黄绿色，花药紫红色。蒴果4瓣裂，淡红色或带黄色，种子有橘红色假种皮。花期5～6月，果熟期9～10月。

【生态习性】喜光，稍耐阴，耐寒，亦较耐旱，适生于肥沃、湿润之地，中性土、微酸性土均能适应。根系发达，萌生能力强。

【景观应用】枝叶绢秀，姿态幽丽，秋季叶色变红，果实开裂后露出橘红色假种皮，甚为美观。可配植于屋旁、墙垣、及水池边，亦可作绿荫树栽植。

◎ 槭树科

梣叶槭 *Acer negundo* Linn.

科属：槭树科槭树属　　　　别名：复叶槭、羽叶槭

【形态特征】落叶乔木，株高达 20 米。干皮灰褐色浅裂。小枝绿色，偶带紫红。奇数羽状复叶对生，有小叶 3～5 枚，小叶长卵形，先端渐尖，基部楔形稍偏斜，缘具不规则疏齿，顶部小叶有时 3 裂。雄花序伞房状，棕红色花，雌花序总状，花黄绿色。翅果窄长，两翅张开成锐角，翅长与果近相等。花期 3～4 月，果期 9 月。

【生态习性】喜光，喜温凉干燥气候及排水良好的土壤，耐干冷不耐湿热，耐水湿不耐干旱瘠薄。生长快速，有一定的抗烟尘能力。

【景观应用】树冠球形，枝条直立，先叶开花，花序下垂，入秋叶转金黄，极为美观。适宜作行道树、庭荫树及草坪的点缀树种。

梣叶槭常见的园艺品种

1 火烈鸟复叶槭 *Acer negundo* 'Flamingo'

别名：粉叶复叶槭、粉叶美洲槭

【形态特征】为复叶槭的栽培品种，新叶桃红色，老叶粉红色、白色相间，叶片柔软下垂。其他同复叶槭。

2 金边复叶槭 *Acer negundo* 'Aureomarginatum'

别名：金花叶复叶槭、金边美洲槭

【形态特征】为复叶槭的栽培品种，叶边缘有白色或金黄色花边，十分美丽。其他同复叶槭。

3 金花叶复叶槭 *Acer negundo* 'Aureovariegatum'

【形态特征】为复叶槭的栽培品种，叶有金黄色斑纹，十分美丽。其他同复叶槭。

4 银边复叶槭 *Acer negundo* 'Variegatum'
别名：花叶复叶槭、银边美洲槭

【形态特征】为复叶槭的栽培品种，叶子亮绿色，有粉色、白色花边。其他同复叶槭。

5 金叶复叶槭 *Acer negundo* 'Auratum'

别名：纯金复叶槭

【形态特征】 为复叶槭的栽培品种，嫩枝带白粉，新叶纯金黄色，老叶黄绿色，叶柄亮色，小叶多为3深裂。其他同复叶槭。

【生态习性】 同复叶槭。

【景观应用】 同复叶槭。

黄金槭 *Acer serrulatun* 'Goldenstemmed'

科属：槭树科槭树属　　　　　别名：黄金枫、荷兰黄枫

【形态特征】落叶小乔木。幼叶橙色，逐渐变成金黄色。叶掌状对生，5～7裂。

【生态习性】喜阳和温暖湿润环境，较耐旱，耐寒，耐半阴，对土壤要求不严。

【景观应用】可栽作行道树、遮阳树、庭院景观树。

茶条槭 *Acer ginnala* Maxim

科属：槭树科槭树属　　　　　别名：茶条、华北茶条槭

【形态特征】落叶小乔木，株高6～10米。树皮灰色粗糙。单叶对生，叶卵状或圆形，3裂，叶缘呈重锯齿状，叶片正面深绿有光泽，背面浅绿。夏季叶色为光泽漂亮的深绿色，秋季转为黄色和红色。圆锥花序，黄白色，清香。翅果，果核两面突起，果翅张开成锐角或近于平行，紫红色。花期4～5月，果期9月。

【生态习性】适合各种土壤，在潮湿、排水良好的土壤长势较好，耐干旱及碱性土壤，耐寒，喜光，耐轻度遮荫，病虫害较少。

【景观应用】树干直而洁净，花清香，夏季果翅红色美丽，秋季叶片鲜红色，是极好的园林观赏树种，适合庭院观赏，也可栽作行道树、丛植、群植或做绿篱。

鸡爪槭 *Acer palmatum* Thunb.

科属：槭树科槭树属　　　　　别名：日本红枫、鸡爪枫、青枫

【形态特征】落叶小乔木，株高 8 ～ 13 米。干皮灰色浅裂。枝条细弱，红或紫红色。单叶对生，叶近圆形，纸质，掌状多 7 裂，裂深常达裂片的 1/3 ～ 1/2 深处，裂片长卵形至披针形，缘具细锐重锯齿，叶柄细柔而光亮。顶生伞房花序，花瓣紫色。翅果，果体两面突起，上有明显脉纹，果翅展开成钝角，熟前紫色，熟时棕黄色。花期 5 ～ 6 月，果期 10 月。

【生态习性】耐阴树种，喜温凉湿润气候和深厚肥沃、排水良好的砂质壤土，不耐强烈阳光，抗旱力及抗寒力弱。

【景观应用】姿态秀丽，叶形美观，形态色泽丰富，是良好的园林观叶树种。

鸡爪槭常见的栽培品种

1 紫红鸡爪槭 *Acer palmatum* Thunb 'Atropurpureum'

别名：红枫

【形态特征】叶常年红色或紫红色，5 ～ 7 深裂；枝条也常紫红色。

2 细叶鸡爪槭 *Acer palmatum* Thunb 'Dissectum'
别名：羽毛枫

【形态特征】叶深裂达基部，裂片狭长且叉羽状细裂，秋叶深黄至橙红色；树冠开展而枝略下垂。

3 红细叶鸡爪槭 *Acer palmatum* Thunb 'Dissectum Ornattun'
别名：红羽毛枫

【形态特征】叶形同细叶鸡爪槭，唯叶常年古铜色或古铜红色。

4 暗紫细叶鸡爪槭 *Acer palmatum* Thunb 'Dissectum Nigrum'

【形态特征】叶形同细叶鸡爪槭，常年暗紫红色。

5 金叶鸡爪槭 *Acer palmatum* Thunb 'Aureum'

别名：黄枫

【形态特征】叶常年金黄色。

6 黄金枫 *Acer palmatum* Thunb 'Orange Dream'

别名："橙之梦"日本枫

【形态特征】落叶小乔木，株高5米，直立生长，株型紧凑。春天新叶金黄色，边缘为橙红，非常漂亮。夏季叶片变为黄色。秋季叶片颜色又变为亮黄到橙色。叶片为5裂叶，裂深，边缘有浅齿。

7 蝴蝶枫 *Acer palmatum* Thunb 'Butterfly'

别名：蝴蝶鸡爪槭、蝴蝶日本红枫

【形态特征】落叶小乔木，幼叶粉红色，成熟叶片带有粉边或者白边。叶缘呈锯齿状，叶形奇特；小枝繁密，每片小叶的形状、大小都有差异；树干直生，长势旺盛，枝叶繁茂。

8 '稻叶垂枝'日本枫 *Acer palmatum* Thunb 'Inaba shidare'

【形态特征】落叶小乔木，高达4米。新枝紫红色，成熟枝暗红色。早春发芽时，嫩叶艳红，密生白色软毛，叶片舒展后渐脱落，叶色亦由艳丽转淡紫色甚至泛暗绿色。

美国红枫 *Acer rubrum* L.

科属：槭树科槭树属　　　　别名：北美红枫、加拿大红枫、红糖槭

【形态特征】落叶乔木，树型直立向上，树冠圆形。叶片3～5裂，手掌状，叶长5～10厘米。新生的叶子正面呈微红色，之后变成绿色，直至深绿色。叶背面灰绿色。秋天叶子由黄绿色变成黄色，最后成为红色。春天开花，花红色。翅果，红色。

【生态习性】浅根性，能适应大多数土壤条件，但是要求酸性土壤。能容忍半阴的环境。在微酸、湿润、肥沃、透水性好的土壤生长最理想。

【景观应用】因其秋季色彩夺目，树冠整洁，被广泛用于公园、小区、街道等，既可以园林造景又可以做行道树。

挪威槭 *Acer platanoides*

科属：槭树科槭树属

【形态特征】落叶乔木，树高达12米，树形美观，接近卵圆形，树干笔直，枝叶较密。叶星形，对生，浅裂，叶缘锯齿状，叶脉手掌状，叶片长10～20厘米。叶片春、夏季为深紫铜色，秋季变紫红色，叶色绚丽。4月开花，花朵淡红色、栗黄色或绿色。翼果，绿色、红色或棕色，翼翅紫色。

【生态习性】较耐寒，能忍受干燥的气候条件。喜肥沃、排水性良好的土壤。

【景观应用】叶片三季呈红紫色，树阴浓密，直立生长，是美丽的彩叶观赏树种。可用于公园点缀、街道两侧遮阴、道路隔离带和停车场绿化。

施维挪威槭 *Acer platanoides* 'Schwedleri'

科属：槭树科槭树属　　　　别名：司维挪威槭

【形态特征】挪威槭的变种。落叶乔木，叶紫色绿色。

【生态习性】叶片三季呈红紫色，树阴浓密，直立生长，是美丽的彩叶观赏树种。

【景观应用】对土壤及气候的适应能力强，是优秀的彩色乔木树种。

花叶挪威槭 *Acer platanoides* 'Summer Snow'

科属：槭树科槭树属

【形态特征】挪威槭的变种。落叶乔木，叶色绿色，具有白色斑纹。花黄色，花期春季。

【生态习性】叶片三季呈红紫色，树荫浓密，直立生长，是美丽的彩叶观赏树种。

【景观应用】对土壤及气候的适应能力强，是优秀的彩色乔木树种。

银边挪威槭 *Acer platanoides* 'Drummondii'

科属：槭树科槭树属

【形态特征】挪威槭的变种。落叶乔木，株高16～20米，冠幅13～17米。叶色绿色，具有白边，秋叶黄色。花黄色，花期春季。

【生态习性】叶片三季呈红紫色，树荫浓密，直立生长，是美丽的彩叶观赏树种。

【景观应用】对土壤及气候的适应能力强，是优秀的彩色乔木树种。

三花槭 *Acer triflorum* Komarov

科属：槭树科槭树属

【形态特征】落叶乔木，高达20～30米，树皮褐色，常成薄片脱落。小枝紫色，幼时疏生柔毛。三出复叶，小叶纸质，卵状椭圆形至长倒卵形，长7～9厘米，中上部有2～3个粗齿，背面脉上疏生柔毛。伞房花序。翅果密生有毛，直角。两果翅张开成锐角或近直角。花期4月，果期9月。

【生态习性】稍喜阴，耐寒，生于针阔混交林或阔叶林中及林缘。

【景观应用】三花槭入秋后叶色变红，鲜艳夺目。为点缀庭园的良好观叶树种。

青楷槭 *Acer tegmentosum* Maxim.

科属：槭树科槭树属　　　　　　别名：辽东槭

【形态特征】落叶乔木，高10～15米。树皮灰色或深灰色，平滑，现裂纹。叶纸质，近于圆形或卵形，边缘有钝尖的重锯齿。基部圆形或近于心脏形，3～7裂，通常5裂。花黄绿色。翅果无毛，黄褐色；小坚果微扁平。花期4月，果期9月。

【生态习性】在潮湿、排水良好的土壤长势较好。

【景观应用】树形优美，丰满素雅，为很好的观赏树种。

青枫 *Acer serrulatum* Hayata

科属：槭树科槭树属　　　　　　别名：青槭

【形态特征】落叶乔木，高达20米，幼枝绿色平滑。单叶对生，纸质，掌状5裂，长7～9厘米裂基心形，叶缘有不规则锯齿；聚散形圆锥花序，顶生，淡黄绿色。果实为有翅状物的翅果。每年12月至翌年3月陆续落叶，落叶前由绿经黄变红。

【生态习性】在潮湿、排水良好的土壤长势较好。

【景观应用】台湾特有植物，树形优美，著名的红叶树种。

三角枫 *Acer buergerianum*

科属：槭树科槭树属　　　　　　　别名：三角槭

【形态特征】落叶乔木，高可达 20 米，树皮薄条片剥落，树冠卵形。叶先端 3 浅裂或不裂，全缘或略有疏浅锯齿。果两面凸起，两果翅近于平行。

【生态习性】弱阳性树种，稍耐阴。喜温暖、湿润环境及中性至酸性土壤。耐寒，较耐水湿，萌芽力强，耐修剪。树系发达，根蘖性强。

【景观应用】枝叶浓密，夏季浓荫覆地，入秋叶色变成暗红，秀色可餐。宜孤植、丛植作庭荫树，也可作行道树及护岸树。

五角枫 *Acer mono* Maxim.

科属：槭树科槭树属　　　　　　　别名：色木、地锦槭

【形态特征】落叶乔木，株高达 20 米，小枝淡黄色。叶掌状 5 裂，基部心形，裂片卵状三角形，全缘，两面无毛，网脉两面明显隆起。花黄绿色，顶生伞房花序。果翅展开呈钝角，长约为果核的 2 倍。花期 4～5 月，果期 9～10 月。

【生态习性】弱阳性树种，稍耐阴，喜温凉湿润气候，对土壤要求不严。

【景观应用】树姿优美，秋季叶变红色或黄色，可作庭荫、行道树或色叶树种栽植。

细裂槭 *Acer stenolobum* Rehd

科属：槭树科槭树属

【形态特征】落叶小乔木，高达 6 米。叶较小，长 3 ~ 5 厘米，三叉状深裂，裂片窄长，侧裂片与中裂片几成直角，裂缘有粗钝齿或裂齿。花序伞房状。果翅张开成钝角或近平角，翅略向内曲。

【生态习性】抗性强，耐干旱瘠薄，生长慢。

【景观应用】叶型十分奇特，叶的 3 裂片与叶柄一起组成十字形，且入秋转红，是形色皆美的观叶树种。

血皮槭 *Acer griseum* (Franch.)Pax

科属：槭树科槭树属

【形态特征】落叶小乔木，树高和冠幅均可以达到 6 ~ 9 米，树冠呈圆形。树皮红棕色，自然卷曲，鳞片状斑驳脱落。树叶春、夏季为绿色，叶脉、叶柄及新梢为红色，早秋开始叶变成鲜红或黄色。深绿色的叶片在秋季呈现鲜红色，鲜艳夺目。

【生态习性】喜阳，亦能耐阴。生长速度慢。

【景观应用】树皮有卷曲状剥落，呈肉红色或桃红色，非常显眼，是很有观赏价值的树种，适合孤植或群栽在庭园中。

元宝槭 *Acer truncatum* Bunge

科属: 槭树科槭树属　　　　　**别名:** 平基槭、华北五角枫、元宝枫

【形态特征】落叶乔木,株高 10 ～ 15 米。树皮灰褐色,纵列,小枝无毛,1 年生小枝绿色。叶对生,掌状 5 深裂,先端渐尖,基部截形或心形,裂片三角状卵形或披针形,全缘,两面无毛,掌状脉,网脉明显。伞房花序,花黄绿色。翅果,熟时淡黄褐色,果翅与果近等长,双翅张开成锐角或钝角,果序常下垂。花期 4 ～ 5 月,果期 9 ～ 10 月。

【生态习性】喜光稍耐阴,喜侧方庇荫,喜温凉气候及肥沃、湿润、排水良好的土壤,耐旱,不耐瘠薄,抗烟尘。

【景观应用】适宜作行道树和公园、庭院观赏树。

紫花槭 *Acer pseudo-sieboldianum* (Pax.) Komarov

科属：槭树科槭树属　　　别名：假色槭

【形态特征】落叶灌木或小乔木，高达 8 米，小枝细弱，幼枝近绿色。单叶对生，近圆形，9 ～ 11 裂，基部心形，裂缘有重锯齿，花紫色，深秋叶色变红、紫红等，树皮灰色。花期 5 ～ 6 月，果期 9 月。

【生态习性】喜光，稍耐阴，耐寒。喜温凉湿润气候，耐干旱，耐瘠薄土壤。

【景观应用】优良的庭园观赏树，宜丛植或片植，宜做风景林树种。

自由人槭 *Acer×freemanii*

科属：槭树科槭树属
别名：美国秋焰红枫、'秋焰'杂交红花槭

【形态特征】落叶灌木或小乔木，高 18 米，冠 12 米，饱满的椭圆型。叶色春夏绿色，秋季呈火红色。单性雌花，初春开红花，无翅果。

【生态习性】耐旱、耐碱，生长快速，秋色红艳，表现一致。

【景观应用】行道树、遮阳树、高档的庭院景观树。

◎ 七叶树科

七叶树 *Aesculus chinensis* Bunge

科属：七叶树科七叶树属

【形态特征】落叶乔木，高达 25 米。树皮灰褐色，片状剥落。小枝粗壮，栗褐色，具树脂。掌状复叶对生，小叶 5 ～ 7 片，倒卵状长椭圆形至长椭圆状倒披针形，先端渐尖，基部锲形，缘具细锯齿。花小，花瓣 4，不等大，白色，上面 2 瓣常有橘红色或黄色斑纹，雄蕊通常 7；成直立密集圆锥花序，近圆柱形，长 20 ～ 25 厘米。杂性，白色，芳香。蒴果球形或倒卵形，密生疣点，直径 3 ～ 4 厘米，黄褐色，粗糙，形如板栗。花期 5 月；果熟期 9 ～ 10 月。

【生态习性】喜光，稍耐阴，耐寒，喜深厚、肥沃而排水良好的土壤。

【景观应用】树体高大雄伟，树冠宽阔，绿荫浓密，花序美丽，秋叶黄色或黄色，为观叶、观花兼优的观赏树种，宜作为行道树及庭院树。

紫色车桑子 *Dodonaea viscosa* 'Purpurea'

科属：无患子科车桑子属

【形态特征】常绿灌木，高 1 ～ 3 米，小枝纤弱，稍呈蜿蜒状，有棱角。单叶互生，薄纸质，椭圆状披针形至狭披针形或条状披针形，紫红色。圆锥花序或总状花序通常顶生而短，或退化为腋生的花束；花小，杂性或单性。蒴果近圆形。

【生态习性】喜光，喜温暖湿润气候，不耐寒。

【景观应用】园艺种。

荔枝 *Litchi chinensis* Sonn.

科属：无患子科荔枝属　　　　别名：离枝

【形态特征】常绿乔木。株高 8 ～ 20 米；树皮灰褐色，不裂。偶数羽状复叶，小叶 2 ～ 4 对，长椭圆状披针形，长 6 ～ 12 厘米。全缘，表面侧脉不甚明显。花小，无花瓣；圆锥花序顶生。果球形或卵形，外皮有凸起小瘤体，种子红褐色。5 ～ 8 月果熟。

【生态习性】喜高温高湿，喜光向阳。

【景观应用】是华南地区重要果树，栽培历史久，品种很多。也常于庭园栽植。

龙眼 *Dimocarpus longan* Lour.

科属：无患子科龙眼属　　　　别名：圆眼、桂圆、羊眼果树

【形态特征】常绿乔木。株高 10 米以上；树皮粗糙，薄片状剥落；幼枝及花序被星状毛。偶数羽状复叶互生，小叶 3～6 对，长椭圆状披针形，长 6～17 厘米，全缘。基部歪斜，表面侧脉明显。花小，花瓣 5；圆锥花序顶生或腋生。果球形，外皮较平滑，种子黑褐色；7～8 月果熟。

【生态习性】稍耐阴，喜暖热湿润气候。深根性树种，能在干旱、贫瘠土壤上扎根生长。

【景观应用】是华南地区重要果树，与荔枝、香蕉、菠萝同为"华南四大珍果"，也常于庭园栽植。

栾树 *Koelreuteria paniculata* Laxm.

科属：无患子科栾树属

【形态特征】落叶乔木，株高达 15 米。树皮灰褐色，细纵裂。1 ～ 2 回羽状复叶，小叶 7 ～ 15 枚，长卵形，叶有锯齿或缺裂。顶生圆锥花序，花黄色。蒴果，果皮膨大，呈三角形小灯笼状，熟时红褐色。花期 5 ～ 8 月，果期 9 ～ 10 月。

【生态习性】喜光，耐旱，抗瘠薄，稍耐盐碱。深根性速生树种，萌芽力强。

【景观应用】良好的观花、观叶、观果树种，孤植、列植均可形成景观。

皇冠栾树 *Koelreuteria paniculata* 'Huangguan'

科属：无患子科栾树属　　　　别名：金叶栾树

【形态特征】落叶乔木，栾树的栽培品种。叶黄金色。

【生态习性】耐寒、耐旱、耐瘠薄、喜光，喜温暖湿润气候，不耐寒。

【景观应用】宜作庭荫树、行道树及风景树。

复羽叶栾树 *Koelreuteria bipinnata* 'Integrifoliola'

科属：无患子科栾树属　　　　别名：黄山栾

【形态特征】落叶乔木，株高达20米，树冠广卵形。叶平展，2回奇数羽状复叶互生，小叶全缘，7～9枚，近萌蘖枝上的叶有锯齿或缺裂。花金黄色，成顶生圆锥花序，蒴果椭圆形或近球形，秋季变红色，甚为美丽。花期8～9月。

【生态习性】喜光，喜温暖、湿润气候，不耐寒，较耐污染。

【景观应用】宜作庭荫树、行道树及厂区绿化树种。

无患子 *Sapindus mulorossi* Gaertn.

科属：无患子科无患子属　　　　别名：黄金树

【形态特征】落叶乔木，株高达 20 米。树皮灰色。偶数羽状复叶互生，小叶 8 ～ 14 枚，互生或近对生，卵状长椭圆形，全缘。顶生圆锥花序，花小而黄白色，花瓣 5；核果肉质，球形，黄色或橙黄色。花期 5 ～ 7 月，果 10 ～ 11 月成熟。

【生态习性】喜光、耐干旱、稍耐阴、耐寒性不强。对土壤要求不严，深根性，抗风力强。萌芽力强，生长快，寿命长。

【景观应用】树干通直，枝叶广展，绿荫稠密，秋季果实累累，橙黄美观，冬季满树叶色金黄，是优良的观叶、观果彩叶树种。

◎ 清风藤科

细花泡花树 *Meliosma parviflora*

科属：清风藤科泡花树属

【形态特征】落叶乔木，高 10 ～ 15 米；树皮灰褐色，平滑，成鳞片状或条状脱落。单叶，纸质至近革质，宽倒卵形，基部渐狭而下延成叶柄，顶端阔而近圆头，有短凸尖头，边缘有疏牙齿，上面有光泽，无毛。圆锥花序顶生或腋生，花小，白色，无柄或近无柄，密聚。核果球形，熟时红色。

【生态习性】喜阳光充足喜肥沃湿润土壤。

【景观应用】树皮美丽，片状剥落，有斑驳的图案，核果红色。是一种观花、观干、观果的树木。

◎ 刺戟科

马达加斯加树 *Didierea madagascariensis*

科属：刺戟科龙树属

【形态特征】多年生肉质品种。原产于马达加斯加。多刺灌木，有直立茎和分叉的枝条。叶小，卵形或长卵形。

【生态习性】喜光照，喜排水良好的富含有机质的砂质壤土。

【景观应用】可作为小摆设，点缀窗台、书桌和案头。

魔针地狱 *Alluaudia montagnacii*

科属：刺戟科亚龙木属　　　　　别名：喷炎龙、苍炎龙

【形态特征】多年生常绿肉质化木本灌木或小乔木。幼年期呈匍匐状，老株时会成为直立小乔木。株高达 1.5～2 米，株幅 30～40 厘米。茎干灰白色，长满锥形锐刺，长 2～3 厘米，灰白色。叶片椭圆形，深绿色，密布于茎间。花小，白色。花期夏季。

【生态习性】喜阳光充足和温暖干燥的环境，稍耐半阴，不耐寒，忌阴湿。

【景观应用】适合多肉植物爱好者和植物园作为品种收集栽培。

亚蜡木 *Alluaudia humbertii*

科属：刺戟科亚龙木属　　　别名：七贤人

【形态特征】多年生常绿肉质化木本灌木或小乔木。植株呈多分枝的灌木状，高 0.3 ～ 0.4 米，茎枝较细，表皮灰色或褐色，具细刺，每根细刺下面有一对倒卵形绿色肉质叶，雌雄同株异花，雄花绿色，雌花白色。

【生态习性】喜阳光充足和温暖干燥的环境，稍耐半阴，不耐寒，忌阴湿。

【景观应用】适合多肉植物爱好者和植物园作为品种收集栽培。

亚龙木 *Alluaudia procera*

科属：刺戟科亚龙木属　　　别名：大苍炎龙

【形态特征】多年生常绿肉质化木本灌木或小乔木。树形态奇特，灰白色的茎干上遍布棘刺，叶片生于其间。在原产地可长到 3 ～ 5 米高，但分枝很少。茎干表皮白色至灰白色，具细锥状刺，肉质叶长卵形至心形，常成对生长，大叶绿色。花序长 30 厘米，花黄色或白绿色。

【生态习性】喜阳光充足和温暖干燥的环境，稍耐半阴，不耐寒，忌阴湿。

【景观应用】适合多肉植物爱好者和植物园作为品种收集栽培。

亚森丹史树 *Alluaudia ascendens*

科属：刺戟科亚龙木属

【形态特征】多年生常绿肉质化木本灌木或小乔木。在原产地高可达 15 米。树形态奇特，灰白色的茎干上遍布棘刺，叶片生于其间。茎干表皮白色至灰白色，具细锥状刺，刺长 1.5 厘米，肉质叶，心形，几乎无叶柄。花序长 30 厘米，花黄色或白绿色。

【生态习性】喜阳光充足和温暖干燥的环境，稍耐半阴，不耐寒，忌阴湿。

【景观应用】适合多肉植物爱好者和植物园作为品种收集栽培。

◎ 凤仙花科

新几内亚凤仙花 *Impatiens hawkeri*

科属：凤仙花科凤仙花属　　　　别名：四季凤仙、五彩凤仙花

【形态特征】多年生常绿草本。株高 25 ～ 30 厘米，茎肉质，光滑，青绿色或红褐色，茎节突出，易折断。多叶轮生，叶披针形，叶缘具锐锯齿，叶色黄绿至深绿色，中间大部分黄色。叶脉及茎的颜色常与花的颜色有相关性。花单生叶腋，基部花瓣衍生成矩，花色极为丰富，有洋红色、雪青色、白色、紫色、橙色等。花期 6 ～ 8 月。

【生态习性】性喜温暖湿润，不耐寒，怕霜冻。夏季要求凉爽，忌烈日暴晒，并需稍加遮阴，不耐旱，怕水渍。

【景观应用】色泽艳丽欢快，株型丰满圆整，四季开花，花期特长，叶色叶型独特，广泛用于花坛布置、悬垂栽植、周年供应的盆花。

◎ 鼠李科

酸枣 *Ziziphus jujuba* Mill. 'Spinosa'

科属： 鼠李科枣属

【形态特征】落叶乔木或灌木，叶比枣树叶小，长1.5～4厘米，宽0.6～2厘米。果近球形、短椭圆形或卵形，径比枣小，约0.7～1.3厘米，紫红或紫褐色，果肉薄，味酸，核两端钝。花期5～7月，果期8～9月。

【生态习性】喜光、耐寒、耐旱，适应性强，对土壤要求不严。

【景观应用】良好的水土保持和荒山荒地先锋树种，也是重要的蜜源树种。

◎ 葡萄科

锦屏藤 *Cissus sicyoides* 'Ovata'

科属： 葡萄科白粉藤属 　　**别名：** 蔓地榕、珠帘藤、一帘幽梦

【形态特征】多年生常绿蔓性草质藤本植物，全体无毛，枝条纤细；单叶互生，长心形；聚伞花序，花小四瓣，淡绿白色。花期夏季，果期7～8，果近球形，青绿色，成熟后紫黑色。

【生长习性】生命力极强，是一种非常容易栽培的庭园植物。栽培以保水力强的壤土最佳，排水、日照需良好。

【景观应用】锦屏藤最特别地方就是能从茎节的地方长出细长红褐色的气根，悬挂于棚架下、风格独具。很适合作绿廊、绿墙或阴棚。

菱叶粉藤 *Cissus rhombifolia*

科属：葡萄科白粉藤属　　　　别名：白粉藤、假提

【形态特征】多年生蔓性常绿藤本，枝条蔓生，长可达 3 米。分枝性强，茎节较长，有卷须。掌状复叶互生，有短柄；每个叶柄着生 3 枚小叶，小叶羽状浅裂；中间一枚比两边的大，叶片菱形。新叶常被银色绒毛，成熟叶为光亮的深绿色，叶背有棕色小绒毛。卷须末端分叉卷曲。

【生长习性】喜温暖湿润、半阴环境，忌日光直射，不耐寒。要求土质疏松、排水良好的土壤。

【景观应用】叶色浓绿光亮，嫩芽披银白色柔毛，富有浪漫情调，盆栽悬吊，亦可立支架，使其蔓绕支架上生长，极富有野趣，颇耐观赏。

爬山虎 *Parthenocissus tricuspidata* Planch.

科属：葡萄科爬山虎属　　　　别名：爬墙虎、地锦

【形态特征】落叶藤本，茎长可达 30 米以上。多分枝，顶端膨大成吸盘的茎卷须吸附他物，枝木质化后能够产生大量的气生根牢固地吸附生长。单叶互生，叶阔卵形，常不裂叶与 3 裂叶并存，基生叶或萌枝叶，多 3 深裂或全裂。花多数集成聚伞花序，花小，常 5 基数。浆果小，球形，熟时蓝黑色。

【生长习性】耐寒、耐旱，亦耐高温，对土壤、气候适应性强；喜阴，也耐阳光直射；在肥沃、湿润、深厚的土壤中生长最佳。

【景观应用】攀爬力强，茎蔓纵横，叶密色绿，入秋霜叶红色或橙色，观赏性强，在建筑物的墙面、假山、长廊、栅栏、岩壁上都能够依靠卷须上的吸盘和气生根攀附，也可以用作地被，是观赏性和实用功能具佳的攀缘植物。

五叶地锦 *Parthenocissus quinquefolia* Planch.

科属： 葡萄科爬山虎属　　　　**别名：** 美国地锦

【形态特征】落叶藤本，幼枝带紫红色。卷须与叶对生，顶端吸盘大。掌状复叶，具长柄，小叶5，质较厚，卵状长椭圆形至倒长卵形，先端尖，基部楔形，缘具大齿，上面暗绿色，下面具白粉并有毛，聚伞花序集成圆锥状。浆果近球形，熟时蓝黑色，稍带白粉。花期7～8月，果期9～10月。

【生态习性】喜荫，耐寒，对土壤及气候适应能力很强，生长快。

【景观应用】枝叶繁茂，层层密密，入秋叶色变红，格外美观，是优良的垂直绿化材料。

山葡萄 *Vitis amurensis*

科属：葡萄科葡萄属

【形态特征】落叶藤本，茎长达10余米；幼枝红色，初有绵毛，后脱落。叶互生，具叶柄，叶片掌状分裂，广卵形，长5～20厘米，3～5浅裂或小裂，表面无毛．背面淡绿色，沿脉及脉腋有短毛。浆果黑色，径约8毫米。

【生长习性】喜荫，耐寒，对土壤及气候有一定的适应能力很强。

【景观应用】秋叶红艳或紫色，可植于庭园观赏。果可生食或酿酒。

◎ 火筒树科

美叶火筒树 *Leea guineesis* 'Burgund'

科属：火筒树科火筒树属　　　别名：红叶火筒树

【形态特征】是台湾火筒树的园艺栽培种。灌木或小乔木，株高1～2米，枝条暗紫红色。叶互生，二或三回奇数羽状复叶。小叶对生，长椭圆形，锯齿缘，叶暗紫褐或绿褐色，光泽明亮，叶色奇雅异美。冬至春季开花，赤紫色。

【生态习性】性喜高温多湿，树性强健，耐高温、耐寒、耐阴，土质以砂质壤土最佳，排水需良好。

【景观应用】适合庭院植或盆栽观赏。

火筒树 *Leea indica* (Burm. F.) Merr.

科属： 火筒树科火筒树属

【形态特征】灌木或小乔木，高4米以上；茎枝脆弱，易折断。叶为三至四回羽状复叶，羽片及小羽片均为对生，小叶卵至披针形，边缘有锐锯齿，总叶柄基部膨大而成鞘状以包住茎部，为其主要辨识法之一。花腋生，聚伞花序，又排成伞房形，雄蕊合生，花淡绿色，各部为5倍数，花瓣三角形长椭圆状，雄蕊合生。果实浆果，扁球形，嫩时红色，成熟为红褐色。

【生态习性】性喜高温多湿，成长迅速，性强健，少见病虫害。栽培土质以肥沃之砂质壤土为佳，排水需良好。

【景观应用】可观花、观果，适合庭植或盆栽。

◎ 杜英科

山杜英 *Elaeocarpus sylvestris* (Lour.) Poir.

科属： 杜英科杜英属　　　　　**别名：** 杜英

【形态特征】常绿乔木，高达10米，树皮灰褐色。叶纸质，倒卵形，先端短渐尖或钝尖，基部楔形，边缘有不明显的钝锯齿，侧脉5～6对，干后暗褐色。花序长5厘米左右，花淡白色，萼片披针形，花瓣长3～4毫米，花瓣外侧基部有毛，先端撕裂至中部，呈流苏状。核果椭圆形。花期5～6月，果期10～11月。

【生态习性】稍耐阴，喜温暖湿润气候，不耐寒。根系发达，萌芽力强，耐修剪。对二氧化硫抗性强。

【景观应用】秋冬至早春部分树叶转为绯红色，鲜艳悦目，是庭院观赏和四旁绿化的优良树种。宜于草坪、坡地、林缘、庭前、路口丛植，也可栽作其他花木的背景树，或列植成绿墙起隐蔽遮挡及隔声作用。

◎ 锦葵科

雪白斑叶大红花扶桑 *Hibiscus rosa-sinensis* 'Snow Queen'

科属：锦葵科木槿属　　　　　别名：雪斑朱槿、雪斑叶扶桑

【形态特征】多年生常绿草本植物，株高 30 ～ 40 厘米，多分枝。叶剑状条形，全缘，先端渐尖，有光泽，叶片白叶红脉或白色斑纹。花腋生，形大，花瓣倒卵形，花红色，5 ～ 11 月开花。

【生长习性】同花叶扶桑。

【景观应用】同花叶扶桑。

花叶扶桑 *Hibiscus rosa-sinensis* 'Variegata'

科属：锦葵科木槿属　　　　　别名：锦叶扶桑、花叶朱槿、彩叶扶桑

【形态特征】多年生常绿草本植物，株高 30 ～ 40 厘米，多分枝。叶剑状条形，全缘，先端渐尖，有光泽，叶片五颜六色。植株各枝条上的叶色不尽相同，有白叶红脉、绿叶红脉、绿脉、紫红叶红脉、绿脉、绿叶红边等。甚至一片叶上的颜色也有四五种之多。它还有彩叶花木中较为少见的白色叶片。花腋生，形大，花瓣倒卵形，花红色，5 ～ 11月开花。

【生长习性】适生于疏松肥沃土壤中。在日光充足之处才能保证叶茂花繁。

【景观应用】叶子色彩有白、红、黄、绿等斑纹变化，十分美丽，极具观赏性，以观叶和赏花。

花叶木槿 *Hibiscus syriacus* 'Argenteovariegatus'

科属：锦葵科木槿属 　　　　别名：斑叶木槿

【形态特征】木槿的栽培变种。叶缘分布白色彩斑，幼叶彩斑为鹅黄色。花红色，重瓣。

【生长习性】喜光、又极耐阴，耐寒、耐盐碱。

【景观应用】是优良的观花观叶树种，单植或丛植，可作为绿篱与其他花木搭配栽植。

金叶木槿 *Hibiscus syriacus* 'Golden Leaves'

科属：锦葵科木槿属

【形态特征】为木槿的栽培变种。叶为黄色。花红色。

【生长习性】喜光、又极耐阴，耐寒、耐盐碱。

【景观应用】是优良的观花观叶树种，单植或丛植，可作为绿篱与其他花木搭配栽植。

红叶槿 *Hibiscus acetosella* Welw. ex Hiern.

科属：锦葵科木槿属　　　　　　　别名：紫叶木槿

【形态特征】常绿灌木。株高 1～3 米，全株暗紫红色，枝条直立，长高后常弯曲或下垂。叶互生，轮廓近宽卵形，掌状 3～5 裂或深裂，裂片边缘有波状疏齿。花单生于枝条上部叶腋，花冠绯红色，有深色脉纹，喉部暗紫色，花瓣5，宽倒卵形。蒴果圆锥形，被毛。

【生长习性】适生于疏松肥沃土壤中。要在日光充足之处才能保证叶茂花繁。

【景观应用】是木槿属中不可多得的彩叶小灌木，叶子紫红色，花色鲜艳，极具观赏性，以观叶和赏花。

海滨木槿 *Hibiscus bamabo*

科属：锦葵科木槿属

【形态特征】落叶灌木，高可达 1 ～ 2 米，分枝多，树皮灰白色。叶片近圆形，厚纸质，两面密被灰白色星状毛。花单生于枝端叶腋，花黄色，直径 5 ～ 6 厘米，花瓣呈倒卵形；花期 6 ～ 10 月。

【生长习性】对土壤的适应能力强，耐盐碱，性喜光，抗风力强，能耐短时期的水涝，也略耐干旱。

【景观应用】是优良的观花观叶树种，秋季叶色由黄色渐变成红色，可用于美化公园、广场绿地、庭院等，也是花篱、花境的优秀植物、更是盐碱地绿化的首选植物。

玫瑰茄 *Hibiscus sabdariffa* L.

科属：锦葵科木槿属　　　　　别名：洛神花、洛神葵、山茄

【形态特征】一年生直立草本，高达 2 米，茎淡紫色，无毛。叶异型，下部的叶卵形，不分裂，上部的叶掌状 3 深裂，裂片披针形，具锯齿，先端钝或渐尖，基部圆形至宽楔形。花单生于叶腋，近无梗；花萼杯状，淡紫色；花黄色，内面基部深红色，直径 6 ～ 7 厘米。蒴果卵球形。花期夏秋间。

【生长习性】耐旱、耐湿、不耐涝，对土壤适应性广，但以土层深厚、肥沃疏松、保水保肥力强的壤土或沙壤土为宜。

【景观应用】花期长，花冠黄色，萼片和副萼玫瑰红色，茎、叶柄也常为淡玫瑰色，开花季节，红、绿、黄相间，十分美丽可爱。既可食用，又可药用。

咖啡黄葵 *Abelmoschus esculentus*

科属：锦葵科秋葵属 别名：红秋葵

【形态特征】一年生草本，株高 1 ~ 2 米。叶掌状 3 ~ 7 裂，裂片披针形，先端渐尖；边缘有钝锯齿，叶脉及茎红色。花单生于叶腋间，花黄色，内面基部紫色，花瓣倒卵形。蒴果筒状尖塔形，似羊角红色，长 8 ~ 20 厘米，红色。花果期 5 ~ 9 月。

【生长习性】耐旱、耐湿、不耐涝，对土壤适应性广，但以土层深厚、肥沃疏松、保水保肥力强的壤土或沙壤土为宜。

【景观应用】茎、叶、花色均十分艳丽，具观赏价值。

◎ **木棉科**

龟纹木棉 *Bombax ellipticum*

科属：木棉科木棉属

【形态特征】多年生肉质植物。根基部粗壮。茎基部不规则膨大，呈块状，肉质，外皮灰色，分布有浅绿色斑纹，表皮龟裂。顶生绿色短枝，高一般不及 1 米。掌状复叶互生，小叶 5 片，倒卵形，休眠期叶片脱落。花白色或紫红色，花丝长，生长期生于近枝端。蒴果较大，长椭圆形。

【生长习性】喜温暖干燥和阳光充足气候。不耐寒，不耐积水。以肥沃、疏松的砂质壤土为宜，排水需良好。生长期需充足水分供应。

【景观应用】根茎膨大，状态奇特如同龟壳。为国内目前较尚为少见的奇趣多肉植物，可盆栽或布置于植物园中供观赏。

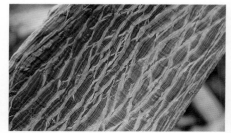

爪哇木棉 *Ceiba pentandra* (L.)

科属：木棉科木棉属

【形态特征】多年生肉质植物。根基部粗壮。茎基部不规则膨大，呈块状，肉质，外皮灰色，分布有浅绿色斑纹，表皮龟裂。顶生绿色短枝，高一般不及 1 米。掌状复叶互生，小叶 5 片，倒卵形，休眠期叶片脱落。花白色或紫红色，花丝长，生长期生于近枝端。蒴果较大，长椭圆形。

【生长习性】喜温暖干燥和阳光充足气候。不耐寒，不耐积水。以肥沃、疏松的砂质壤土为宜，排水需良好。生长期需充足水分供应。

【景观应用】根茎膨大，状态奇特如同龟壳。为国内目前较尚为少见的奇趣多肉植物，可盆栽或布置于植物园中供观赏。

◎ 梧桐科

翻白叶树 *Pterospermum heterophyllum* Hance

科属：梧桐科翅子树属 　　　　别名：番弓长麻、半枫荷、米纸

【形态特征】落叶乔木，小枝与叶背被黄褐色茸毛。叶革质，互生，幼树或萌发枝上的叶掌状 3 ～ 5 深裂，成年树上的叶长圆形或卵状长圆形，叶柄基部着生，顶端渐尖或急尖，基部钝形或斜心形；托叶线状，全缘。花单生或 2 ～ 4 朵聚生叶腋；花瓣 5，白色。蒴果木质，椭圆形，密被锈色星状柔毛。

【生态习性】喜温暖气候和湿润肥沃土层深厚的砂质土。

【景观应用】树干通直，叶片两面异色，为优良的庭院树。

可可 *Theobroma cacao* L

科属：梧桐科可可属

【形态特征】常绿乔木，高达 12 米；嫩枝被短柔毛。叶卵状矩圆形至倒卵状矩圆形，长 20 ～ 30 厘米，宽 7 ～ 10 厘米。花序簇生树干或主枝上；花直径约 18 毫米；萼粉红色，5 深裂，裂片长披针形；花瓣 5，淡黄色，下部凹陷成盔状，上部匙形而向外反。果椭圆形或长椭圆形，长 15 ～ 20 厘米，深黄色或近于红色。

【生态习性】喜生于温暖和湿润的气候和富于有机质的土壤。

【景观应用】花果长年生于主杆和老枝上，果长而大，红色或黄色，很有观赏价值，是热带地区的典型果树。广泛栽培于全世界的热带地区。

梧桐 *Firmiana platanifolia* Marsili.

科属：梧桐科梧桐属　　　　别名：青桐

【形态特征】落叶乔木，株高 15 ～ 20 米。树干端直，树皮青绿色，平滑。叶心形，掌状 3 ～ 5 裂，裂片三角形，全缘，叶柄与叶脉近等长。圆锥花序顶生，花淡黄绿色。萼突果膜质。花期 6 月，果期 10 ～ 11 月。

【生态习性】喜光，耐旱，耐寒性较差，喜肥沃深厚排水良好的土壤，忌水湿及盐碱地。萌芽力弱，对多种毒气有较强的抗性。

【景观应用】干形优美，叶大而形美，果皮奇特，是具有悠久栽培历史的庭院观赏树种。常孤植、丛植于庭院、草坪、坡地等处，也可作行道树及厂区绿化树种。

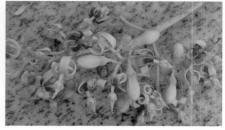

云南梧桐 *Firmiana major* (W. W. Smith) Hand-Mazz.

科属：梧桐科梧桐属　　　　　别名：黑皮梧桐

【形态特征】落叶乔木，高 15 ~ 18 米。树皮青带灰黑色；叶掌状 3 ~ 5 浅裂，长 17 ~ 30 厘米，宽 20 ~ 40 厘米，先端急尖，基部心形。圆锥花序腋生于小枝顶端，长 20 ~ 30 厘米；花单性或杂性，紫红色，无花瓣。蓇葖果，果皮膜质，开裂成叶状；种子着生于叶状果皮的内缘，圆球形，成熟时黄褐色。

【生态习性】喜光，耐旱，耐寒性较差，喜肥沃深厚排水良好的土壤，忌水湿及盐碱地。萌芽力弱，对多种毒气有较强的抗性。

【景观应用】重要的庭院绿化树种，适于草坪、庭院、宅前、坡地孤植或丛植，也种植作行道树。

银叶树 *Heritiera littoralis* Dryand.

科属：梧桐科银叶树属　　　　　别名：银叶板根、大白叶仔

【形态特征】落叶乔木，植株高大，树干挺直。树皮幼时银灰色，较光滑；老时灰黑色，纵裂。小枝、树叶及花序均密被银灰色鳞秕。叶具革质，底有银白色鳞片并披毛。花带褐色，成簇。果咖啡色，具骨状隆背。板根系发达，主根间常具异常生长的板状扩展组织，紧密地联合着两个主干基部，起着一种物理抗性作用。

【生态习性】喜温暖气候和湿润肥沃土层深厚的砂质土。

【景观应用】是台湾最著名的板根树，板根是热带植物在潮湿环境的生态现象，根部往上生长呈板状，用以支持及呼吸，这是对台风气候条件适应的表现，也成为热带雨林的特征。

◎ 猕猴桃科

花叶狗枣猕猴桃 *Actinidia kolomikta* 'Variegata'

科属：猕猴桃科猕猴桃属　　　别名：花叶深山木天蓼

【形态特征】灌木状落叶藤本，长可达 5 米以上。叶卵形至长椭圆形，长 5 ～ 13 厘米，幼叶边缘为紫红色，成熟叶片上半部呈粉色到白色的变化，花白色，聚伞花序，花 3 朵，于初夏绽放，雌雄异株，雌株结果，黄绿色，长 2.5 厘米。

【生长习性】喜光照及温暖湿润的气候，不耐涝，不耐旱，浅根性，宜肥沃且排水良好的土壤。

【景观应用】叶色极为别致、可用于攀缘棚架、墙垣，也适合在草坪中孤植或群植，另外，也可做盆景或插花材料。

◎ 山茶科

厚皮香 *Ternstroemia gymnanthera*

科属：山茶科厚皮香属　　　别名：珠木树、猪血柴、水红树

【形态特征】常绿乔木，高达 15 米。叶倒卵形至长圆形，顶端钝圆或短尖，基部楔形，全缘，表面绿色，背面淡绿色，中脉在表面下陷，侧脉不明显。花淡黄色。果实圆球形，呈浆果状。花期 7 ～ 8 月。

【生态习性】喜阴湿环境，也喜光，喜酸性土，也能适应中性土和微碱性土。

【景观应用】树冠浑圆，枝叶层次感强，叶肥厚入冬转绯红，是较优良的下木,适宜种植在林下、林缘等处，为基础栽植材料。

金叶杨桐 *Cleyera japonica* 'Variegata'

科属： 山茶科红淡比属　　　　**别名：** 金叶红淡比

【形态特征】常绿灌木或小乔木，树干淡灰褐色，叶为卵状椭圆形，革质，先端钝急尖至钝渐尖，基部楔形或钝，全缘，叶面深绿色，有光泽，背面淡绿色，边缘黄色。花3～6朵簇生于小枝上部叶腋，稀单生；花期1～6月。果球形至长卵形。

【生态习性】喜阴湿环境，也喜光，喜酸性土，也能适应中性土和微碱性土。

【景观应用】园艺种，栽培观赏。

◎ 藤黄科

黄牛木 *Cratoxylum cochinchinense*

科属： 藤黄科黄牛木属　　　　**别名：** 黄牛茶、雀笼木、黄芽木

【形态特征】落叶灌木或乔木，高1.5～18米，树干下部有簇生的长枝刺；树皮灰黄色或灰褐色，平滑或有细条纹，常以块状形式剥落使树干出现明显的黄色。叶片椭圆形至长椭圆形或披针形，先端骤然锐尖或渐尖，基部钝形至楔形，坚纸质。聚伞花序腋生或腋外生及顶生，有花2～3朵。花期4～5月，果期6月以后。

【生态习性】喜湿润、适宜酸性土壤。

【景观应用】树冠圆整、枝叶较密，可作行道树或观赏树。

金叶欧金丝桃 *Hypericum androsaemum* L. 'Aureum'

科属： 藤黄科金丝桃属

【形态特征】落叶丛生灌木。植株高达1米，枝直立。叶长圆形至卵圆形，表面金黄色。聚伞花序，花瓣5，黄色。花期仲夏至秋季。果圆形或卵形，熟时呈红色和黑色。

【生态习性】喜温暖湿润气候，喜光稍耐阴。

【景观应用】适宜于庭园绿化观赏。可用做切花、切果材料。

紫欧金丝桃 *Hypericum androsaemum* L. 'Albury Puepie'

科属：藤黄科金丝桃属　　　　别名：浅紫欧金丝桃

【形态特征】落叶丛生灌木。植株高达 1 米，枝直立。叶长圆形至卵圆形，表面浅绿色或紫色。聚伞花序，花瓣 5，黄色。花期仲夏至秋季。果圆形或卵形，熟时呈红色和黑色。

【生态习性】喜温暖湿润气候，喜光稍耐阴。

【景观应用】适宜于庭园绿化观赏。可用做切花、切果材料。

铁力木 *Mesua ferrea* L.

科属：藤黄科铁力木属　　　　别名：铁梨木、铁栗木、铁棱

【形态特征】常绿乔木。株高 20 ～ 30 米，树皮灰褐色或暗灰色，光滑；小枝对生。叶对生，革质，披针形。花两性，1 ～ 3 顶生或腋生，花瓣 4 枚，白色，倒卵状楔形；果卵球形或扁球形。花期 3 ～ 5 月，果期 8 ～ 10 月。

【生态习性】喜光喜湿润、适宜酸性土壤。

【景观应用】是云南特有的珍贵阔叶树种，国家二级保护植物。树形美观，花有香气，适宜于庭园绿化观赏。

◎ 柽柳科

柽柳 *Tamarix chinensis* Lour.

科属：柽柳科柽柳属

【形态特征】落叶小乔木或灌木，株高达5米。树皮红褐色，枝细长而下垂，带紫色。叶细小，鳞片状，互生。总状花序着生在当年生枝条上，花小，5基数，粉红色。花期夏季，果期10月。

【生态习性】喜光，耐寒耐热、耐烈日暴晒，抗风耐盐碱；深根性，根系发达；萌芽力强，生长较快。

【景观应用】姿态婆娑，枝叶纤秀，花期长，可植于水边观赏；既是优良的防风固沙树种，又是良好的盐碱土改良树种。

◎ **红木科**

红木 *Bixa orellana* L.

科属：红木科红木属　　　　别名：胭脂木

【形态特征】常绿灌木或小乔木。高 3 ～ 7 米；小枝和花序有短腺毛。叶卵形。圆锥花序顶生，长 5 ～ 10 厘米；花粉红色；萼片 5，圆卵形；花瓣 5，长约 2 厘米；雄蕊多数，花药顶孔开裂。蒴果卵形或近球形，长 2.5 ～ 4 厘米，密生长刺，极像栗子的壳斗，2 瓣裂；种子红色。

【生态习性】喜光，喜温暖湿润气候，不耐寒，喜肥沃、湿润土壤，不耐干旱瘠薄。

【景观应用】栽培观赏。

◎ **堇菜科**

斑叶堇菜 *Viola variegata* Fisch ex Link

科属：堇菜科堇菜属

【形态特征】多年生草本，地下茎短或稍长。叶基生，具长柄，近于圆形或宽卵形，边缘有细圆齿，有时呈白色脉纹，果期的叶增大，长可达 7 厘米，基部湾缺变深而狭。花两侧对称，长约 2 厘米（包括距长）；花瓣 5 片，淡紫色，距长 5 ～ 7 毫米，稍向上弯。果椭圆形。

【生长习性】喜光，耐旱，耐寒。对土壤要求不严，一般土壤均可生长。

【景观应用】全草入药，有清热解毒、除脓消炎之效，适合群植于药草园。

◎ 大风子科

毛叶山桐子 *Idesia polycarpa* 'Vestita'

科属： 大风子科山桐子属

【形态特征】落叶乔木，株高 8 ~ 21 米。树皮淡灰色，平滑，不裂；树冠长圆形。叶薄革质或厚纸质，卵形或心状卵形，或为宽心形，先端渐尖或尾状，基部通常心形，边缘有粗的齿。花单性，雌雄异株或杂性，黄绿色。浆果成熟期血红色；种子红棕色，圆形。花期 4 ~ 5 月，果熟期 10 ~ 11 月。

【生长习性】中性偏阴树种，喜光，耐半阴，喜温和湿润的气候，也较耐寒，耐旱，对土壤要求不严，但在土层深厚、肥沃、湿润的砂质壤土中生长良好。

【景观应用】树形优美，果实长序，果色朱红，为优良的园林观赏树种。

◎ 秋海棠科

斑叶竹节秋海棠 *Begonia maculata* Raddi

科属：秋海棠科秋海棠属　　　　别名：竹节秋海棠

【形态特征】多年生肉质草本，极稀亚灌木。株高 50 ～ 100 厘米，茎直立，茎节明显肥厚呈竹节状，叶片斜椭圆形状披针形，叶表面灰绿色具银白色圆斑玉边缘，叶背面暗红色，在光线作用下叶片呈红褐色，圆斑和边缘呈黄绿色。花具伸长的细花梗，花萼红色，花瓣粉红色。花期夏季。

【生态习性】喜温暖、潮湿，宜充足的散射光。耐阴性好，忌高温。要求疏松、排水良好、富含腐殖质的土壤。

【景观应用】花坛栽植、室内盆栽观赏。

大红秋海棠 *Begonia coccinea* 'Pinafore'

科属：秋海棠科秋海棠属　　　　别名：法国秋海棠、珊瑚秋海棠

【形态特征】宿根性多年生草本，株高 15 ～ 50 厘米。茎节短，圆柱状。叶互生，呈三角形或歪心脏形，叶缘有波状锯齿，叶色铜绿，背面紫色。花色绯红至橙红，花期极长，10 月至翌年 5 月。

【生态习性】耐阴。夏季高温时呈半休眠状态，需在阴凉、通风环境中越夏。

【景观应用】是良好的观花观叶盆栽植物。

大叶秋海棠 *Begonia megalophyllaria*

科属：秋海棠科秋海棠属

【形态特征】中国的特有种。多年生草本。根状茎粗大呈长块状。叶均基生，仅1片，具长柄；叶片两侧略不相等，轮廓扁圆形，先端圆或微凹，基部微偏，深心形，边缘有不整齐浅而疏三角形之齿，上面褐绿色，下面淡褐绿色，掌状脉可达11条，两面均突起；花数朵，白色。

【生态习性】耐阴，需在阴凉、通风环境中生长。

【景观应用】是良好的观花观叶盆栽植物。

帝王秋海棠 *Begonia imperialis* Lem.

科属：秋海棠科秋海棠属　　　　别名：地毯秋海棠

【形态特征】多年生、稍肉质草本；根块状或纤维状；叶基生或互生于茎上，基部常偏斜。叶表有白色斑纹；花单性同株，雌雄花同生于一花束上，雄花常先开放；雄花：萼片2，花瓣状；花瓣2；雄蕊多数；雌花：花被片2～5；子房下位，2～3室，有翅或有棱，花柱3，常有弯曲或旋扭状的柱头。

【生态习性】耐阴。夏季高温时呈半休眠状态，需在阴凉、通风环境中越夏。

【景观应用】是良好的观花观叶盆栽植物。

独活叶秋海棠 *Begonia heracleifolia*

科属：秋海棠科秋海棠属　　　　　别名：白芷叶秋海棠、枫叶秋海棠

【形态特征】园艺种，我国引种栽培，叶卵圆形，绿色。

【生态习性】耐阴，需在阴凉、通风环境中生长。

【景观应用】是良好的观花观叶盆栽植物。

恩师达秋海棠 *Begonia* 'Encinitafs'

科属：秋海棠科秋海棠属

【形态特征】园艺种，我国引种栽培，叶表有白色斑纹。

【生态习性】耐阴，需在阴凉、通风环境中生长。

【景观应用】是良好的观花观叶盆栽植物。

戟叶秋海棠 *Begonia limprichtii*

科属：秋海棠科秋海棠属　　　　　别名：蕺叶秋海棠

【形态特征】多年生草本。根状茎匍匐，节处着地生根。叶均基生，具长柄，叶片两侧不相等，轮廓卵形至宽卵形，先端短，尾尖至渐尖，基部偏斜，边缘有浅而疏三角形之齿。花莛高 8 ～ 16 厘米，花少数，通常白色，稀粉红色，呈聚伞状。花期 6 月，果期 8 月。

【生态习性】喜温暖，不耐寒，宜阴湿环境和湿润的土壤，忌阳光直射。

【景观应用】室内栽培的观叶植物。

蟆叶海棠 *Begonia rex* Putz.

科属： 秋海棠科秋海棠属

【形态特征】多年生常绿草本。无地上茎，地下根状茎平卧生长。叶基生，一侧偏斜。花淡红色，花期较长。

【生态习性】喜温暖，不耐寒，宜阴湿环境和湿润的土壤，忌阳光直射。

【景观应用】室内栽培的观叶植物。

红叶蟆叶海棠 *Begonia rex* 'Red Robin'

科属： 秋海棠科秋海棠属

【形态特征】多年生常绿草本。无地上茎，地下根状茎平卧生长。叶基生，一侧偏斜，紫红色，上有银白色斑纹。花淡红色，花期较长。

【生态习性】喜温暖，不耐寒，宜阴湿环境和湿润的土壤，忌阳光直射。

【景观应用】叶形优美，叶片有绚丽的彩虹斑纹，极为美丽，是室内极好的观叶植物。

牛耳秋海棠 *Begonia sanguinea* Raddi

科属： 秋海棠科秋海棠属

【形态特征】多年生肉质草本植物，根状茎球形、块状、圆柱状。茎直立、匍匐、稀攀缘状或常短缩而无地上茎。单叶，叶片常偏斜，基部两侧不相等；叶柄较长，柔弱；花单性，2～4至数朵组成聚伞花序。

【生态习性】喜温暖，不耐寒，喜疏松肥沃的腐殖质土壤，忌阳光直射。

【景观应用】叶形优美，是室内极好的观叶植物。

四季秋海棠 *Begonia semperflorens* Link et Otto

科属：秋海棠科秋海棠属

【形态特征】多年生草本，株高 15 ~ 25 厘米。茎直立，多分枝，肉质。叶互生，有光泽，卵形，边缘有锯齿，叶色变化丰富。花顶生或腋生，数朵成簇，有红、粉、白等色；花期 6 ~ 9 月；蒴果。

【生长习性】喜温暖、湿润和半阴环境，耐热，耐修剪；怕干燥和积水，适宜疏松、肥沃和排水良好的土壤。

【景观应用】用于花坛、花境、绿地边缘、盆栽或做垂直绿化布置。

铁十字秋海棠 *Begonia masoniana* Irmsch.

科属：秋海棠科秋海棠属　　　别名：马蹄秋海棠

【形态特征】具有粗肥肉质根茎之簇生型植物，株高约30厘米以下。叶：歪阔卵形，圆心形叶，叶缘具浅锯齿状，基部心形，叶端锐尖，掌状5～7出脉，叶面密生红色纤毛，并密布如尖锥状之小突起，巨子褐色之粗般脉条，故称"铁十字海棠"，叶脉红色，并具长柄，叶柄亦密生明显卷曲白毛茸。复聚伞花序，花瓣绿色或带红晕彩颜色，花期3～5月。

【生态习性】喜温暖湿润和半阴环境，不耐干旱，冬季温度不能低于10℃。切忌强光暴晒，需遮阴。

【景观应用】黄绿色叶面嵌有红褐色十字形斑纹，十分秀丽，是秋海棠中较为名贵的品种，适用盆栽置于宾馆、厅室。

象耳秋海棠 *Begonia* 'Thurstonii'

科属：秋海棠科秋海棠属

【形态特征】多年生草本。株高50厘米。叶肾圆形，叶面不对称，绿色，叶背紫红色。花单性。

【生长习性】同杂交秋海棠。

【景观应用】同杂交秋海棠。

小兄弟秋海棠 *Begonia* 'Little brother Montgomery'

科属：秋海棠科秋海棠属

【形态特征】多年生小灌木，高约50厘米，叶片星形，叶表有白色斑纹，花期秋冬季。

【生态习性】喜半阴或全阴，要求偏酸性土壤。

【景观应用】园艺培育品种，良好的观花观叶盆栽植物。

银翠秋海棠 *Begonia* 'Silver Jewel'

科属：秋海棠科秋海棠属

【形态特征】园艺种，我国引种栽培，叶表有白色斑纹。

【生态习性】喜半阴或全阴，要求偏酸性土壤。

【景观应用】园艺培育品种，良好的观花观叶盆栽植物。

银星秋海棠 *Begonia* × *albopicta*

科属：秋海棠科秋海棠属

【形态特征】株高 60～120 厘米，茎半木质化，茎直立，全株无毛。叶歪卵形，先端锐尖，边缘有细锯齿。叶面绿色，有银白色斑点；叶背肉红色。花大，白色至粉红色，腋生于短梗。花期 7～8 月。叶表有白色斑点。

【景观应用】盆栽观赏。

植物鸟秋海棠 *Begonia* 'Plant Bird'

科属：秋海棠科秋海棠属

【形态特征】株高 15～55 厘米。根状茎较短，无地上茎或常有 1～3 节短的地上茎。每株生叶 10 片左右，叶心形，绿色，具白色的斑纹。雌雄同株，花单性。花期 5～8 月，果期 6～9 月。

【生态习性】喜温暖湿润和半阴环境，忌强光暴晒，需遮阴。

【景观应用】盆栽、地栽均可。

紫叶秋海棠 *Begonia rex*

科属：秋海棠科秋海棠属

【形态特征】多年生草本。根状茎圆柱形，呈结节状。叶均基生，具长柄；叶片两侧不相等，轮廓长卵形，先端短渐尖，基部心形，两侧不相等，窄侧呈圆形。花2朵，生于茎顶。花期5月，果期8月。

【生态习性】喜温暖湿润和半阴环境，忌强光暴晒，需遮阴。

【景观应用】盆栽、地栽均可。

◎ 仙人掌科

帝王龙 *Ortegocactus macdougallii*

科属：仙人掌科白檀属　　　　别名：帝王丸

【形态特征】多年生肉质品种。小型球状或短柱形，根系极为发达。表皮浅绿色、灰色，球体下部颜色变成褐色，分布网块状突起，刺黑色，花黄色，漏斗形直径约2～3厘米。

【生态习性】喜光照，夏季要注意遮阴。喜排水良好的富含有机质的砂质壤土。

【景观应用】是很难得的仙人掌类珍品，可作为小摆设，点缀窗台、书桌和案头，已经列入保护品种。

山吹 *Chamaecereus silvestrii* 'Aureus'

科属：仙人掌科白檀属　　　　别名：帝王丸

【形态特征】肉质植物，为白檀的变种，多分枝，枝茎手指状，茎上密披白色硬毛，茎上有6～9菱。花漏斗状，绯红色，花季春天。本身无叶绿素，因此无法自我合成养分，需嫁接在量天尺或其他砧木上。有黄绿色山吹、金黄色山吹、橙黄色山吹等种。

【生态习性】喜光照，夏季要注意遮阴。喜排水良好的富含有机质的砂质壤土。

【景观应用】可作为小摆设，点缀窗台、书桌和案头，是很难得的仙人掌类珍品。

残雪之峰 *Monvillea spegazzinii* 'Cristata'

科属：仙人掌科残雪柱属

【形态特征】多年生肉质植物，是残雪柱的带化变异品种。柱状茎很细，分枝多，形成半匍匐性的灌木。表皮深绿色带灰色晕纹。夏日晚上开花，花筒很细，萼片外侧紫红色，花瓣分两层，外瓣粉红内瓣白色。果实红色。

【生态习性】喜温暖、干燥和阳光充足，怕积水，耐干旱和半阴。较耐寒，耐高温，适应性较强。

【景观应用】适合盆栽观赏。

象牙球锦 *Coryphantha elephandden* 'Variegata'

科属：仙人掌科菠萝球属　　　　别名：象牙丸锦

【形态特征】多年生肉质品种。为象牙球的斑锦变异品种，球体纯黄色或绿色中有黄色斑块。植株球状或扁球状，株高12～15厘米，株幅15～20厘米以上，疣突大而突起，圆形，不分棱。刺座位于疣突顶端，椭圆形，每一刺座有刺6～8枚，呈放射状排列，刺长2厘米左右，刺顶端弯曲，无钩，无中刺。花生于疣突腋间，夏季开放，花径8～12厘米，粉红色，有暗红色条纹。

【生态习性】喜光照，夏季要注意遮阴。喜排水良好的富含有机质的砂质壤土。

【景观应用】是很难得的仙人掌类珍品，可作为小摆设，点缀窗台、书桌和案头。

帝冠 *Obregonia denegrii* Fric.

科属：仙人掌科帝冠属　　　　　别名：帝冠牡丹

【形态特征】小型种，植株单生，扁球状，球茎直径达 15 ～ 20 厘米，具有粗大锥形肉质根；灰绿色三角形叶状疣突在茎部螺旋排列成莲座状，疣突背面有龙骨突。疣肉质坚硬，刺座在疣突顶端，新刺座上有短绵毛。花顶生，短漏斗状，花径 2.3 ～ 3.5 厘米，花白色或白色略带粉红色，花期 5 ～ 8 月。

【生态习性】喜光照，夏季要注意遮阴。喜排水良好的富含有机质的砂质壤土。

【景观应用】植株的疣以几何图形有序排列，是难得的仙人掌类精品，同时也是仙人掌类代表种之一。可点缀窗台、书桌和案头，作小摆设。

帝冠锦 *Obregonia denegrii* 'Aureoariegata'

科属：仙人掌科帝冠属　　　　　别名：帝冠牡丹锦

【形态特征】帝冠的锦化品种。

【生态习性】喜光照，夏季要注意遮阴。喜排水良好的富含有机质的砂质壤土。

【景观应用】可点缀窗台、书桌和案头，作为小摆设，是很难得的仙人掌类珍品。

蓝云 *Melocactus azureus*

科属：仙人掌科花座球属　　　　　别名：莺鸣云

【形态特征】植株单生，圆球形至椭圆形，球径 12 ～ 14 厘米，高 15 ～ 17 厘米，体色蓝色或灰蓝色。具 10 ～ 12 个棱脊较高的直棱。灰色周刺 7 ～ 9 枚；尖端褐色的中刺 1 枚。花座上白色绒毛夹杂着棕红色刚毛，开桃红色小药，结桃色果实。

【生态习性】性强健，喜阳光充足的环境。耐干旱及半阴，忌水湿。

【景观应用】温室栽植和室内盆栽观赏。

黄金纽 *Hildewintera aureispina*

科属：仙人掌科黄金纽属　　　别名：黄毛花冠柱

【形态特征】多年生肉质植物。茎细圆柱形，粗1.5～2.5厘米，高1.5米，多分枝，攀缘或匍匐下垂，鲜绿色，具低矮棱16～18条，被金黄色刚毛状细刺。单株似金丝猴尾巴，整体如群蛇聚集。花侧生，漏斗状，内瓣粉红色，外瓣橙红色间有鲜红色条纹，花期4～6月。

【生态习性】性强健，对土壤无特殊要求，喜阳光充足的环境。耐干旱及半阴，忌水湿。

【景观应用】黄金纽鞭状茎金光灿灿，引人入胜，毛茸茸红花映美。是阳台、居室装点的优良品种。

白狼玉 *Turbinicarpus beguinii*

科属：仙人掌科姣丽球属

【形态特征】植株球状，顶部塌陷，覆盖长毛，直径和高为6～8厘米，棱12～18个，螺旋状，幼苗容易变成圆柱形。成年植株刺密集，径向刺，大多为12个，锥状，很尖，长约17毫米，白色，半透明，几乎像玻璃一样，刺尖端黑色。中央刺1个，长3厘米，白色，刺尖黑色。花白色或粉红色。

【生态习性】适应干燥的土壤，喜阳光充足的环境。耐干旱及半阴，忌水湿。

【景观应用】常被用作于家庭栽培植物。

赤花姣丽 *Turbinicarpus alonsoi*

科属：仙人掌科姣丽球属

【形态特征】主干扁平，成球状。向内弯曲的灰色或黑色的刺。花樱桃红，粉红色，紫红色，直径20～30毫米。花期从3～10月。

【生态习性】适应排水非常良好的土壤，有较好的光照，强烈的阳光可以让植株保持紧凑，浇水过多容易造成植株根部排水不及时，而腐烂，在冬季保持干燥的情况下可以短时间内耐寒－4℃。请尽量保持10℃以上的温度。

【景观应用】常被用作于家庭栽培植物。

金琥 *Echinocactus grusonii* Rose

科属：仙人掌科金琥属　　　　　　别名：象牙球

【形态特征】多年生多肉植物；植株单生，圆球形，球径80～100厘米，高130厘米；球体顶部密生金黄色绒毛，具21～37个棱，棱上排列整齐的刺座密生金黄色硬刺，辐射状，稍弯；花钟形金黄色；花期4～11月。

【生长习性】喜光照充足、通风良好环境，耐旱，忌涝，适宜排水良好的砂质壤土。

【景观应用】温室栽植和室内盆栽观赏。

金琥缀化 *Echinocactus grusonii* 'Cristata'

科属：仙人掌科金琥属

【形态特征】多年生多肉植物；金琥的缀化变种。

【生长习性】喜光照充足、通风良好环境，耐旱，忌涝，适宜排水良好的砂质壤土。

【景观应用】温室栽植和室内盆栽观赏。

白刺金琥 *Echinocactus grusonii* 'Albispinus'

科属：仙人掌科金琥属

【形态特征】多年生多肉植物；金琥的变种。植株单生或成丛，高1.3米，直径80厘米或更大。球顶密被金黄色绵毛。刺座很大密生硬刺，刺白色。

【生长习性】喜光照充足、通风良好环境，耐旱，忌涝，适宜排水良好的砂质壤土。

【景观应用】球体浑圆碧绿，刺白色，点缀厅堂，较为珍奇，温室栽植和室内盆栽观赏。

狂刺金琥 *Echinocactus grusonii* 'Intertextus'

科属： 仙人掌科金琥属

【形态特征】 多年生多肉植物；金琥的变种。刺金黄色。

【生长习性】 喜光照充足、通风良好环境，耐旱，忌涝，适宜排水良好的砂质壤土。

【景观应用】 寿命很长，栽培容易，金碧辉煌，观赏价值很高。

裸琥 *Echinocactus grusonii* 'Inermis'

科属： 仙人掌科金琥属　　　　　別名： 短刺金琥、无刺金琥

【形态特征】 多年生多肉植物；金琥的变种。植株呈圆球状，表皮翠绿色，脊缘突出的直棱，棱峰的刺座上萌生着不显眼的淡黄色短小钝刺，球体顶部的生点具淡黄色绒毛，花钟形，黄色。

【生长习性】 喜光照充足、通风良好环境，耐旱，忌涝，适宜排水良好的砂质壤土。

【景观应用】 温室栽植和室内盆栽观赏。

怒琥 *Echinocactus grusonii* 'Horridus'

科属： 仙人掌科金琥属

【形态特征】 多年生多肉植物；金琥的变种。球体稍大，呈扁球形，刺粗大向下弯曲，深黄色。

【生长习性】 喜光照充足、通风良好环境，耐旱，忌涝，适宜排水良好的砂质壤土。

【景观应用】 寿命很长，栽培容易，观赏价值很高。

金煌柱 *Haageocereus icosagonoides*

科属：仙人掌科金煌柱属

【形态特征】植株柱状，花绿色或白色。

【生态习性】适应干燥的土壤，喜阳光充足的环境。耐干旱及半阴，忌水湿。

【景观应用】常被用作于家庭栽培植物。

金冠 *Parodia schumanniana*

科属：仙人掌科锦绣玉属

【形态特征】球体直径可长至30厘米，高可达1.8米，有21～48条显眼的棱。有刚毛状的金色刺，逐渐会变为棕色或红色、灰色。金色的花着生于顶部，一般在夏季开花，花直径4.5～6.5厘米。果实为圆形或卵形。

【生态习性】性强健，对土壤无特殊要求，喜阳光充足的环境。耐干旱及半阴，忌水湿。

【景观应用】常被用作于家庭栽培植物。

金晃 *Parodia leninghausii* (K. Schum.) F. H. Brandt

科属：仙人掌科锦绣玉属　　　　别名：金晃丸、黄翁丸、金星丸

【形态特征】植株圆柱形。花黄色。

【生态习性】性强健，对土壤无特殊要求，喜阳光充足的环境。耐干旱及半阴，忌水湿。

【景观应用】常被用作于家庭栽培植物。

幻乐 *Espostoa melanostele*

科属：仙人掌科老乐柱属

【形态特征】圆柱形的茎被细长的絮状长毛所覆盖，越靠近顶端越是密集，美丽而特别。花是白色或粉色的漏斗形通常在夜间开放。

【生态习性】喜光照，夏季要注意遮阴。喜排水良好的富含有机质的砂质壤土。

【景观应用】适合家居盆栽观赏。

老乐柱 *Espostoa lanata* Britt.et Rose

科属：仙人掌科老乐柱属

【形态特征】幼株椭圆形，老株圆柱形，基部易出分枝，体色鲜绿。茎粗7～9厘米，高1～2米，具20～25个直棱，株茎密被白色丝状毛，茎端的毛长而密，黄白色细针状周刺多枚，黄白色中刺1～2枚。夏季侧生白色钟状花，花径4～5厘米。

【生态习性】性强健，喜阳光充足的生长环境，盆栽用土要求排水良好、中等肥沃的沙壤土。

【景观应用】圆柱状的植株密被细长的丝状毛和白色锦毛，非常美丽，既适合家庭栽培，又可作仙人掌温室布置沙漠景观。

绯冠龙 *Thelocactus hexaedrophorus* (Lem.) Britton & Rose

科属：仙人掌科瘤玉属　　　　别名：天晃

【形态特征】多年生肉质品种。植株单生，球状，刺4～8个，直，平行，白色或红色或红褐色，刺有环纹。花簇生顶端刺座的沟内，广漏斗状，花径大，花白色或淡粉红色。

【生态习性】喜光照，夏季要注意遮阴。喜排水良好的富含有机质的砂质壤土。

【景观应用】是很难得的仙人掌类，可作为小摆设，点缀窗台、书桌和案头。

红鹰 *Thelocactus heterochromus*

科属：仙人掌科瘤玉属　　　　别名：多色玉

【形态特征】多年生肉质品种。植株单生，球状，刺4～8个。花簇生顶端刺座的沟内，广漏斗状，花径大，花白色或淡粉红色。

【生态习性】喜光照，夏季要注意遮阴。喜排水良好的富含有机质的砂质壤土。

【景观应用】是很难得的仙人掌类，可作为小摆设，点缀窗台、书桌和案头。

龙神木 *Myrtillocactus geometrizans*

科属：仙人掌科龙神木属　　　　别名：蓝爱神木

【形态特征】肉质植物，植株呈多分枝的乔木状，株高3～4米，柱状肉质茎粗6～10厘米，具5～6棱，刺座生于棱缘，排列稀疏，周刺5枚；黑色中刺1枚，匕首形。茎表皮光滑，蓝绿色，新长出的茎被有白粉。而老茎因风吹雨淋，白粉会逐渐脱落，使表皮呈蓝灰色。花白色中稍带绿色，花期夏季，昼开夜闭，具芳香。

【生态习性】喜温暖、干燥和阳光充足的环境，不耐寒，忌阴湿，耐干旱和半阴。

【景观应用】株形挺拔饱满，蓝绿色的肉质茎给人以纯净自然之感。可作大、中型盆栽布置宾馆厅堂、商场橱窗等处，也可地栽布置多肉植物温室或盆栽观赏。

龙神木缀化 *Myrtillocactus geometrizans f. cristata*

科属：仙人掌科龙神木属

【形态特征】多年生多肉植物；龙神木的缀化变种。

【生态习性】喜温暖、干燥和阳光充足的环境，不耐寒，忌阴湿，耐干旱和半阴。

【景观应用】温室栽植和室内盆栽观赏。

鱼鳞丸 *Copiapoa.tenuissima*

科属：仙人掌科龙爪球属

【形态特征】球体质软，扁圆状，疣突极细小而密集，黑色。刺细短而黑色。顶部群开黄色蝶状花。

【生态习性】喜光照，夏季要注意遮阴。喜排水良好的富含有机质的砂质壤土。

【景观应用】适合家居盆栽观赏。

青花虾 *Echinocereus viridiflorus*

科属：仙人掌科鹿角柱属

【形态特征】容易群生，单体棱数 8 ～ 12，刺座之间有浅横沟，刺长短不一，周刺 10 ～ 15 枚，中刺 1 ～ 2 枚，中刺不太长。

【生态习性】喜光照，夏季要注意遮阴。喜排水良好的富含有机质的砂质壤土。

【景观应用】适合家居盆栽观赏。

紫太阳 *Echinocereus rigidissimus subsp. rigidissimus*

科属：仙人掌科鹿角柱属　　　　别名：红太阳

【形态特征】植株柱状，成株越靠近生长点，红色刺或紫红色刺越鲜艳。有 30 ～ 35 枚梳状红刺，刚刚长出来的刺，红色会比较鲜艳，随着时间会逐渐淡化变化成白色或灰色刺。18 ～ 26 棱，刺座排列在棱上。开非常漂亮的桃红色花，花瓣基部为白色，花季通常为春季。

【生态习性】喜光照，夏季要注意遮阴。喜排水良好的富含有机质的砂质壤土。

【景观应用】适合家居盆栽观赏。

大红球 *Gymnocalycium mihanovichii* var. *friedrichii* 'Rubrum'

科属：仙人掌科裸萼球属　　　　别名：绯牡丹、红灯、红牡丹

【形态特征】多年生肉质植物。茎扁球形，直径 3 ~ 4 厘米，鲜红色，具 8 棱，有突出的横脊。成熟球体群生子球。刺座小，无中刺，辐射刺短或脱落。花细长，着生在顶部的刺座上，漏斗形，粉红色，花期春夏季。果实细长，纺锤形，红色。

【生态习性】喜温暖和阳光充足的环境，但在夏季高温时应稍遮阴，通风，土壤要求肥沃和排水良好，不耐寒，越冬温度不可低于 8℃。

【景观应用】色彩颇为醒目，是仙人球类植物的主栽品种之一。做小型盆栽，也可嫁接于山影上，或其他多浆植物配合加工成组合盆景。

绯牡丹锦 *Gymnocalycium mihanovichii* var. *friedrichii* 'Hibotan Nishiki'

科属：仙人掌科裸萼球属　　　　别名：锦云仙人球

【形态特征】多年生肉质植物。茎扁球形，直径 3 ~ 4 厘米，具 8 棱，有突出的横脊。表皮青褐色，镶嵌有不规则的斑锦。刺座上着生 3 ~ 5 枚周围刺。花细长，着生在顶部的刺座上，漏斗形，粉红色，花期春夏季。

【生态习性】同大红球。

【景观应用】色彩颇为醒目，是仙人球类植物的主栽品种之一。

怪龙丸 *Gymnocalycium bodenbenderianum*

科属：仙人掌科裸萼球属

【形态特征】球形，深绿或灰绿色，刺座上方有一横线状凹痕。通常有 3 支灰色刺，排列呈 T 或 ↑ 字形，花乳白色。

【生态习性】喜光照，夏季要注意遮阴。喜排水良好的富含有机质的砂质壤土。

【景观应用】适合盆栽观赏或做绿篱，是优良的景观植物。

瑞云 *Gymnocalycium mihanovichii*

科属：仙人掌科裸萼球属

【形态特征】球形，在光线过强时表面红褐色，过弱时呈绿色并且球体长高，而在生长点处呈绿色，外缘略呈红褐色时说明光线适中，一年可多次开花。

【生态习性】喜光照，夏季要注意遮阴。喜排水良好的富含有机质的砂质壤土。

【景观应用】适合盆栽观赏或做绿篱，是优良的景观植物。

圣王球锦 *Gymnocalycium buenekeri* 'Variegata'

科属：仙人掌科裸萼球属

【形态特征】多年生肉质植物。为圣王球的斑锦品种。植株单生，球形，株高 6 ～ 7 厘米，株幅 7 ～ 10 厘米。茎具 5 ～ 7 个宽厚疣突直棱，表皮绿色，镶嵌不规则的黄色、浅红色斑块。刺座上着生周围刺 4 ～ 5 枚。花钟状，白色或粉红色，花期春夏季。

【生态习性】喜温暖和阳光充足的环境，但在夏季高温时应稍遮阴，通风，土壤要求肥沃和排水良好，不耐寒。

【景观应用】色彩颇为醒目，做小型盆栽。

黑牡丹玉 *Gymnocalycium mihanovichii* var. *friedrichii* 'Black'

科属：仙人掌科裸萼球属

【形态特征】多年生肉质植物。是瑞云变种牡丹玉的栽培品种。植株扁球形或椭圆形。茎具 8 ～ 12 棱，表皮黑绿色，刺座着生周围刺 4 ～ 6 枚。花顶生，漏斗状，桃红色。

【生态习性】同大红球。

【景观应用】观赏价值较高，为室内小型盆栽佳品。

蓝柱 *Pilosocereus pachucladus*

科属：仙人掌科毛柱属　　　　别名：蓝立柱

【形态特征】圆柱形，柱体表皮蓝灰色。株高 80 ～ 100 厘米。

【生态习性】喜光照，夏季要注意遮阴。喜排水良好的富含有机质的砂质壤土。

【景观应用】适合盆栽观赏或做绿篱，是优良的景观植物。

雪光 *Notocactus haselbergii*

科属：仙人掌科南国玉属　　　　别名：雪光、雪晃

【形态特征】多年生肉质植物。茎球形或稍扁圆形，高约 10 厘米左右，单生，直径为 6 ～ 10 厘米，有小疣状突起，呈螺旋状排列，球体密生 3 ～ 5 毫米的放射形白刺，中心刺淡黄色。花顶生，漏斗状，绯红色，花从白刺中深出，十分美丽耐观。单花朵可开 2 周以上，连续花期 3 个月左右，颇具观赏价值。

【生态习性】喜阳光充足的温暖环境，喜排水良好的砂质壤土。冬季保持土壤干燥可耐 3℃ 低温，夏季需适当通风、遮阴。

【景观应用】适合家居盆栽观赏。

黄雪光 *Notocactus graessneri* (K.Schum.) A.Berger

科属：仙人掌科南国玉属　　　　别名：黄雪光、黄雪晃

【形态特征】多年生肉质植物。植株单生，扁圆形至圆球形，球径 12 ～ 13 厘米，具 50 ～ 60 个小疣突起螺旋状排列的棱，黄色的丝状硬刺 60 枚左右。在球体顶端成群开放小型漏斗状花，花径 2 ～ 2.5 厘米。花期长。花色以黄色为主，也有鲜红、紫红色。

【生态习性】喜阳光充足的温暖环境，喜排水良好的砂质壤土。冬季保持土壤干燥可耐 3℃ 低温，夏季需适当通风、遮阴。

【景观应用】适合家居盆栽观赏。

英冠玉锦 *Notocactus magnificus* 'Variegata'

科属：仙人掌科南国玉属　　　　别名：莺冠锦

【形态特征】多年生肉质植物。是英冠玉的品种。茎幼时球形，后渐变为圆筒形，直径20厘米，易群生，蓝绿色，棱11～15。茎顶密生绒毛。刺座密集，放射状刺12～15，毛状，黄白色，中刺8～12，针状，褐色。花大，直径5～6厘米，花冠漏斗状，鹅黄色。花期6～7月。

【生态习性】喜阳光充足的温暖环境，喜排水良好的砂质壤土。

【景观应用】适合家居盆栽观赏。

日出 *Ferocactus recurvus*

科属：仙人掌科强刺球属　　　　别名：日出之丸

【形态特征】球状，直径25～40厘米，14～23棱，4大中刺，6～12根幅刺，中生一大刺宽而长，先端带钩。花顶生，钟状，粉红色。

【生态习性】喜光照，夏季要注意遮阴。喜排水良好的富含有机质的砂质壤土。

【景观应用】日出株型端庄、刺色明快，其刺的形状奇特，适合家居盆栽观赏。

白鸟 *Mammillaria herrerae*

科属：仙人掌科乳突球属

【形态特征】球状，初单生后群生，通体被软白刺包被，球质很软。单球直径3.5厘米。疣突圆柱形，疣腋无毛。刺座较密集，周刺100根左右，白色而细小，全部包住球体，无中刺。花直径2～3厘米，淡红中带点紫色。果实圆形，洋红色。

【生态习性】性强健。喜阳光。栽培环境宜稍干燥。

【景观应用】是乳突球属中著名的小型种，刺短而软，洁白可爱，是爱好者热衷收集的对象。适合家居盆栽观赏。

白玉兔 *Mammillaria geminispina*

科属：仙人掌科乳突球属

【形态特征】幼株单生，老株易丛生，圆球形至椭圆形，球径 7 ～ 8 厘米，体色青绿色。具 15 ～ 21 个圆锥形疣状突起，呈螺旋样排列的棱，疣腋间有白毛绒毛。白色刚毛状辐射刺 16 ～ 20 枚；尖端褐色的白色细针状中刺 2 ～ 4 枚。春季红色小型钟状花在球体上成圈开放，花径 1 ～ 1.5 厘米。

【生态习性】性强健。喜阳光。栽培环境宜稍干燥。

【景观应用】适合家居盆栽观赏。

金手指 *Mammillaria elongata*

科属：仙人掌科乳突球属

【形态特征】茎肉质，全株布满金黄色的软刺。黄白色刚毛样短小周刺 15 ～ 20 枚，黄褐色针状中刺 1 枚，易脱落。幼株单生，老株基部孳生仔球，圆球形至圆筒形，单体株径 1.5 ～ 2 厘米，球体颜色明绿色。具 13 ～ 21 个圆锥疣突的螺旋棱。花期春季，球体侧生淡黄色小型钟状花，花径 1 ～ 1.5 厘米。

【生态习性】性强健。喜阳光。栽培环境宜稍干燥。

【景观应用】外型美观迷人，是家居的理想装饰品，适合盆栽观赏。

银手指 *Mammillaria gracilis*

科属：仙人掌科乳突球属

【形态特征】植株柱状，群生，通体被放射状的白色软刺软白刺包被。

【生态习性】性强健。喜阳光。栽培环境宜稍干燥。

【景观应用】小型种，刺短而软，洁白可爱，适合家居盆栽观赏。

士童 *Frailea asterioides*

科属：仙人掌科士童属

【形态特征】多年生肉质植物。直根性小型种，植株扁球形，体柔软多汁，绿褐色，在阳光照射下，变成紫红色，异常美丽。棱 10 ～ 15 条，棱脊低平，刺通常 8，初为红色，后变黑。花黄色。果实多汁，果壁厚。

【生态习性】喜光照，夏季要注意遮阴。喜排水良好的富含有机质的砂质壤土。

【景观应用】是很难得的仙人掌类珍品，可作为小摆设，点缀窗台、书桌和案头。

蜈蚣丸 *Frailea angelesii*

科属：仙人掌科士童属

【形态特征】多年生肉质植物。植株娇小，圆柱形，疣凸呈陀螺状，有14～17棱，钝小三角形分割，向上面绿色，背部为紫色，对称工整，对比鲜明。刺着生在角尖上，有褐红色细刺5～7枚。春、夏季节开花，花顶生，黄色。

【生态习性】喜光照，夏季要注意遮阴。喜排水良好的富含有机质的砂质壤土。

【景观应用】是很难得的仙人掌类珍品，可作为小摆设，点缀窗台、书桌和案头。

鼠尾掌 *Aporocactus flagelliformis*

科属：仙人掌科鼠尾掌　　　　别名：金纽、细柱孔雀

【形态特征】多年生肉质植物。常悬垂着生，茎细长，匍匐，多分枝，长可达2米，具浅棱，具密布的刺，新刺红褐色，后变黄褐色。花期4～5月，花洋红色，昼开夜闭。

【生态习性】喜阳光充足，喜排水、透气良好的肥沃土壤。

【景观应用】毛茸茸的茎柔软可爱，花红艳美丽。可盆栽垂吊于有光照的地方。

乌羽玉 *Lophophora williamsii*

科属：仙人掌科乌羽玉属　　　　别名：僧冠掌

【形态特征】多年生肉质植物，株高5～8厘米，老株丛生，肉质根萝卜状；球体扁球形或球形，表皮暗绿色或灰绿色；棱垂直或呈螺旋状排列，顶部多绒毛，刺座有白色或黄白色绒毛；小花钟状或漏斗形，淡粉红色至紫红色；浆果粉红色。

【生态习性】喜温暖、干燥和阳光充足，怕积水，耐干旱和半阴，要求有较大的昼夜温差。较耐寒，耐高温，适应性较强。

【景观应用】适合盆栽观赏。

子吹乌羽玉锦 *Lophophora williamsii f. variegata* 'Caespitosa'

科属：仙人掌科乌羽玉属

【形态特征】多年生肉质植物，乌羽玉的出锦品种。主头直径5厘米左右，球体中下部的疣点会爆出小仔，小仔的疣点再次爆出小仔，不断爆小仔，形成超强群生株。球体表面有黄色锦。

【生态习性】喜温暖、干燥和阳光充足，怕积水，耐干旱和半阴，要求有较大的昼夜温差。较耐寒，耐高温，适应性较强。

【景观应用】适合盆栽观赏。

银冠玉 *Lophophora williamsii* 'Decipiens'

科属：仙人掌科乌羽玉属

【形态特征】多年生肉质植物，球体扁球形，棱多，表皮蓝绿色至灰绿色，被白粉，顶部的毛又白又厚。花粉红色、紫红色或淡黄白色。

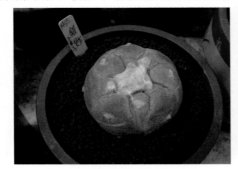

【生态习性】喜温暖、干燥和阳光充足，怕积水，耐干旱和半阴，要求有较大的昼夜温差。较耐寒，耐高温，适应性较强。

【景观应用】适合盆栽观赏。

奇想丸 *Echinopsis mirabilis*

科属：仙人掌科仙人球属

【形态特征】多半不分枝。新枝呈深蓝绿色，柱高10～15厘米，株幅2～2.5厘米，约有11～12条棱。周刺较短小，为白色，9～14根，褐色，长约1～1.5厘米。白色的花开于顶端，长约12厘米，宽3～4厘米，内瓣很窄，香气宜人。

【生态习性】性强健，生长快捷。喜阳光充足的生长环境，盆栽用土要求排水良好、中等肥沃的沙壤土。

【景观应用】适合盆栽观赏。

世界图 *Echinomastus eyriesii* 'Variegata'

科属：仙人掌科仙人球属 别名：世界之图、毛球锦、草球锦

【形态特征】为短毛球的斑锦品种，植株初生为球形，长大后呈圆筒形，极易群生。植株高 10 ～ 12 厘米，直径 10 ～ 15 厘米，茎具 11 ～ 12 个直棱，绿色中镶嵌黄色斑块，有的几乎整个球体呈鲜黄色，仅棱沟或生长点附近为绿色。刺座上有淡褐色锥状短刺。花侧生，漏斗状，白色，长 17 ～ 25 厘米，夏季傍晚开花。

【生态习性】喜阳光，耐水肥，冬季如不是极端寒冷，可露地越冬。极其适合庭院或家庭的阳台栽培。

【景观应用】适合盆栽观赏。

黄毛掌 *Opuntia microdasys*

科属：仙人掌科仙人球属 别名：金乌帽子

【形态特征】植株直立多分枝，灌木状，高 60 ～ 100 厘米。茎节呈较阔的椭圆形或广椭圆形，黄绿色。刺座密被金黄色钩毛。花淡黄色，短漏斗形。浆果圆形，红色，果肉白色。花期夏季。

【生态习性】性强健。喜阳光充足。较耐寒，冬季维持 5 ～ 8℃的温度即可。对土壤要求不严，在砂质壤土上生长较好。

【景观应用】茎节扁平，形似兔耳，密生金黄色钩毛。由于栽培简单，繁殖容易，是栽培比较普遍的仙人掌种类，适合盆栽观赏。

白毛掌 *Opuntia microdasys* 'Albispina'

科属：仙人掌科仙人球属 别名：白桃扇

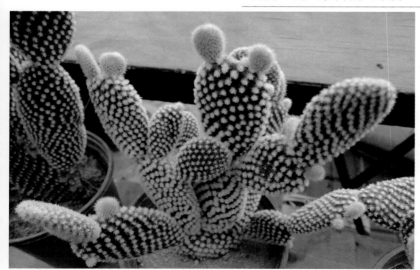

【形态特征】黄毛掌的变种。植株比黄毛掌矮小，茎直立，基部稍木质化，呈圆柱形，其余呈掌状，扁平，每一节间倒卵形至椭圆形，绿色。刺座较稀，钩毛白色。花单生于刺窝上，鲜黄色。浆果梨形，无刺，紫红色。

【生态习性】同黄毛掌。

【景观应用】适合盆栽观赏。

红毛掌 *Opuntia microdasys* 'Rufida'

科属：仙人掌科仙人球属　　　　　别名：红乌帽子

【形态特征】黄毛掌的变种。植株比黄毛掌矮小，茎节小而厚，暗绿色。钩毛红褐色。

【生态习性】同黄毛掌。

【景观应用】适合盆栽观赏。

般若 *Astrophytum ornatum* (DC.) Web.

科属：仙人掌科星球属　　　　　别名：星兜

【形态特征】植株单生，圆球形至圆柱状，球径 25～30 厘米，高 70～80 厘米，体色青灰绿色。具 8 个缘薄脊高的棱，生有白色星点。针状周刺 5～8 枚；中刺 1 枚；新刺黄褐色，老刺褐色。春夏间顶生明黄色漏斗状花，花径 7～8 厘米。

【生态习性】性强健，生长快捷。喜阳光充足的生长环境，盆栽用土要求排水良好、中等肥沃的沙壤土。

【景观应用】适合盆栽观赏。

兜 *Astrophytum asterias*

科属：仙人掌科星球属　　　　　别名：星兜、星球、星冠

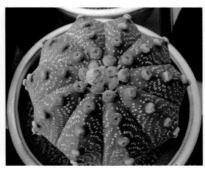

【形态特征】植株呈扁圆球形，直径 5～8 厘米，球体由 6～10 条浅沟而分成 6～10 个扁圆棱。无刺，刺座上有白色星状绵毛。花着生于球顶部，漏斗形，黄色，花心红色，直径 3～4 厘米。

【生态习性】性喜干燥环境，耐旱，喜阳光充足温差大，排水良好的富含石灰质的砂质壤土。生长季节要经常浇水。

【景观应用】适合盆栽观赏。

超兜 *Astrophytum asterias* 'Super'

科属：仙人掌科星球属

【形态特征】多年生肉质植物。植株初为球形，后成扁圆球形乃至圆盘状，高5.5厘米，直径10厘米，表皮灰绿色有光泽，散布着丛卷毛，俗称星。通常8棱，稀6～10棱，棱直而整齐，棱脊浑圆。花长3厘米，漏斗状，黄色，花喉红色。果成熟时基部开裂，黑色或红黑色。

【生态习性】同兜。

【景观应用】适合盆栽观赏。

兜锦 *Astrophytum asterias* 'Variegata'

科属：仙人掌科星球属　　　别名：星兜锦、星球锦、星冠锦

【形态特征】兜的斑锦品种，正常球体内的绿色素被其他色素替代的变异品种。球体上有红、黄色斑。其他同兜。

【生态习性】同兜。

【景观应用】同兜。

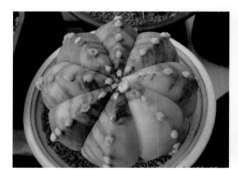

鸾凤玉 *Astrophytum myriostigma* Lem.

科属：仙人掌科星球属　　　别名：星兜锦、星球锦、星冠锦

【形态特征】植株球形，老株变为细长筒状。球体直径10～20厘米，有3～9条明显的棱，多数为5棱。棱上的刺座无刺，但有褐色绵毛。球体灰白色密被白色星状毛或小鳞片。花朵着生在球体顶部的刺座上，漏斗形，黄色或有红心。

【生态习性】喜温暖、干燥和阳光充足的环境。较耐寒，耐半阴，耐干旱，也耐强光，唯独怕水湿。以肥沃、疏松、排水良好和含石灰质的沙壤土为宜。

【景观应用】适合盆栽观赏。

琉璃兜锦 *Astrophytum asterias* 'Nudas Variegata'

科属：仙人掌科星球属　　　　　别名：星兜锦、星球锦、星冠锦

【形态特征】兜的斑锦品种，正常球体内的绿色素被其他色素替代的变异品种。球体上有红、黄色斑。由于球体表面没有斑点的遮挡，漂亮的锦全部展现。其他同兜。

【生态习性】同兜。

【景观应用】同兜。

三角鸾凤玉 *Astrophytum myriostigma* 'Trescostata'

科属：仙人掌科星球属

【形态特征】鸾凤玉的变种。三棱形。较稀有名贵。

【生态习性】同鸾凤玉。

【景观应用】同鸾凤玉。

四角鸾凤玉 *Astrophytum myriostigma* 'Quadricostatum Nudum'

科属：仙人掌科星球属　　　　　别名：四方玉

【形态特征】鸾凤玉的变种。四棱形，四条阔棱均匀对称。

【生态习性】同鸾凤玉。

【景观应用】同鸾凤玉。

恩塚鸾凤玉 *Astrophytum myriostigma* Lem. 'Onzuka'

科属：仙人掌科星球属

【形态特征】植株球形，老株会形成细长筒状。球体直径十几厘米，有3～9条明显的棱，多数为5棱。棱上的刺座小时候微刺，大了后刺会掉落，刺座上有少量褐色绵毛。球体暗绿色密布比鸾凤玉要大的白色片状毛或小鳞片。花生在球体顶部的刺座上，花漏斗形，淡黄色，花径4～5厘米。

【生态习性】同鸾凤玉。

【景观应用】同鸾凤玉。

弯凤玉锦 *Astrophytum myriostigma* Lem. 'Variegata'

科属：仙人掌科星球属

【形态特征】弯凤玉的一种斑锦变异种，其他同弯凤玉。

【生态习性】同弯凤玉。

【景观应用】适合盆栽观赏。

龟甲碧琉璃鸾凤玉锦 *Astrophytum myriostigma* Lem.var. *nudum* 'Red Kitsukou Variegata'
科属：仙人掌科星球属

【形态特征】多年生肉质植物。为鸾凤玉无星点变种碧琉璃鸾凤玉的斑锦又畸形变异品种。植株球形。株茎五棱形，株体翠绿色，光洁亮丽，上面错落有致地间杂着橘黄色斑纹，刺座上方具有横向浅沟。

【生态习性】同鸾凤玉。

【景观应用】色彩艳丽，观赏性好，适合盆栽观赏。

月世界 *Epithelantha micromeris*
科属：仙人掌科月世界属

【形态特征】小球状或细圆柱状，疣突细小螺旋状排列。刺细小，白色，几乎完全包住球体。小花漏斗状，白或粉红色。红色浆果棍棒状，非常艳丽。

【生态习性】性强健，生长快捷。喜阳光充足的生长环境，盆栽用土要求排水良好、中等肥沃的沙壤土。

【景观应用】适合盆栽观赏。

小人帽子 *Epithelantha bokei*
科属：仙人掌科月世界属

【形态特征】小球状，疣突细小螺旋状排列。刺细小，白色，几乎完全包住球体。小花漏斗状，白或粉红色。红色浆果棍棒状，非常艳丽。

【生态习性】性强健，生长快捷。喜阳光充足的生长环境，盆栽用土要求排水良好、中等肥沃的沙壤土。

【景观应用】适合盆栽观赏。

豹头 *Eriosyce napina* (Phil.) Katt.

科属：仙人掌科智利球属

【形态特征】球状，具萝卜状块根。花：红色，黄色。

【生态习性】性强健，生长快捷。喜阳光充足的生长环境，盆栽用土要求排水良好、中等肥沃的沙壤土。

【景观应用】适合盆栽观赏。

◎ **瑞香科**

金边瑞香 *Daphne odora* 'Marginata'

科属：瑞香科瑞香属

【形态特征】常绿灌木，高约 2 米，叶互生，长椭圆形，全缘，叶缘具金边。头状花序顶生，花白色或淡红紫色，芳香，花期 3 ~ 4 月。

【生态习性】耐阴性强，忌阳光暴晒，喜腐殖质多、排水良好的酸性土壤，耐寒性差，忌夏季燥热。

【景观应用】株形优美，四季常绿，是观叶、观花及制作盆景的好材料，花朵累累，幽香四溢，宜孤植、丛植于庭院、花坛、石旁、坡上、树丛之半阴处。

◎ 胡颓子科

'爱利岛' 埃比速生胡颓子 *Elaeagnus × ebbingei* 'Lannou'

科属：胡颓子科胡颓子属　　　　　别名：'黄金飞溅'埃比胡颓子

【形态特征】常绿灌木，树冠圆形开展。叶椭圆形，叶子大且舒展，革质有光泽，叶子中间金黄，边缘绿色。秋天开花，花乳白色，1～2厘米。生长较金边胡颓子稍快。

【生长习性】可以耐受 −15℃以下低温，夏季抗高温能力强，耐干旱，适合于我国南北方种植。

【景观应用】园艺种，适宜孤植或成片种植，也可作盆景观赏。

金边埃比速生胡颓子 *Elaeagnus × ebbingei* 'Gill Edge'

科属：胡颓子科胡颓子属　　　　　别名：金边速生胡颓子

【形态特征】常绿灌木，树冠圆形开展，高可达2米，冠径1.5米。枝叶稠密，叶椭圆形，革质有光泽，叶片中央深绿色叶边缘镶嵌黄斑，叶背银色，颜色对比强烈，十分悦目。秋天开花，花乳白色。

【生长习性】抗逆性良好，耐寒，耐干旱和瘠薄，不耐水涝。耐阴一般，喜高温、湿润气候，抗风强。

【景观应用】园艺种，比金边胡颓子叶子更厚实，色泽更饱满，秋冬更加金黄靓丽。适宜孤植或成片种植，也可作盆景观赏。

'维维莱' 埃比速生胡颓子 *Elaeagnus × ebbingei* 'Viveleg'

科属：胡颓子科胡颓子属　　　　别名：'埃比'速生胡颓子

【形态特征】常绿灌木，高可达2米，冠径1.5米，树型扩展，枝叶稠密，叶椭圆形，革质有光泽，深绿色边缘有一圈金边。常秋末开花，花银白色。

【生长习性】耐寒，在南京和上海地区均可露地越冬。

【景观应用】园艺种，适宜孤植或成片种植，也可作盆景观赏。

胡颓子 *Elaeagnus pungens* Thunb.

科属：胡颓子科胡颓子属　　　　别名：蒲颓子、羊奶子

【形态特征】常绿直立灌木，高3～4米，具刺；幼枝微扁棱形，密被锈色鳞片，老枝鳞片脱落，黑色，具光泽。叶革质，椭圆形或阔椭圆形，两端钝形或基部圆形，边缘微反卷或皱波状，上面幼时具银白色和少数褐色鳞片，成熟后脱落，具光泽，干燥后褐绿色或褐色，下面密被银白色和少数褐色鳞片。花白色或淡白色，下垂，密被鳞片，1～3花生于叶腋锈色短小枝上；花期9～12月，果期翌年4～6月。

【生长习性】抗寒力比较强，耐高温酷暑，也具有较强的耐阴力。对土壤要求不严，耐干旱和瘠薄，不耐涝。

【景观应用】株形自然，红果下垂，适于草地丛植，也用于林缘、树群外围作自然式绿篱。

乳黄边胡颓子 *Elaeagnus pungens* 'Variegata'

科属：胡颓子科胡颓子属　　　　别名：花叶胡颓子

【形态特征】胡颓子的栽培品种。常绿大灌木。单叶互生，叶革质，椭圆形至矩圆形，端钝或尖，基部圆形，叶缘薄革质，乳黄色。

【生长习性】喜湿润和光照，也耐阴，耐寒又耐干旱。土壤以肥沃排水良好的壤土为宜。

【景观应用】枝条交错，叶背银色，叶面深绿色，中部镶嵌黄斑，异常美观。适宜孤植或成片种植，也可作盆景观赏。

金边胡颓子 *Elaeagnus pungens* 'Goldrim'

科属：胡颓子科胡颓子属

【形态特征】胡颓子的栽培品种。常绿灌木，树冠圆形开展。叶椭圆形，革质有光泽，深绿色边缘有一圈金边。花乳白色，花期3～4月，果期10～11月。

【生长习性】喜湿润和光照，也耐阴，耐寒又耐干旱。土壤以肥沃排水良好的壤土为宜。

【景观应用】适宜孤植或成片种植，也可作盆景观赏。

金黄边胡颓子 *Elaeagnus pungens* 'Aureus'

科属：胡颓子科胡颓子属

【形态特征】胡颓子的栽培品种。常绿灌木，树型扩展，叶稠密，卵圆形，有光泽，叶边缘深黄色宽度不等，边缘稍微卷曲，叶背银色。花银白色，花期 10 ～ 11 月。

【生长习性】喜温暖，耐旱，耐水湿，喜酸性土壤，耐寒，生长快，耐修剪。

【景观应用】适宜修剪成球形点植或成片种植，也可作盆景观赏。

金心胡颓子 *Elaeagnus pungens* 'Maculata'

科属：胡颓子科胡颓子属　　　　别名：中斑胡颓子、斑叶胡颓子

【形态特征】胡颓子的栽培品种。常绿灌木。枝开展，小枝锈褐色，被鳞片。单叶互生，叶革质，椭圆形至矩圆形，端钝或尖，基部圆形，中脉部分呈现黄色至黄白色斑纹，背面有银白色及褐色鳞片，叶片金色部分占多数，绿色部分很少，叶片非常大。花银白色，1 ～ 3 朵。

【生长习性】喜湿润和光照，也耐阴，耐寒又耐干旱。土壤以肥沃排水良好的壤土为宜。

【景观应用】枝条交错，叶背银色，叶面深绿色，中部镶嵌黄斑，异常美观。适宜孤植或成片种植，也可作盆景观赏。

绿叶胡颓子 *Elaeagnus viridis*

科属：胡颓子科胡颓子属

【形态特征】常绿小灌木，具刺；幼枝密被锈色鳞片，老枝脱落，黑色。叶薄革质或纸质椭圆形，两端急尖，上面幼时被褐色鳞片，成熟后脱落，深绿色，下面淡白色，被鳞片，侧脉6～7对；叶柄锈色。花白色，下垂，密被鳞片。

【生长习性】喜光，耐干冷气候。

【景观应用】适宜孤植或成片种植。

木半夏 *Elaeagnus multiflora*

科属：胡颓子科胡颓子属

【形态特征】落叶灌木，高达2～3米；枝红褐色，常无刺。叶椭圆状卵形至倒卵状长椭圆形，幼叶表面有星状柔毛，后脱落，背面银白色且有褐斑。花常单生叶腋，有香气，花被筒部与裂片等长或稍长，花柱无毛。果长倒卵形至椭球形，红色，果梗细长。花期4～5月；果6月成熟，并一直宿存到初冬。

【生长习性】性强健，喜光，喜湿润肥沃土壤。

【景观应用】果红色美丽，果期长，宜植于园林绿地观赏。果、根、叶均供药用。

牛奶子 *Elaeagnus umbellata*

科属：胡颓子科胡颓子属　　　　别名：伞花胡颓子

【形态特征】落叶灌木，高达 4 米，通常有刺；小枝黄褐色或带银白色。叶长椭圆形，长 3～7 厘米，表面幼时有银白色鳞斑，背面银白色或杂有褐色鳞斑。花黄白色，芳香，花被筒部较裂片为长；2～7 朵成腋生伞形花序。果卵圆形或近球形，橙红色。5～6 月开花；9～10 月果熟。

【生长习性】产长江中下游地区，适应性强。

【景观应用】果红色美丽，可食，也可酿酒和药用。可植于庭园观赏，或作防护林下木。

披针叶胡颓子 *Elaeagnus lanceolata*

科属：胡颓子科胡颓子属

【形态特征】常绿灌木，高约 4 米。叶革质，披针形或椭圆状披针形，顶端渐尖，基部圆形，全缘，反卷，表面绿色，有光泽，背面银灰色，被白色鳞片，散生褐色斑点。花下垂，淡黄白色，常 3～5 朵生叶腋成短总状花序。果实椭圆形，成熟时红褐色，被银色和锈色鳞片。

【生长习性】产长江中下游地区，适应性强。

【景观应用】果可食及作药用。可植于庭园观赏，或作防护林下木。

沙枣 *Elaeagnus angustifolia*

科属：胡颓子科胡颓子属　　　别名：桂香柳

【形态特征】落叶乔木，高达 7 ~ 12 米；幼枝银白色。叶披针形或长椭圆形，背面或两面银白色。花被外面银白色，里面黄色，芳香；1 ~ 3 朵腋生；6 ~ 7 月开花。核果黄色，椭球形，香甜可食；9 ~ 10 月果熟。

【生长习性】喜光，耐干冷气候。抗风沙，干旱、低湿及盐碱地都能生长；深根性，根系富有根瘤菌，萌芽力强，耐修剪，生长较快。

【景观应用】我国主要分布于西北沙地，华北、东北也有。是北方沙荒及盐碱地营造防护林及四旁绿化的重要树种；也可植于园林绿地观赏或作背景树。

银叶沙枣 *Elaeagnus angustifolia* 'Caspica'

科属：胡颓子科胡颓子属

【形态特征】沙枣的变种。与原种的主要区别在叶片披针形或椭圆形，背面银白色。

【生长习性】喜光，耐干冷气候。抗风沙，干旱、低湿及盐碱地都能生长，萌芽力强，耐修剪，生长较快。

【景观应用】是北方沙荒及盐碱地营造防护林及四旁绿化的重要树种；也可植于园林绿地观赏或作背景树。

佘山羊奶子 *Elaeagnus argyi*

科属：胡颓子科胡颓子属

【形态特征】落叶或半常绿灌木，偶为小乔木状，高达 3 ~ 6 米；树冠呈伞形，有棘刺。发叶于春秋两季，大小不一，薄纸质；小叶倒卵状长椭圆形。叶背银白色，密被星状鳞片和散生棕色鳞片。果长椭球形，红色。10 ~ 11 月开花；翌年 4 月果熟。

【生长习性】产长江中下游地区，适应性强。

【景观应用】果红色美丽，宜植于庭园观赏。果可食；根供药用。

沙棘 *Hippophae rhamnoides*

科属：胡颓子科沙棘属　　　　　　别名：黑刺、酸刺

【形态特征】落叶灌木或小乔木，枝有刺。单叶近对生，线形或线状披针形，全缘，两面均具银白色鳞斑，背面尤密。雌雄异株，无花瓣，花萼2裂，淡黄色；4～5月叶前开花。核果球形，橙黄或橘红色；9～10月成熟，经冬不落。

【生长习性】喜光，耐寒，抗风沙，适应性强，干旱、瘠薄、水湿及盐碱地均可生长；根系发达，富根瘤菌，萌芽力强，耐修剪。是良好的防风固沙及保土树种。

【景观应用】在园林中可植为绿篱，并兼有刺篱及果篱的效果。结果多，果味酸甜，可制果酒、饮料及果酱。

◎ **千曲菜科**

千屈菜 *Lythrum salicaria* L.

科属：千屈菜科千屈菜属　　　　　　别名：水柳、水枝锦、对叶莲

【形态特征】多年生草本，株高 80 ～ 100 厘米。茎直立，具 4 棱，多分枝。叶对生或 3 叶轮生，披针形对生，无柄。小花密集生成穗状花序，花瓣 6 枚，冠茎约 2 厘米，花色为紫、深紫或淡红等。花期 6 ～ 9 月，蒴果卵形。

【生长习性】喜光，喜湿，耐寒，尤宜浅水泽地种植，亦可露地旱栽，但要求土壤潮湿。

【景观应用】可植于花境、疏林下、园路旁，也可丛植于池沼或低洼地，也可盆栽。

紫薇 *Lagerstroemia indica* Linn.

科属：千屈菜科紫薇属　　　　　别名：满堂红、百日红、怕痒树

【形态特征】落叶灌木或小乔木，株高达 9 米。树皮平滑，灰白色或灰褐色，片状剥落；枝干多扭曲，小枝四棱形。单叶互生或有时对生，纸质，椭圆形或倒卵形，先端短尖或钝，有时微凹，基部宽楔形或近圆形，叶柄极短。花有淡红色、紫红、堇紫、白等色，常组成顶生圆锥花序。蒴果卵球形或宽椭圆形，紫黑色，种子有翅。花期 6～9 月，果期 9～12 月。

【生态习性】喜光，稍耐阴，喜温暖气候，耐寒性不强，喜肥沃、湿润而排水良好的石灰性土壤，耐旱，怕涝。萌蘖性强，生长较慢，寿命长。

【景观应用】树姿优美，树干光洁，花色艳丽，秋季叶片变为橘黄色或粉红色，是观花、观干、观叶的优良植物，用作园路行道树或中庭栽植、草地丛植均适宜。

紫薇常见的栽培品种

1 红薇 *Lagerstroemia indica* 'Rubra'

【形态特征】落叶灌木或小乔木，花红色。其他同原种。

2 翠薇 *Lagerstroemia indica* 'Purpurea'

【形态特征】落叶灌木或小乔木，花紫堇色，叶色淡绿。其他同原种。

3 银薇 *Lagerstroemia indica* 'Alba'

【形态特征】落叶灌木或小乔木，花白色或微带淡茧色，叶色淡绿。其他同原种。

4 粉薇 *Lagerstroemia indica* 'Rosea'

【形态特征】落叶灌木或小乔木，花粉红色。

5 复色矮紫薇 *Lagerstroemia indica* 'Bicolor'

【形态特征】落叶灌木，园艺种，高不足1米，花期5～10月，开花繁茂，花朵猩红具白边，美若西洋杜鹃，十分惹人喜爱。

大花紫薇 *Lagerstroemia speciosa* Pers.

科属：千屈菜科紫薇属　　　　　别名：大叶紫薇

【形态特征】大乔木，高可达25米；树皮灰色，平滑；小柱圆柱形。叶对生，革质，矩圆状椭圆形或卵状椭圆形，稀披针形，甚大，顶端钝形或短尖，基部阔楔形至圆形。顶生圆锥花序，花冠大，紫或紫红色，花瓣卷皱状；蒴果球形至倒卵状矩圆形，褐灰色，种子多数，花期5～7月，果期10～11月。

【生态习性】喜温暖湿润，喜阳光而稍耐阴，喜土层深厚、土壤肥沃、排水良好的背风向阳处。

【景观应用】花大而美丽，枝干优美，秋日叶脉变红，冬日球形蒴果累累，常栽培庭园供观赏。

◎ 安石榴科

石榴 *Punica granatum* Linn.

科属：安石榴科石榴属　　　　别名：安石榴、海榴

【形态特征】落叶灌木或小乔木，株高 3～5 米。树冠常不整齐，小枝有角棱，端常呈刺状。叶倒卵状长椭圆形，无毛而有光泽，在长枝上对生，在短枝上簇生。花朱红色，花萼钟形，紫红色，质厚。浆果近球形。花期 6～7 月，果期 9～10 月。

【生态习性】喜光，喜温暖气候，有一定耐寒能力；喜肥沃湿润而排水良好的石灰质土壤，有一定耐旱能力。

【景观应用】树姿优美，叶碧绿而有光泽，花色艳丽，最宜丛植于庭院、廊外、沿路，也可大量配植于自然风景区中。

石榴常见的栽培品种

1 月季石榴 *Punica granatum* 'Nana'

【形态特征】为丛生矮小灌木，枝、叶、花均小；花期长，单瓣，易结果。是盆栽观赏的好材料。

2 千瓣月季石榴 *Punica granatum* 'Nana Plena'

【形态特征】植株矮小，性状同月季石榴，惟花重瓣；是盆栽观赏的好材料。

3 白花石榴 *Punica granatum* 'Albescens'

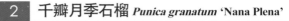

【形态特征】花白色，单瓣。

4 千瓣白花石榴 *Punica granatum* 'Alba Plena'('Multiplex')

【形态特征】花白色，重瓣。

5 千瓣红花石榴
Punica granatum 'Plena'('PlenifloI'a' 'Flore Plena')

【形态特征】花白色，重瓣。

6 千瓣橙红石榴 *Punica granatum* 'Chico'

【形态特征】花橙红色，重瓣，径2.5～5厘米；夏天连续开花，不结果。

7 玛瑙石榴 *Punica granatum* 'Legrellei'

【形态特征】花重瓣，花瓣橙红色而有黄白色条纹，边缘也黄白色。

8 墨石榴 *Punica granatum* 'Niga'

【形态特征】矮生种，枝较细软，叶狭小；花也小，多为单瓣；果熟时紫黑色，皮薄，子味酸不堪食。主要供观赏。

◎ 蓝果树科

蓝果树 *Nyssa sinensis* Oliv.

科属：蓝果树科蓝果树属　　　别名：紫树

【形态特征】落叶乔木，高达 30 米；树干分枝处具眼状纹；小枝有毛。单叶互生，卵状椭圆形，全缘，基部楔形，先端渐尖或突渐尖，叶柄及背脉有毛。花小，单性异株；雄花序伞形，雌花序头状。核果椭球形，熟时深蓝色，后变紫褐色。

【生态习性】喜光，喜温暖湿润气候及深厚、肥沃而排水良好的酸性土壤，耐干旱脊薄。

【景观应用】树冠呈宝塔形，宏伟壮观，秋叶红色，分外艳丽，宜作庭荫树及行道树。

喜树 *Camptotheca acuminata* Decne

科属：紫树科喜树属　　　别名：旱莲木、千丈树

【形态特征】落叶乔木，高达 30 米。单叶互生，纸质，通常卵状椭圆形，先端突渐尖，基部圆形或广楔形，全缘或幼树之叶有齿。花杂性同株；头状花序球形，具长总梗，常数个组成总状复花序。坚果近方柱形，聚生成球形果序。

【生态习性】喜光，喜温暖湿润气候，不耐寒，喜肥沃、湿润土壤，不耐干旱瘠薄，在酸性、中性、弱碱性土上均能生长；浅根性，生长快，萌芽性强。

【景观应用】干形端直，宜作庭荫树及行道树。中国特产，分布于长江以南地区。

◎ 使君子科

大叶榄仁 *Terminalia catappa*

科属：使君子科诃子属　　　　　　别名：榄仁、枇杷树、凉扇树

【形态特征】落叶或半常绿乔木，高达 20 米。单叶互生，常集生枝端，倒卵形，长 15 ～ 30 厘米，全缘，先端钝，基部渐狭成耳形或圆形。花杂性，无花瓣；穗状花序，雄花在花序上部，雌花或两性花在花序下部。核果椭球形。

【生态习性】喜高温多湿，耐盐。

【景观应用】春季新芽翠绿，秋冬落叶前转变为黄色或红色，有明显的红叶和落叶变化，是台湾平地罕见的红叶植物之一，树姿优美，可作庭荫树、行道树和防风林树种。

锦叶榄仁 *Terminalia mantaly* 'Tricolor'

科属：使君子科诃子属　　　　**别名：**花叶榄仁、银边榄仁、彩叶榄仁

【形态特征】是小叶榄仁的栽培变种，乔木，株高可达10米，侧枝轮生，呈水平展开。叶丛生枝顶，椭圆状倒卵形，叶面淡绿色，具乳白或乳黄色斑，新叶呈粉红色。花两性或单性，有小苞片，组成疏散的穗状花序或总状花序；核果扁平。

【生态习性】喜高温、多湿，土质以壤土或砂质壤土为佳，排水、光照需良好。

【景观应用】树姿优美，可作庭荫树、行道树。

◎ 桃金娘科

灰桉 *Eucalyptus cinerea*

科属：桃金娘科桉属

【形态特征】小乔木或灌木，高达6米。树皮光滑，红色或淡红褐色，树干呈卷条状脱落。叶圆形，无柄，表面有白霜，对生；花乳白色，有光泽。

【生态习性】喜光，对气候、土壤适应性强，耐干旱。

【景观应用】叶形状奇特，是插花的好材料。

柠檬桉 *Eucalyptus citriodora* Hook. f.

科属：桃金娘科桉属

【形态特征】乔木，高达40米。树皮平滑，淡白色或淡红灰色，片状脱落，皮脱后甚光滑，白色。叶具柠檬香味，叶较厚，下面苍白色；伞形花序，有花3～5朵，数个排列成腋生或顶生圆锥花序；花直径1.5～2厘米。蒴果罐状。

【生态习性】喜光，对气候、土壤适应性强，耐干旱，速生。

【景观应用】树皮呈淡蓝色，表面光滑，有明显脱落现象。树姿优美，枝叶有浓郁的柠檬香味，是华南地区优良的园林风景树和行道树。

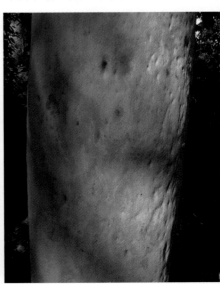

尾叶桉 *Eucalyptus urophylla* S. T. Blak.

科属：桃金娘科桉属

【形态特征】常绿乔木。树皮红棕色，上部剥落，基部宿存。幼态叶披针形，对生；成熟叶披针形或卵形。伞状花序顶生，总状更扁，帽状花萼腰圆锥形，顶端突兀。蒴果近球形，果瓣内陷。花期 12 月至翌年 5 月。

【生态习性】喜光，对气候、土壤适应性强，耐贫瘠、干旱。

【景观应用】适宜速生用材林、荒山绿化和行道绿化，也是较理想的水土保持树种。

黄金香柳 *Melaleuca bracteata* F.Muell. 'Revolution Gold'

科属：桃金娘科白千层属　　　　别名：金丝香柳、千层金

【形态特征】多年生常绿小灌木，株高 2～5 米，嫩枝红色。叶互生，叶片革质，披针形至线形，具油腺点，金黄色。穗状花序，花瓣绿白色。花期春季。

【生态习性】喜高温，日照需充足，耐水淹，抗盐碱，抗风力强。

【景观应用】目前最流行的、视觉效果最好的彩叶乔木树种之一。金黄色的叶片分布于整个树冠，形成锥形，树形优美，适作庭园树、行道树。

番石榴 *Psidium guajava* L.

科属：桃金娘科番石榴属

【形态特征】常绿灌木或小乔木，高达 10 米；树皮薄鳞片状剥落后仍较光滑；小枝 4 棱形。单叶对生，长椭圆形，长 7 ～ 12 厘米，全缘，革质，背面有柔毛。羽状脉在表面下凹。花白色，芳香，1 ～ 3 朵生于总梗上；夏天开花。浆果球形或洋梨形，淡黄绿色。

【生态习性】对土壤要求不严，以排水良好的砂质壤土、黏壤土栽培生长较好。耐旱亦耐湿，喜光，阳光充足，结果早、品质好。

【景观应用】是一种适应性很强的热带果树。

花叶番石榴 *Psidium guajava* L. 'Variegata'

科属: 桃金娘科番石榴属

【形态特征】常绿灌木或小乔木,为番石榴栽培品种,叶面有黄白色斑纹。

【生态习性】同番石榴。

【景观应用】同番石榴。

红果仔 *Eugenia uniflora* L.

科属: 桃金娘科番樱桃属　　　　　别名: 番樱桃、巴西红果

【形态特征】常绿灌木或小乔木,高达5米。叶对生,单叶,卵形至椭圆形,背面灰白色,革质,叶色由红渐变为绿,色彩斑斓,花白色,稍芳香,单生或数朵聚生于叶腋,雄蕊多数。浆果卵球形,有8～10条纵棱,初为青色,再为黄色,成熟后转为橙红或深红色,鲜艳诱人。

【生态习性】喜高温,日照需充足。

【景观应用】新叶红润,老叶浓绿,枝繁叶茂,果枝典雅可爱,是重要的观果植物;常被修剪成球形树冠,也可修剪作为盆景观赏。

红千层 *Callistemon rigidus* R. Br.

科属：桃金娘科红千层属　　　　别名：红瓶刷、金宝树、瓶刷木

【形态特征】灌木，高 1～2 米；树皮暗灰色，不易剥离；幼枝和幼叶有白色柔毛。叶互生，条形，长 3～8 厘米，坚硬，无毛，有透明腺点，中脉明显，无柄。穗状花序，生近枝顶，长约 10 厘米，有多数密生的花，花序轴继续生长成一有叶的正常枝；花红色，无梗；萼筒钟形，外面被小柔毛，裂片 5；花瓣 5，近圆形；雄蕊多数，红色，长 2～2.5 厘米，明显长于花瓣。朔果。

【生态习性】喜高温，对土壤条件要求不苛刻，能在干旱贫瘠土壤上生长，在土层深厚肥沃的酸性土，生长迅速。

【景观应用】树形美观，花序红色美丽，可供庭园观赏。

垂枝红千层 *Callistemon viminalis* (Soland.) Cheel.

科属：桃金娘科红千层属　　　　别名：串钱柳

【形态特征】常绿灌木或小乔木，高 2～4(6) 米；枝细长下垂。叶披针形至线状披针形，长达 10 厘米，全缘。花冠小。雄蕊多而细长，红色，长达 2.5 厘米；花生于枝梢，成瓶刷状密集穗状花序，长达 7.6 厘米。

【生态习性】喜高温，对土壤条件要求不严。

【景观应用】树形美观，花序红色美丽，可供庭园观赏。

柳叶红千层 *Callistemon salignus* DC.

科属：桃金娘科红千层属

【形态特征】大灌木或小乔木；嫩枝圆柱形，有丝状柔毛。叶片革质，线状披针形，先端渐尖或短尖，基部渐狭，两面均密生有黑色腺点。穗状花序稠密，顶端裂片阔而钝，有丝毛；花瓣膜质，近圆形，淡绿色，雄蕊苍黄色，很少淡粉红色的，蒴果碗状或半球形，顶端截平而略为收缩。

【生态习性】阳性树种。喜高温，对土壤条件要求不严格。

【景观应用】树形美观，花序奇特，形如瓶刷，鲜艳如火，为美丽的观赏植物。可列植于公路两旁、河流两岸或丛植于湖边、池塘边，或孤植于公园庭院或片植于山坡上。

黄金串钱柳 *Callistemon × hybridus* 'Golden Ball'

科属：桃金娘科红千层属　　　　别名：金叶红千层、金叶串钱柳

【形态特征】常绿灌木或小乔木，株高 2～5 米。叶互生，披针形或狭线形，金黄色，夏至秋季开花，红色，但以观叶为主，树冠金黄柔美，风格独具。

【生态习性】喜高温，日照需充足，耐水淹，抗盐碱，抗风力强。

【景观应用】株形飒爽美观，开花珍奇美艳，适作庭园树、行道树。

红鳞蒲桃 *Syzygium hancei*

科属：桃金娘科蒲桃属　　　　别名：红车

【形态特征】灌木或中等乔木，嫩枝圆形，干后变黑褐色。叶片革质，狭椭圆形至长圆形或为倒卵形，长 3 ~ 7 厘米，宽 1.5 ~ 4 厘米，先端钝或略尖，基部阔楔形或较狭窄。圆锥花序腋生，多花；无花梗；花蕾倒卵形，花瓣 4。果实球形。花期 7 ~ 9 月。

【生态习性】喜高温，日照需充足。

【景观应用】新叶红润，是华南地区常见的观叶植物。

红枝蒲桃 *Syzygium rehderianum*

科属：桃金娘科蒲桃属

【形态特征】灌木至小乔木；嫩枝红色，老枝灰褐色。叶片革质，新叶红色，椭圆形至狭椭圆形，长 4 ~ 7 厘米，宽 2.5 ~ 3.5 厘米，先端急渐尖，基部阔楔形。聚伞花序腋生，或生于枝顶叶腋内，通常有 5 ~ 6 条分枝，每分枝顶端有无梗的花 3 朵；花瓣连成帽状。果实椭圆状卵形。花期 6 ~ 8 月。

【生态习性】喜高温，日照需充足，对土质要求不严。

【景观应用】其新叶红润鲜亮，随生长变化逐渐呈橙红或橙黄色，老叶则为绿色，一株树上的叶片可同时呈现红、橙、绿 3 种颜色，非常美丽。是华南地区应用较为普遍的彩叶植物。

香蒲桃 *Syzygium odoratum* (Lour.)DC.

科属：桃金娘科蒲桃属　　　　别名：白兰、白赤榈

【形态特征】常绿乔木，高达20米；嫩枝纤细，干后灰褐色。叶片长圆形至披针形，先端具长约1厘米的尾尖，叶面有许多下陷的腺点。圆锥花序顶生或近顶生，花期5～8月。果实球形，略有白粉。

【生态习性】喜光，稍耐阴，喜深厚肥沃的水湿酸性土壤。

【景观应用】树冠丰满浓郁，花叶果均可观赏，可作庭荫树。

皇后澳洲茶 *Leptospermum laevigatum* 'Burgundy Queen'

科属：桃金娘科细子木属　　　　别名：松红梅

【形态特征】常绿小灌木，株高约2米，分枝繁茂，枝条红褐色，较为纤细。叶互生，叶片线状或线状披针形。花有单瓣、重瓣之分，花色有红、粉红、桃红、白等多种颜色，花直径0.5～2.5厘米。花期晚秋至春末。蒴果革质。

【生态习性】喜凉爽湿润、阳光充足的环境，不耐寒。

【景观应用】可用于庭院绿化或盆栽观赏、切花花材。

花叶香桃木 *Myrtus communis* 'Variegata'

科属：桃金娘科香桃木属

【形态特征】常绿灌木，株高 2 ～ 4 米，小枝密集。叶革质，对生，叶片具金黄色条纹，有光泽，全缘，有小油点，叶揉搓后具香味，叶长 2 ～ 5 厘米。花腋生，花色洁白。浆果黑紫色。

【生态习性】喜温暖、湿润气候，喜光，亦耐半阴，耐修剪，适应中性至偏碱性土壤。

【景观应用】全株常年金黄，色彩艳丽，叶形秀丽，是优良的新型彩叶花灌木。可广泛用于庭园、公园、小区及高档居住区的绿地栽种。

◎ 野牡丹科

银毛野牡丹 *Tibouchina aspera* 'Asperrima'

科属：野牡丹科光荣树属

【形态特征】常绿灌木。茎四棱形，分枝多，叶阔宽卵形，粗糙，两面密被银白色绒毛，叶下较叶面密集。聚伞式圆锥花序直立，顶生，花瓣倒三角状卵形，拥有较罕见的艳紫色，花期 5 ～ 7 月。

【生态习性】喜光、耐阴，适应性和抗逆性强。

【景观应用】花枝长，花多而密，花色独特艳丽，叶质感较好，是优良的园林观赏植物。

银绒野牡丹 *Tibouchina heteromalla* (D. Don) Cogn.

科属：野牡丹科光荣树属

【形态特征】常绿灌木，枝条直立，嫩茎四棱。单叶对生，叶两面长满银白色绒毛，圆锥花序，花两性，花多而密，花瓣紫色 5 片，雄蕊 10 枚。花期可持续 4 个月。

【生态习性】喜光、耐阴，适应性和抗逆性强。

【景观应用】非常适合庭园、绿地的绿化、美化，是优良的园林观赏植物。

◎ 柳叶菜科

紫叶千鸟花 *Gaura lindheimeri* 'Crimson Bunny'

科属：柳叶菜科山桃草属　　　　　别名：紫叶山桃草

【形态特征】山桃草的栽培品种。多年生草本，株高 80 ～ 130 厘米，全株具粗毛。多分枝。叶片紫红色，披针形，先端尖，缘具波状齿。穗状花序顶生，细长而疏散。花小而多，粉红色。花期 5 ～ 11 月。

【生长习性】性耐寒，喜凉爽及半湿润环境。要求阳光充足、疏松、肥沃、排水良好的砂质壤土。

【景观应用】全株呈现靓丽的紫色，花多而繁茂，是新型观叶观花植物。可用于花坛、花境，或做地被植物群栽。

'锡斯基尤粉色' 山桃草 *Gaura siskiyou* 'Pink'

科属：柳叶菜科山桃草属

【形态特征】山桃草属品种。多年生草本，株高较矮。叶片深紫色，披针形。穗状花序顶生。花小，粉红色。

【生长习性】喜光，耐寒，管理简便，对水肥要求不严，适宜湿润环境和疏松土壤。

【景观应用】全株呈现靓丽的紫色，花多而繁茂，是新型观叶观花植物。

◎ 小二仙草科

粉绿狐尾藻 *Myriophyllum aquaticum* (Vell.)Verdc.

科属：小二仙草科狐尾藻属

【形态特征】多年生挺水或沉水草本植物。株高约 10 ～ 20 厘米。茎呈半蔓性，能匍匐湿地生长。上部为挺水叶，匍匐在水面上，下半部为水中茎，水中茎多分枝。叶 5 ～ 7 枚轮生，羽状排列，小叶针状，绿白色。穗状花序顶生，花单性，雌雄同株。花期 4 ～ 9 月。

【生态习性】生于稻田、溪流、池塘。

【景观应用】观赏用，在水族界是颇具知名度的观赏植物。

◎ 五加科

斑叶加拿利常春藤 *Hedera canariensis* 'Variegata'

科属：五加科常春藤属　　　　　　别名：白玉常春藤

【形态特征】为加拿利常春滕的栽培品种。叶多为 3 裂，绿色，叶面有白色和黄色斑块，主脉鲜绿色或灰绿色。

【生长习性】喜温暖，喜明亮的光照和湿润的环境。

【景观应用】叶形美观，观赏价值高，常于室外栽培欣赏，也是室内绿化的好材料。

洋常春藤 *Hedera helix*

科属：五加科常春藤属

【形态特征】常绿攀缘藤本植物或匍匐状，茎红褐色，单叶互生，革质，有光泽，布有乳白色斑纹。叶掌状 3 ～ 5 裂，叶面暗绿色，叶背黄绿色，叶脉微带黄白色。花枝上叶卵圆形或菱形，全缘。花序球状，花伞形，黄色。秋季开花，翌年 5 月果实成熟。

【生长习性】耐阴，不耐寒。适应性很强，喜阳光充足和湿润的环境。

【景观应用】叶形美观，国内外普遍栽培。江南庭园中常用作攀缘墙垣及假山的绿化材料；北方城市常盆栽作室内及窗台绿化材料。

洋常春藤常见的栽培品种

1 斑叶常春藤 *Hedera helix* 'Argenteovariegata'

【形态特征】花叶洋常春藤、黄斑叶洋常春藤

2 彩叶常春藤 *Hedera helix* 'Discolor'

别名：异色洋常春藤

【形态特征】叶较小，乳白色，带红晕。

3 枫叶金边洋常春藤 *Hedera helix* 'Yellow Ripple'

4 金边常春藤 *Hedera helix* 'Aureovariegata'

【形态特征】叶边黄色。

5 卷缘常春藤 *Hedera helix* 'Ivalace'

6 鸟脚叶常春藤 *Hedera helix* 'Pedata'

7 夏娃常春藤 *Hedera helix* 'Eva'

8 银边常春藤 *Hedera helix* 'Marginata'

【形态特征】叶边白色。

刺楸 *Kalopanax septemlobus*

科属：五加科刺楸属

【形态特征】落叶乔木，高 20 ～ 30 米；树干通直，小枝粗壮，枝干均有宽大皮刺。单叶互生，掌状 5 ～ 7 裂。基部心形，裂片先端渐尖，缘有细齿，叶柄长。伞形花序聚生成顶生圆锥状复花序。

【生长习性】适应性很强，喜阳光充足和湿润的环境，稍耐阴，耐寒冷，适宜在含腐殖质丰富、土层深厚、疏松且排水良好的中性或微酸性土壤中生长。

【景观应用】叶形美观，树干通直挺拔，满身的硬刺在诸多园林树木中独树一帜，既能体现出粗犷的野趣，又能防止人或动物攀爬破坏，适合作行道树或园林配植。

楤木 *Aralia chinensis*

科属：五加科楤木属

【形态特征】落叶灌木或小乔木，高达8米；茎有刺，小枝被黄棕色绒毛。叶大，二或三回奇数羽状复叶互生，长达1米，叶柄及叶轴通常有刺；小叶卵形，长5～12厘米，缘有锯齿，背面有灰白色或灰色短柔毛，近无柄。花小，白色；小伞形花序集成圆锥状复花序，顶生。果球形，黑色，具5棱。

【生长习性】适应性强。

【景观应用】可植于园林绿地观赏。

花叶鹅掌藤 *Schefflera arboricola* 'Variegata'

科属：五加科鹅掌藤　　　　别名：斑叶鹅掌藤

【形态特征】常绿藤木或蔓性灌木，掌状复叶互生，小叶7～9枚，倒卵状长椭圆形，先端尖，叶面有不规则黄色斑纹。花绿白色。无花柱；伞形花序再总状排列。

【生长习性】喜高温湿润和半阴环境。不耐寒，怕干旱和积水。以疏松、肥沃和排水良好的砂质壤土为宜。

【景观应用】是很受欢迎的盆栽观叶树种，用于绿化、庭园或盆栽。

黄金鹅掌藤 *Schefflera arboricola* 'Trinette'

科属：五加科鹅掌藤　　　　　　别名：斑叶鹅掌藤

【形态特征】常绿藤木或蔓性灌木。鹅掌藤的栽培品种。掌状复叶互生，小叶 7～9 枚，倒卵状长椭圆形，先端尖，叶面有不规则黄色斑纹甚至全部黄色。花绿白色。无花柱；伞形花序再总状排列。

【生长习性】喜高温湿润和半阴环境。不耐寒，怕干旱和积水。以疏松、肥沃和排水良好的砂质壤土为宜。

【景观应用】是很受欢迎的盆栽观叶树种，用于绿化、庭园或盆栽。

花叶鹅掌柴 *Schefflera octophylla* 'Variegata'

科属：五加科鹅掌藤　　　　　　别名：花叶鸭脚木

【形态特征】常绿灌木。分枝多，枝条紧密。掌状复叶互生，小叶 5～8 枚，长卵圆形，革质，深绿色，有光泽，叶面有不规则黄色斑纹。圆锥状花序，小花白色，浆果深红色。

【生长习性】喜温暖、湿润和半阴环境。对光照适应性强，怕渍水，以肥沃、疏松和排水良好的砂质壤土为宜。

【景观应用】株形丰满优美，适应能力强，是优良的盆栽植物，热带地区用作景观栽植。

孔雀木 *Dizygotheca elegantissima*

科属：五加科孔雀木属　　别名：手树

【形态特征】常绿小乔木，株高3米。树干和叶柄都有乳白色的斑点。叶互生，掌状复叶，小叶7～11枚，条状披针形，边缘有锯齿或羽状分裂，幼叶紫红色，后成深绿色，革质。叶脉褐色，总叶柄细长。

【生长习性】喜温暖、湿润和半阴环境，不耐强光直射，夏季适当遮阴，土壤以肥沃、疏松的壤土为好。

【景观应用】树形和叶形优美雅致，为名贵的观叶植物。适合盆栽观赏，常用于居室、厅堂和会场布置。

镶边孔雀木 *Dizygotheca elegantissima* 'Castor Variegata'

科属：五加科孔雀木属　　别名：银边手树

【形态特征】孔雀木栽培品种，叶边缘有银色斑纹。其他同孔雀木。

【生长习性】同孔雀木。

【景观应用】同孔雀木。

五爪木 *Osmoxylon lineare* (Merr.) Philipson

科属：五加科兰屿加属　　别名：黄金五爪木

【形态特征】灌木或半灌木。叶片掌状分裂，细致的掌状裂叶像爪子，叶面革质，有光泽，黄色；伞形花序聚生成圆锥花序；花两性或杂性。

【生长习性】喜温暖、湿润气候，耐旱，不论在全日照或半日照的情况都生长良好。

【景观应用】观赏叶植物，植株相当秀气，适合于室内栽种。

蕨叶南洋森 *Polyscias filicifolia*

科属：五加科南洋参属

【形态特征】常绿灌木或小乔木，
一回羽状复叶，小叶 3 ～ 4 对，
叶亮绿，呈羽状复叶，小叶窄而尖，
细长，似蕨类植物的叶片。

【生长习性】性喜高温环境，不
耐寒；要求有明亮的光照，但也
较耐阴，忌太阳光暴晒；喜潮湿，
也较耐干旱，但忌水湿。

【景观应用】观叶植物，盆栽观赏。

银边南洋参 *Polyscias guilfoylei* 'Laciniata'

科属：五加科南洋参属　　　　　别名：银边福禄桐

【形态特征】常绿灌木或小乔木，茎干灰褐色。枝条柔软，叶互生，羽
状复叶叶，小叶边缘有细锯齿，叶面绿色，边缘银白色。

【生长习性】喜高温环境，不甚耐寒；要求有明亮的光照，但也较耐阴，
忌阳光暴晒；喜湿润，也较耐干旱，但忌水湿。

【景观应用】观赏叶植物。

银边圆叶福禄桐 *Polyscias balfouriana* 'Morginata'

科属：五加科南洋参属　　　　别名：银边圆叶南洋参

【形态特征】常绿灌木或小乔木，茎干灰褐色。枝条柔软，单叶互生，小叶宽卵形或近圆形，基部心形，边缘有细锯齿，叶面绿色，边缘银白色。
【生长习性】同银边南洋参。
【景观应用】观赏叶植物，园艺种。

银边熊掌木 *Fatshedera × lizei* 'Silver'

科属：五加科熊掌木属　　　　别名：斑叶熊掌木

【形态特征】由八角金盘 *Fatsia japomica* 与常春藤 *Hedera helix* 杂交而成。常绿性藤蔓植物，高可达 1 米以上。初生时茎呈草质，后渐转木质化。单叶互生，掌状五裂，叶端渐尖，叶基心形，叶宽 12 ～ 16 厘米，全缘，波状有扭曲，新叶密被毛茸，老叶浓绿而光滑，叶边缘银白色。花淡绿色。
【生长习性】极强的耐阴能力，适宜在林下群植。
【景观应用】观赏叶植物，园艺种，华东有栽培。

金边熊掌木 *Fatshedera × lizei* 'Aurea'

科属：五加科熊掌木属

【形态特征】叶边缘金黄色。其他同银边熊掌木。

【生长习性】同银边熊掌木。

【景观应用】观赏叶植物，园艺种，华东有栽培。

◎ 伞形科

紫色紫茴香 *Foeniculum vulgare* Mill 'Purpureum'

科属：伞形科茴香属　　　别名：紫色紫怀香、紫色紫小茴香

【形态特征】多年生草本，高60～150厘米，全株表面有粉霜，具强烈香气。茎直立，有分枝。三至四回羽状复叶，最终小叶片线形，基部成鞘状抱茎，紫色。复伞形花序顶生；花小，黄色；花期6～7月，果期9～10月。

【生态习性】耐寒耐热力均较强，对土壤要求不严，适生于肥沃、疏松、通气良好的砂质壤土。

【景观应用】很好的插花散状花材，宜插在大花之间填空，增加层次感。

紫叶鸭儿芹 *Cryptotaenia japonica* 'Atropurpurea'

科属：伞形科鸭儿芹属

【形态特征】鸭儿芹的栽培品种。茎高30～70厘米，叉式分枝；叶3出，中间小叶片菱状倒卵形，顶端短尖，基部楔形，两侧小叶片斜倒卵形，小叶边缘有锯齿或有时2～3浅裂；花期4～5月。

【生态习性】对土壤要求不严，适生于肥沃、疏松、通气良好、微酸性的砂质壤土。不耐高温。

【景观应用】作地被覆盖植物使用。

花叶羊角芹 *Aegopodium podagraria* 'Variegatum'

科属：伞形科羊角芹属　　　　别名：斑叶羊角芹

【形态特征】园艺种。多年生草本，有葡匐状根茎；叶2～3回羽状分裂，末回裂片卵形至卵状披针形，边缘有齿，叶绿色有黄白色斑纹；花白色或淡红色，组成复伞形花序，花柱向外反折，呈羊角状；果卵形。

【生态习性】对土壤要求不严，适生于肥沃、疏松、通气良好的砂质壤土。

【景观应用】盆栽观赏。

◎ 山茱萸科

灯台树 *Bothrocaryum controversum*

科属：山茱萸科灯台树属　　　　别名：山荔枝、鸡素果、石枣

【形态特征】落叶乔木。叶互生，广卵形或广椭圆形，顶端急尖，基部圆形，表面深绿色，背面灰绿色。伞房状聚伞花序顶生，花两性，白色；花瓣4，长披针形；核果球形，紫红色至蓝黑色。花期5月，果期8～9月。

【生态习性】喜光，喜湿润；生长快。

【景观应用】树形整齐美观，花白色美丽，可作庭荫树及行道树。尤宜孤植。

花叶灯台树 *Bothrocaryum controversum* 'Variegata'

科属：山茱萸科灯台树属

【形态特征】落叶乔木。叶互生，广卵形或广椭圆形，顶端急尖，基部圆形，表面深绿色，背面灰绿色，叶具银白边及斑。伞房状聚伞花序顶生，花两性，白色；花瓣4，长披针形；核果球形，紫红色至蓝黑色。花期5月，果期8～9月。

【生态习性】喜光，喜湿润；生长快。

【景观应用】树形整齐美观，花白色美丽，可作庭荫树及行道树。尤宜孤植。

光皮梾木 *Swida wilsoniana* (Wanger.) Sojak

科属：山茱萸科梾木属　　　　别名：光皮树、斑皮抽水树

【形态特征】落叶乔木。高8～10米，树干光滑看似几乎无皮，树皮白色带绿，疤块状剥落后形成明显斑纹。叶对生，基部楔形，椭圆形或卵状长圆形，聚伞花序塔形，花期5～6月，果实未熟圆形、绿色。果熟期10～11月，紫黑色。

【生态习性】喜光，耐旱，耐寒，对土壤适应性较强，在微盐、碱性的沙壤土和富含石灰质的黏土中均能正常生长；抗病虫害能力强。在排水良好、湿润肥沃的壤土上生长旺盛。

【景观应用】枝叶茂密、树姿优美、树冠舒展、树皮斑斓，叶茂荫浓，初夏满树银花，是理想的行道树、庭荫树。

红瑞木 *Swida alba* Opiz

科属：山茱萸科梾木属　　　　　别名：凉子木

【形态特征】落叶灌木，高达 3 米，小枝鲜红色，常被蜡状白粉。叶对生，椭圆形，秋冬季叶变红。顶生伞房状聚伞花序，花白色或黄白色，花期 5 ~ 6 月。核果斜卵圆形，果期 8 ~ 9 月。

【生态习性】生长旺盛，耐寒、喜光、喜略湿润的土壤。

【景观应用】可丛植于庭院、草坪、建筑物前或常绿树间，也可栽植为自然式彩篱。

芽黄红瑞木 *Swida alba* 'Bud Yellow'

科属：山茱萸科梾木属

【形态特征】为红瑞木的栽培种。灌木，小枝紫色或绿色。叶圆形，长7.5厘米，叶背面粗糙多毛，聚伞花序小而密。果实呈紫色，初夏成熟。冬季枝干黄绿色。

【生态习性】喜光，稍耐阴，较耐寒，耐干旱。

【景观应用】观赏灌木。

金叶红瑞木 *Swida alba* 'Aurea'

科属：山茱萸科梾木属

【形态特征】为红瑞木的栽培种。叶片金黄色，明亮醒目。其他同红瑞木。

【生态习性】喜光，稍耐阴，较耐寒，耐干旱。

【景观应用】冬季茎枝鲜红亮丽，春秋季节叶片金黄，既可观茎，又可观叶，是优良的园林彩色植物。

银边红瑞木 *Swida alba* 'Argenteo marginata'

科属：山茱萸科梾木属

【形态特征】为红瑞木的栽培种。叶缘呈乳白色。其他同红瑞木。

【生态习性】喜光，稍耐阴，较耐寒，耐干旱。

【景观应用】冬季茎枝鲜红亮丽，既可观茎，又可观叶，是优良的园林彩色植物。

紫叶红瑞木 *Swida alba* 'Purpureus'

科属：山茱萸科梾木属

【形态特征】为红瑞木的栽培种。叶紫色。其他同红瑞木。

【生态习性】喜光，稍耐阴，较耐寒，耐干旱。

【景观应用】观赏灌木。

'主教' 红瑞木 *Swida sericea* 'Cardinal'

科属：山茱萸科梾木属

【形态特征】为红瑞木的栽培种。树冠紧凑，形状好，枝条比红瑞木更红。其他同红瑞木。

【生态习性】喜光，稍耐阴，较耐寒，耐干旱。

【景观应用】冬季茎枝鲜红亮丽，既可观茎，又可观叶，是优良的园林彩色植物。

'贝雷' 红瑞木 *Swida sericea* 'Baileyi'

科属：山茱萸科梾木属

【形态特征】树形较开张，株高 1.5 ～ 2 米，冠幅 1 米。叶对生，绿色，入秋变为红色。顶生聚伞花序，花小白色，花期 4 ～ 5 月。核白色，小枝绿色，10 月中下旬变为亮紫红色，颜色可一直持续到早春。植株较耐寒。

【生态习性】喜光，稍耐阴，较耐寒，耐干旱。

【景观应用】冬季茎枝鲜红亮丽，既可观茎，又可观叶，是优良的园林彩色植物。

加拿大红瑞木 *Swida canadensis*

科属：山茱萸科梾木属

【形态特征】灌木。叶轮生，卵圆形、椭圆形至扁圆形，叶长 7.5 厘米。花序密生，具花 4～6 朵，白色。果实鲜红色，夏初成熟。

【生态习性】喜光，较耐寒，耐干旱。

【景观应用】冬季茎枝鲜红亮丽，既可观茎，又可观叶，是优良的园林彩色植物。

多花梾木 *Swida florida*

科属：山茱萸科梾木属

【形态特征】落叶灌木，株高 6～9 米，树冠圆形。枝条水平伸展。树皮呈鳄鱼皮状。叶片绿色，长 8～15 厘米，秋季变成红色到紫红色。4～5 月开花，白色花。果实为红色。9 月末至 10 月初成熟。

【生态习性】喜光，对土壤要求不严，在土层深厚肥沃的土壤中生长最好。

【景观应用】观花观叶树种，可孤植于庭园一角或丛植于草坪、林缘、路边。

金枝梾木 *Swida stolonifera* 'Glaviamea'

科属：山茱萸科梾木属

【形态特征】落叶灌木，高达 3 米。冬春枝条金黄色，夏秋黄绿色。叶对生，椭圆形，长 5～8 厘米。顶生伞房花序。花黄白色，花期 5 月下旬，核果卵圆形，白色，果期 8 月。

【生态习性】喜光，稍耐阴，对土壤要求不严，在土层深厚肥沃的土壤中生长最好。

【景观应用】观花观叶观干树种，可孤植于庭园一角或丛植于草坪、林缘、路边。

毛梾 *Swida walteri* (Wanger.) Sojak

科属：山茱萸科梾木属　　　　别名：车梁木

【形态特征】落叶乔木，高6～12米；树皮黑褐色，常呈条形纵裂。单叶对生，椭圆至长椭圆形，先端渐失，基部楔形；全缘，两面都生有短柔毛，背面较密，淡绿色；侧脉弧形。伞房状聚伞花序，顶生，长约5厘米；花白色，花瓣4；核果球形，熟后黑色。

【生态习性】阳性，较耐干旱瘠薄，不择土壤，深根性。

【景观应用】庭荫树。

金叶欧洲山茱萸 *Cornus mas* 'Aurea'

科属：山茱萸科山茱萸属

【形态特征】落叶灌木或小乔木，株高5米，树冠近圆形，叶片卵形，叶色早春幼叶萌发时为黄绿至金黄，成熟叶渐变为绿色，长达10厘米，在秋季会变为紫红色。小型伞型花序，花黄色，早春时先叶开放，亮红色的核果于夏末时节成熟。

【生态习性】温暖，湿润的气候，喜光，稍耐阴，较耐寒，不耐干燥。

【景观应用】先花后叶，果色艳丽，是很好的观花观叶树种，可孤植于庭园一角或从植于草坪、林缘、路边、亭际。

山茱萸 *Cornus officinalis*

科属：山茱萸科山茱萸属

【形态特征】落叶灌木或小乔木，高达10米；树皮片状剥裂。单叶对生，卵状椭圆形，先端渐尖或尾尖，基部圆形，全缘，弧形侧脉6～7对。花小，鲜黄色；成伞形头状花序，总花梗极短；3～4月叶前开花。核果椭球形，红色或枣红色；8～9月成熟。

【生态习性】性强健，喜光，耐寒，喜肥沃而湿度适中的土壤，也能耐旱。

【景观应用】早春枝头开金黄色小花，入秋有亮红的果实，深秋有鲜艳的叶色，均美丽可观。宜植于庭园观赏，或作盆栽、盆景材料。

四照花 *Dendrobenthamia japonica* 'Chinensis'

科属： 山茱萸科四照花属　　　　　**别名：** 山荔枝、鸡素果、石枣

【形态特征】落叶小乔木，高达 8 米。单叶对生，厚纸质，卵状椭圆形，基部圆形或广楔形，弧形侧脉 4 ~ 5 对。全缘。花小，成密集球形头状花序，外有花瓣状白色大型总苞片 4 枚；5 ~ 6 月开花。聚花果球形，肉质，熟时粉红色。

【生态习性】喜光，亦耐半阴，喜温暖气候和阴湿环境，适应性强，能耐一定程度的寒、旱、瘠薄。适生于肥沃而排水良好的砂质壤土。

【景观应用】初夏白色总苞覆盖满树，光彩耀目，秋叶变红色或红褐色。是种美丽的园林观赏树种。

洒金日本桃叶珊瑚 *Aucuba japonica* 'Variegata'

科属：山茱萸科桃叶珊瑚属　　　　别名：花叶青木、洒金东瀛珊瑚

【形态特征】为青木的变种。常绿灌木，高 1 ~ 1.5 米；叶革质，长椭圆形，卵状长椭圆形，稀阔披针形，先端渐尖，基部近于圆形或阔楔形，叶片有大小不等的黄色或淡黄色斑点。圆锥花序顶生，花瓣近于卵形或卵状披针形，暗紫色。果卵圆形，暗紫色或黑色。花期 3 ~ 4 月；果期至翌年 4 月。

【生态习性】喜温暖湿润和半阴环境，怕强光暴晒，不耐寒，以肥沃、疏松、排水良好的壤土为好。

【景观应用】是珍贵的耐阴灌木。凡阴湿之处无不适宜，可配植于假山上，作花灌木的陪衬，或作树丛林缘的下层基调树种，亦甚协调得体。亦可盆栽观赏。

◎ 杜鹃花科

大字杜鹃 *Rhododendron schlippenbachii* Maxim.

科属： 杜鹃花科杜鹃花属　　　　　**别名：** 大字香

【形态特征】落叶灌木。株高 2 ～ 5 米，枝条轮生，有腺毛。叶纸状，五片轮生枝顶很像 "大" 字，故名。叶长倒卵形，长 9 厘米，先端圆有短凸尖头，基部楔形，边缘稍有波状，秋季叶色变橙红色、浅红色。伞房花序，花 3 ～ 6 朵集生枝顶，先叶开放，花冠宽漏斗形开张，口径达 9 厘米，淡粉红色，有香气，裂片 5，上方裂片有棕红斑点，雄蕊 10。晚春开花。蒴果。

【生态习性】喜光，十分耐寒，喜酸性土壤，多生于干燥多石的山坡等处。

【景观应用】花大艳丽，秋叶艳丽，丛植或孤植于庭园供观赏。最宜在林缘、溪边、池畔及岩石旁成丛成片栽植，也可于疏林下散植，是花篱的良好材料。

红枫杜鹃 *Rhododendron hybride* 'Hong Feng'

科属： 杜鹃花科杜鹃花属

【形态特征】半常绿灌木，杂交种，是用长白山野生杜鹃与高山杜鹃杂交选育的，春季 4 月末开花，花期持续到 6 月初，秋季叶片变为红色。

【生态习性】喜光，耐寒，耐移植。

【景观应用】春天赏花夏天可赏绿叶，秋天可赏红叶，具有特殊的观赏价值。最具观赏价值的园艺绿化品种之一。

兴安杜鹃 *Rhododendron dauricum* L.

科属：杜鹃花科杜鹃花属

【形态特征】半常绿灌木，高 1～2 米，多分枝。叶互生，全缘。小枝有鳞片和柔毛。叶近革质，椭圆形，两端钝，顶端有短尖头，上面深绿色，有疏鳞片，下面淡绿色，有密鳞片，彼此接触或覆瓦状。花序侧生枝端（也有顶生），有花 1～2 朵；花芽鳞早落；花粉红色，先花后叶，花冠宽漏斗状，长约 1.8 厘米，外面有柔毛；雄蕊 10，伸出。花期在 5～6 月；果熟期 7～8 月。

【生态习性】喜光，耐半阴，喜冷凉湿润气候，喜酸性土，忌高温干旱。

【景观应用】花艳丽夺目，可片植、孤植形成美丽景观，也是岩石园的上等材料。

银边三色杜鹃 *Rhododendron japonica* 'Silver Sword'

科属：杜鹃花科杜鹃花属

【形态特征】杜鹃的芽变品种，叶片带有明显的白色宽边，花色多变，一树有开白色、粉镶白边、玫红三色，花形较大，重瓣平整，是一个比较突出的杜鹃新品种。

【生态习性】生长旺盛，长势明显比其他银边品种强，而且更耐寒耐晒耐高温，本地可露天种植，自然花期为3～4月份，温室可在春节盛花。

【景观应用】可片植、孤植形成美丽景观，也是岩石园造园的上等材料。

迎红杜鹃 *Rhododendron mucronulatum* Turcz.

科属：杜鹃花科杜鹃花属　　　别名：满山红、映山红、迎山红

【形态特征】落叶或半常绿灌木，高达2.5米；小枝具鳞片。叶长椭圆状披针形，长3～8厘米，疏生鳞片，先端尖。花冠宽漏斗形，长达7.5厘米，径3～4厘米，淡紫红色，雄蕊10；3～6朵簇生；3～4月叶前开花。

【生态习性】耐寒性强，喜排水良好、保水性强的弱酸性土壤。

【景观应用】花期早而美丽，可植于庭园观赏。

照山白 *Rhododendron micranthum* Turcz.

科属：杜鹃花科杜鹃花属　　　　　别名：照白杜鹃

【形态特征】常绿灌木，高达 2.5 米，茎灰棕褐色；枝条细瘦。幼枝被鳞片及细柔毛。叶近革质，倒披针形、长圆状椭圆形至披针形，顶端钝，急尖或圆，具小突尖，基部狭楔形，上面深绿色，有光泽，常被疏鳞片，下面黄绿色，被淡或深棕色有宽边的鳞片；花冠钟状，外面被鳞片，内面无毛，花裂片 5，较花管稍长；雄蕊 10，花丝无毛。蒴果长圆形，被疏鳞片。花期 5～6 月，果期 8～11 月。

【生态习性】生长旺盛，长势明显比其他银边品种强，而且更耐寒耐晒耐高温，本地可露天种植，自然花期为 3～4 月份，温室可在春节盛花。

【景观应用】先叶后花，满树白花，适合庭院栽植观赏。

彩叶马醉木 *Pieris sp.*

科属：杜鹃花科马醉木属

【形态特征】彩叶马醉木是日本马醉木 *Pieris japonica* 的栽培变种或品种以及日本马醉木与台湾马醉木杂交种的统称，常绿阔叶灌木或乔木，树皮呈灰色或褐色，有纵纹及鳞状纹。叶大部分互生，披针至倒披针形，或长椭圆形，有锯齿，叶面革质且柔韧，嫩梢常呈红色、青铜色、铜色、橙色或黄色不等。叶色随着不同的生长期而发生变化，同一植株会同时拥有红色、粉红、嫩黄、绿色等叶片，洁白小花着生于总状或圆锥花序上，似吊钟状。花序顶生或腋生，直立或下垂。花期 2～5 月。

【生态习性】喜湿润气候、半阴环境，也可在全光照条件下生长，耐寒；喜酸性、肥沃、湿润、通透性好的土壤。

【景观应用】彩叶马醉木是欧美及日本最为流行的庭院彩叶树种，既能观叶又能赏花，一年四季均有观赏价值。

'彩虹' 木藜芦 *Leucothoe wateri* 'Rainbow'

科属： 杜鹃花科木藜芦属　　　　**别名：** 花叶木藜芦、'彩虹'木蔟藜

【形态特征】常绿灌木，单叶互生，新叶粉红色，老叶镶嵌不规则黄、红、银色斑，叶形不规则。

【生态习性】喜湿润气候、半阴环境，耐寒；喜酸性、肥沃、通透性好的土壤。

【景观应用】我国引种栽植。

深红树萝卜 *Agapetes lacei*

科属： 杜鹃花科树萝卜属　　　　**别名：** 灯笼花

【形态特征】附生常绿灌木，高约1米；枝条细长，有密刚毛。叶多而疏生，无毛，近肉质，卵状披针形，向顶端狭长渐尖，基部圆，边缘多少外弯，有不明显的腺头牙齿，干后上面脉纹明显，下面不明显。腋生花序近伞形，无毛，有花4～6朵；花长达2厘米；花冠圆筒状，红色，裂片宽三角形，淡绿色。

【生态习性】性喜阴，喜温暖、湿润的环境，要求排水通畅、富含腐殖质和粗纤维的疏松壤土。

【景观应用】叶小如黄杨，开花红色似灯笼悬挂，是优良的盆栽或盆景材料。

◎ 紫金牛科

东方紫金牛 *Ardisia squamulosa* Presl.

科属：紫金牛科紫金牛属　　　　　别名：春不老、兰屿紫金牛

【形态特征】灌木，高达2米；叶厚，新鲜时略肉质，倒披针形或倒卵形，顶端钝和有时短渐尖，基部楔形，全缘，深绿色；花序具梗，亚伞形花序或复伞房花序，近顶生或腋生于特殊花枝的叶状苞片上，花枝基部膨大或具关节；花粉红色至白色；萼片圆形；花瓣广卵形，具黑点；果直径约8毫米，红色至紫黑色，新鲜时多肉质。

【生态习性】性强健，耐风耐阴，抗瘠。不择土质，但以砂质壤土为宜。

【景观应用】枝叶常青，入秋后果色鲜艳，经久不凋，是优良的地被植物，也可作盆栽观赏。

花叶紫金牛 *Ardisia japonica* 'Marginata'

科属：紫金牛科紫金牛属　　　别名：花叶矮地茶、镶边紫金牛

【形态特征】常绿小灌木，高10～30厘米，基部常匍匐状横生。茎常单一，圆柱形。叶互生，常3～7片集生茎端叶轮生状；椭圆形或卵形，先端短尖，基部楔形，边缘有尖锯齿，绿色，边缘有黄白色。花序近伞形，腋生或顶生；花冠5裂，白色，有红棕色腺点。核果球形，熟时红色。花期6～9月，果期8～12月。

【生态习性】忌高温潮湿，怕阳光直射干燥，适宜选琉松肥沃、湿润土壤。

【景观应用】枝叶常青，入秋后果色鲜艳，经久不凋，是优良的地被植物，也可作盆栽观赏。

红凉伞 *Ardisia crenata* Sims 'Bicolor'

科属：紫金牛科紫金牛属　　　别名：叶下红、铁凉伞、天青地红

【形态特征】灌木，不分枝，高1～2米，有匍匐根状茎。叶坚纸质，狭椭圆形、椭圆形或倒披针形，急尖或渐尖，边缘皱波状或波状，叶背、花梗、花萼及花瓣均带紫红色，有的植株叶两面均为紫红色。花序伞形或聚伞状，顶生；花冠裂片披针状卵形，急尖。果直径7～8毫米，有稀疏黑腺点。

【生态习性】喜温暖湿润、散射光充足、排水良好的酸性土壤环境，夏季不耐高温强光，冬季畏寒怕冷，忌燥热干旱。

【景观应用】枝叶常青，果色鲜艳，经久不凋，观赏性极强。既可作耐阴观赏植物配植于各类绿地、林地的树丛下，也可盆栽供室内装饰植物布置之用。

◎ 报春花科

仙客来 *Cyclamen persicum* Mill.

科属：报春花科仙客来属　　　　别名：兔子花、兔耳花、一品冠

【形态特征】多年生球根花卉，块茎扁圆球形或球形、肉质。叶片由块茎顶部生出，心形、卵形或肾形，叶缘有细锯齿，叶面绿色，具有白色或灰色晕斑，叶柄较长。花单生于花茎顶部，花朵下垂，花瓣向上反卷，犹如兔耳；花有白、粉、玫红、大红、紫红、雪青等色，花瓣边缘多样，有全缘、缺刻、皱褶和波浪等形。花期10月至翌年4月。

【生长习性】喜凉爽、湿润及阳光充足的环境。夏季温度若达到28～30℃，则植株休眠。要求疏松、肥沃、富含腐殖质，排水良好的微酸性沙壤土。

【景观应用】株型美观、别致，花盛色艳，还有具香味的品种，适宜于盆栽观赏。

金叶过路黄 *Lysimachia nummularia* 'Aurea'

科属：报春花科珍珠菜属

【形态特征】多年生蔓性草本，株高约5厘米。枝条匍匐生长，可达50～60厘米，单叶对生，圆形，早春至秋季金黄色，冬季霜后略带暗红色；单花，黄色尖端向上翻成杯形，亮黄色。蒴果球形。花期5～7月，果期7～10月。

【生态习性】适合各种土壤，耐干旱及碱性土壤，耐寒，喜光，耐轻度遮阴，病虫害较少，在潮湿、排水良好的土壤长势较好。

【景观应用】彩叶期长达9个月，叶色鲜艳，可作为色块，与宿根花卉、与麦冬、与小灌木等搭配，亦可盆栽。

锦叶遍地金 *Lysimachia congestiflora* 'Outback Sunset'

科属：报春花科珍珠菜属　　　　别名：斑叶遍地金、斑叶聚花过路黄

【形态特征】聚花过路黄的园艺品种。多年生蔓性草本，茎弱，丛生，高15～30厘米，分枝常伏卧，节上生根。叶对生，黄色、淡橘色、绿色。花期5～8月。

【生态习性】在潮湿、排水良好的土壤长势较好。

【景观应用】可作为色块栽植，亦可盆栽。

◎ 山榄科

花叶人心果 *Manilkara zapota* van Royen 'Variegata'

科属： 山榄科铁线子属　　　　　**别名：** 花叶吴凤柿

【形态特征】常绿乔木。树高 6～10 米，枝褐色，有明显叶痕。叶革质，绿色，椭圆形至倒卵形，叶背叶脉明显，侧脉多而平行。叶面上有斑纹。花细小。单生叶腋，花冠白色。浆果卵形或球形，成熟后锈褐色。种子扁圆形、黑色。花期夏季，果期 9 月。

【生态习性】喜光，耐旱，耐贫瘠，喜暖热湿热气候。土壤以排水良好、土层深厚、通气性好的沙壤土为好。

【景观应用】周年常绿，花果并存，树姿优美，果如人的心脏，是良好的观赏树木。

◎ 柿树科

美洲柿 *Diospyros virginiana*

科属：柿树科柿树属

【形态特征】落叶乔木，株高达 20 米，树皮方块状开裂。单叶互生，椭圆状倒卵形。夏季新生的棕色叶片变成具有光泽的深绿色，果实随着第一次霜降的到来逐渐由黄色变成橘红色，味道也由酸变甜。

【生态习性】喜光，耐寒，耐干旱瘠薄，不耐水湿和盐碱。喜排水性良好的潮湿土壤。

【景观应用】可作为行道树栽植。是观赏果树中的最佳品种之一。

柿树 *Diospyros kaki* Thunb.

科属：柿树科柿树属　　　　　　别名：朱果

【形态特征】落叶乔木，株高达 20 米，树冠开阔，球形或圆锥形。树皮暗灰色，小长方形块状开裂。叶近革质，椭圆形或倒卵形，表面深绿色有光泽，背面浅绿色，沿脉有黄褐色柔毛。雌雄异株或杂性同株，花白色，花期 5 ～ 6 月，果期 9 ～ 10 月。

【生态习性】不耐严寒，耐干旱、瘠薄，不耐长期积水，喜中性黏壤土、沙壤土及黄土，对土壤适应性强。萌芽迟，休眠早。

【景观应用】树形优美，叶大而有光泽，秋季变红色，是良好的庭荫树，也适宜于自然风景区中配植应用。

枫港柿 *Diospyros vaccinioides* Lindly

科属： 柿树科柿树属　　　　**别名：** 黑檀、红紫檀、小果柿

【形态特征】多枝常绿矮灌木。枝深褐色或黑褐色。叶革质或薄革质，通常卵形，先端锐至突尖，基部锐至圆形，叶表深亮绿，叶背浅绿，全缘，新生嫩叶褐红色，叶面明亮富光泽。花雌雄异株，细小，腋生，单生，花冠钟形。果小，球形，嫩时绿色，熟时黑色；种子黑褐色，椭圆形。花期5月，果期冬月。

【生态习性】喜高温多湿，不耐寒，耐热、耐旱、耐阴，耐贫瘠土壤，耐风，萌芽能力强、耐剪，移植容易。

【景观应用】适合庭园栽植，修剪成绿篱、整形树，或栽培成高级盆景。

◎ 木犀科

花叶丁香 *Syringa persica* L.

科属：木犀科丁香属　　　　　别名：波斯丁香

【形态特征】落叶小灌木，高 1 ~ 2 米。枝细弱，开展，直立或稍弓曲，灰棕色，小枝无毛。叶片披针形或卵状披针形，先端渐尖或锐尖，基部楔形，全缘，稀具 1 ~ 2 小裂片，无毛；叶柄无毛。花冠淡紫色，花冠管细弱，近圆柱形，花冠裂片呈直角开展，宽卵形、卵形或椭圆形，兜状，先端尖或钝。花期 5 月。

【生态习性】喜阳光，稍耐阴，喜湿润，忌积水，耐寒耐旱。要求肥沃、排水良好的沙壤土。

【景观应用】花朵繁多，色彩鲜艳，盛花更是经久不衰，可用于公园、庭院绿化，宜孤植、片植。庭园观赏树种。

紫丁香 *Syringa oblata* Lindl.

科属：木犀科丁香属　　　　　别名：华北紫丁香

【形态特征】落叶灌木或小乔木，高达4～5米；小枝较粗壮。单叶对生，广卵形，宽通常大于长，宽5～10厘米，先端渐尖，基部近心形，全缘，两面无毛。花冠堇紫色，花筒细长，裂片开展；成密集圆锥花序；4～5月开花。蒴果长卵形，顶端尖。光滑；种子有翅。

【生态习性】适应性强，喜光，稍耐阴，耐寒，耐旱，喜湿润肥沃排水良好的土壤，忌涝。

【景观应用】是北方重要花木，春日开花，开时硕大而艳丽的花序布满全株，芳香四溢，有色有香；观赏效果甚佳。

紫丁香常见的栽培品种

1 白丁香 *Syringa oblata* 'Alba'

【形态特征】花白色，有单瓣、重瓣之别，花端四裂，筒状，呈圆锥花序。叶较小，背面微有柔毛，花枝上的叶常无毛。

2 波峰丁香 *Syringa oblata* 'Buffon'

【形态特征】疏松的圆锥花序组成宽型硕大花丛，花蕾蔷薇色，花粉红色，花大，开花持续时间长达 20 天以上，花色艳丽，姿态动人，是丁香花中的娇娇者。

3 朝阳丁香 *Syringa oblata* 'Dilatata'

【形态特征】圆锥花序发自侧芽，疏松而大型，花冠紫色或白色，具细长之花冠管，花冠裂片狭长。

4 罗兰紫丁香 *Syringa oblata* 'Luo Lan Zi'

【形态特征】大型圆锥花序密集、花繁茂，花为蓝紫色，2～3层重瓣，盛花时花姿优美典雅，香气馥郁。花期 5 月中旬至 6 月上旬。

5 晚花紫丁香 *Syringa oblata* 'Wan Hua Zi'

【形态特征】是华北紫丁香之家中一个与众不同的成员。它不是经过人工杂交获得的，而是由紫丁香实生苗中选育出的栽培种，它的花序修长，花朵紧凑，比紫丁香花期晚半月之久，花期从 5 月中旬至 6 月上旬。

6 香雪丁香 *Syringa oblata* 'Xiang Xue'

【形态特征】花如其名，洁白如雪，甜香浓郁，有几个圆锥花序组成大型圆锥花丛，2～3层重瓣花，花瓣卷曲，花序硕大、开花繁茂，花色淡雅、芳香。花型秀美，树姿丰满，可称丁香中的精品，花期 5 月中旬至下旬。

7 紫云丁香 *Syringa oblata* 'Zi Yun'

【形态特征】花期比紫丁香稍后，五月上旬至中旬，花重瓣，花冠粉紫，花筒兰紫色，盛花时节，疏松的花序布满层层树冠，被风吹动如同飘浮的紫色云霞，故名"紫云"。

白蜡树 *Fraxinus chinensis* Roxb.

科属：木犀科梣属

【形态特征】落叶乔木，高达15米，树干较光滑；小枝节部和节间扁压状，冬芽灰色。小叶通常7，卵状长椭圆形，长3～10厘米，缘有钝齿，仅背脉有短柔毛。花单性异株，无花瓣；圆锥花序顶生或侧生于当年生枝上。翅果倒披针形。

【生态习性】喜光，耐侧方庇荫，喜温暖，也耐寒，在钙质、中性、酸性土上均可生长，并耐轻盐碱，耐低温，也耐干旱，抗烟尘；深根性，萌蘖力强，生长较快，耐修剪。

【景观应用】可栽作庭荫树、行道树及堤岸树。材质优良；枝叶可放养白蜡虫。

花曲柳 *Fraxinus rhynchophylla* Hance

科属：木犀科梣属　　　　别名：大叶白蜡

【形态特征】落叶乔木，株高可达 15 米，树冠卵形，干直；皮灰色或暗灰色，光滑，老时黑灰色，纵向浅沟裂。当年生枝带绿色，或稍带红褐色，后变灰色，皮孔明显。奇数羽状复叶，对生，小叶 3 ～ 7，通常 5，有柄；小叶片卵形、椭圆形、长圆形或倒卵形至倒卵状长圆形，顶端小叶特别宽大。圆锥花序顶生或腋生于当年生枝上，花杂性或单性异株；花萼钟状；无花冠。翅果倒披针形，先端尖或钝，或稍凹入。花期 5 月，果熟期 9 月。

【生态习性】喜光，耐寒，抗性强，不择土壤。

【景观应用】可作庭荫树、行道树、风景林及用材树。

黄叶欧洲白蜡 *Fraxinus excelsior* 'Aurea'

科属：木犀科梣属　　　　别名：金叶欧洲白蜡

【形态特征】落叶乔木，株高达 18 米，有宽大的树冠。羽状小叶 9 ～ 13 枚，卵形，长 20 ～ 30 厘米，深绿色，秋季叶片变成黄色。

【生态习性】喜光、耐寒、耐水湿也耐干旱。

【景观应用】作行道树或庭园绿化树种。

金枝白蜡 *Fraxinus excelsior* 'Aurea Pendula'

科属：木犀科梣属 　　　　　　　　别名：金枝垂欧洲白蜡

【形态特征】为白蜡树的栽培变种，株高 10 ～ 15 米，树形优美。树皮淡黄褐色，小枝光滑无毛，金黄色。奇数羽状复叶，小叶 5 ～ 9 枚，卵状椭圆形，尖端渐尖，基部狭，缘有齿及波状齿，表面无毛，秋季叶片金黄。花萼钟状，无花瓣。花期 4 ～ 5 月。果期在 9 ～ 10 月。

【生态习性】喜光，耐寒，喜水湿，耐干旱、瘠薄，适应性较强，在酸性及石灰性土壤中均能生长，耐盐碱，根系发达，萌蘖力强，生长较快。

【景观应用】为观叶及枝条的观赏乔木，可孤植、群植。

美国白蜡 *Fraxinus american*

科属：木犀科梣属　　　　　　　别名：美国白桪

【形态特征】落叶乔木，高达 25 ～ 40 米。小叶 7 ～ 9 枚，卵形至卵状披针形，全缘或端部略有齿，表面暗绿色，背面常无毛，而有乳头状突起；秋季叶呈金黄色或紫色，鲜艳，观赏效果好。花萼小而宿存，无花瓣；花序生于去年生枝侧，叶前开花。果翅顶生，不下延或稍下延。

【生态习性】喜光，能耐侧方庇荫，喜温暖，也耐寒。喜肥沃湿润也能耐干旱瘠薄，也稍能耐水湿，喜钙质壤土或沙壤土，并耐轻盐碱，抗烟尘，深根性。

【景观应用】秋季色彩绚丽，是优良园林观赏树种，宜作城市行道树及防护林树种。

紫秋美国白蜡 *Fraxinus american* 'Autumn Purple'

科属：木犀科梣属 　　　别名：秋紫白蜡

【形态特征】落叶乔木，高达 25 ~ 40 米。小叶 7 ~ 9 枚，卵形至卵状披针形，全缘或端部略有齿，表面暗绿色，背面常无毛，而有乳头状突起，秋季叶片红至深红色，鲜艳夺目。

【生态习性】喜光，能耐侧方庇荫，喜温暖，也耐寒。喜肥沃湿润也能耐干旱瘠薄，也稍能耐水湿，喜钙质壤土或沙壤土，并耐轻盐碱，抗烟尘，深根性。

【景观应用】秋季色彩绚丽，是优良园林观赏树种，宜作城市行道树及防护林树种。

洋白蜡 *Fraxinus pennsylvanica*

科属：木犀科梣属 　　　别名：毛白蜡、美国红梣

【形态特征】落叶乔木，株高 18 米，冠幅达 9 米。树干直立生长，树冠圆锥形。小枝有毛或无毛。小叶 5 ~ 9 枚，卵状长椭圆形至披针形，长 8 ~ 14 厘米。夏季叶片为亮绿色，秋季变成金黄色。

【生态习性】喜光、耐寒、耐水湿也耐干旱，对城市环境适应性强，生长快，根浅，发叶晚而落叶早。

【景观应用】作行道树或庭园绿化主要树种。

绒毛白蜡 *Fraxinus velutina* Torr.

科属：木犀科梣属　　　　　　　别名：津白蜡、绒毛梣

【形态特征】落叶乔木，株高达 20 米，树冠伞形。树皮灰褐色，浅纵裂，幼枝、冬芽上均生绒毛。小叶 3 ~ 7 枚，通常 5 枚，顶生小叶较大，狭卵形，先端尖，基部楔形，叶缘有锯齿，背面有绒毛。圆锥花序生于 2 年生枝上，花萼 4 ~ 5 齿裂，无花瓣。翅果长圆形。花期 4 月，果 10 月成熟。

【生态习性】喜光，耐旱、耐水涝，不择土壤，耐盐碱，抗有害气体能力强。

【景观应用】枝繁叶茂，树体高大，是沿海城市绿化的优良树种，可营造防护林，可供沙荒、盐碱地造林，也是北方四旁绿化的主要树种之一。

黄斑叶连翘 *Forsythia suspensa* 'Variegata'

科属：木犀科连翘属　　　　　　　别名：金边连翘

【形态特征】连翘的栽培品种。落叶灌木，株高 1 ~ 1.5 米，单叶对生，叶卵状，椭圆形边缘有钜齿或全缘，叶边为亮丽的金黄色，常年保持，心为绿色，叶长 5 ~ 17 厘米，有的叶深裂为三片小叶。

【生长习性】喜阳光充足温暖湿润环境，耐寒性强，稍耐水湿，萌发力强，耐修剪，对土壤要求不严。

【景观应用】花繁叶美，适应性强，可广泛用于园林绿化，作色带、色块，也可作点缀或配景；是即可观叶又可观花的彩叶新品种。

黄金时代美国金钟连翘 *Forsythia × intermedia* 'Golden Times'

科属：木犀科连翘属　　　　　　　别名：金边连翘

【形态特征】落叶灌木，杂交种。单叶对生，叶边为亮丽的金黄色，心为绿色。

【生长习性】喜阳光充足温暖湿润环境，耐寒性强。

【景观应用】花繁叶美，适应性强，可广泛用于园林绿化，作色带、色块，也可作点缀或配景；是即可观叶又可观花的彩叶新品种。

金脉连翘 *Forsythia koreana* 'Aurea Reiticulata' (syn. *Forsythia* 'Goldenvein')

科属：木犀科连翘属　　　　　别名：网叶连翘

【形态特征】落叶灌木，为朝鲜连翘的变种。丛生，枝开展，拱形下垂，先花后叶。花期 4～5 月，整个生长季节叶色嫩绿，叶脉金黄色。

【生长习性】喜光，有一定耐阴性，耐寒，耐干旱瘠薄，怕涝，不择土壤。

【景观应用】可作点缀或配景；是既可观叶又可观花的彩叶新品种。

金叶连翘 *Forsythia koreana* 'Sun Gold'

科属：木犀科连翘属　　　　　别名：金叶朝鲜连翘

【形态特征】落叶灌木，为朝鲜连翘的变种。叶金黄色，花黄色，花期 3～4 月。

【生态习性】喜光，稍耐阴，耐寒，耐干旱瘠薄，怕涝，对土壤要求不严。

【景观应用】早春先叶开放，满枝金黄，艳丽可爱，是北方常见的早春观花植物。

金边柊树 *Osmanthus heterophyllus* 'Aureomarginatus'

科属：木犀科木犀属	别名：金边刺桂、花叶刺桂

【形态特征】刺桂的园艺变种，常绿灌木，直立。叶椭圆形，较小，叶缘具锐锯齿4～5枚，叶边缘黄色，沿主脉绿色，在绿色部分亦有黄色斑侵入，犬牙交错，绝不规则。

【生长习性】喜光，稍耐阴，不耐寒，忌涝地、碱地。

【景观应用】因其叶缘呈金黄色更具有观赏价值，可孤植或片植，亦适合制作盆景。

三色柊树 *Osmanthus heterophyllus* 'Tricolor'

科属：木犀科木犀属	别名：三色刺桂

【形态特征】刺桂的园艺变种，灌木，叶片卵状椭圆形，叶缘有刺状锯齿，色彩丰富，新叶粉紫至古铜色，成叶有黄绿、金黄和乳白等颜色，随机散布斑点、斑块。花小，白色，芳香。花期6～7月。

【生长习性】喜光，稍耐阴，不耐寒，忌涝地、碱地。

【景观应用】开花雪白、芳香，观花亦观叶，可孤植或片植。

银斑柊树　*Osmanthus heterophyllus* 'Variegatus'

科属：木犀科木犀属　　　　　别名：斑叶柊树

【形态特征】刺桂的园艺变种，常绿灌木，直立。叶具锐锯齿，似冬青叶，有光泽，亮绿色，叶片和叶缘有乳白色斑纹。花小，芳香，白色。

【生长习性】喜光，稍耐阴，不耐寒，忌涝地、碱地。

【景观应用】因其叶缘呈金黄色更具有观赏价值，可孤植或片植，亦适合制作盆景。

紫叶柊树　*Osmanthus heterophyllus* 'Purpureus'

科属：木犀科木犀属　　　　　别名：紫叶刺桂、红枝桂

【形态特征】刺桂的园艺变种，常绿灌木，株高 3 ～ 4 米，直立。叶具锐锯齿，似冬青叶，有光泽，暗绿色。花白色，小而芳香。

【生长习性】喜光，稍耐阴，不耐寒，忌涝地、碱地。

【景观应用】可孤植或片植，亦适合制作盆景。

金叶女贞 *Ligustrum × vicaryi*

科属：木犀科女贞属　　　　　　　　别名：维氏女贞、金禾女贞

【形态特征】半常绿灌木，是金边卵叶女贞与欧洲女贞的杂交种。枝灰褐色，单叶对生，革质，长椭圆形，端渐尖，有短芒尖，基部圆形或阔楔形，嫩叶金黄色，后渐变为黄绿色。花期5～6月，10月下旬果熟，紫黑色。

【生态习性】适应性强，抗干旱，病虫害少，萌芽力强，生长迅速，耐修剪。

【景观应用】在生长季节叶色呈鲜丽的黄色，可与其他灌木配植形成色块，形成强烈的色彩对比，具极佳的观赏效果，也可修剪成球形。

柠檬黄卵叶女贞 *Ligustrum ovalifolium* 'Lemon and Line'

科属：木犀科女贞属

【形态特征】常绿灌木，卵叶女贞的栽培品种。叶对生，金黄色。

【生长习性】喜光、喜温暖环境。

【景观应用】适宜丛植、片植于庭院。

金边卵叶女贞 *Ligustrum ovalifolium* 'Aureomarginatum'

科属：木犀科女贞属

【形态特征】常绿灌木，卵叶女贞的栽培品种。叶对生，绿色边缘黄色。

【生长习性】喜光，喜温暖，稍耐阴，但不耐寒冷。在微酸性土壤生长迅速，中性、微碱性土壤亦能生长。

【景观应用】适宜丛植、片植于庭院，枝叶茂密，宜栽培成矮绿篱。

银白卵叶女贞 *Ligustrum ovalifolium* 'Argenteum'

科属：木犀科女贞属　　　　　别名：日本银边卵叶女贞

【形态特征】常绿灌木或小乔木，卵叶女贞的栽培品种。株高达 2 ～ 3 米。枝条斜向生长，叶对生，倒卵圆形，革质，嫩叶绿，边缘粉红，成熟叶边缘由粉红逐渐转银白，老叶少数会全部转绿。圆锥花序顶生，花白色，裂片 4 个，芳香。花期 5 ～ 6 月。

【生长习性】喜光、喜温暖、稍耐阴、较耐寒。在微酸性土壤中生长迅速，中性亦能正常生长。萌发力强，耐修剪，适应范围广。

【景观应用】适宜丛植、片植，还可修成规则球形列植于路两旁，或应用于庭院。

 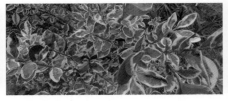

斑叶日本女贞 *Ligustrum japonicum* 'Variegatum'

科属：木犀科女贞属　　　　　别名：花叶日本女贞

【形态特征】日本女贞的栽培变种。常绿灌木或小乔木；叶对生，披针形，具乳白色斑及边缘。

【生长习性】喜光、耐旱、耐寒，对土壤要求不严，酸性、中性和微碱性土均可生长。

【景观应用】观叶树种，可孤植或片植。

花叶德克萨斯日本女贞 *Ligustrum japonicum* 'Texarnum Variegata'

科属：木犀科女贞属

【形态特征】日本女贞的栽培变种。常绿灌木或小乔木；叶对生，披针形，边缘有乳白色斑及边。

【生长习性】喜光、耐旱、耐寒，对土壤要求不严，酸性、中性和微碱性土均可生长。

【景观应用】观叶树种，可孤植或片植。

金森女贞 *Ligustrum japonicum* 'Howardii'

科属：木犀科女贞属　　　　　　别名：哈娃蒂女贞

【形态特征】日本女贞的栽培变种。常绿灌木或小乔木,植株高1.2米以下;叶对生，单叶卵形、革质、厚实、有肉感；春季新叶鲜黄色，至冬季转为金黄色，部分新叶沿中脉两侧或一侧局部有云翳状浅绿色斑块；节间短，枝叶稠密。圆锥状花序，花白色。花期6～7月，果实10～11月成熟，黑紫色，椭圆形。

【生长习性】喜光、耐旱、耐寒，对土壤要求不严，酸性、中性和微碱性土均可生长。生长迅速，根系发达，耐修剪，萌芽力强。

【景观应用】叶色金黄，株形美观，是优良的绿篱树种，观叶、观花和观果兼有。

银霜女贞 *Ligustrum japonicum* 'Jack Frost'

科属：木犀科女贞属

【形态特征】日本女贞的栽培变种。常绿灌木或小乔木，株高可达2～3米。枝条斜向生长，叶对生、倒卵圆形、革质，嫩叶绿，边缘粉红，成熟叶边缘由粉红逐渐转金黄，老叶少数会全部转绿。圆锥花序顶生，花白色，裂片4个，反折，芳香，花期5～6月。

【生长习性】喜光，喜温暖，稍耐阴，也较耐寒。在微酸性土壤中生长迅速，中性、微碱性土壤亦能正常生长。萌芽力强，耐修剪，适应范围广。

【景观应用】以其色彩亮丽，生长较快、萌芽力强、极耐修剪以及抗逆性较强等特性，为园林上值得大力推广应用的优良品种。主要用于配置园林色块。

银姬小蜡 *Ligustrum sinense* 'Variegatum'

科属：木犀科女贞属　　　　　　别名：花叶女贞、花叶山指甲

【形态特征】常绿小乔木，小蜡的栽培品种。老枝灰色，小枝圆且细长，叶对生，叶厚纸质或薄革质，椭圆形或卵形，叶缘镶有乳白色边环。花序顶生或腋生，花期4～6月。核果近球形，果期9～10月。

【生长习性】稍耐阴，对土壤适应性强，酸性、中性和碱性土壤均能生长，对严寒、酷热、干旱、瘠薄、强光均有很强的适应能力。

【景观应用】灌木球紧凑，容易成型。与其他彩叶植物配植，彩化效果突出。可修剪成地被色块、绿篱和球形，也适合盆栽造型。

金边小蜡 *Ligustrum sinense* 'Ovalifolia'

科属：木犀科女贞属

【形态特征】常绿小乔木，小蜡的栽培品种。老枝灰色。叶对生，叶厚纸质或薄革质，椭圆形或卵形，叶缘金黄色。花序顶生或腋生，花期4～6月。核果近球形，果期9～10月。

【生长习性】稍耐阴，对土壤适应性强，酸性、中性和碱性土壤均能生长，对严寒、酷热、干旱、瘠薄、强光均有很强的适应能力。

【景观应用】灌木球紧凑，容易成型。与其他彩叶植物配植，彩化效果突出。可修剪成地被色块、绿篱和球形，也适合盆栽造型。

◎ 马前科

蓬莱葛 *Gardneria multiflora* Makino

科属： 马钱科蓬莱葛属　　　　　**别名：** 红络石藤、大叶石塔藤、九里火

【形态特征】木质藤本，枝条圆柱形；叶片纸质至薄革质，椭圆形、长椭圆形或卵形，顶端渐尖或短渐尖，基部宽楔形、钝或圆，上面绿色而有光泽，下面浅绿色；花很多而组成腋生的2～3歧聚伞花序；花5数，花冠辐状，黄色或黄白色，浆果圆球状，果成熟时红色；种子圆球形，黑色。花期3～7月，果期7～11月。

【生态习性】喜阳光充足和温暖、干燥的环境。

【景观应用】根、叶可供药用，作药草植物栽植。

◎ 睡菜科

荇菜 *Nymphoides peltatum*

科属： 睡菜科荇菜属　　　　　**别名：** 金莲子、莕菜、水荷叶

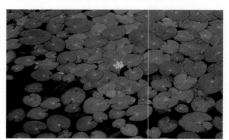

【形态特征】多年生草本。茎细长，具不定根，地下茎横走。叶互生，心状椭圆形或圆形，长宽2～7厘米，基部深心形，边缘微波状或全缘，近革质，叶背带紫色。花两性，伞形花序腋生，多花，花瓣5，杏黄色，边缘细裂，近流苏状；雄蕊5，分离，贴在花冠管上，与花瓣互生。花期6～10月。蒴果长椭圆形。

【生长习性】喜光线充足的环境，喜肥沃的土壤及浅水或不流动的水域。适应能力极强，耐寒，也耐热，极易管理。

【景观应用】叶片小巧别致，鲜黄色花朵挺出水面，花多且花期长，是庭院水景点缀的优美植物，也可水盆栽培。

小荇菜 *Nymphoides coreanum* (Levl.) Hara

科属： 睡菜科荇菜属　　　　　**别名：** 白花莕菜

【形态特征】多年生水生草本。茎长，丝状，节下生根。叶少数，卵状心形或圆心形，直径2～6厘米，基部深心形，全缘。花少数至多数，在节上簇生，4或5数；花梗长1～3厘米；花冠白色，直径约8毫米，裂片膜质，边缘具睫毛。蒴果椭圆形。

【生长习性】喜光线充足的环境，喜肥沃的土壤及浅水或不流动的水域。

【景观应用】是庭院水景点缀的优美植物，也可水盆栽培。

◎ 夹竹桃科

糖胶树 *Alstonia scholaris* (L.) R. Br.

科属：夹竹桃科蔓长春花属　　别名：夹竹桃科蔓长春花属

【形态特征】常绿乔木，高达30米，胸径1米以上。树皮浅褐色，大枝开展，具乳汁。叶对生或3～4枚轮生，纸质，椭圆形、长圆形或披针形，长7～20厘米，叶表有光泽。聚伞花序顶生，多花，花白色。蓇葖果细长，两端具柔软缘毛。

【生长习性】对空气污染抵抗力强，喜湿润肥沃土壤，在水边生长良好，为次生阔叶林主要树种。

【景观应用】树形雄伟，庇荫良好，端正优美，生长迅速，是作为行道树、风景树的优良品种。

斑叶夹竹桃 *Nerium indicum* Mill. 'Variegatum'

科属：夹竹桃科夹竹桃属

【形态特征】夹竹桃的斑叶品种。常绿灌木，高达5米。3叶轮生，狭披针形，长11～15厘米，全缘而略反卷，叶面有黄色斑块，硬革质。顶生聚伞花序；花冠通常为粉红色，漏斗形，径2.5～5厘米，裂片5，倒卵形并向右扭旋，顶端流苏状。

【生长习性】喜光，喜温暖湿润气候，不耐寒，耐烟尘，抗有毒气体能力强。

【景观应用】长江流域以南地区可露地栽培，北方常温室盆栽，是常见的观赏花木。

斑叶络石 *Trachelospermum jasminoides* 'Variegatum'

科属：夹竹桃科络石属　　　　　别名：花叶络石、变色络石、三色络石

【形态特征】络石的变种。常绿蔓性木质藤蔓植物，叶革质，椭圆形至卵状椭圆形或宽倒卵形。老叶近绿色或淡绿色，第一轮新叶粉红色，少数有 2～3 对粉红叶，第二至第三对为纯白色叶，在纯白叶与老绿叶间有数对斑状花叶，整株叶色丰富，可谓色彩斑斓。

【生长习性】性强健，抗病能力强，具有较强的耐干旱、抗短期洪涝，适宜排水良好的酸性、中性土壤。

【景观应用】是极其美丽的地被植物材料，可在行道树下隔离带种植；或作为护坡藤蔓覆盖；也是用作家庭盆栽的优良植物。

花叶络石 *Trachelospermum jasminoides* 'Flame'

科属：夹竹桃科络石属　　　　　别名：斑叶络石

【形态特征】络石的变种。常绿木质蔓性藤蔓植物，叶对生，革质或近革质，椭圆形至卵状椭圆形或宽倒卵形。叶面布满白色、粉红色、橘红色等斑块。

【生长习性】性强健，抗病能力强，具有较强的耐干旱、抗短期洪涝。喜光、强耐阴植物，喜空气湿度较大的环境，适宜排水良好的酸性、中性土壤。

【景观应用】用于各种花境布置，同时它又是优良的盆栽植物材料。

三色络石 *Trachelospermum asitaticum* 'Tricolor'

科属：夹竹桃科络石属　　　　　别名：斑叶亚洲络石、初雪葛、五色葛

【形态特征】亚洲络石的变种。常绿木质蔓性藤蔓植物，叶对生，叶革质，卵圆形或卵状披针形。新叶橙黄色，老叶有绿黄色的斑块，叶色绚丽多彩。

【生长习性】生长旺盛，喜高温又耐阴，适应性广，耐旱耐涝耐寒耐热，抗病能力强。

【景观应用】既是优良的攀缘植物和地被植物，也是优良的盆栽植物。

黄金络石 *Trachelospermum asitaticum* 'Ougonnishiki'

科属：夹竹桃科络石属　　　　　别名：黄金锦络石、金叶亚洲络石

【形态特征】亚洲络石的变种。常绿木质蔓性藤蔓植物。茎有不明显皮孔。小枝、叶下面和嫩叶柄被短柔毛。叶对生，革质，椭圆形，金黄色，间有红色和墨绿色半点，常年色彩斑斓。

【生长习性】喜光、强耐阴，抗病能力强，生长旺盛，具有较强的耐干旱、抗短期洪涝、抗寒能力。

【景观应用】既可以做地被植物材料，用于色块拼植；又可作为攀缘植物，披护藤蔓覆盖；也可以做悬挂植物，同时它又是优良的盆栽植物材料，用于盆栽观赏。

花叶蔓长春花 *Vinca major* 'Variegata'

科属：夹竹桃科蔓长春花属　　　　别名：斑叶蔓长春花

【形态特征】常绿蔓性灌木。单叶对生，卵形，长 3～8 厘米，先端钝，全缘，叶有黄白色斑及边。花单生叶腋，花冠紫蓝色，漏斗状，径 3～5 厘米，裂片 5，开展，雄蕊 5；花期 5～7 月。

【生长习性】喜光，耐半阴，不耐寒。花美丽，是良好的地面覆盖兼观赏植物。

【景观应用】可植于草坪边缘、疏林下、山坡、盆栽作垂吊观赏或作插花材料。

斑叶沙漠玫瑰 *Adenium obesum* 'Variegatum'

科属：夹竹桃科沙漠玫瑰属

【形态特征】多年生肉质植物。株高 1～1.5 米，株幅 60～80 厘米。茎粗壮，呈瓶状，淡灰褐色。叶片长卵形，肥厚，灰绿色，带黄色斑纹，长 12 厘米。花高脚碟状，红色。花期夏季。

【生长习性】喜光，喜温暖湿润气候，较喜肥，不耐寒。

【景观应用】是美丽的观赏花木。

◎ 萝藦科

大花犀角 *Stapelia grandiflora* Masson

科属：萝藦科豹皮花属 别名：豹皮花

【形态特征】多年生肉质草本植物，茎粗，高 20 ～ 25 厘米，四角棱状，灰绿色，形如犀牛角，棱脊上具粗短软刺，无叶。秋季开花，花大，花冠平展，着生在嫩茎基部。

【生态习性】耐旱，喜肥沃疏松土壤，尽量少给水。

【景观应用】是观赏价值较高的盆栽花卉。

花叶爱之蔓 *Ceropegia woodii* 'Variegated'

科属：萝藦科吊灯花属 别名：花叶心蔓、花叶吊金钱

【形态特征】植株具蔓性，可匍匐于地面或悬垂，最长可达约 90 ～ 120 厘米。叶对生、心形、肉质，叶面上有灰色网状花纹，叶背为紫红色，叶缘红黄色。花红褐色、壶状的，长约 2.5 厘米。

【生态习性】耐旱，对温度的适应性较强，能耐受 35℃ 的高温和 10℃ 左右的低温。喜散射光，忌强光直射。

【景观应用】成串的心形叶片，常被当做爱情的象征。做缠绕的藤蔓或多肉类盆栽观赏。

花叶蜂出巢 *Centrostemma multiflorum* 'Variegated'

科属：萝藦科蜂出巢属

【形态特征】直立灌木，叶对生，纸质，椭圆状，叶片上有银白色斑点。伞状聚伞花序，花 15 ～ 25 朵；花冠黄白色，开放后强度反折，散发淡淡的柠檬香味，花后花序梗会脱落；几乎常年开花。花朵密集，黄白色花冠状如蜜蜂之态，又似万箭齐发，十分奇特。

【生态习性】耐旱，喜肥沃疏松土壤。

【景观应用】适宜植物园及盆栽观赏。

大叶球兰锦 *Hoya macrophylla* 'Variegata'

科属：萝藦科球兰属

【形态特征】园艺种。叶卵圆形，先端尖，色彩斑斓。

【生态习性】喜肥沃疏松土壤。

【景观应用】适宜植物园及盆栽观赏。

白缘球兰 *Hoya carnosa* 'Krimson Queen'

科属：萝藦科球兰属

【形态特征】多年生常绿蔓性草本。叶对生，肉质，卵形或卵状长圆形，全缘，叶边缘乳白色。

【生态习性】耐旱，喜肥沃疏松土壤。

【景观应用】适宜植物园及盆栽观赏。

花叶球兰 *Hoya carnosa* 'Variegata'

科属：萝藦科球兰属

【形态特征】多年生常绿蔓性草本。叶对生，肉质，卵形或卵状长圆形，全缘，叶缘乳白或粉红色。

【生态习性】耐旱，喜肥沃疏松土壤。

【景观应用】适宜植物园及盆栽观赏。

三色球兰 *Hoya carnosa* 'Tricolor'

科属：萝藦科球兰属

【形态特征】多年生常绿蔓性草本。叶对生，肉质，卵形或卵状长圆形，全缘。幼叶古铜色，老叶缘象芽色。聚伞花序伞形，腋生。花期5～9月。

【生态习性】耐旱，喜肥沃疏松土壤。

【景观应用】适宜植物园及盆栽观赏。

心叶球兰锦 *Hoya kerrii* Craib 'Variegated'

科属：萝藦科球兰属　　　　　别名：花叶心叶球兰、凹叶球兰锦

【形态特征】亚灌木。茎枝攀爬达2米。叶柄粗壮；叶片呈卵至长卵形，叶厚多肉，基部近心形，顶部尖至钝圆形边缘黄白色；侧脉6～8对。腋生伞状花序，半球状，花开30～50朵。花冠白色，辐状，饱满。花期5月。

【生态习性】性喜温暖及潮湿，不耐寒。

【景观应用】为著名观赏植物。做缠绕的藤蔓或多肉类盆栽观赏。

紫龙角 *Caralluma hesperidum*

科属：萝藦科水牛掌属

【形态特征】多年生肉质草本，植株低矮分枝多。茎4棱，长20～40厘米，表皮橄榄绿或灰绿色，顶端有细小而早落的叶。花褐色，大1.3厘米，簇生于茎侧四面。

【生态习性】耐旱，喜肥沃疏松土壤。

【景观应用】适宜植物园及盆栽观赏。

阿修罗 *Huernia pillansii*

科属：萝藦科剑龙角属

【形态特征】多年生肉质草本，株体上长满了疣凸，每个疣凸的顶端都长了一根肉质刺，阳光充足植株呈现紫红色，缺光的时候植株呈绿色。开花如海星，五角星形，花瓣上有肉刺。

【生态习性】耐旱，喜肥沃疏松土壤，尽量少浇水。

【景观应用】适宜植物园及盆栽观赏。

◎ 旋花科

彩虹番薯 *Ipomoea batatas* 'Rainbow'

科属：旋花科番薯属　　别名：彩虹甘薯、花叶番薯、三色番薯

【形态特征】多年生草质藤本，有乳汁，茎蔓长达2～4米。茎粗壮，匍匐地面而生不定根；叶互生，宽卵形或心状卵形，分裂，顶端渐尖，基部截形或心形，叶片为花色。聚伞花序腋生，花冠钟状漏斗形，蓝白色。花期9～10月，蒴果。

【生长习性】适应性强，耐热、喜光、耐高温高湿、耐贫瘠，耐修剪；不耐寒。

【景观应用】用于花坛、花境、垂绿或盆栽。

金叶番薯 *Ipomoea batatas* 'Tainon'

科属：旋花科番薯属　　　　　别名：彩虹甘薯、花叶番薯、三色番薯

【形态特征】多年生草质藤本，有乳汁，茎蔓长达 2～4 米。茎粗壮，匍匐地面而生不定根；叶互生，分裂，顶端渐尖，基部截形或心形，金黄色，全缘或分裂。聚伞花序腋生，花冠钟状漏斗形，蓝白色。花期 9～10 月，蒴果。

【生长习性】适应性强，耐热、喜光、耐高温高湿，耐贫瘠，耐修剪；不耐寒。

【景观应用】用于花坛、花境、垂绿或盆栽。

金叶裂叶番薯 *Ipomoea batatas* 'Marguerite'

科属：旋花科番薯属　　　　　别名：玛格丽特番薯

【形态特征】多年生草质藤本，有乳汁，茎蔓长达 2～4 米。茎粗壮，匍匐地面而生不定根；叶互生，分裂，顶端渐尖，基部截形或心形，金黄色，深分裂。聚伞花序腋生，花冠钟状漏斗形，蓝白色。花期 9～10 月，蒴果。

【生长习性】适应性强，耐热、喜光、耐高温高湿、耐贫瘠，耐修剪；不耐寒。

【景观应用】用于花坛、花境、垂绿或盆栽。

紫叶番薯 *Ipomoea batatas* 'Black Heart'

科属：旋花科番薯属　　　　别名：紫叶甘薯

【形态特征】多年生草质藤本，有乳汁，茎蔓长达2～4米。茎粗壮，匍匐地面而生不定根；叶互生，宽卵形或心状卵形，全缘，顶端渐尖，基部截形或心形，紫色。聚伞花序腋生，花冠钟状漏斗形，蓝白色。花期9～10月，蒴果。

【生长习性】适应性强、耐热、喜光、耐高温高湿，耐贫瘠，耐修剪；不耐寒。

【景观应用】用于花坛、花境、垂绿或盆栽。

紫叶裂叶番薯 *Ipomoea batatas* 'Blackie'

科属：旋花科番薯属　　　　别名：黑色甘薯

【形态特征】多年生草质藤本，有乳汁，茎蔓长达2～4米。茎粗壮，匍匐地面而生不定根；叶互生，分裂，顶端渐尖，基部截形或心形，黑紫色。聚伞花序腋生，花冠钟状漏斗形，蓝白色。花期9～10月，蒴果。

【生长习性】适应性强，耐热、喜光，耐高温高湿，耐贫瘠，耐修剪；不耐寒。

【景观应用】用于花坛、花境、垂绿或盆栽。

银瀑马蹄金 *Dichondra argentea* 'Silver Falls'

科属：旋花科马蹄金属　　　　　　别名：银瀑银叶马蹄金

【形态特征】多年生草本，茎细长，匍匐地面，节处着地生不定根。银白色的茎秆上长着圆扇形或肾形银色叶片。单叶互生，叶片先端圆形，有时微凹，全缘，基部深心形。

【生长习性】性强健，喜阳光充足环境，极耐热、耐旱，需要土壤排水良好。

【景观应用】用于做组合盆栽或单独做吊篮栽培，效果极佳。

◎ 紫草科

银毛树 *Messerschmidia argentea* (L. F.) Johnst.

科属：紫草科砂引草属　　　　　　别名：白水木、白水草

【形态特征】小乔木或灌木，高 1 ～ 5 米；小枝粗壮，密生锈色或白色柔毛。叶倒披针形或倒卵形，先端钝或圆，上下两面密生丝状黄白色毛。镰状聚伞花序顶生，呈伞房状排列，密生锈色短柔毛；花冠白色，筒状。核果近球形。花果期 4 ～ 6 月。

【生态习性】喜高温、湿润和阳光充足的环境。耐盐性、抗强风、耐旱性俱佳；但耐寒性及耐阴性均差。

【景观应用】全株多披银白色的绒毛，花也是白色，故称之为银毛树，是理想的海滨园景树或庭园之绿化树种之一。

◎ 马鞭草科

烟火树 *Clerodendrum quadriloculare* (Blanco) Merr.

科属：马鞭草科大青属　　　别名：星烁山茉莉

【形态特征】常绿灌木，幼枝方形，墨绿色。叶对生，长椭圆形，先端尖，全缘或锯齿状波状缘，叶背暗紫红色。聚伞花序，花顶生，小花多数，白色5裂，外卷成半圆形。浆果状核果，果实椭圆形。花期冬至春。

【生态习性】性喜温暖湿润的气候，最适温度20～30℃。

【景观应用】是集观赏与药用价值于一身的优良园林植物。

花叶假连翘 *Duranta repens* 'Variegata'

科属：马鞭草科假连翘属　　　别名：金边假连翘

【形态特征】常绿灌木，枝下垂或平展。叶对生，叶面近三角形，叶缘有黄白色条纹。中部以上有粗齿。花蓝色或淡蓝紫色，总状花序呈圆锥状，花期5～10月。核果橙黄色，有光泽。

【生态习性】喜高温，耐旱。全日照，喜好强光，能耐半阴。生长快，耐修剪。

【景观应用】适于种植作绿篱、绿墙、花廊。

黄边假连翘 *Duranta repens* 'Marginata'

科属： 马鞭草科假连翘属　　　　**别名：** 金边假连翘

【形态特征】常绿灌木，枝下垂或平展。叶对生，叶面近三角形，叶缘黄色。花蓝色或淡蓝紫色，总状花序呈圆锥状，花期 5 ～ 10 月。核果橙黄色，有光泽。

【生态习性】喜高温，耐旱。全日照，喜好强光，能耐半阴。生长快，耐修剪。

【景观应用】适于种植作绿篱、绿墙、花廊。

金叶假连翘 *Duranta repens* 'Golden Leaves'

科属： 马鞭草科假连翘属　　　　**别名：** 黄金叶、黄叶假连翘

【形态特征】常绿灌木，株高 20 ～ 60 厘米，枝下垂或平展。叶对生，叶长卵圆形，金黄色至黄绿色，卵椭圆形或倒卵形，中部以上有粗齿。花蓝色或淡蓝紫色，总状花序呈圆锥状，花期 5 ～ 10 月。核果橙黄色，有光泽。

【生态习性】喜高温，耐旱。全日照，喜好强光，能耐半阴，耐修剪。

【景观应用】适于种植作绿篱、绿墙、花廊，枝条柔软，丛植于草坪或与其他树种搭配模纹花坛，还可作盆景栽植。

荆条 *Vitex negundo* var. *heterophylla* (Franch.)

科属：马鞭草科牡荆属

【形态特征】灌木或小乔木，株高 1 ~ 2.5 米。掌状复叶，具小叶 5 枚，有时 3 枚，披针形或椭圆形披针形，先端渐尖，基部楔形，边缘缺刻状锯齿，浅裂至羽状深裂，表面绿色，背面淡绿色或灰白色。圆锥花序顶生，花小，蓝紫色，花冠二唇形，雄蕊 4，伸出花冠。核果，种子圆形黑色。花期 6 ~ 11 月。

【生态习性】耐寒，耐旱、耐瘠薄，适应性强。根系发达，萌蘖性强，耐修剪，易造型。

【景观应用】叶清秀，花素雅，是装点风景区的好材料；植于山坡、路旁、林缘均可。

海蓝阳光莸 *Caryopteris×clandonensis* 'Sunshine Blue'

科属：马鞭草科莸属　　　　别名：阳光金叶莸、黄金莸

【形态特征】落叶灌木，株高达 150 厘米。单叶对生，叶楔形，长 3 厘米 ~ 6 厘米，叶面光滑，鹅黄色，叶先端尖，基部钝圆形，边缘有粗齿；聚伞花序，花冠蓝紫色，高脚碟状腋生于枝条上部，自下而上开放；花萼钟状，二唇形 5 裂，下裂片大而有细条状裂，雄蕊 4；花冠、雄蕊、雌蕊均为淡蓝色，花期 7 ~ 9 月。

【生态习性】抗性极强，耐盐碱、耐旱、耐寒。

【景观应用】叶色优雅，叶片从早春初绽枝头即呈金黄色，比金叶莸、金叶锦带、金叶女贞等品种更为突出亮丽，表现综合特性均超过金叶莸，是优良的园林造景灌木。

金叶莸 *Caryopteris×clandonensis* 'Worcester Gold'

科属：马鞭草科莸属

【形态特征】落叶灌木，株高 50～60 厘米，枝条圆柱形。单叶对生，叶长卵形，叶端尖，边缘有粗齿。叶面光滑，鹅黄色，叶背具银色毛。聚伞花序紧密，腋生于枝条上部，自下而上开放；花紫色，聚伞花序，腋生。花期在夏秋。

【生态习性】喜光，也耐半阴，耐旱、耐热、耐寒，越是光照强烈，叶片越是金黄；如长期处于半庇荫条件下，叶片则呈淡黄绿色。

【景观应用】适宜片植，做色带、色篱、地被也可修剪成球。

'夏日冰沙' 蓝莸 *Caryopteris × clandonensis* 'Summer Sorbet''

科属：马鞭草科莸属

【形态特征】落叶灌木。单叶对生，叶绿色有黄白色斑块。

【生态习性】喜光，也耐半阴。

【景观应用】园艺品种。

◎ 唇形科

斑叶凤梨薄荷 *Mentha suaveolens* 'Variegata'

科属：唇形科薄荷属　　　　　　别名：花叶薄荷、圆叶斑叶薄荷

【形态特征】苹果薄荷的品种。多年生芳香草本，茎多分枝，上部被毛。叶对生，长圆状披针形、披针形或卵状披针形，叶色深绿，叶缘有较宽的乳白色斑。轮伞花序腋生，花冠淡红色、青紫色或白色，喉部有毛，花果期 8 ～ 11 月。

【生长习性】适应性较强，喜阳光充足、温暖湿润环境，耐寒，适宜中性肥沃的土壤。

【景观应用】芳香草本，可作花境材料或盆栽观赏。

花叶薄荷 *Mantha × rotundifolia* 'Variegata'

科属：唇形科薄荷属　　　　　别名：花叶杂交薄荷、彩叶薄荷

【形态特征】常绿草本，叶对生，多为椭圆形至圆形，花粉红色。常绿多年生草本，芳香植株。株高 30 厘米，叶对生，椭圆形至圆形，叶色深绿，叶缘有较宽的乳白色斑。花粉红色，花期 7 ～ 9 月。

【生长习性】适应性较强，喜阳光充足、温暖湿润环境，耐寒，适宜中性肥沃的土壤。

【景观应用】可作花境材料或盆栽观赏，也可用作观叶地被植物。

分药花 *Perovskia abrotanoides* Karel

科属：唇形科分药花属

【形态特征】多年生草本，基部常木质化。高 100 ～ 130 厘米。茎直立，近四棱形，密被粉状绒毛，呈灰白色。叶卵圆状披针形，边缘具缺刻状牙齿，两面被粉状绒毛，呈灰绿色；茎、叶揉碎后具辛辣气味。花序生于枝顶，由多数轮伞花序组成长约 30 厘米的疏散长圆锥花序；花萼紫色，极密被长硬毛；花冠淡蓝或淡紫色。花期夏末至初秋。

【生长习性】喜光，耐热，耐寒，喜排水良好土壤。

【景观应用】可作为地被植物用于布置花坛、花境、色带、边坡或悬吊观赏。

花叶活血丹 *Glechoma hederacea* 'Variegata'

科属：唇形科活血丹属　　　　　别名：花叶欧亚活血丹、斑叶连钱草

【形态特征】多年生蔓生匍匐草本，株高约10厘米，枝条匍匐生长。叶对生，肾形，叶缘具白色斑块，冬季经霜变微红。花紫色或粉色，长成对生于叶腋。花期4～6月。

【生长习性】耐阴，喜湿润，较耐寒，华北地区以在室内越冬为宜。

【景观应用】可作为地被植物用于布置花坛、花境、色带、边坡或悬吊观赏。

阿帕其日落岩生藿香 *Agastache rupestris* 'Apache Sunset'

科属：唇形科藿香属

【形态特征】岩生藿香的栽培品种。多年生草本，多分枝，高约1米。单叶对生，狭长披针形。花管状，较长，大而疏，橘红色。花期7～10月。

【生长习性】耐阴，喜湿润，较耐寒。

【景观应用】可作为地被植物用于布置花坛、花境、色带。

'金色庆典'茴香味藿香 *Agastache foeniculum* 'Golden Jubilee'

科属：唇形科藿香属　　　　　别名：金叶藿香

【形态特征】茴藿香的栽培品种。多年生草本，高 1 米，茎直立，四棱形，多分枝，有香气。单叶对生，长心形，叶缘锯齿状，叶脉明显，叶片金黄色。顶生穗状花序，花蓝色。花期 7 ~ 10 月。

【生长习性】耐寒、耐干旱，喜排水良好的土壤。

【景观应用】可作为地被植物用于布置花坛、花境、色带。

花叶随意草 *Physostegia virginiana* 'Variegata'

科属：唇形科假龙头花属　　　　　别名：花叶假龙头花

【形态特征】多年生草本，株高 60 ~ 120 厘米，丛生。有根茎，地上茎直立呈四棱状。叶对生，呈长椭圆至披针形，缘有锯齿，叶有白边，与中间绿色反差较大。穗状花序顶生，长 20 ~ 30 厘米，单一或分枝，花紫红、红、粉色。

【生长习性】耐寒力强，喜阳光充足的环境，要求通风良好，土壤以疏松肥沃、排水良好者为佳。夏季干燥生长不良，其叶片易脱落。

【景观应用】园林绿地中广泛应用。可用于花坛、草地成片种植；也可盆栽观赏。

蓝月亮荆芥 *Nepeta xataria* Linn

科属：唇形科荆芥属

【形态特征】多年生直立草本。高 40 ～ 80 厘米，背白色短柔毛；叶对生卵形至三角状心脏形；叶柄细长，背面淡绿白色，边缘有锯齿；聚散花序，二叉分枝形成顶生圆锥花序，具叶状苞片，花萼筒状，有 5 齿不等长，花冠白色，花筒细。花期从 5 月下旬一直开到 10 月下旬。

【生长习性】耐暑热，也耐严寒，耐土壤瘠薄，耐干旱，土壤碱性适于种植，管理粗放。

【景观应用】园林绿地中广泛应用。可用于花坛、草地成片种植。

紫罗勒 *Ocimum basilicum* 'Purple Ruffles'

科属：唇形科罗勒属

【形态特征】一年生草本，是罗勒的栽培种，株高 20 ～ 50 厘米。茎四棱形，全株暗紫红色，有香气。叶对生，卵形或长椭圆形，叶面微皱，边缘具不规则锯齿状浅裂，暗红色。轮伞花序 6 花排成假总状花序，小花白色；花期 7 ～ 9 月，果期 8 ～ 10 月。

【生长习性】分布广，适应性强，喜光，耐酷暑，适宜疏松土壤。

【景观应用】叶色独特，适于庭植、花坛构成色彩变化或盆栽。

金叶牛至 *Origanum vulgare* 'Aureum'

科属：唇形科牛至属

【形态特征】多年生草本，全株具芳香。叶片卵圆形或长圆状卵圆形，先端钝或稍钝，基部宽楔形至近圆形或微心形，全缘或有小锯齿，金黄色。花序呈伞房状圆锥花序，花多，花冠紫红色或白色。小坚果卵圆形，棕褐色花果期7～9月，果期10～12月。

【生长习性】喜光，耐瘠薄，宜植于排水良好处。

【景观应用】是良好的地被植物。

彩叶草类 *Coleus blumei-hybrida*

科属：唇形科鞘蕊花属　　　　别名：洋紫苏、五色草、锦紫苏

【形态特征】多年生草本，常作一年生栽培。株高20～80厘米，茎四棱，全株密被细毛。叶对生，卵圆形或长卵形，具细锯齿。叶片上有红、黄、紫红、绿等多种色彩组合，五彩缤纷，构成美丽的图案。圆锥花序顶生，花小，淡蓝或带白色。花期8～9月。

【生长习性】喜光，耐热，耐修剪，稍耐阴，不耐寒；对土壤要求不严，以疏松、排水良好的砂质壤土为佳。

【景观应用】叶色灿烂缤纷，极具美感，是视觉效果华丽美观的观叶植物，丛植、成片种植都具有良好的景观效果，也可盆栽观赏。

巴格旦鼠尾草 *Salvia officinalia* 'Berggarten'

科属：唇形科鼠尾草属

【形态特征】多年生草本，植株呈丛生状，叶对生长椭圆形，叶形宽大，银灰绿色，叶表有凹凸状织纹。顶生穗装花序，花紫色，有芳香气味。

【生长习性】生长强健，耐病虫害。喜排水良好、土质疏松、肥沃的土壤及充足的阳光。

【景观应用】小型的药草园可以应用，也适合家庭栽培。

金斑鼠尾草 *Salvia officinalia* 'Icterina'

科属：唇形科鼠尾草属　　　　　别名：黄金鼠尾草

【形态特征】多年生草本，鼠尾草变种，绿叶的边缘是金黄色。

【生长习性】适应性强，喜光，耐热，适宜疏松、肥沃土壤。

【景观应用】用于花坛、花境，也可点缀岩石、林缘空地等处。

药用鼠尾草 *Salvia officialis* L.

科属：唇形科鼠尾草属　　　　　别名：撒尔维亚

【形态特征】常绿小型亚灌木。株高 20 ～ 80 厘米，具木质茎，直立，有分枝，被白色短绒毛。叶椭圆形、长圆形或卵形，边缘具细小圆齿，叶面具网状细绉，背面平或有时呈网状凹陷，两面密被白色短绒毛和腺点；叶柄密被白色短绒毛。轮伞花序有花 2 ～ 18 朵，组成顶生的总状花序；花冠多为淡紫色，亦可为白色、粉色或紫色，冠筒直伸，上唇直伸，长圆形，下唇宽大，侧裂片卵形，中裂片倒心形；雄蕊内藏；花柱伸出上唇外，顶端不等 2 裂。花期春至夏季。

【生长习性】适应性强，喜光，耐热，适宜疏松、肥沃土壤。

【景观应用】用于花坛、花境，也可点缀岩石、林缘空地等处。

金叶药用鼠尾草 *Salvia officinalia* 'Aurea'

科属：唇形科鼠尾草属 　　　　　别名：黄斑鼠尾草、黄斑药用鼠尾草

【形态特征】多年生草本，药用鼠尾草的栽培品种。株高 20 ～ 50 厘米。叶色斑驳。

【生长习性】适应性强，喜光，耐热，适宜疏松、肥沃土壤。

【景观应用】用于花坛、花境，也可点缀岩石、林缘空地等处。

三色鼠尾草 *Salvia officinalia* 'Tricolor'

科属：唇形科鼠尾草属 　　　　　别名：银边鼠尾草

【形态特征】多年生草本，鼠尾草变种，同一片叶上有白绿紫三种颜色。

【生长习性】适应性强，喜光，耐热，适宜疏松、肥沃土壤。

【景观应用】用于花坛、花境，也可点缀岩石、林缘空地等处。

紫弦叶鼠尾草 *Salvia lyrata* 'Purple Volcano'

科属：唇形科鼠尾草属 　　　　　别名：火山紫色鼠尾草

【形态特征】多年生草本。叶紫色。

【生长习性】喜光，适应性强，忌炎热、干燥，适宜疏松、肥沃土壤。

【景观应用】用于花坛、花境，也可点缀岩石、林缘空地等处。

紫叶鼠尾草 *Salvia officinalia* 'Purpurascens'

科属：唇形科鼠尾草属

【形态特征】多年生草本，鼠尾草变种，叶紫红色有斑驳。

【生长习性】适应性强，喜光，耐热，适宜疏松、肥沃土壤。

【景观应用】用于花坛、花境，也可点缀岩石、林缘空地等处。

绵毛水苏 *Stachys lanata* Jacq.

科属：唇形科水苏属

【形态特征】多年生草本，高约60厘米。茎直立，四棱形，密被有灰白色丝状绵毛。基生叶及茎生叶长圆状椭圆形，两端渐狭，边缘具小圆齿，质厚，两面均密被灰白色丝状绵毛。轮伞花序多花，向上密集组成顶生穗状花序，外面密被丝状绵毛。花期7月。

【生长习性】喜光、耐寒，最低可耐 −29℃ 低温。

【景观应用】可植于花境、草坪边缘、疏林下或药草园。

特丽莎香茶菜 *Plectranthus ecklonii* 'Mona Lavender'

科属：唇形科香茶菜属 　　　　别名：紫凤凰、紫莫娜香茶菜

【形态特征】艾氏香茶菜园艺品种。灌木状的多年生草本植物，能形成茂密可爱的丛生状株型。叶片深绿有光泽，叶背浓紫色，花枝上淡紫色的花朵带有紫色斑纹。

【生长习性】喜温暖湿润、半日照环境，喜肥沃疏松，排水良好的土壤。

【景观应用】可植于花境、草坪边缘、疏林下或药草园。

花叶香茶菜 *Plectranthus coleoides* 'Variegata'

科属：唇形科香茶菜属 　　　　别名：斑叶香妃草

【形态特征】灌木状草本植物。蔓生，茎枝棕色，嫩茎绿色或具红晕。叶卵形或倒卵形，光滑，厚革质，边缘具疏齿。伞形花序，花有深红，粉红及白色等。多年生草本植物。多分枝，全株被有细密的白色绒毛。肉质叶，交互对生，绿色，卵圆形，边缘有钝锯齿。

【生长习性】喜阳光，但也较耐阴，不耐寒，不耐水湿。喜疏松、排水良好的土壤。

【景观应用】组合盆栽，垂吊。

银叶到手香 *Plectranthus argentatus* 'Silver Shield'

科属：唇形科香茶菜属

【形态特征】多年生草本，全株被毛，具浓郁香气，多分枝或丛生，基部卧伏，木质化，上部斜伸或直立，淡绿色。叶对生，叶片肥厚肉质状，心形或近心形，粗锯齿缘，轮伞花序，小花多数，轮状着生，花淡紫色或晕紫色，瘦果。

【生长习性】喜疏松、排水良好的土壤。

【景观应用】组合盆栽。

灌丛石蚕 *Teucrium fruticans*

科属：唇形科香科科属　　　别名：水果蓝、银石蚕

【形态特征】常绿小灌木，高达 1.8 米。叶对生，卵圆形，长 1 ~ 2 厘米，宽 1 厘米。小枝四棱形，全株被白色绒毛，以叶背和小枝最多。花淡紫色，花期 1 个月左右。

【生长习性】喜光，稍耐阴，生长快，耐修剪。

【景观应用】可作深绿色植物的前景，也适合作草本花卉的背景，能为庭院带来一抹靓丽的蓝色。

小冠熏 *Ballota pseudodictamnus* (L.) Benth

科属：唇形科小冠熏属

【形态特征】多年生草本。叶对生，卵圆形。轮伞花序具 6 ~ 10 花，单向，组成顶生茎、枝的总状或穗状花序，此种花序多数复组成圆锥状花序。花冠小，冠筒内藏或略伸出，冠檐二唇形，上唇 3 裂，中裂片稍大。小坚果倒卵珠形。

【生长习性】喜光，耐热，耐寒，适宜疏松土壤。

【景观应用】可植于花境、草坪边缘、疏林下或药草园。

齿叶薰衣草 *Lavandula dentata*

科属：唇形科薰衣草属

【形态特征】多年生草本，株高60厘米，全株被白色绒毛。叶对生，披针形，叶缘具锯齿，灰绿色。穗状花序顶生，花小，唇形，蓝紫色。花期冬春季。

【生长习性】喜光，耐热，耐寒，适宜疏松土壤。

【景观应用】可植于花境、草坪边缘、疏林下或药草园。

西班牙薰衣草 *Lavandula stoechas*

科属：唇形科薰衣草属

【形态特征】多年生草本，叶灰绿色，花深紫色，花序顶部着生有色彩鲜明的苞片。

【生长习性】喜光，忌高温高湿，适宜疏松土壤。

【景观应用】可植于花境、草坪边缘、疏林下或药草园。

羽叶薰衣草 *Lavandula pinnat*

科属：唇形科薰衣草属

【形态特征】多年生草本，株高 30 ~ 40 厘米，多分枝。叶对生，二回羽状复叶，小叶线形或披针形，灰绿色。穗状花序顶生，花茎细高，花唇形，蓝紫色。花期 6 ~ 8 月。

【生长习性】喜光，耐热，较耐寒，适宜疏松土壤。

【景观应用】可植于花境、草坪边缘、疏林下或药草园。

薰衣草 *Lavandula angustifolia* Mill

科属：唇形科薰衣草属

【形态特征】多年生草本，株高 30 ~ 50 厘米，多分枝。叶对生。轮伞花序顶生，每轮花序有小花 6 ~ 11 朵，花冠浅蓝紫色，具淡雅香气。花期 6 ~ 8 月。

【生长习性】喜光，耐寒，适宜疏松土壤。

【景观应用】可植于花境、草坪边缘、疏林下或药草园。

花叶野芝麻 *Lamium galeobdolon*

科属：唇形科野芝麻属　　　别名：斑叶野芝麻

【形态特征】多年生草本，株高 30 ~ 50 厘米。叶卵圆形，先端尾状长尖，下部的叶基近截形，上部的叶基截状阔楔形，边缘具粗锯齿，叶上布有白色块斑。轮伞花序 8 ~ 12 花。花期 7 月，果期秋季。

【生长习性】喜温暖及潮湿的环境，以肥沃、排水良好的壤土为佳。

【景观应用】原种产欧洲，我国华东、西南地区有栽培。

紫叶紫苏 *Perilla frutescens* (Linn.) Britt. 'Atropurpurea'

科属：唇形科紫苏属

【形态特征】一年生草本植物，紫苏的变种。株高 50～200 厘米。茎直立，4 棱，多分枝，被长柔毛。叶对生，宽卵形或圆卵形，紫色，面皱，有味。轮伞花序 2 花，顶生或腋生；花紫红色、粉红色或白色，花冠唇形；坚果。

【生长习性】适应性强，喜光，耐热，耐高温高湿，耐修剪，对土壤要求不严。

【景观应用】用于花坛、花境、地被。

皱叶紫苏 *Perilla frutescens* (Linn.) Britt. 'Crispa'

科属：唇形科紫苏属　　　　　别名：回回苏

【形态特征】一年生草本植物，紫苏的变种。本变种不同在于叶具狭而深的锯齿，常为紫色；果萼较小。

【生长习性】适应性强，喜光，耐热，耐高温高湿，耐修剪，对土壤要求不严。

【景观应用】用于花坛、花境、地被。

◎ 茄 科

斑叶欧白英 *Solanum dulcamara* 'Variegated'

科属：茄科茄属

【形态特征】草质藤本，叶先端渐尖，基部戟形，粗齿裂或 3 ~ 5 羽状深裂，两面均被稀疏短柔毛。聚伞花序腋外生，多花，萼杯状；花冠直径约 1 厘米。浆果球形或卵形，成熟后红色，种子扁平。花期夏季，果熟期秋季。

【生态习性】喜肥沃湿润土壤。

【景观应用】庭院栽植观赏。

◎ 玄参科

爆仗竹 *Russelia equisetiformis* Schlecht. et Cham.

科属：玄参科爆仗竹属　　　　别名：爆仗花、炮仗竹、吉祥草

【形态特征】直立灌木。高达 1 米，茎绿色，轮生，细长，具纵棱。叶小，对生或轮生，退化成披针形的小鳞片。聚伞圆锥花序，花红色，花冠长筒状，长约 2 厘米。花期春、夏。

【生长习性】喜温暖湿润和半阴环境，也耐日晒，不怕水湿，耐修剪，不耐寒。

【景观应用】红色长筒状花朵成串吊于纤细下垂的枝条上，犹如细竹上挂的鞭炮。宜在花坛、树坛边种植，也可盆栽观赏。

地黄 *Rehmannia glutinosa*

科属：玄参科地黄属　　　　别名：生地、怀庆地黄

【形态特征】多年生草本，株高达30厘米，密被灰白色多细胞长柔毛和腺毛。根茎肉质，鲜时黄色，茎紫红色。叶片卵形至长椭圆形，叶脉在上面凹陷，上面绿色，下面略带紫色或成紫红色，边缘具不规则圆齿或钝锯齿以至牙齿；花在茎顶部略排列成总状花序，花冠外紫红色，内黄紫色，药室矩圆形，蒴果卵形至长卵形，花果期4～7月。

【生长习性】适应性强，喜光亦耐半阴，在肥沃、疏松、排水良好的土壤生长良好。

【景观应用】其根药用，可植于药草园。

红花玉芙蓉 *Leucophyllumfrutescens* (Berland.) I.M.Johnst.

科属：玄参科玉芙蓉属　　　　别名：紫花玉芙蓉

【形态特征】常绿小灌木，株高30～150厘米；叶互生，椭圆形或倒卵形，密被银白色毛茸，质厚，全缘，微卷曲；花腋生，花呈铃铛形，五裂，紫红色，极美艳。花期夏秋。

【生长习性】耐旱耐热，属于阳性植物，喜欢生长在温暖稍干旱的环境中。

【景观应用】全株叶茂密、叶色独特、花色美艳、花期较长，观叶观花皆为上品且可修剪成各种形状，极适合用做绿篱或盆栽等，是极佳的庭园美化树种。

◎ 紫葳科

斑叶粉花凌霄 *Pandorea jasminoides* 'Ensel-Variegta'

科属：紫葳科粉花凌霄属　　　　　别名：斑叶肖粉凌霄、花叶粉花凌霄

【形态特征】常绿半蔓性灌木。粉花凌霄的栽培变种，株高约 30 ～ 60 厘米，枝条伸长具半蔓性。奇数羽状复叶，小叶长椭圆形，革质，叶面有乳白或乳黄色斑纹。春末至秋季开花，花冠钟铃形，白至淡粉红色，喉部赤红色。

【生态习性】喜光，喜温热湿润气候，能耐轻霜，不耐寒，适生于肥沃湿润排水良好的土壤。

【景观应用】花叶俱美，蔓性不强，适用于庭园成簇美化或盆栽。

金叶梓树 *Catalpa bignonioides* 'Aurea'

科属：紫葳科梓树属　　　　　别名：金叶美国梓树

【形态特征】落叶乔木，株高达 15 米，树冠宽大。叶对生或轮生，广卵形，基部心形，长 25 厘米，叶为金黄色，新叶铜绿色。花冠白色，内具 2 条黄色条纹及紫褐色斑点。圆锥花序顶生，长 20 ～ 30 厘米。蒴果细条形，长 40 厘米。

【生态习性】适应性强，树势强健，株形开展，树皮光滑。耐旱，耐寒，喜光，喜肥沃湿润而排水良好的土壤。

【景观应用】树冠宽大，可作为庭阴树和行道树。

紫叶梓树 *Catalpa bignonioides* 'Purpurea'

科属：紫葳科梓树属　　　　　别名：紫叶美国梓树

【形态特征】落叶乔木，株形开展，阔卵圆形，叶基心形，新叶深紫色，后变绿。花淡紫色，花期 5 ～ 6 月。

【生态习性】适应性强，耐盐碱，喜光，耐旱，耐寒，喜肥沃湿润而排水良好的土壤。

【景观应用】树冠宽大，可作为庭阴树和行道树。

葫芦树 *Crescentia cujete* L.

科属：紫葳科葫芦树属　　　别名：铁西瓜、铁木瓜、炮弹果、炮弹树

【形态特征】乔木，高 5 ～ 18 米，主干通直；枝条开展，分枝少。叶丛生，2 ～ 5 枚，大小不等，阔倒披针形，顶端微尖，基部狭楔形，具羽状脉。花单生于小枝上，下垂。花萼 2 深裂，裂片圆形。花冠钟状，微弯，一侧膨胀，一侧收缩，淡绿黄色，具有褐色脉纹，裂片 5，不等大，花冠夜间开放，发出一种恶臭气味，蝙蝠传粉。浆果卵圆球形，黄色至黑色，果壳坚硬，可作盛水的葫芦瓢。

【生态习性】喜肥沃湿润而排水良好的土壤。

【景观应用】栽培观赏。

◎ 苦苣苔科

隆林唇柱苣苔 *Chirita lunglinensis* W. T. Wang

科属：苦苣苔科唇柱苣苔属

【形态特征】多年生草本。根状茎长。叶3～5枚，均基生；叶片纸质、椭圆状卵形、椭圆形或卵形，稀宽卵形，顶端钝或微钝，基部斜宽楔形，或一侧楔形，另一侧圆形或浅心形，边缘有浅钝齿或小牙齿，两面被贴伏短柔毛。花序1～4条，有2～8花。花冠白色，长3～3.8厘米，筒狭漏斗状，花期6月。

【生长习性】适宜肥沃疏松的中性或微酸性土壤。

【景观应用】栽培观赏。

斑叶非洲紫罗兰 *Saintpaulia ionantha*

科属：苦苣苔科非洲苦苣苔属　　　别名：斑叶非洲堇

【形态特征】多年生草本植物。无茎，全株被毛。叶卵形，叶柄粗壮肉质。花1朵或数朵在一起，淡紫色。

【生长习性】喜温暖气候，忌高温，较耐阴，宜在散射光下生长。宜肥沃疏松的中性或微酸性土壤。

【景观应用】花色斑斓，四季开花，是室内的优良的盆栽花卉。

艳斑苣苔 *Kohleria* sp.

科属：苦苣苔科红雾花属　　　别名：花脸苣苔、花猫

【形态特征】多年生草本植物。株高10～50厘米，全株满布细毛。叶对生，长椭圆形，叶缘有细锯齿，深绿色。花腋出，花冠筒状，花径约1～3厘米，花瓣上有斑点及放射性的线条，花色有绿、红、粉红、橘等，花期为春至秋季。

【生长习性】适宜肥沃疏松的中性或微酸性土壤。

【景观应用】栽培观赏。

鲸鱼花 *Columnea banksii*

科属：苦苣苔科鲸鱼花属

【形态特征】多年生常绿草本植物，蔓生，茎纤细，密被红褐色茸毛。叶深绿色、卵形，对生。单花生于叶腋，橘红色；花形好像张开的鲨鱼大嘴，花期9月至翌年5月。

【生长习性】喜温暖湿润和半阴环境。生长适温 18～22℃，高温多湿枝蔓易腐烂。越冬温度应在 10℃以上。要求疏松、肥沃、排水良好的砂质壤土。

【景观应用】适于室内垂吊栽植。枝蔓下垂，花多奇特，花色鲜艳，极为美观。

断崖之女王 *Rechsteineria leucotricha*

科属：苦苣苔科月宴属　　　　　别名：月宴

【形态特征】多年生肉质草本。具球状或甘薯状肉质茎，有须根，顶端簇生绿色枝条，高20～30厘米，表面密生短小白毛。叶片生于枝条上部，椭圆形或长椭圆形，交互对生，全缘，先端尖，绿色，叶表密生厚实的白色绒毛，有光泽。花生于枝顶端，花筒较细，花瓣先端稍微弯曲，橙红色或朱红色，外被白色绒毛，春末至初秋开放，4～5月开花最盛。

【生长习性】性强健，易于管理。

【景观应用】块茎类多肉植物的代表品种，叶色奇特，上面的白色绒毛犹如动物皮毛般光滑，又像月光洒在叶面上，非常美丽；橙红色的花朵鲜艳夺目；是花、叶俱佳的多肉植物。适合盆栽布置。

◎ 爵床科

花叶小驳骨 *Gendarussa vulgaris* Nees 'Silvery Stripe'

科属：爵床科驳骨草属　　　　　别名：花叶接骨草、斑叶尖尾凤

【形态特征】多年生草本或亚灌木，直立、无毛，高约1米；茎圆柱形，节膨大，枝多数，对生，嫩枝常深紫色。叶纸质，狭披针形至披针状线形，顶端渐尖，基部渐狭，全缘。穗状花序顶生；苞片对生，花冠白色或粉红色。蒴果。花期春季。

【生长习性】喜欢湿润的气候环境。

【景观应用】常栽培为绿篱。

金脉单药花 *Aphelandra squarrosa* 'Danta'

科属：爵床科单药花属　　　别名：丹尼亚单药花、黄金宝塔

【形态特征】多年生草本植物。株高 25 ～ 30 厘米。单叶，对生，全缘而微向内卷，长椭圆形，先端渐尖，基部楔形，深绿色，叶脉淡黄色，花黄色，花期 7 ～ 9 月，为顶生穗状花序，由下向上渐次开放，花期可持续数星期。

【生长习性】喜温暖潮湿的气候，喜光照，忌直射阳光。

【景观应用】是观赏价值很高的观花、观叶植物。

黄脉爵床 *Sanchezia nobilis*

科属：爵床科黄脉爵床属　　别名：金鸡腊、金脉爵床、黄脉单药花

【形态特征】灌木，高达 2 米。叶具 1 ～ 2.5 厘米的柄，叶片矩圆形，倒卵形，顶端渐尖，或尾尖，基部楔形至宽楔形，边缘为波状圆齿，侧脉 7 ～ 12 条。常黄色。顶生穗状花序小，苞片大，花冠 5 厘米，雄蕊 4，花丝细长，伸出冠外；花柱细长，柱头伸出管外，高于花药。

【生长习性】喜光。

【景观应用】观叶植物。

金脉爵床 *Sanchezia speciosa*

科属：爵床科黄脉爵床属　　　别名：黄脉单药花

【形态特征】多年生常绿植物，直立灌木状，株高 50 ～ 80 厘米。多分枝，茎干半木质化。叶对生，无叶柄，阔披针形，长 15 ～ 30 厘米、宽 5 ～ 10 厘米，先端渐尖，基部宽楔形，叶缘锯齿；叶片嫩绿色，叶脉橙黄色。夏秋季开出黄色的花，花为管状，簇生于短花茎上，每簇 8 ～ 10 朵，整个花簇为一对红色的苞片包围。

【生长习性】较喜光。

【景观应用】可用于庭园美化，株形美丽，也适合盆栽，是优良的室内装饰植物。

花叶假杜鹃 *Barleria lupulina* Lindl.

科属：爵床科假杜鹃属

【形态特征】灌木，高约2米。茎多分枝。叶对生，披针形或卵状披针形，长4～8厘米，顶端渐尖，基部楔形，全缘，两面有白色柔毛；叶柄短，叶柄基部有一对向下的针刺，紫红色。穗状花序顶生或腋生；花黄色；苞片大；萼片4，成对，外面一对最大：花冠管长，5裂。蒴果。花期夏秋。

【生长习性】较喜光。

【景观应用】可用于庭园美化和盆栽，是优良的室内装饰植物。

马可芦莉 *Ruellia makoyana*

科属：爵床科蓝花草属　　　　别名：银脉芦莉草、紫叶芦莉草

【形态特征】多年生常绿草本，叶脉白色。

【生长习性】原产巴西。喜温暖湿润和半阴环境，需明亮光照，忌强光直射，宜疏松、肥沃、透水好的腐叶土，冬季温度不低于12℃。

【景观应用】可用于庭园美化和盆栽。

白斑枪刀药 *Hypoestes sanguinolenta* f. 'Alba'

科属：爵床科枪刀药属　　　　别名：白星点鲫鱼胆、白点草

【形态特征】多年生草本，枝条生长后略呈蔓性。叶对生，卵形至长卵形。叶面橄榄绿色，叶面布满白色斑块。

【生长习性】喜温暖湿润和半阴环境。不耐寒，怕高温和强光暴晒。怕干风和干旱。以疏松肥沃和排水良好的微酸性砂质壤土为好。

【景观应用】叶色艳丽，成为十分畅销的室内小型观叶植物，用于庭园美化和盆栽。

大斑粉斑枪刀药 *Hypoestes phyllostachya* 'Splash'

科属：爵床科枪刀药属　　　别名：红丝绒、红点草

【形态特征】多年生草本或亚灌木，株形矮小，直立，多分枝，当枝条长长时容易向下弯曲，呈蔓生状。叶对生，卵圆形，草绿色，叶面常密集白色或灰红色的小斑点。花腋生，花冠粉红色，喉部白色。

【生长习性】喜湿润、阳光充足的环境，要求疏松肥沃、排水良好的土壤。

【景观应用】可用于庭园美化和盆栽。

白点嫣红蔓 *Hypoestes phyllostachya* 'Splash Select White'

科属：爵床科枪刀药属

【形态特征】多年生草本，高约 60 厘米，枝条生长后略呈蔓性，茎节处易生根。叶对生，卵形至长卵形。叶面橄榄绿色，叶面布满白色碎斑，十分密集。花小，淡紫色不显眼，花期春季。

【生长习性】喜高温多湿，光线过暗，其叶色会变绿，斑点消失。生长适温 20～28℃，喜排水良好的腐殖质壤土或砂质壤土。

【景观应用】可用于庭园美化和盆栽。

玫红点嫣红蔓 *Hypoestes phyllostachya* 'Splash Select Rose'

科属：爵床科枪刀药属

【形态特征】同白点嫣红蔓，叶面布满红色斑点。

【生长习性】同白点嫣红蔓。

【景观应用】同白点嫣红蔓。

白边拟美花 *Pseuderanthemum atropurpureum* 'Variegatum'

科属：爵床科山壳骨属　　　别名：花叶拟美花、银边拟美花

【形态特征】叶片上有乳白色斑纹。

【生长习性】喜高温多湿，喜光，宜肥沃的砂质土或壤土。

【景观应用】适合庭院列植或丛植，或与其他植物配置。

彩叶拟美花 *Pseuderanthemum atropurpureum* 'Tricolor'

科属：爵床科山壳骨属

【形态特征】半常绿灌木，株高约50～200厘米，叶对生，广披针形或倒披针形，叶缘有不规则缺刻。叶面有褐红、淡红、乳白斑彩。花顶生，红色或白色。花期春夏季。

【生长习性】喜高温多湿，喜光，宜肥沃的砂质土或壤土。

【景观应用】以观叶为主，叶色优美，最适合庭园列植、丛植，亦可作室内植物。

金叶拟美花 *Pseuderanthemum reticulatum* Radlk. Ovarifolium

科属：爵床科山壳骨属

【形态特征】多年生草本，株高50～200厘米。叶对生，广披针形至倒披针形，叶缘具不规则缺刻新叶色金黄，后转为黄绿或翠绿；花顶生，红色或白色，花期春夏季。

【生长习性】喜高温多湿，喜光，宜肥沃的砂质土或壤土。

【景观应用】叶色较为明艳，适合庭院列植或丛植，或与其他植物配置，或盆栽观赏。

紫叶拟美花 *Pseuderanthemum carruthersii* Atropurpureum

科属：爵床科山壳骨属

【形态特征】常绿灌木，株高约50～200厘米，叶对生，广披针形或倒披针形，叶缘有不规则缺刻，叶色紫红至褐色。顶生花序，花瓣白色带深红色斑纹。

【生长习性】以肥沃之砂质壤土或壤土最佳，排水需良好。

【景观应用】叶色优美，以观叶为主，适合庭园列植、丛植，亦可作室内植物。

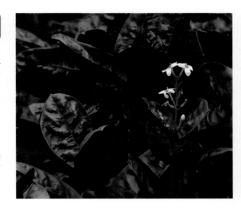

网纹草 *Fittonia verchaffeltii*

科属：爵床科网纹草属　　　　别名：费道花、银网草

【形态特征】多年生常绿草本，枝条斜生，不竖立。叶片较小，长 1.5 ～ 2 厘米，叶脉银白色。花小、黄色，花期在 4 ～ 6 月。

【生长习性】喜高温高湿及半阴的环境，畏冷怕旱忌干燥，也怕渍水。对土壤要求不严，但以疏松肥沃、通水透气性好、保水性强的土壤为宜。

【景观应用】植株低矮，叶片娇小，可爱，叶面上细致的网纹组成了一幅幅美丽的图案，作地被或盆栽观赏，非常清新素雅。

白网纹草 *Fittonia verchaffeltii* 'Argyroneura'

科属：爵床科网纹草属

【形态特征】具匍匐茎，茎有粗毛，叶片卵圆形，翠绿色，叶脉呈银白色。

【生长习性】同网纹草。

【景观应用】同网纹草。

小叶白网纹草 *Fittonia verchaffeltii* 'Argyroneura Minina'

科属：爵床科网纹草属　　　　别名：姬白网纹草

【形态特征】多年生草本，与白网纹草特征相似，为矮生品种，株高 10 厘米，叶小，叶长 3 ～ 4 厘米、宽 2 ～ 3 厘米，叶片淡绿色，叶脉银白色。

【生长习性】同网纹草。

【景观应用】同网纹草。

红网纹草 *Fittonia verchaffeltii* 'Pearcea'

科属：爵床科网纹草属

【形态特征】多年生草本，与白网纹草特征相似，唯叶片上有纵横交错的砖红色叶脉。

【生长习性】同网纹草。

【景观应用】同网纹草。

小叶红网纹草 *Fittonia verchaffeltii* 'Pearcea Nana'

科属：爵床科网纹草属

【形态特征】多年生草本，与红网纹草特征相似，叶片稍小，叶脉砖红色。

【生长习性】同网纹草。

【景观应用】同网纹草。

银脉单药花 *Kudoacanthus albonervosa* Hosok.

科属：爵床科银脉爵床属　　　　别名：斑马花、银脉爵床

【形态特征】多年生常绿草本。茎直立、方形、植株粗壮，略带肉质。叶对生，卵形或椭圆状卵形，叶端尖，边缘有疏离的波状或全缘；叶片深绿色有光泽，叶面具有明显的白色条纹状叶脉。穗状花序顶生或腋生，花簇金字塔形，苞片金黄色，有时具红色边缘，交互对列包裹花梗，如瓦片样层层重叠。花双唇形，淡黄色，萼片5。花期夏秋季。

【生长习性】以肥沃之砂质壤土或壤土最佳，排水需良好。

【景观应用】适合庭园列植、丛植美化，亦可作室内植物。

锦彩叶木 *Graptophyllum pictum* (L.) Griff. 'Tricolor'

科属：爵床科紫叶木属　　　　别名：彩叶木、漫画树

【形态特征】常绿小灌木，植株高达1米。茎红色，叶对生，长椭圆形，先端尖，基部楔形。叶中肋泛布淡红色彩斑。

【生长习性】性喜高温，散漫明亮的光照，室内摆饰应放置窗边光照明亮之处，阴暗容易徒长，斑彩会逐渐淡化。

【景观应用】为良好的盆栽观叶植物，可庭园美化或盆栽。

金斑彩叶木 *Graptophyllum pictum* (L.) Griff. 'Aurea Variegata'

科属：爵床科紫叶木属　　　　别名：彩叶木、漫画树

【形态特征】常绿小灌木，株高达 1 米。茎红色，叶对生，长椭圆形，先端尖，基部楔形。叶中肋泛布黄色彩斑。

【生长习性】性喜高温，散漫明亮的光照，室内摆饰应放置窗边光照明亮之处，阴暗容易徒长，斑彩会逐渐淡化。

【景观应用】为良好的盆栽观叶植物，可庭园美化或盆栽。

红背马蓝 *Strobilanthes auriculata* 'Dyeriana'

科属：爵床科紫云菜属　　　　别名：红背耳叶马蓝、波斯红草

【形态特征】常绿灌木，株高 10 ～ 20 厘米。叶对生，椭圆状披针形，叶缘有细锯齿。叶脉两侧面有色斑，下部叶叶斑灰白色，上部叶斑为紫色，叶背紫红色。花期 4 ～ 6 月。

【生长习性】以肥沃之砂质壤土或壤土最佳，排水需良好。

【景观应用】为良好的盆栽观叶植物，可庭园美化或盆栽。

◎ 车前科

花叶车前 *Plantago major* 'Variegata'

科属：车前草科车前草属　　　　别名：斑叶车前

【形态特征】多年生草本，株高 20 ～ 60 厘米。叶基生，卵形或宽卵形，先端钝圆，全缘，常被毛，叶柄较长，有斑纹。花葶直立，穗状花序，花小，两性，密生。种子棕黑色。花期 5 ～ 8 月。

【生长习性】喜光，耐旱，耐寒。对土壤要求不严，一般土壤均可生长。

【景观应用】适合于群植的应用，布置于花坛或花境中。

紫叶车前 *Plantago major* 'Purpurea'

科属： 车前草科车前草属

【形态特征】多年生宿根草本。根茎短缩肥厚，密生须状根。无茎，叶全部基生，叶片紫色，薄纸质，卵形至广卵形，边缘波状，主脉5条，叶基向下延伸到叶柄。春、夏、秋三季从株身中央抽生穗状花序，花小，花冠不显著。结椭圆形蒴果，顶端宿存花柱，熟时盖裂，撒出种子。

【生长习性】喜光、耐寒、耐旱，喜湿润的环境，对土壤要求不严，一般土壤均可种植。

【景观应用】作为地被类彩叶植物，可种植在花境、林下、路旁、公园、庭院中，也作浅水生植物使用，栽种在溪边、河岸、湖旁及浅水中均表现良好。

◎ 茜草科

长隔木 *Hamelia patens* Jacq.

科属： 茜草科长隔木属　　　　**别名：** 茜茉莉、希茉莉、醉娇花

【形态特征】多年生常绿红色灌木，高2～4米，嫩部均被灰色短柔毛。叶通常3枚轮生，椭圆状卵形至长圆形，长7～20厘米，顶端短尖或渐尖。聚伞花序有3～5个放射状分枝；花无梗，沿着花序分枝的一侧着生；花冠橙红色，冠管狭圆筒状；雄蕊稍伸出。浆果卵圆状，暗红色或紫色。

【生态习性】喜高温、高湿、阳光充足的气候条件，喜土层深厚、肥沃的酸性土壤，耐荫蔽，耐干旱，忌瘠薄，畏寒冷。

【景观应用】成形快，树冠优美，花、叶具佳，是南方园林绿化中广受欢迎的植物，亦可盆栽观赏。

斑叶六月雪 *Serissa japonica* 'Variegata'

科属： 茜草科白马骨属

【形态特征】常绿或半常绿小灌木，高约1米，枝密生。单叶对生或簇生状，狭椭圆形，全缘，叶面有白色斑纹。花小，花冠白色或带淡紫色，漏斗状，端5裂，花萼裂片三角形；单生或簇生；花期6～7月。

【生态习性】喜阳光，也较耐阴，较耐寒，耐旱力强，对土壤要求不严，在肥沃、湿润的酸性土中生长良好。

【景观应用】适宜做花坛境界、花篱和下木；庭院路边及步道两侧做花径配植；交错栽植在山石、岩迹也极适宜；也是制作盆景的好材料。

金边六月雪 *Serissa japonica* 'Aureomarginata'

科属： 茜草科白马骨属　　　　　**别名：** 路边姜、满天星

【形态特征】常绿或半常绿小灌木，高约1米，枝密生。单叶对生或簇生状，狭椭圆形，全缘，叶边缘黄色或淡黄色。花小，花冠白色或带淡紫色，漏斗状，端5裂，花萼裂片三角形；单生或簇生；花期6～7月。

【生态习性】同斑叶六月雪。

【景观应用】同斑叶六月雪。

玉叶金花 *Mussaenda pubescens*

科属： 茜草科玉叶金花属

【形态特征】落叶缠绕藤本，单叶对生或有时近轮生，卵状长圆形或卵状椭圆形，两端尖，表面无毛或有疏毛，背面被柔毛。伞房式聚伞花序，花密集，总花梗近无，花萼5裂，花瓣状萼裂片宽椭圆形，有时缺失，花冠5裂，黄色，雄蕊5，子房下位，花柱丝状，果近椭圆形，顶端具环纹；花期6～7月，果期8～11月。

【生态习性】喜光，不耐寒，适宜排水良好、富含腐殖质的壤土或砂质壤土。

【景观应用】花美丽而奇特，宜栽于庭园观赏。

红纸扇 *Mussaenda erythrophylla* Schum. et Thonn.

科属：茜草科玉叶金花属　　　　　别名：红玉叶金花

【形态特征】常绿或半落叶直立性或攀缘状灌木，叶纸质，披针状椭圆形，长7～9厘米，宽4～5厘米，顶端长渐尖，基部渐窄，两面被稀柔毛，叶脉红色。聚伞花序，花冠黄色。花期夏、秋。

【生态习性】喜光，不耐寒，忌长期积水或排水不良。适宜排水良好、富含腐殖质的壤土或砂质壤土。

【景观应用】花美丽而奇特，是优良的园林绿化灌木，宜栽于庭园观赏或盆栽。

粉萼花 *Mussaenda hybrida* 'Alicia'

科属：茜草科玉叶金花属　　　　别名：粉萼花、萼花、粉纸扇

【形态特征】半落叶灌木，株高 1～2 米，叶对生，长椭形，全缘，叶面粗，尾锐尖，叶柄短，小花金黄色，高杯形合生呈星形，花小很快掉落，经常只看到其萼片，且萼片肥大，盛开时满株粉红色，非常醒目。聚散花序顶生。花期夏至秋冬。

【生态习性】性强健，喜光，耐旱，不耐寒，忌长期积水或排水不良。适宜排水良好、富含腐殖质的壤土或砂质壤土。

【景观应用】花美丽而奇特，宜栽于庭园观赏或盆栽。

花叶栀子 *Gardenia jasminoides* 'Variegata'

科属：茜草科栀子属　　　　别名：斑叶栀子

【形态特征】常绿灌木，高达 1.8 米。单叶对生或 3 叶轮生，倒卵状长椭圆形，全缘，无毛，革质而有光泽，边缘有黄白色斑纹。花冠白色，高脚碟状，端常 6 裂，浓香，单生枝端；6～7(8) 月开花。浆果具 5～7 纵棱，顶端有宿存萼片。

【生态习性】喜光，也耐阴，喜温暖湿润气候及肥沃湿润的酸性土，不耐寒。长江流域及其以南地区多于庭园栽培，北方则常温室盆栽。

【景观应用】是有名的香花观赏树种。

◎ 忍冬科

欧洲荚蒾 *Viburnum opulus* L.

科属：忍冬科荚蒾属

【形态特征】落叶灌木，高达 4 ~ 5 米；叶卵彤至椭圆彤，长 5 ~ 12 厘米，先端尖或钝，基部圆形或心形，缘有小齿，侧脉直达齿尖，两面有星状毛。聚伞花序再集成伞形复花序；花冠白色，裂片长于筒部。核果卵状椭球形，由红变黑色。花期 5 ~ 6 月；果期 8 ~ 9 月。

【生态习性】生长强健，耐寒性较强。

【景观应用】秋叶变暗红色，是观花观叶观果的好树种。

鲍德南特荚蒾 *Viburnum× bodnantense* 'Dawn'

科属：忍冬科荚蒾属

【形态特征】落叶灌木，高 2 ~ 3 米。叶片椭圆形。秋季叶片变为红色或紫红色。

【生态习性】喜光，稍耐阴、喜温暖而凉爽的气候。

【景观应用】园艺种，栽培观赏。

鸡树条荚蒾 *Viburnum opulus* L. var. *calvescens* (Rehd.) Hara

科属：忍冬科荚蒾属　　　　　别名：天目琼花

【形态特征】落叶灌木，高 2 ~ 3 米。叶广卵至卵圆形，常 3 裂，秋季叶片变成黄或红色。聚伞花序覆伞形，有白色不孕的大型边花，中心花冠乳白色为可孕花。核果近球形，红色。花期 5 月。果熟期 8 ~ 9 月。

【生态习性】喜光，稍耐阴、耐寒、耐干旱，也耐土壤瘠薄，喜温暖而凉爽的气候。

【景观应用】花开时如群蝶戏弄枝头。广泛应用于城市街道、广场、公共绿地或自然式园林，孤植、对植、列植皆可。

香荚蒾 *Viburnum farreri* W. T. Stearn

科属：忍冬科荚蒾属　　　　　　别名：野绣球、香探春

【形态特征】落叶灌木，高达 3 米。叶椭圆形，长 4 ~ 8 厘米，缘有三角状锯齿，羽状脉明显，直达齿端，背面脉腋有簇毛，叶脉和叶柄略带红色。花冠高脚碟状，白色或略带粉红色，端 5 裂，雄蕊着生于花冠筒中部以上；圆锥花序；春天（4 月）花叶同放。核果椭球形，紫红色。

【生态习性】耐寒、耐寒，略耐阴，适宜肥沃、疏松、湿润的壤土。

【景观应用】花期极早，花白色而浓香，为主要的早春观花灌木，枝叶稠密，叶形优美，可布置庭院、林缘，也可孤植、丛植于草坪边、林荫下、建筑物前。

金叶加拿大接骨木 *Sambucus canadensis* 'Aurea'

科属：忍冬科接骨木属　　　　　　别名：金叶接骨木

【形态特征】落叶灌木，高可达 3 ~ 5 米，冠幅 2 ~ 2.5 米。老枝皮孔比较明显，髓部乳白至淡黄色，茎节比较明显；奇数羽状复叶，小叶 5 ~ 7 片，椭圆状或长椭圆披针形，边缘有锯齿，新叶金黄色，成熟叶黄绿色；聚伞状圆锥花序顶生，直径约 15 厘米，花萼杯状，花冠白色，花小，5 裂，辐射状，花期 5 ~ 6 月；浆果红色，成熟后变为黑紫色。

【生态习性】喜阳光充足和半阴环境，较耐寒，耐旱，忌积水，以肥沃、湿润和排水良好的沙壤土最好。

【景观应用】庭园观赏的彩叶植物。初夏开白花，初秋结红果，适宜于水边、林缘和草坪边缘栽植，可盆栽或配置花境观赏。

金叶欧洲接骨木 *Sambucus racemosa* 'Aurea'

科属：忍冬科接骨木属

【形态特征】落叶灌木。株高可达4米。奇数羽状复叶，小叶5～7片，椭圆形至卵状披针形，新叶色金黄色，老叶片绿色。圆锥花序，花小，白色至淡黄色。花期4～5月。核果近球形，红色。

【生态习性】抗寒性强，宜植于阳光充足，中等肥力、富含腐殖质、湿润、排水良好的土壤。

【景观应用】枝叶茂密，花、果、叶均具有较高的观赏价值。

金叶裂叶接骨木 *Sambucus racemosa* 'Plumosa Aurea'

科属：忍冬科接骨木属

【形态特征】落叶灌木或小乔木。株高可达4米，树皮暗灰。奇数羽状复叶，小叶5～7片，椭圆形至卵状披针形，长5～12厘米，叶色金黄，初生叶红色，叶片边缘皱折状浅裂。圆锥花序，花小，白色至淡黄色。花期4～5月。核果近球形，红色。

【生态习性】耐寒、耐旱，喜光，生长势强，对土壤要求不高。萌蘖性强，根系发达。栽培土最好为肥沃、疏松、湿润的壤土。

【景观应用】枝叶茂密，花、果、叶均具有较高的观赏价值。宜植于草坪、林缘或水池边，亦可用于防护林，孤植或群植皆宜，宜与绿色树种相配植 。

西洋接骨木 *Sambucus nigra*

科属：忍冬科接骨木属　　　　　别名：欧洲接骨木

【形态特征】落叶灌木或小乔木，高 4 ~ 8(10) 米；小枝髓心白色。小叶 5 ~ 7，有尖锯齿。花黄白色，有臭味；成 5 叉分枝的扁平状聚伞花序。5 ~ 6 月开花。核果亮黑色，径 6 ~ 8 毫米；9 ~ 10 月果熟。

【生态习性】喜光，亦耐阴。较耐寒，又耐旱。根系发达，萌蘖性强有力。忌水涝。

【景观应用】开花美丽，可供观赏。

西洋接骨木常见的栽培品种

1 银边西洋接骨木 *Sambucus nigra* 'Albomarginata'

2 黑色蕾丝西洋紫叶接骨木 *Sambucus nigra* 'Black Lace'

3 鬼丑紫色西洋紫叶接骨木 *Sambucus nigra* 'Guicho Purple'

4 紫叶西洋接骨木 *Sambucus nigra* 'Guinecho Purple'

金叶大花六道木 *Abelia × grandiflora* 'Francis Mason'

科属：忍冬科六道木属

【形态特征】半常绿灌木，它是原产中国的糯米条 *A. chinensis* 和单花六道木 *A. uniflora* 杂交而成。与亲本相比，最大的特色在于叶面呈金黄色。小枝条红色，中空。叶脱落或宿存，对生，全缘或有齿缺；花腋生或生于侧枝顶，小、多，排成聚伞花序，或形成圆锥花序；花冠管状、钟状或高脚碟状，5等裂；雄蕊4枚，两两成对；花色白、粉红、紫；瘦果。

【生态习性】喜温暖湿润气候，中性偏酸性土壤，对土壤要求不高，酸性和中性土都可以；耐干旱、瘠薄，萌蘖力、萌芽力很强盛。

【景观应用】是既可观花又可赏叶的优良彩叶花灌木品种，适宜植于空旷地、水边或建筑物旁。由于萌发力强，亦可修剪成规则球状列植于道路两旁。

日升六道木 *Abelia × grandiflora* 'Sunrise'

科属：忍冬科六道木属　　　　别名：金边大花六道木

【形态特征】半常绿灌木，叶面绿色有乳白色边缘。

【生态习性】同金叶大花六道木。

【景观应用】同金叶大花六道木。

锦带花 *Weigela florida* (Bunge) A.DC.

科属：忍冬科锦带属　　　　　　　别名：五色海棠

【形态特征】落叶灌木，株高3米。枝条开展，小枝细弱，幼时有2列柔毛。叶椭圆形或卵状椭圆形，先端锐尖，基部圆形至楔形，叶缘有细锯齿，表面脉上有毛，背面尤密。花1～4朵呈聚伞花序，紫红色或玫瑰红色。蒴果圆柱形。花期4～5月。

【生长习性】喜光，耐寒。对土壤要求不严，能耐瘠薄，怕水涝。萌芽、萌蘖力强，生长迅速。

【景观应用】枝叶繁茂，花色艳丽，花期长，是华北地区春季主要花灌木之一。适宜庭园角隅、湖畔群植，也可在树丛、林缘作花篱、花丛配植。

锦带花常见的栽培品种

1 ‘矮生紫’锦带 *Weigela florida* ‘Nana Purpureis’

【形态特征】新叶浅紫色，老叶深绿色。

2 ‘福利斯紫’锦带 *Weigela florida* ‘Foliis Purpureis’

【形态特征】叶浅紫色。

3 ‘花叶’锦带 *Weigela florida* ‘Variegata’

【形态特征】株型开展，叶绿色，外有不规则的黄白色边，花粉色至白色。

4 ‘黄边叶’锦带 *Weigela* ‘Kosteriana Variegata’

【形态特征】叶绿色，外有不规则的黄白色边。

5 '金叶'锦带 *Weigela florida* 'Golden Leaves'

【形态特征】落叶灌木,为红王子锦带的芽变类型,植株高1.5~1.8米。叶长椭圆形,嫩枝淡红色,老枝灰褐色,枝条开展成拱形。整个生长季叶片为金黄色。聚伞花序生于叶腋或枝顶,花冠漏斗状钟形,花朵密集,花冠胭脂红色,艳丽而醒目。花期4~10月。

6 '维多利亚'锦带 *Weigela florida* 'Victoria'

【形态特征】叶紫色。

7 '小黑'锦带 *Weigela florida* 'Minor Black'

【形态特征】叶浅紫色。

8 '亚历山大'锦带 *Weigela florida* 'Alexandra Cov'

【形态特征】叶浅紫色。

9 紫叶锦带花 *Weigela florida* 'Purpurea'

【形态特征】植株紧密，高达 1.5 米；叶带褐紫色，花紫粉色。

斑叶金银花 *Lonicera japonica* 'Variegata'

科属：忍冬科忍冬属

【形态特征】半常绿藤本，为金银花的栽培变种。叶面有黄斑。其他同金银花。

【生态习性】性强健，适应性强，喜光，亦耐阴，耐寒、耐旱及水湿，对土壤要求不严。

【景观应用】可作篱垣、花架、花廊等的垂直绿化，或附着山石、植于沟边坡地，也可丛植为地被。

薄荷碎片忍冬 *Lonicera japonica* 'Mint Crisp'

科属：忍冬科忍冬属

【形态特征】半常绿藤本，为金银花的变种。叶绿色，有黄色斑纹。其他同金银花。

【生态习性】适应性强，耐修剪。对土壤、气候要求不严，喜光也耐阴、耐旱、耐涝、耐瘠薄。

【景观应用】同斑叶金银花。

红花紫蔓忍冬 *Lonicera japonica* 'Repens'

科属：忍冬科忍冬属　　　　　别名：紫脉金银花

【形态特征】半常绿藤本，为金银花的栽培变种。叶近光滑，叶脉常带紫色。其他同金银花。

【生态习性】同斑叶金银花。

【景观应用】同斑叶金银花。

黄脉金银花 *Lonicera japonica* 'Aureoreticulata'

科属：忍冬科忍冬属　　　　　别名：金脉忍冬

【形态特征】忍冬的变种。叶较小，叶脉黄色。其他同忍冬。

【生态习性】性强健，适应性强，喜光，亦耐阴，耐寒、耐旱及水湿，对土壤要求不严。

【景观应用】可作篱垣、花架、花廊等的垂直绿化，或附着山石、植于沟边坡地，也可丛植为地被。

紫叶金银花 *Lonicera japonica* 'Purpurea'

科属：忍冬科忍冬属　　　　　别名：金脉忍冬

【形态特征】忍冬的变种。叶紫色。其他同金银花。

【生态习性】性强健，适应性强，喜光，亦耐阴，耐寒、耐旱及水湿，对土壤要求不严。

【景观应用】植株轻盈，藤蔓缠绕，叶带紫红色，花有清香，是色香兼备的观赏藤本植物，可作篱垣、花架、花廊等的垂直绿化，或附着山石、植于沟边坡地，也可丛植为地被。

◎ 香蒲科

花叶香蒲 *Typha latifolia* 'Variegata'

科属：香蒲科香蒲属

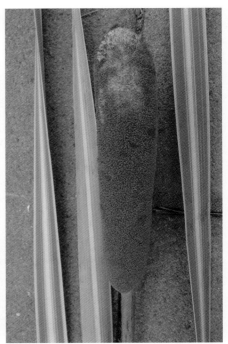

【形态特征】为宽叶香蒲的栽培变种。多年生挺水草本植物，株高 80 ~ 120 厘米。叶剑状、草革质，扁平带形，呈花条纹状，直出平行脉，叶基鞘状抱茎。花单生，黄色，雌雄同株，构成顶生的蜡烛状顶生花序，花果期 7 ~ 9 月。

【生长习性】喜温暖、湿润和阳光充足环境；耐寒、耐半阴。喜生于浅水中。

【景观应用】在水景布置中，银纹花叶，别具风情，很有观赏价值。

◎ 露兜树科

斑叶露兜树 *Pandanus veitchii*

科属：露兜树科露兜树属　　　别名：维奇氏露兜树、花边露兜树

【形态特征】多年生常绿灌木。叶片深绿色，有白色或黄色的宽边，弯曲下垂，叶缘有细锯齿，叶条形，长 30 ~ 50 厘米，宽 7 ~ 11 毫米，边缘下面有刺。

【生态习性】比较耐阴。生长时期有充足的水分，生长健壮；抗干旱能力较强，冬季应少浇水。

【景观应用】是该属中最具代表性的盆栽观叶种类。

黄斑叶桑氏露兜树 *Pandanus sanderi*

科属：露兜树科露兜树属　　　别名：金边露兜树

【形态特征】多年生常绿灌木。叶片深绿色，中间有黄色的斑线条。

【生态习性】比较耐阴，抗干旱能力较强。

【景观应用】园艺种，华南、西南栽培较多。

金边林投 *Pandanus pygmaeus* 'Golden Pygmy'

科属：露兜树科露兜树属　　　别名：金边矮露兜树、狭叶金边露兜树

【形态特征】多年生植物，叶丛生或螺旋状生长，线形或剑状披针形，全缘，叶片边缘有黄色斑纹，雌雄异株，聚合果。

【生态习性】生性强健，耐旱、耐阴、耐湿。用播种法和分株法繁殖。

【景观应用】用作庭园美化，丛植或点缀及盆栽观赏。

◎ 菊 科

菜蓟 *Cynara scolymus* L.

科属：菊科菜蓟属　　　　别名：洋蓟、食托菜蓟

【形态特征】多年生草本，高达2米。茎直立，粗壮，有条棱；叶大形，基生叶莲座状；下部茎叶全部长椭圆形或宽披针形；头状花序极大，生分枝顶端；瘦果长椭圆形，花期6～7月。

【生长习性】以肥沃疏松、排水好的壤土为宜。

【景观应用】高雅的观赏花卉，其大型头状花序开放时，紫蓝色的花朵绚丽夺目，惹人喜爱。

花叶大吴风草 *Farfugium japonica* 'Aureomaculata'

科属：菊科大吴风草属　　　　别名：花叶如意、斑叶大风草

【形态特征】多年生莛状草本。根茎粗壮。叶全部基生，莲座状，叶片肾形，先端圆形，全缘或有小齿至掌状浅裂，基部弯缺宽，叶质厚，近革质具，叶上密布星点状黄斑。头状花序辐射状，2～7朵，排列成伞房状花序。舌状花8～12，黄色；管状花多数。瘦果圆柱形。花果期8月至翌年3月。

【生长习性】喜半阴和湿润环境；耐寒，怕阳光直射；对土壤适应性较好，以肥沃疏松、排水好的壤土为宜。

【景观应用】适宜大面积种植作林下地被或立交桥下地被。

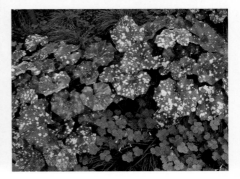

花叶费利菊 *Felicia amelloides* 'Variegata'

科属：菊科费利菊属（蓝雏菊属）　别名：花叶蓝色雏菊

【形态特征】多年生草本至亚灌木，常作1年栽培。植株圆形，枝条繁密，高与冠幅约30～60厘米。叶片卵形至长卵形，长3厘米，叶面具有明显的黄色缘带。花淡蓝至深蓝色，舌状花会反卷。花期长，夏季至秋季开花。

【生长习性】喜半阴和湿润环境；耐寒，怕阳光直射；对土壤适应性较好，以肥沃疏松、排水好的壤土为宜。

【景观应用】适宜大面积种植作地被。

芙蓉菊 *Crossostephium chinense* (A.Gray ex L.) Makino

科属：菊科芙蓉菊属　　　　别名：香菊、玉芙蓉、白艾

【形态特征】半灌木，高10～40厘米，上部多分枝，密被灰色短柔毛。叶聚生枝顶，狭匙形或狭倒披针形，全缘或有时3～5裂，顶端钝，基部渐狭，两面密被灰色短柔毛，质地厚。头状花序盘状，生于枝端叶腋，排成有叶的总状花序；花冠管状。瘦果。花果期全年。

【生长习性】喜阳光充足、温暖和湿润环境，耐热，耐旱，不耐阴，不耐寒，忌积水。

【景观应用】用于花坛、花境中，或用于庭园栽植。

朝雾草 *Artemisia schmidtiana* Maxim.

科属：菊科蒿属　　　　　　　　别名：银叶草、晨雾草、蕨叶蒿

【形态特征】多年生草本。高约 20 厘米，茎叶纤细、柔软，植株通体呈银白色绢毛，茎常分枝，横向伸展，花小白色，花期 7 ～ 8 月。

【生长习性】性喜温暖光照，畏寒。

【景观应用】全株银白色光泽及羽毛状的茎和叶，姿态纤细、柔软，给人以一种玲珑剔透的美感。

黄金艾蒿 *Artemisia vulgaris* 'Variegate'

科属：菊科蒿属　　　　　　　　别名：花叶艾蒿、斑叶艾蒿

【形态特征】多年生草本。叶纸质，茎下部叶椭圆形或长圆形，二回羽状深裂或全裂，中部叶椭圆形、椭圆状卵形或长卵形，一至二回羽状深裂或全裂，上部叶小，羽状深裂，具金黄色斑纹，黄绿相间，在阳光下十分醒目，有芳香气味。头状花序，花瓣紫红色。瘦果。花果期 8 ～ 10 月。

【生长习性】性强健，长势快，耐修剪，养护中注意定型，防止徒长。

【景观应用】植株具有很好的观赏价值，用于花境、花坛、岩石园、地被和盆栽观赏。

雪艾 *Artemisia stelleriana*

科属：菊科蒿属

【形态特征】多年生常绿亚灌木。株高 30 ～ 60 厘米，全株具白色绒毛，枝干浅黄褐色或灰白色；叶互生，聚生于枝头，叶片矩勺形或矩倒卵形，全缘，顶端圆钝或浅裂，叶色灰白或银白。多数头状花序在枝头聚成总状花序，小花黄绿色。

【生长习性】喜温暖湿润和阳光充足的环境，稍耐半阴，不耐寒。

【景观应用】叶色银白似雪，四季均能观赏，用于花境、花坛、岩石园或制作盆景。

银蒿 *Artemisia ludoviciana* Nntt.

科属：菊科蒿属　　　　　　　　别名：银叶蒿、银叶菊

【形态特征】有匍匐茎的多年生草本。高达 70 厘米，全株有一层毛毡状白毛。叶长 10 厘米，长圆或卵形，掌状分裂，灰绿白色，十分别致。头状花序，花黄色。

【生长习性】喜光、耐寒；生长强健，对土壤要求不高。

【景观应用】叶纤细，银灰绿色，株形匀整，是极好的镶边及地被植物，可用在花坛或花境中及盆栽观赏。

细叶银蒿 *Artemisia ludoviciana* cv.

科属：菊科蒿属

【形态特征】为银蒿的栽培变种，叶纤细，银色。

【生长习性】同银蒿。

【景观应用】同银蒿。

金槌花 *Craspedia globosa* Benth

科属：菊科金杖球属

【形态特征】一年生草本，高 50 ~ 60 厘米。基部莲座状，丛生。叶窄披针形，有蜡质，被灰白色柔毛。花金黄色，由无数筒状花组成球形，花期 7 ~ 8 月。

【生长习性】喜光，适宜温暖、凉爽环境和富含腐殖质土壤。

【景观应用】原产澳大利亚。可植于花坛、花带、花境或园路两侧，是天然干花的优良花材。

红凤菜 *Gynura bicolor* (Willd.) DC.

科属：菊科菊三七属　　　别名：两色三七草、红菜、白背三七

【形态特征】多年生草本，高 50 ~ 100 厘米，全株无毛。茎直立。叶片倒卵形或倒披针形，稀长圆状披针形，顶端尖或渐尖，基部楔状渐狭成具翅的叶柄，边缘有不规则的波状齿或小尖齿，侧脉 7 ~ 9 对，弧状上弯，上面绿色，下面干时变紫色，两面无毛。头状花序多数直径 10 毫米，在茎、枝端排列成疏伞房状；花序梗细。总苞狭钟状。小花橙黄色至红色，花冠明显伸出总苞。瘦果圆柱形。花果期 5 ~ 10 月。

【生长习性】喜光，适宜温暖、凉爽环境和富含腐殖质土壤。

【景观应用】盆栽观赏。

紫鹅绒 *Gynura aurantiaca*

科属：菊科菊三七属　　　　　别名：紫绒三七、天鹅绒三七

【形态特征】多年生草本植物。多分枝、茎多汁；幼时直立，长大后下垂或匍匐蔓生。叶卵形至广椭圆形；叶缘锯齿状明显，叶端急尖，叶脉掌状明显；幼时显紫色，长大后深绿色。整个植株密被紫红色的茸毛。头状花序，黄色或橙黄色；花期4～5月。

【生长习性】性喜温暖、半阴湿及通风环境。

【景观应用】是美丽的观叶植物，其叶片长满如天鹅绒状的茸毛。用于盆栽或吊盆种植，作较明亮的书房、客厅、窗台等场所美化绿化装饰。

具柄蜡菊 *Helichrysum petiolare*

科属：菊科蜡菊属　　　　　别名：伞花麦秆菊、银叶麦秆菊

【形态特征】亚灌木，枝条柔软。叶互生，叶片圆卵形，枝叶密被银白色棉毛。

【生长习性】性喜温暖、半阴湿及通风环境。

【景观应用】可以在无霜冻地区的绿地应用，更多的是用在盆栽，特别是组合盆栽中应用，作为陪衬材料，起着骨架和勾勒线条的作用。

科尔马蜡菊 *Helichrysum hybride* 'Korma'

科属：菊科蜡菊属　　　　　别名：咖喱蜡菊

【形态特征】亚灌木，枝叶密被银白色棉毛。

【生长习性】性喜温暖、半阴湿及通风环境。

【景观应用】多盆栽观赏。

花叶马兰 *Kalidium indica* 'Variegata'

科属：菊科马兰属

【形态特征】多年生草本植物，茎直立，高30～50厘米。叶片色彩斑斓。头状花序呈疏伞房状，边花舌状，白色或蓝紫色；内花管状，黄色。

【生长习性】喜光，喜通风，不耐水湿，喜排水良好的土壤。

【景观应用】叶片色彩斑斓，兼具观赏和食用，常用于花境和地被。

绯之冠 *Senecio grantii*

科属：菊科千里光属　　　　别名：白云龙、白银杯（盃）

【形态特征】多年生肉质草本。肉质叶片倒卵形，有白粉。头状花序，花序长，小花单生，朱红色。

【生长习性】性强健，宜温暖、干燥和阳光充足的环境，耐干旱和半阴，不耐寒，忌阴湿。

【景观应用】花色亮丽，作观叶观花植物栽培。

绿之铃锦 *Senecio rowleyanus* 'Variegata'

科属：菊科千里光属　　　　别名：翡翠珠锦、佛珠锦、情人泪锦

【形态特征】多肉植物，茎细长，匍匐生长达1米。叶片多肉化成球形，叶片直径约0.5厘米，豌豆般大小的肉质叶上有一明显纵线呈半透明状，当叶中水分特别充盈时，纵线处更显透明。叶色斑驳。头状花序，管状花白色。花期秋冬季。

【生长习性】喜光，较耐旱，怕水湿，不耐寒，适宜疏松土壤。

【景观应用】可种植于吊盆使茎叶悬垂，其如蔓的黄绿色细茎上，均匀地悬挂着多粒色泽苍翠深沉、颗粒圆润饱满的肉质叶，富有节奏而别具韵味。小盆栽种情趣昂然。

花叶金玉菊 *Senecio macroglossus* 'Variegatus'

科属：菊科千里光属　　　　　　别名：纳塔尔常春藤、开普顿常春藤

【形态特征】多年生常绿草本，茎初呈肉质状蔓性，后变为木质。株高15～60厘米，叶片呈三角形至戟形，有3～5个角突，叶端尖，叶基凹入，叶面边缘有不规则的斑纹，奶油色到淡黄色，叶片厚实，具蜡质光泽。

【生长习性】为阴性至半日照植物，喜温暖，不耐高温。

【景观应用】适合盆栽和吊盆观赏。

泥鳅掌 *Senecio pendulus*

科属：菊科千里光属　　　　　　别名：地龙、初膺

【形态特征】多年生肉质草本植物。植株呈矮小的肉质灌木状，茎圆筒形，两头略尖，平卧于地上，具节，每节长20～30厘米，直径1.5～2厘米，表皮灰绿或褐色，有深绿色线状纵条纹。叶线形，0.2厘米长，早干枯，但枯干后并不脱落，而是宿存在变态茎上，如同小刺。总花梗上有头状花序1～2朵，直径3厘米，花橙红或血红色。

【生长习性】宜阳光充足和温暖、干燥的环境，但也耐半阴和干旱，忌水涝。要求排水良好的沙壤土。

【景观应用】其外形特殊，开花美丽，非常引人注意，盆栽观赏。

普西莉菊 *Senecio saginata*

科属：菊科千里光属　　　　　　别名：普西利菊

【形态特征】多年生肉质草本植物。黄褐色肉质根纺锤状，肉质茎短粗，具分枝，茎表皮灰绿至深绿色，在阳光充足时呈紫褐色，有类似菊花状排列的黑色细花纹，叶簇生于肉质茎顶端，叶片细长，绿色，稍有白粉，叶早脱落，在肉质茎上留存疤痕。头状花序顶生，具长柄，花红色，夏、秋季节开放。

【生长习性】喜阳光充足和温暖干燥的环境，耐干旱，稍耐半阴，怕积水，不耐寒，具有寒冷时休眠，高温时生长的习性，为多肉植物中的"夏型种"。

【景观应用】盆栽观赏。

蓝月亮 *Senecio antandroi*

科属：菊科千里光属　　　　　别名：美空鉾

【形态特征】多年生肉质植物。叶细条状，弯曲，两端尖尖，如同一轮弯弯的月牙。

【生长习性】性强健，喜温暖干燥和阳光充足和透气性好环境。

【景观应用】作观叶植物栽培装饰家庭，也可地栽布置多肉植物温室。

七宝树锦 *Senecio articulatus* 'Variegata'

科属：菊科千里光属　　　　　别名：仙人笔锦、花叶七宝树

【形态特征】多年生肉质植物。七宝树的锦叶品种。株高 30～60 厘米，茎短圆柱状，具节，粉蓝色，极似笔杆。叶扁平，提琴状羽裂，叶柄与叶片等长或更长，边缘红色甚至整个叶片红色。穗状花序腋生或顶生；花多数。花期为冬、春季节。

【生长习性】喜温暖干燥和阳光充足环境，不耐寒，耐半阴和干旱，忌水湿和高温，夏季高温半休眠。

【景观应用】枝叶挺拔，叶缘的紫色更是美丽迷人，常作观叶植物栽培装饰家庭，也可地栽布置多肉植物温室。

新月 *Senecio scaposus*

科属：菊科千里光属　　　　　别名：银棒菊

【形态特征】多年生草本，植株具有短茎。肉质叶轮生，呈低矮的莲座状排列。叶片直立或匍匐生长，呈棍棒状，稍扁平，顶端尖，有非常密的白毛；叶片长 5～8 厘米，常呈银白色或稍呈绿色。

【生长习性】喜光，较耐旱，耐修剪，怕水湿，不耐寒，适宜疏松土壤。

【景观应用】盆栽观赏。

万宝 *Senecio serpens*

科属：菊科千里光属　　　　　　别名：蓝松

【形态特征】多年生肉质植物。叶片天蓝色，在受到强光照射时，会变成绚丽的紫色。花白色。

【生长习性】喜温暖干燥和阳光充足环境，不耐寒，耐半阴和干旱，耐热。忌水湿。

【景观应用】枝叶挺拔，叶缘的紫色更是美丽迷人，常作观叶植物栽培装饰家庭，也可地栽布置多肉植物温室。

银叶菊 *Senecio cineraria* DC.

科属：菊科千里光属　　　　　　别名：雪叶菊

【形态特征】多年生草本，常作一二年生栽培。株高15～30厘米，全株被白色柔毛。茎直立，多分枝，枝条披散丛生。叶互生，匙形或一至二回羽状分裂，质厚，光滑，正反面均被银白色柔毛，银白色。头状花序，由淡黄色的管状花组成，外被白色的绒毛，常隐于叶丛之中，不显著。花期6～8月。

【生长习性】喜光，较耐旱，耐修剪，怕水湿，不耐寒，适宜疏松土壤。

【景观应用】其银白色的叶片远看像一片白云，与其他色彩的纯色花卉配置栽植，效果极佳，是重要的花坛观叶植物，可用于花带、花坛、花境、草坪边缘或盆栽。

细裂银叶菊 *Senecio cineraria* 'Silver Dust'

科属：菊科千里光属

【形态特征】多年生草本。植株高约 15 ～ 30 厘米。叶匙形或羽状裂叶，全株密覆白色绒毛，有白雪皑皑之态。叶片质较薄，缺裂如雪花图案，具较长的白色绒毛。头状花序，花淡黄色。

【生长习性】喜光，较耐旱，耐修剪，怕水湿，不耐寒，适宜疏松土壤。

【景观应用】同银叶菊。

银月 *Senecio haworthii*

科属：菊科千里光属

【形态特征】多年生肉质植物。植株较高，肉质叶轮生，排列成松散的莲座状，叶片两头尖，中间粗，呈纺锤状，叶片银白色或稍微有点绿色。

【生长习性】喜欢凉爽、干燥和阳光充足的环境，不太耐酷热，也畏严寒。

【景观应用】多肉植物，温室栽培或盆栽。

紫弦月 *Othonna capensis*

科属：菊科千里光属　　　　　　　别名：紫佛珠、黄花新月

【形态特征】多年生肉质植物。茎细长，常呈下垂状，紫色，易出分枝，形成群生株。叶轮生，肉质，那绿色饱满的叶子，在日照充足、土壤干燥和温差大时，会呈现紫晕，或紫色。叶腋间有细微的绒毛，茎上易生气生根。春秋季节会抽出细长的花葶，花蕾鼓槌状，每节2枚左右，渐次开放，花朵黄色，8～10个花瓣，花药也是黄色。

【生长习性】喜欢凉爽、干燥和阳光充足的环境。

【景观应用】多肉植物，温室栽培或盆栽。

紫章 *Senecio crassissimus*

科属：菊科千里光属　　　　　　　别名：鱼尾冠、紫蛮刀

【形态特征】株高50～80厘米，茎、枝均为绿色，有时略带紫晕，表面粗糙，残留有老叶脱落的鳞状物。肉质叶片倒卵形，青绿色，稍有白粉，叶缘及叶片基部均呈紫色。头状花序，小花群生，黄色或朱红色。

【生长习性】性强健，宜温暖、干燥和阳光充足的环境，耐干旱和半阴，不耐寒，忌阴湿。

【景观应用】枝叶挺拔，叶缘的紫色更是美丽迷人，常作观叶植物栽培装饰家庭，也可地栽布置多肉植物温室。

斑叶山柳菊 *Hieraciumu sp.*

科属：菊科山柳菊属

【形态特征】多年生草本。叶边缘有锯齿，绿色有黑色斑纹。头状花序同型，舌状小花多数，黄色。

【生长习性】喜温暖干燥环境，适应性强，对土壤、水分要求不严。

【景观应用】种植做地被植物。

水飞蓟 *Silybum marianum* (L.) Gaertn.

科属：菊科水飞蓟属　　　　别名：奶蓟、老鼠筋、水飞雉

【形态特征】一年生或二年生草本植物，高1.2米。茎直立，分枝，有条棱，全部茎枝有白色粉质复被物，被稀疏的蛛丝毛或脱毛。叶互生，有白色花斑，头状花序较大，下垂或倾斜，小花两性，管状，紫色。

【生长习性】喜温暖干燥环境，忌高温喜凉爽干燥气候，适应性强，对土壤、水分要求不严，沙滩地、盐碱地均可种植。

【景观应用】水飞蓟是优良的药用植物，常常种植于药草园。

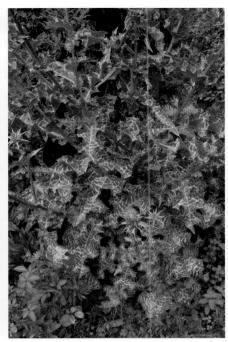

金球菊 *Ajania pacifica* Bremer et Humphries

科属：菊科亚菊属　　　　别名：太平洋亚菊

【形态特征】常绿亚灌木，丛生，株高50～60厘米，株形开展整齐，易根蘖。叶互生，倒卵形至长椭圆形，叶缘有钝锯齿，具银边，叶面银绿色，叶背密被白毛。头状花序小，呈小球形，顶生，花小，金黄色，花量大。

【生长习性】适应性强，抗寒，耐高温，耐修剪，不耐潮湿。

【景观应用】是优良的花境、花坛地被材料。

勋章菊 *Gazania rigens*

科属：菊科勋章菊属　　　　　　　别名：勋章花、非洲太阳花

【形态特征】多年生草本植物。叶丛生，披针形、倒卵状披针形或扁线形，全缘或有浅羽裂，叶背密被白绵毛。花径 7～8 厘米，舌状花白、黄、橙红色，有光泽，花期 4～5 月。

【生长习性】喜阳光，耐旱，耐贫瘠土壤。宜于疏松肥沃、排水良好的沙壤土生长。

【景观应用】多用于庭院绿化、布置花坛或花境，也可盆栽或作切花。

杂种勋章菊 *Gazania × splendens*

科属：菊科勋章菊属

【形态特征】多年生草本植物。具地下茎，株高 30 ~ 50 厘米，叶披针形，叶面绿色，叶背着生白色柔毛，多为基部簇生，茎生叶较少。头状花单生，总苞片 2 层或更多，基部相连呈杯状，中盘花中间的管状花两性，四周舌状花黄色或橙红色，基部棕黑色。通常白天在阳光下开花，傍晚闭合。

【生长习性】喜阳光，宜于疏松肥沃、排水良好的沙壤土生长。

【景观应用】多用于庭院绿化、布置花坛或花境，也可盆栽或作切花。

银香菊 *Santolina chamaecyparissus* Linn.

科属：菊科银香菊属　　　　　别名：绵杉菊、香绵菊

【形态特征】常绿多年生草本，半球形，株高 50 厘米，全株银白色，枝叶密集，新梢柔软，具灰白柔毛，叶银灰色，头状花序，花黄色。蒴果长圆形。花期夏季。

【生长习性】喜光，耐瘠薄、耐高温，忌土壤湿涝。

【景观应用】用于花境、岩石园、花坛、低矮绿篱。

◎ 禾本科

菲白竹 *Sasa fortunei* (Van Houtte) Fiori

科属：禾本科竹亚科赤竹属

【形态特征】低矮竹类，地下茎复轴混生，秆高 0.2 ～ 0.8 米，秆每节具 2 至数分枝或下部为 1 分枝。节间圆筒形，秆环平。每一小枝具叶 4 ～ 7 枚，叶片狭披针形，绿色底上有黄白色纵条纹，叶柄极短，叶鞘淡绿色。笋期 4 ～ 5 月。

【生态习性】喜温暖湿润气候，耐阴，较耐寒，忌烈日，喜肥沃疏松排水良好的砂质壤土。

【景观应用】植株低矮，叶片秀美，是美丽的观叶植物，常植于庭园观赏；栽作地被、绿篱或与假石相配都很合适；也是盆栽或盆景中配植的好材料。

菲黄竹 *Sasa auicoma* E.G.Camus

科属：禾本科竹亚科赤竹属　　　别名：金叶竹

【形态特征】低矮竹类，秆高 30 ～ 50 厘米，径 2 ～ 8 毫米。节间、秆箨、叶鞘上均被柔毛，嫩叶纯黄色，具绿色条纹，老后叶片变为绿色。

【生态习性】喜温暖湿润气候，较耐寒，忌烈日，宜半阴，喜肥沃疏松排水良好的砂质壤土。

【景观应用】新叶纯黄色，非常醒目，秆矮小，用于彩叶地被、色块或盆栽观赏。

华箬竹 *Sasa sinica*

科属：禾本科竹亚科赤竹属　　　别名：金叶竹

【形态特征】低矮竹类，秆高约 1.5 米，径 0.4 厘米，节间长 11 厘米，坚硬，光滑，中空细小，圆筒形或在分枝之一侧基部微凹。每枝具叶 5 或 2 枚，叶鞘无毛，截平形；叶片矩形兼披针形，长 10 ～ 20 厘米，宽 1.5 ～ 3 厘米，下表面基部具稀短毛。

【生态习性】喜温暖湿润气候，较耐寒，忌烈日，宜半阴，喜肥沃疏松排水良好的砂质壤土。

【景观应用】叶色非常醒目，用于地表绿化或盆栽观赏。

黄条金刚竹 *Pleioblastus kongosanensis* 'Aureostriatus'

科属：禾本科竹亚科大明竹属　　　别名：黄金刚竹

【形态特征】混生竹。秆高 0.5 ～ 1 米，径 0.2 ～ 0.3 厘米。叶片较宽大、披针形，长 15 ～ 20 厘米，宽 1.8 ～ 3 厘米，绿色，不规则间有黄条纹，非常美丽，观赏价值高。

【生态习性】喜温暖湿润气候，宜半阴，喜肥沃疏松排水良好的砂质壤土。

【景观应用】彩叶地被竹种，耐修剪。

龟甲竹 *Phyllostachys heterocycla* (Carr.) Mitford

科属：禾本科竹亚科刚竹属

【形态特征】秆高 10 ～ 25 米，径 12 ～ 20 厘米，基部节间短，长 1 ～ 5 厘米，中部节间长达 30 厘米，每节一环（秆环不明显）。叶较小，长 5 ～ 10 厘米，每小枝具叶 2 ～ 3 片。箨鞘厚。密生褐色粗毛。并有褐黑色斑。

【生态习性】通常在向阳背风的山坡生长较好。是南方重要用材竹种，又是优美的风景林竹种。

【景观应用】竹秆有特点。常植于庭园观赏。

毛竹 *Phyllostachys heterocycla* 'Pubescens'

科属：禾本科竹亚科刚竹属

【形态特征】秆高达 20 余米，粗者可达 20 余厘米，幼竿密被细柔毛及厚白粉；基部节间甚短而向上则逐节较长，中部节间长达 40 厘米或更长，壁厚约 1 厘米；叶片较小较薄，披针形，长 4 ～ 11 厘米，宽 0.5 ～ 1.2 厘米。花枝穗状。笋期 4 月，花期 5 ～ 8 月。

【生态习性】适宜肥沃、湿润、排水和透气性良好的酸性砂质土或砂质壤土。

【景观应用】四季常青，竹秆挺拔雄伟，潇洒多姿，独有情趣。营建风景林、旅游林及在园林点缀。

桂竹 *Phyllostachys bambusoides*

科属：禾本科竹亚科刚竹属　　　　别名：五月季竹、麦黄竹

【形态特征】秆高可达 15 ～ 20 米，径 8 ～ 10 厘米，秆环、箨环均隆起，新秆无蜡粉，无毛。箨鞘黄褐色，密被黑紫色斑点或斑块，常疏生直立短硬毛。一侧或两侧有箨耳和繸毛；箨叶三角形至带形，橘红色，绿边，皱褶下垂。每小枝具叶 3 ～ 6 片，叶片长 8 ～ 20 厘米，宽 1.3 ～ 3 厘米，背面有白粉；叶鞘鞘口有叶耳及放射状硬毛，后脱落。笋期 5 月中旬至 7 月。

【生态习性】阳性，喜温暖湿润气候，稍耐寒，能耐 −18℃ 低温、喜山麓及平地之深厚肥沃土壤，不耐黏重土壤。耐盐碱，适应性强。

【景观应用】是长江流域重要用材竹种，也常于园林绿地及风景区栽种。

斑竹 *Phyllostachys bambusoides* 'Lacrimadeae'

科属：禾本科竹亚科刚竹属　　　　别名：湘妃竹

【形态特征】桂竹的栽培变种。中小型竹，秆高达 5～10 米，径达 3～5 厘米。秆环及箨环均隆起；秆箨黄褐色，有黑褐色斑点，疏生直立硬毛。箨叶三角形或带形，橘红色，边缘绿色，微皱，下垂。每小枝 2～4 片，叶带状披针形，长 7～15 厘米，宽 1.2～2.3 厘米。叶舌发达，有叶耳及长肩毛。笋期 5～6 月。

【生态习性】阳性，喜温暖湿润气候，稍耐寒。

【景观应用】竹秆有紫褐色斑。常植庭园观赏。

黄槽竹 *Phyllostachys aureosulcata* McClure

科属：禾本科竹亚科刚竹属　　　　别名：玉镶金竹

【形态特征】秆高 5～8 米，径 1～3 厘米，秆绿色无毛，凹沟槽黄色，秆环略隆起与箨环同高。箨鞘淡灰色，具淡绿色、淡红色或淡黄色纵条纹，无斑，无毛，有白粉。箨片披针形反转，有时略皱褶。

【生态习性】阳性，喜温暖湿润气候，稍耐寒。

【景观应用】秆色优美，为优良观赏竹。常植庭园观赏。

金镶玉竹 *Phyllostachys aureosulcata* 'Spectabilis'

科属：禾本科竹亚科刚竹属

【形态特征】黄槽竹的栽培变种。秆高 4 ~ 10 米，径 2 ~ 5 厘米。新竹为嫩黄色，后渐为金黄色，各节间有绿色纵纹，有的竹鞭也有绿色条纹，叶绿，少数叶有黄白色彩条。在嫩黄色的竹竿上，于每节生枝叶处都天生成一道碧绿色的浅沟，位置节节交错。

【生态习性】阳性，喜温暖湿润气候，稍耐寒。适应性强，种植易成林块。

【景观应用】秆色优美，为优良观赏竹。常植庭园观赏。

人面竹 *Phyllostachys aurea* Carr. ex A. et C. Riv

科属：禾本科竹亚科刚竹属　　　　　别名：佛肚竹、罗汉竹

【形态特征】散生竹。植株较矮，竹秆幼苗为绿色，老竹呈橙黄色。秆劲直，秆高 5 ~ 12 米，粗 2 ~ 5 厘米，幼时被白粉，无毛，成长的竿呈绿色或黄绿色。部分秆的基部或中部以下数节极为短缩而呈不对称肿胀，或节间于节下有长约 1 厘米的一段明显膨大。

【生态习性】阳性，喜温暖湿润气候，适应性强。

【景观应用】刚劲挺拔、俊俏幽雅，栽培供观赏。

乌哺鸡竹 *Phyllostachys vivax*

科属：禾本科竹亚科刚竹属

【形态特征】散生竹。秆高5～8米，径5～6厘米，竹秆金黄色，色泽非常鲜艳。箨鞘密被稠密的烟色云斑；无箨耳及鞘口繸毛；箨舌短而中部强拱起，两侧显著下延，箨叶细长，前半部强烈皱褶。竹叶较大而呈簇状下垂，外观醒目。

【生态习性】宜栽植在背风向阳处，喜空气湿度较大的环境。

【景观应用】适于各种园林造景、营造成片竹园以及盆栽观赏。

黄纹竹 *Phyllostachys vivax* 'Huanwenzhu'

科属：禾本科竹亚科刚竹属

【形态特征】乌哺鸡竹的栽培变型。散生竹。节间绿色，沟槽部分为金黄色，这也是区分原种乌哺鸡竹的主要特征。竹秆绿色，节间凹槽部位黄色，竹叶较大、墨绿。竹秆粗大，黄绿相间，观赏价值高。

【生态习性】耐寒性强，喜肥喜光。

【景观应用】建成观赏竹林、点缀或盆栽观赏都极为漂亮，是一个集观秆、观笋、观姿为一体，不可多得的观赏及笋用竹种。

紫竹 *Phyllostachys nigra* (Lodd. ex Lind) Munro

科属: 禾本科竹亚科刚竹属   别名: 黑竹、墨竹、竹茄、乌竹

【形态特征】秆高 3～5 米, 径 2～4 厘米, 中部节间长 25～30 厘米, 新秆绿色, 老秆紫黑色; 新秆、箨环和箨鞘均被较密刚毛; 箨耳镰形, 箨舌长而强烈隆起。每小枝有叶 2～3 片, 叶片长 6～10 厘米, 宽 1～1.5 厘米。笋期 4～5 月。

【生长习性】耐寒性强, 喜肥喜光。

【景观应用】我国各地有栽培, 主要供观赏。

黑毛巨竹 *Gigantochloa nigrociliata* (Buse) Kerz

科属: 禾本科竹亚科巨竹属

【形态特征】秆高 8～15 米, 直径 4～10 厘米, 梢端长下垂, 基部数节具气根; 节间长 36～46 厘米, 绿色, 具淡黄色纵条纹多条, 幼时被棕色小刺毛; 叶片披针形乃至窄披针形, 长 19～36 厘米, 宽 3～5 厘米, 小横脉稍明显。

【生长习性】宜栽植在背风向阳处, 喜空气湿润较大的环境。

【景观应用】因秆具黄色纵条纹, 自有一定的观赏价值。

粉单竹 *Bambusa chungii* McClure

科属: 禾本科竹亚科簕竹属

【形态特征】丛生竹, 秆高 3～10 米, 径 5～8 厘米。节间圆柱形, 淡黄绿色, 被白粉。尤以幼秆被粉较多; 秆环平, 择环木栓质, 隆起, 其上有倒生的棕色刺毛。每小枝有叶 6～7 枝, 叶片线状披针形至长圆状披针形, 大小变化较大, 长 7～21 厘米, 基部歪斜, 两侧不等, 质地较厚; 叶鞘光滑无毛; 叶耳较明显, 被长缘毛; 叶舌较短。笋期 6～8 月。

【生长习性】宜栽植在背风向阳处, 喜空气湿润较大的环境。

【景观应用】广泛栽培的优良竹种, 具有生长快、成林快、适性强、繁殖易等特点。

凤尾竹 *Bambusa multiplex* 'Fernleaf'

科属：禾本科竹亚科箣竹属　　　别名：观音竹、米竹

【形态特征】为孝顺竹的变种。丛生、秆高 1～3 米，径 0.5～1 厘米、梢头微弯、节间长 16～20 厘米，壁薄、竹秆深绿色。分枝多数，呈半轮生状，主枝不明显。叶片线状披针形。

【生长习性】喜光，喜温暖湿润和半阴环境，稍耐阴。不耐强光暴晒，怕渍水，宜肥沃、疏松和土层深厚肥沃且排水良好的土壤，不耐寒。

【景观应用】株丛密集，竹秆矮小，枝叶秀丽，常用于盆栽观赏，点缀小庭院和居室，也常用于制作盆景或作为低矮绿篱材料。

大佛肚竹 *Bambusa vulgaris* 'Wamin'

科属：禾本科竹亚科箣竹属　　　别名：青丝金竹

【形态特征】泰山竹的栽培变种。乔木型竹，大型丛生竹；秆丛生，高 2～5 米，径达 4～8 厘米，绿色，下部各节间极为短缩，并在各节间的基部肿胀。

【生长习性】宜栽植在背风向阳处，喜空气湿润较大的环境。

【景观应用】东南亚暖热地带广泛分布；华南及滇南园林绿地中有栽培。

锦竹 *Bambusa subaequalis* H. L. Fung et C. Y. Sia

科属：禾本科竹亚科簕竹属　　别名：白纹阴阳竹

【形态特征】秆高 8～12 米，直径 4～6 厘米；节间长 40～50 厘米；叶鞘近无毛；叶耳常不发达，鞘口繸毛少数而细弱；叶片线形，通常长 9～16 厘米，宽 1～13 毫米，上表面无毛，下表面被柔毛，先端渐尖具粗糙钻状尖头，基部近圆形或楔形。叶片宽大，绿色间有数条较宽的黄条纹，非常漂亮，为珍稀彩叶竹子。

【生长习性】喜湿润怕积水，土壤要求肥沃，湿润，排水和透气性能良好的砂质壤土，微酸性或中性，pH 值 4.5～7.0 为宜。

【景观应用】珍稀彩叶观赏地被竹种，也可盆栽观赏。

黄金间碧竹 *Bambusa vulgaris* 'Vittata'

科属：禾本科竹亚科簕竹属　　别名：玉韵竹、桂绿竹

【形态特征】泰山竹的栽培变种。乔木型竹，大型丛生竹；秆丛生，高达 9～18 米，径达 4～8 厘米；亮绿色，秆鲜黄色，有显著绿色纵条纹多条，箨鞘在新鲜时为绿色而具宽窄不等的黄色纵条纹；分枝 3～5，主枝较粗；箨鞘顶部"山"字形，背面密被深棕色刺毛。每小枝有叶 7～9 片，叶长 16～25 厘米，宽 1.8～2.5 厘米，次脉 6～8 对，脉间小横脉不显，叶缘和叶背面粗糙。

【生长习性】宜栽植在背风向阳处，喜空气湿润较大的环境。

【景观应用】东南亚暖热地带广泛分布；华南及滇南园林绿地中有栽培。

花叶芦竹 *Arundo donax* 'Variegates'

科属：禾本科芦竹属　　　　别名：斑叶芦竹、彩叶芦竹

【形态特征】为芦竹的变种。多年生草本，株高150～300厘米。具根茎，杆稍木质化，地上茎挺直，有间节，似竹。叶鞘长于节间，互相紧抱；叶互生，排成两列，叶片线状披针形，长30～60厘米，宽2～5厘米，灰绿色，有黄白色宽狭不等的条纹，纵贯整条叶片。圆锥花序长直立，长30～60厘米，直立，小穗多，花序形似毛帚。花果期9～11月。

【生长习性】喜光，也耐半阴，耐寒，耐旱，喜水湿，对土壤适应性强。

【景观应用】茎秆高大挺拔，形状似竹。叶色黄白条纹相间，是园林中优良的水景观叶材料。主要用于水景园背景材料，也可点缀于桥、亭、榭四周，可盆栽用于庭院观赏，花序可用作切花。

筇竹 *Qiongzhurea tumidinoda* Hsueh et Yi

科属：禾本科竹亚科筇竹属　　　　别名：罗汉竹

【形态特征】灌木状竹类，地下茎复轴型；秆高2～5米，茎粗1～3厘米；节间长15～25厘米，秆壁甚厚，秆节膨大，略向一侧偏斜；秆箨早落，厚纸质，长约为节间之半；小枝纤细，具叶2～4。叶狭披针形，长5～14厘米，宽6～12毫米，侧脉2～4对，横脉清晰。

【生长习性】喜生于温凉潮湿的气候，尤其适宜于园艺沟边、半隐蔽地绿化。

【景观应用】是西南地区特有竹种，国家三级保护的稀珍竹种。秆光滑无毛，秆环极度隆起呈一圆脊，具有较高的观赏价值和工艺价值，是庭园绿化的佳品。

茶杆竹 *Pseudosasa amabilis* (McClure) Keng f.

科属：禾本科竹亚科矢竹属　　　别名：青篱竹、沙白竹、厘竹

【形态特征】混生竹，秆高 5～13 米，粗 2～6 厘米；秆直，多分枝。地下茎复轴混生型。秆圆筒形、光滑。叶片厚而坚韧，长披针形，长 16～35 厘米，宽 16～35 毫米，上表面深绿色，下表面灰绿色，先端渐尖，基部楔形，嫩叶边缘一侧具刺状小锯齿，另一侧锯齿不明显而略粗糙，老叶边缘近于平滑而内卷，次脉 7～9 对，有小横脉；叶柄长约 5 毫米。

【生长习性】适应性强，对土壤要求不严，喜酸性、肥沃和排水良好的沙壤土。

【景观应用】为园林中优良观赏竹种。适用于园林绿化，可配植于亭榭叠石之间。

薄箨茶杆竹 *Pseudosasa amabilis* 'Tenusi'

科属：禾本科竹亚科矢竹属

【形态特征】茶杆竹的变种。箨鞘、叶片质地较薄，箨鞘背部散生刺毛，仅在其中部和基部有较明显的淡棕色刺毛，箨鞘两侧略高，具椭圆状箨耳或仅有数条繸毛，幼竿箨环下密具白粉和稀疏倒刺毛，与原变种可以区别。

【生长习性】同茶杆竹。

【景观应用】同茶杆竹。

矢竹 *Pseudosasa japonica* (Sieb. et Zucc.) Makino

科属：禾本科竹亚科矢竹属

【形态特征】丛生竹，秆高 2～5 米，径 0.5～1.5 厘米；节间长 15～30 厘米，绿色，无毛。箨鞘迟落，表面有粗毛。秆中上部每节 1 分枝。小枝具 5～9 叶；叶狭长，长 8～30 厘米。宽 1～4 厘米，表面深绿色，背面带白色。雄蕊 3～4，柱头 3。

【生长习性】喜潮湿而肥沃的土壤，能耐 -15℃ 的低温。

【景观应用】华东一些城市栽培观赏。

黎竹 *Acidosasa venusta* (Mcchire) Wang et Ye

科属：禾本科竹亚科酸竹属　　　别名：坭竹

【形态特征】秆高 1.4 米，粗 8～9 毫米；节间疏生直立的茸毛，后脱落变为无毛，节下方有白粉；秆环隆起；秆中部每节分 3 枝，开展。叶片长圆状披针形，长 9～20 厘米，宽 1.7～2.6 厘米，先端渐尖，基部楔形或圆形，表面常呈粉绿色，次脉约 5 对，小横脉不明显。总状花序顶生或侧生。花期 11 月。

【生长习性】适应性强，对土壤要求不严，喜酸性、肥沃和排水良好的沙壤土。

【景观应用】为园林中优良观赏竹种。

花叶唐竹 *Sinobambusa tootsik* 'Luteolo-albo-striata'

科属：禾本科竹亚科唐竹属

【形态特征】复轴混生型，秆散生，高 5～8 米，径 3～4 厘米。节间长 30～40 厘米，分枝一侧有沟槽，髓部海绵状或屑状，秆环甚隆起，箨环具木栓质隆起，分枝 3；秆箨早落。叶披针形，长 10～20 厘米，宽 2～3 厘米，背面有细毛。雄蕊 3，柱头 2～3。

【生长习性】适应性强，对土壤要求不严，喜酸性、肥沃和排水良好的沙壤土。

【景观应用】为优良观赏竹种，竹叶色彩鲜艳，花纹美丽，极具观赏价值。

鹅毛竹 *Shibataea chinensis* Nakai

科属：禾本科竹亚科倭竹属

【形态特征】为复轴型，匍匐部分蔓延甚长。秆直立，秆高60～100厘米，节间长7～15厘米，直径2～3毫米淡绿色或稍带紫色；秆下部不分枝的节间为圆筒形，秆上部具分枝的节间在接近分枝的一侧具沟槽，因此略呈三棱型；每枝仅具1叶，偶有2叶；叶鞘厚纸质或近于薄革质；叶片纸质，鲜绿色，老熟后变为厚纸质乃至稍呈革质，卵状披针形，长6～10厘米，宽1～25厘米，基部较宽且两侧不对称，先端渐尖，两面无毛，叶缘有小锯齿。笋期5～6月。

【生长习性】喜酸性、肥沃和排水良好的沙壤土。

【景观应用】作地被绿化观赏。

江山倭竹 *Shibataea chiangshanensis* Wen

科属：禾本科竹亚科倭竹属

【形态特征】秆高50厘米；节间近半圆柱形，长7～12厘米，起初呈绿色，节下方具白粉，老秆的节间则为红棕色；秆环隆起；每节具3枝，中间枝较粗壮，两侧者长仅为中间枝的一半。箨鞘背面淡红色，密被白色细柔毛，基部尤密，边缘有较长的白色纤毛；叶片卵状至三角形，长6～8厘米，宽1.1～2.3厘米，以在近基部处为最宽，叶基钝圆乃至近于截形，中部以上的叶缘具长锯齿，两面无毛。

【生长习性】喜酸性、肥沃和排水良好的沙壤土。

【景观应用】作绿化观赏用。

'红色' 白茅 *Imperata cylindrical* 'Red Baron'

科属：禾本科白茅属　　　　　　别名：红叶白茅、日本血草

【形态特征】多年生草本，秆高60厘米。叶丛生，剑形，直立向上，常保持深血红色。圆锥花序，顶生，小穗银白色，花期5～6月；果期7～8月。

【生长习性】喜光又耐半阴，耐寒，耐旱，耐瘠薄，抗性强，但蔓生性差。

【景观应用】是著名的红色叶片观赏草，春季叶为绿色，而到晚夏至秋季，全株则变为血红色。丛植于花坛、花境、地被。

荻 *Triarrhena sacchariflora* (Maxim.) Nakai

科属：禾本科荻属

【形态特征】多年生草本，株高3～3.5米，暖季型。叶片长50～70厘米，叶缘齿状，叶片绿色，长势极其旺盛。圆锥花序长约30厘米，银白色。花期9～10月。

【生长习性】喜光，耐寒，抗逆性极强，既耐旱又耐涝。

【景观应用】植株刚劲挺拔，气势雄伟、壮观，片状或宽条带状种植，亦可孤植。

花叶拂子茅 *Calamagrostis × actiflora* 'Overdam'

科属：禾本科拂子茅属

【形态特征】多年生草本，株高 50 ~ 75 厘米，丛生。茎秆直立，叶片有绿白相间的条纹。圆锥花序紧缩。花期 5 ~ 6 月。

【生长习性】不择土壤，耐长时间炎热，在湿润排水良好的土壤中生长旺盛。

【景观应用】花序雍容华贵，孤植、片植或盆栽种植，均有很好的效果。

丽色画眉草 *Eragrostis spectabilis*

科属：禾本科画眉草属

【形态特征】多年生丛生草本，株高 60 厘米。密簇丛生，叶片绿色，冠幅 50 厘米左右，圆锥花序，花序长度占整个植株高度的 2/3，亮紫色。花期 6 ~ 11 月。

【生长习性】全光照至中度荫蔽条件下长势良好，适应性强，耐旱，喜疏松肥沃土壤。

【景观应用】花序亮丽，可用于花境、路旁、庭院绿化，作为园林景观中的点缀植物，以单株或列植种植观赏效果最好。

花叶看麦娘 *Alopecurus pratensis* 'Aureovarigatus'

科属：禾本科看麦娘属

【形态特征】多年生草本，有短根状茎，秆高 50 ~ 80 厘米。叶丛生，长披针形，黄绿相间。圆锥花序圆柱状，灰绿色；小穗长椭圆形，含一小花，脱节于颖下；颖相等；外稃等长或稍短于颖，近基部伸出一芒。花期 4 ~ 5 月，果期 7 ~ 8 月。

【生长习性】喜光又耐半阴，耐寒，耐旱。

【景观应用】主要观叶，用于花坛、花境、丛植、地被。

紫叶狼尾草 *Pennisetum setaceum* 'Rubrum'

科属：禾本科狼尾草属　　　　别名：红狼尾草

【形态特征】绒毛狼尾草的园艺品种。丛生，株高 50～80 厘米。叶狭长，质感细腻，全年紫红色。穗状总状花序密生，狭长条状，紫红色，穗状圆锥花序，粉红色，具长绒毛。花序观赏性能保持至晚秋或初冬。

【生长习性】喜阳光充足，喜水湿，耐干旱，耐寒性。对土壤适应性强。

【景观应用】叶及花絮紫红色，极具观赏价值，适宜作花坛、花境背景。

紫御谷 *Pennisetum glaucum* R.Br

科属：禾本科狼尾草属　　　　别名：观赏谷子

【形态特征】一年生草本，株高 100～200 厘米。茎直立，粗壮。叶互生，条状披针形。柱状圆锥花序，长 20～40 厘米，小穗簇生于缩短的分枝上。叶、杆、穗均为紫色。

【生长习性】喜光，耐高温高湿，不耐寒，适宜疏松、肥沃、排水良好的土壤。

【景观应用】花序、叶与茎均紫黑色，用于花坛、花境、丛植、盆栽。

芦苇 *Phragmites australis*

科属：禾本科芦苇属　　　　　　别名：芦、苇子

【形态特征】多年生草本，株高50～300厘米，根状茎横走。秆直立，叶鞘圆筒形；叶舌有毛，叶片长15～45厘米。圆锥花序顶生，长10～40厘米，稍下垂，小穗含4～7花，具6～12毫米的柔毛。颖果长圆形。花期7～11月。

【生长习性】喜阳光充足，喜水湿，耐干旱，耐寒性。对土壤适应性强。

【景观应用】用于水中、岸边的水景种植，还可固沙固堤。

花叶芦苇 *Phragmites australis* 'Variegates'

科属：禾本科芦苇属

【形态特征】多年生草本，为芦苇的变种，形态特征与芦苇相似，株高1米左右，叶片具绿色夹银色斑纹或黄色夹绿色条纹。

【生长习性】喜阳光充足，喜水湿，耐干旱，耐寒性。对土壤适应性强。

【景观应用】栽培观赏。

花叶沼湿草 *Molinia caerulea* 'Variegata'

科属：禾本科麦氏草属　　　　别名：花叶酸沼草

【形态特征】多年生草本，株形整齐，株高约60厘米，叶有白色条纹，花期秋季。

【生长习性】喜光，适应性强。

【景观应用】适合花境种植。

花叶芒 *Miscanthus sinensis* 'Variegatus'

科属：禾本科芒属　　　　别名：银边芒

【形态特征】多年生草本，丛生，秆高120～180厘米，冠幅100～150厘米。叶条状披针形，叶片平展或折叠，浅绿色的叶片镶嵌着乳白色的条纹，有时叶片边缘有深红色的细线。总状花序，长10～20厘米，花序深粉色。花期9～10月。

【生长习性】喜光又耐阴，耐热，耐干旱也耐湿，耐寒，也耐涝，适应性强，不择土壤。

【景观应用】白色、绿色相间的叶片引人入胜。可孤植、片植或条带种植，也是盆栽、岩石园的理想材料。

斑叶芒 *Miscanthus sinensis* 'Strictus'

科属：禾本科芒属　　　　　　　　别名：横斑芒

【形态特征】多年生草本，丛生；株高 170 厘米左右，冠幅 60 ～ 80 厘米，叶片有黄色不规则斑纹，奇特美观，圆锥花序顶生。

【生长习性】耐半阴，耐旱，也耐涝，适宜湿润、排水良好的土壤。

【景观应用】绿色叶片上的黄色斑纹非常亮丽；可孤植、盆栽或成片种植。

晨光芒 *Miscanthus sinensis* 'Morning Lilght'

科属：禾本科芒属

【形态特征】多年生草本。株高 150 厘米，叶直立、纤细，顶端呈弓形，顶生的圆锥花序，花期 10 月，花色由最初的粉红色渐变为红色，秋季转化为银白色。

【生长习性】喜光，耐半阴，耐寒（−30℃ ），耐旱，也耐涝，对气候的适应性强，不择土壤，能耐瘠薄土壤。

【景观应用】可种植于水边、花境、石边，也可以作为自然式绿篱使用。

克莱茵芒 *Miscanthus sinensis* 'Kleine Silberspinne'

科属：禾本科芒属

【形态特征】多年生草本，丛生；叶脉白色，奇特美观。

【生长习性】耐半阴，耐旱，也耐涝，适宜湿润、排水良好的土壤。

【景观应用】绿色叶片上的白色斑纹非常亮丽；可孤植、盆栽或成片种植。

蓝杆芒 *Miscanthus* sp.

科属：禾本科芒属

【形态特征】多年生草本，丛生；茎秆蓝色。

【生长习性】耐寒，耐旱，也耐涝，适宜湿润、排水良好的土壤。

【景观应用】可孤植、盆栽或成片种植。

玫红蒲苇 *Cortaderia selloana* 'Rosea'

科属：禾本科蒲苇属　　　　　别名：雷阿特蒲苇

【形态特征】园艺种。

【生长习性】耐寒，耐旱，也耐涝，对土壤要求不高，耐盐碱，湿旱地均可生长。

【景观应用】可孤植、盆栽或成片种植。

银叶蒲苇 *Cortaderia selloana* 'Silver Comet'

科属：禾本科蒲苇属　　　　　别名：白边银芦

【形态特征】多年生草本，丛生。株高2.5米，冠幅130厘米，叶绿色带白色条纹。圆锥花序，银白色，长达80厘米，花期9～11月。

【生长习性】耐寒，耐旱，也耐涝，对土壤要求不高，耐盐碱，湿旱地均可生长。

【景观应用】可孤植、盆栽或成片种植。

柳枝稷 *Panicum virgatum*

科属：禾本科黍属 别名：潘神草

【形态特征】多年生直立草本，松散丛生，秆高 80 ~ 120 厘米，冠幅 50 厘米。叶片线形，绿色至蓝粉色，秋季变为金黄至褐色，顶端长尖，两面无毛或上面基部具长柔毛。圆锥花序开展，长 20 ~ 30 厘米，分枝粗糙，疏生小枝与小穗；小穗椭圆形，顶端尖，绿色或带紫色。花果期 6 ~ 10 月。

【生长习性】喜光，耐旱，并能够短期耐涝，不择土壤，能忍受长时间干旱。

【景观应用】可片植或条带种植，是配置花境的理想材料。

重金柳枝稷 *Panicum virgatum* 'Heavy Mental'

科属：禾本科黍属

【形态特征】多年生直立草本。柳枝稷的园艺种。

【生长习性】喜光，耐旱，并能够短期耐涝，不择土壤，能忍受长时间干旱。

【景观应用】可片植或条带种植，是配置花境的理想材料。

花叶燕麦草 *Arrhenatherum elatius* 'Variegatum'

科属：禾本科燕麦草属 别名：银边草

【形态特征】多年生草本，丛生，株高度约 30 厘米，冠幅 40 厘米。叶线形，长 10 ~ 20 厘米，具白色条纹。圆锥花序长 10 厘米。花期 5 ~ 6 月。

【生长习性】喜光亦耐阴，喜凉爽湿润气候，耐高温、耐寒、耐旱，也耐水湿，对土壤要求不严，在贫瘠土壤生长正常。

【景观应用】可用作花境、花坛和大型绿地配景。

蓝羊茅 *Festuca glauca*

科属：禾本科羊茅属

【形态特征】多年生草本。秆密丛生，直立平滑，株高 30 ～ 40 厘米，超出叶丛很多，冠幅约 40 厘米。叶片内卷成针状或毛发状，蓝绿色，具银白霜。圆锥花序长约 10 厘米。花期 4 ～ 6 月。

【生长习性】在中性或弱酸性疏松土壤中长势最好，稍耐盐碱。全日照或轻度荫蔽长势旺盛。

【景观应用】适合作花坛、花境镶边和道路两侧镶边用，其突出的颜色可以和花坛、花境形成鲜明的对比。

花叶虉草 *Phalaris arundinacea* 'Variegata'

科属：禾本科虉草属　　　　　　别名：玉带草、丝带草、草芦

【形态特征】多年生草本，秆高 30 ～ 80 厘米。有根茎，丛生。叶扁平，线形，长 20 ～ 40 厘米，绿色有白色条纹，质地柔软，形似玉带。圆锥花序紧密狭窄，顶生，分枝直向上举，密生小穗，小穗有尖顶，但无芒；花期 6 ～ 7 月。

【生长习性】喜光又耐半阴，耐寒，耐热，耐旱，耐瘠薄，适应性强。

【景观应用】是良好的地被植物，可用于花坛、花境、丛植、地被或盆栽观赏。

花叶玉带草 *Phalaris arundinacea* 'Pieta'

科属：禾本科虉草属　　　　　　别名：彩叶虉草

【形态特征】多年生草本，秆高 30 ～ 80 厘米。有根茎，丛生。叶扁平、线形，长 20 ～ 40 厘米，绿色带红色，质地柔软，形似玉带。圆锥花序紧密狭窄，顶生，分枝直向上举，密生小穗，小穗有尖顶，但无芒；花期 6 ～ 7 月。

【生长习性】喜光又耐半阴，耐寒，耐热，耐旱，耐瘠薄，适应性强。

【景观应用】是良好的地被植物，可用于花坛、花境、丛植、地被或盆栽观赏。

细叶针茅 *Stipa lessingiana*

科属：禾本科针茅属　　　　　　别名：针茅

【形态特征】多年生草本，冷季型，丛生。茎秆直立，株高 100 ～ 120 厘米，叶片亮绿色。穗状花序，绿色，长 20 ～ 30 厘米，芒长 10 厘米，花期 4 月底至 5 月底。

【生长习性】喜光，稍耐阴。耐寒性、耐贫瘠性、耐旱性强。

【景观应用】非常适宜在公路、公园坡地等土壤贫瘠的地方栽植，也可作为地被植物，可与岩石配置，也可种于路旁、小径，亦可用作花坛、花境镶边。

细茎针茅 *Stipa tenuissima*

科属：禾本科针茅属　　　　　　别名：墨西哥羽毛草、细茎针芒

【形态特征】多年生草本，株高 50 厘米，植株密集丛生，茎秆细弱柔软。叶片细长如丝状，亮绿色。穗状花序绿色，长 30 厘米左右，柔软下垂，芒长 10 ～ 15 厘米，花期 6 ～ 8 月，即使在冬季变成黄色时仍具观赏性。

【生长习性】喜光，也耐半阴，非常耐旱。适合在土壤排水良好的地方种植。

【景观应用】形态优美妖娆，即使在冬季变成黄色时仍具观赏性。可与岩石配置，也可种于路旁、小径，亦可用作花坛、花境镶边。

◎ 莎草科

花叶水葱 *Scirpus validus 'Zebrinus'*

科属：莎草科藨草属

【形态特征】为水葱的变种，多年生宿根挺水草本，株高 100 ～ 120 厘米。茎秆直立，高大通直，圆柱形，有白色环状带，中空。线形叶片长。圆锥状花序假侧生，花序似顶生。苞片由秆顶延伸而成，多条辐射枝顶端，椭圆形或卵形小穗单生，上有多数的花。小坚果倒卵形。花果期 6 ～ 9 月。

【生长习性】喜温暖湿润，在自然界中常生于沼泽地、浅水或湿地草丛中，适应性很强。

【景观应用】株丛挺立，色泽美丽奇特，飘洒俊逸。最适宜作湖、池水景点，还可以盆栽观赏，茎秆可用作插花材料。

花叶薹草 *Carex siderosticta*

科属：莎草科薹草属　　　　别名：宽叶薹草

【形态特征】多年生常绿草本。根状茎长。花茎近基部的叶鞘无叶片，淡棕褐色，营养茎的叶长圆状披针形，有时具白色条纹。花茎高达 30 厘米。

【生长习性】喜阳光充足亦耐阴，不耐涝，对土壤要求不高。

【景观应用】可用作花坛、花境镶边观叶植物，也可盆栽观赏。

柔弱薹草 *Carex flacca* Schreb

科属：莎草科薹草属

【形态特征】多年生常绿草本。

【生长习性】喜阳光充足，亦耐阴，不耐涝，对土壤要求不高。

【景观应用】可用作花坛、花境镶边观叶植物，也可盆栽观赏。

金叶薹草 *Carex oshimensis* 'Evergold'

科属：莎草科薹草属　　　　别名：金心薹草、金丝薹草、金色薹草

【形态特征】多年生常绿草本。株高 20 厘米左右，叶革质，轮生条形，宽约 1 厘米，长约 35 厘米，叶梢自然下垂，叶片中间为黄色。穗状花序，花期 4～5 月，花单性。

【生长习性】喜阳光充足，亦耐阴，不耐涝，耐寒性较强，对土壤要求不高，栽培容易。

【景观应用】带黄绿相间的条纹叶片，具有较高的观赏价值，可用作花坛、花境镶边观叶植物，也可盆栽观赏。

星光草 *Rhynchospora colorata*

科属：莎草科刺子莞属　　　　别名：白鹭莞

【形态特征】多年生草本，株高 20～30 厘米。叶丛生，线形。花序顶生，苞片 5～8 枚，包裹花序，苞片基部及花序白色。瘦果。花果期 6～9 月，果期 8～10 月。

【生长习性】性喜温暖，耐高温，不怕水，不耐寒，对土壤要求不严。

【景观应用】可盆栽或庭园潮湿地、水池美化。

◎ 棕榈科

霸王棕 *Bismarckia nobilis* Hildebr.et H.Wendl

科属：棕榈科霸王棕属　　　　别名：俾斯麦棕

【形态特征】常绿高大乔木。高可达 70～80 米。茎干光滑，结实，灰绿色。叶片巨大，长 3 米左右，扇形，多裂，蓝灰色。雌雄异株，穗状花序。种子较大，近球形，黑褐色。

【生长习性】喜阳光充足、温暖气候与排水良好的环境。耐旱、耐寒。适应性较强，喜肥沃土壤，耐瘠薄，对土壤要求不严。

【景观应用】树形挺拔，叶片巨大，形成广阔的树冠，为珍贵而著名的观赏棕榈类。

槟榔 *Areca catechu* L.

科属：棕榈科槟榔属　　　　别名：大腹皮

【形态特征】常绿乔木，株高达 15～20 米。茎直立，单生，有明显的环状叶鞘痕。叶羽状全裂，长 2～3 米，羽片 40～60 对；线状披针形。雄花雄蕊多数。果实纺锤形。种子有褐红色斑纹。

【生态习性】喜温暖、湿润和阳光充足的环境。适宜排水良好、质地疏松、肥沃的土壤。

【景观应用】热带亚热带用于庭院观赏绿化及行道树。

三药槟榔 *Areca triandra* Roxb.

科属：棕榈科槟榔属

【形态特征】常绿乔木，茎丛生，株高4米以上，具明显的环状叶痕。叶羽状全裂，长1米以上，约17对羽片，顶端1对合生，羽片长35～60厘米。佛焰苞1个，革质，压扁，光滑，长30厘米或更长。果实比槟榔小，卵状纺锤形，果熟时由黄色变为深红色。种子椭圆形至倒卵球形。果期8～9月。

【生态习性】喜温暖、湿润和阳光充足的环境。适宜排水良好、质地疏松、肥沃的土壤。

【景观应用】热带亚热带用于庭院观赏绿化及行道树。

黄棕榈 *Latania verschaffeltii*

科属：棕榈科彩叶棕属　　　　别名：黄脉榈、黄拉坦棕

【形态特征】单干，高可达10～15米，基部膨大。叶掌状分裂，淡绿色，叶片边缘及叶脉下面附有灰白色棉毛；雌雄异株；叶柄被以灰白色棉毛，叶柄基部棉毛更多。果实道卵形，有三棱，种子淡褐色，中间有一突起的种脊。

【生长习性】性喜温暖湿润、光照充足的生长环境。

【景观应用】幼苗叶柄及叶脉黄色，非常美丽。是极稀有的观赏棕榈。庭园栽培供观赏。

菜棕 *Sabal palmetto* (Walt.) Lodd. ex Roem. et Schult.

科属：棕榈科菜棕属　　　　别名：箬棕、白菜棕

【形态特征】乔木状，茎单生，高9～18米，直径约60厘米。叶为明显的具肋掌状叶，长达1.8米，具多数裂片，裂片先端深2裂，具细条纹和明显的二级和三级脉，两面同色（绿色或黄绿色），裂片弯缺处具明显的丝状纤维。花序形成大的复合圆锥花序，与叶片等长或长于叶，开花时下垂。果实近球形或梨形，黑色。花期6月，果期秋季。

【生长习性】喜高温、湿润、阳光充足的环境。

【景观应用】株形奇特，适宜庭园配置。

巨菜棕 *Sabal causiarum*

科属：棕榈科菜棕属

【形态特征】乔木状，茎单生，直径达 1 米。叶大，扇形，掌状深裂，裂片线状披针形，劲直，裂口处有许多丝状纤维；花序长大，生于叶腋。

【生长习性】喜高温、湿润、阳光充足的环境。

【景观应用】株形奇特，适宜庭园配置或温室栽培。

刺葵 *Phoenix hanceana* Naud.

科属：棕榈科刺葵属　　　　　别名：台湾海枣

【形态特征】茎丛生或单生，高 1 ～ 2 米。叶羽状全裂，长达 2 米；裂片条形，4 列排列，芽时内向折叠，长 15 ～ 30 厘米，下部的退化为针刺。肉穗花序生于叶丛中，多分枝，长达 60 厘米。果矩圆形，长 1 ～ 1.5 厘米，紫黑色。

【生长习性】喜温暖、湿润环境。

【景观应用】庭园栽培供观赏。

江边刺葵 *Phoenix roeblenii*

科属：棕榈科刺葵属　　　　　别名：软叶刺葵、美丽针葵

【形态特征】常绿灌木，茎短粗，通常单生，亦有丛生，株高 1 ～ 3 米。叶羽片状，初生时直立，稍长后稍弯曲下垂，叶柄基部两侧有长刺，且有三角形突起；小叶披针形，较软柔，并垂成弧形。肉穗花序腋生，雌雄异株。果成熟时枣红色。

【生长习性】喜高温高湿的热带气候，喜光也耐阴，耐旱，耐瘠，喜排水性良好、肥沃的砂质壤土。

【景观应用】枝叶拱垂似伞形，叶片分布均匀且青翠亮泽，是优良的盆栽观叶植物。

加那利海枣 *Phoenix canariensis* Hort.ex.Chab

科属：棕榈科刺葵属　　　　别名：加那利刺葵、长叶刺葵、加岛枣椰

【形态特征】常绿乔木，茎单生，高 15～20 米，有叶柄（鞘）残基。叶多数，聚生茎端，长 6～10 米，近端下部叶常呈水平展开，羽状全裂，羽片多数，长线状披针形，排列整齐，中轴基部羽片呈针刺状。花小，橙黄色。果长椭圆形，熟时橙色或淡红色。

【生长习性】喜温暖、湿润环境，可生长于干旱、盐碱的土壤。

【景观应用】庭园栽培，供观赏或作行道树。

狐尾椰子 *Wodyetia bifurcata*

科属：棕榈科狐尾椰子属

【形态特征】常绿乔木，高 15～20 米，直径可达 30 厘米，茎单生，光滑，有叶痕，略似酒瓶状。叶色亮绿，簇生茎顶，羽状叶长可达 3 米，羽片披针形，排列紧闭轮生于叶轴上，使叶成狐尾状。穗状花序，分枝较多，雌雄同株。果卵形，长 6～8 厘米，熟时橘红色至橙红色。

【生长习性】喜温暖、湿润、光照充足的生长环境，耐寒、耐旱、抗风。

【景观应用】株形奇特，适宜庭园配置或温室栽培。

三角椰子榈 *Neodypsis decaryi* Jum

科属：棕榈科获棕属　　　　　别名：三角椰子

【形态特征】茎单生，高可达 10 米。叶浅灰蓝色，叶长 3～5 米，整齐地排成三列，且叶鞘外侧中央具一显著突出的脊，故在茎干还未露出时，由叶鞘包裹的植株基部呈三角状，植株就像是具有三角形的茎干。茎干伸长之后，膨大成锤形。

【生长习性】喜高温、光照充足，耐旱，也较耐阴，稍耐寒。生长适温 18～28℃。

【景观应用】株形奇特，适应性广，既耐寒又耐旱，可作盆栽，也可孤植于草坪或庭院之中，观赏效果极佳。

酒瓶椰子 *Hyophore lagenicaulis*

科属：棕榈科酒瓶椰子属

【形态特征】常绿灌木，干高达 3 米，茎干短矮圆肥似酒瓶。羽状复叶，小叶线状披针形，40～60 对，淡绿色。穗花序多分枝，油绿色。浆果椭圆，熟时黑褐色。花期 8 月，果期为翌年 3～4 月。

【生长习性】喜高温、湿润、阳光充足的环境，怕寒冷，耐盐碱、生长慢。

【景观应用】株形奇特，适宜庭园配置或温室栽培。

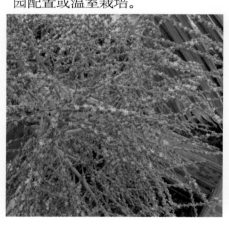

棍棒椰子 *Hyophorbe verschaffeltii* Wendl.

科属： 棕榈科酒瓶椰子属

【形态特征】常绿灌木，树干通直，下部略窄，上部较膨大，状似棍棒，树干单立，高可达6～9米。羽状复叶，丛生干顶，小叶剑形，先端渐尖。叶柄圆柱形，上面有沟，小叶基部上方有黄色隆肿；叶鞘包成圆柱形，基部突然膨大。肉穗花序的小梗上着生小花。浆果黑紫色。花期3～5月。

【生长习性】喜性阳光充足及温暖的环境，耐热，耐旱，耐盐。栽培土质以砂质壤土最佳，排水需良好。

【景观应用】株形奇特，适宜庭园配置或温室栽培。

散尾葵 *Chrysalidocarpus* H. Wendl.

科属： 棕榈科散尾葵属　　　　　　**别名：** 黄椰子

【形态特征】丛生常绿灌木或小乔木，基部多分蘖，呈丛生状生长。茎干光滑，黄绿色，上有明显叶痕，呈环纹状。叶面滑细长，羽状复叶，全裂，叶柄稍弯曲，先端柔软；裂片条状披针形，左右两侧不对称。肉穗花序圆锥状，生于叶鞘下，多分支；花小，金黄色。果近圆形，橙黄色。

【生长习性】喜温暖湿润、半阴且通风良好的环境，不耐寒，较耐阴，畏烈日，适宜生长在疏松、排水良好、富含腐殖质的土壤。

【景观应用】多作庭园栽植，极耐阴，可栽于建筑物阴面。或盆栽观赏。

大王椰子 *Roystonea regia* (HBK.)O.F. Cook

科属：棕榈科王棕属　　　　　别名：王棕、王椰

【形态特征】单干高耸挺直，可达 15 ～ 20 米，干面平滑，上具明显叶痕环纹，幼株基部膨大，成株中央部分稍膨大。羽状复叶长可达 4 米，小叶披针形，叶鞘绿色，环抱茎顶，肉穗花序着生于最外侧的叶鞘着生处，花乳白色，果为浆果，含种子 1 枚。

【生态习性】喜温暖、潮湿、光照充足的环境，要求排水良好、肥沃、深厚的土壤。

【景观应用】高大雄伟，姿态优美，是热带及南亚热带地区最常见的棕榈类植物。作为行道树，十分整齐美观。

菜王椰 *Roystonea oleracea* (Jacq.) O. F. Cook

科属：棕榈科王棕属　　　　　别名：菜王棕、菜王椰子

【形态特征】茎直立，乔木状，高达 25 ～ 40 米，甚至更高，基部膨大，向上呈圆柱形。叶长 3 ～ 4 米，上举或平展，约有羽片 100 片或更多，羽片线状披针形，长渐尖，先端具不整齐 2 裂，长 50 ～ 100 厘米。花序长 90 厘米或更长，多分枝。果实长圆状椭圆形，一侧凸起，成熟时淡紫黑色。

【生态习性】喜温暖、潮湿、光照充足的环境，要求排水良好、肥沃、深厚的土壤。

【景观应用】大型属单干型棕榈植物，茎甚高，可用于隔离带等的绿化美化，也很适宜景区的园林空间的分隔。

椰子 *Cocos nucifera* L.

科属：棕榈科椰子属　　　　　　别名：越王头、椰瓢、大椰

【形态特征】常绿乔木，树干挺直，株高15～30米，单项树冠，整齐。叶羽状全裂，长4～6米，裂片多数，革质，线状披针形，先端渐尖；叶柄粗壮，长超过1米。佛焰花序腋生，多分枝，雄花聚生于分枝上部，雌花散生于下部。坚果倒卵形或近球形，顶端微具三棱，内果皮骨质，近基部有3个萌发孔，种子1粒。

【生态习性】喜光，在高温、多雨、阳光充足的条件下生长发育良好。

【景观应用】热带亚热带地区优良的树木，可作为行道树、风景树以及庭院树等。

鱼尾葵 *Caryota ochlandra*

科属：棕榈科鱼尾葵属　　　　　　别名：假桃椰

【形态特征】多年生常绿乔木，株高10～20米。茎干直立不分枝，叶大型，羽状二回羽状全裂，叶片厚，革质，大而粗壮，上部有不规则齿状缺刻，先端下垂，酷似鱼尾，花3朵簇生，肉穗花序下垂，小花黄色。果球型，成熟后紫红色。

【生长习性】喜温暖湿润及光照充足的环境，也耐半阴，忌强光直射和暴晒，耐寒力不强。要求排水良好、疏松肥沃的土壤。

【景观应用】植株挺拔，叶形奇特，姿态潇洒，盆栽布置会堂、大客厅等处。

董棕 *Caryota urens* L.

科属：棕榈科鱼尾葵属

【形态特征】常绿乔木，高达 15 ～ 20 米；干灰色，不分枝。具明显的环状叶痕，有时中部增粗成瓶状。大型二回羽状复叶集生于干端，长 4 ～ 6 米，平展而齐整；小叶斜折扇状，顶端有不整齐齿裂；叶鞘长 2.5 ～ 3 米。圆锥花序下垂，长 2.5 ～ 3 米。

【生长习性】喜温暖湿润及光照充足的环境，也耐半阴，忌强光直射和暴晒，耐寒力不强。要求排水良好、疏松肥沃的土壤。

【景观应用】大型羽叶广张如伞，乘风飘扬，十分壮观，是热带地区优良的行道树及庭荫观赏树。

缨络椰子 *Chamaedorea cataractarum*

科属：棕榈科竹棕属　　　　别名：富贵椰子

【形态特征】常绿灌木，茎短而粗壮，节密。叶羽状全裂，长 50 ～ 80 厘米，先端弯垂，裂片宽 1 ～ 1.5 厘米，平展，叶色墨绿，表面有光泽，叶柄腹面具浅槽。肉穗花序于根茎处抽出，果熟时红褐色，近圆形，果期 10 ～ 12 月。

【生态习性】性喜温暖湿润半阴环境，耐阴性强，喜肥沃疏松、排水良好的砂质壤土。

【景观应用】常做为室内装饰的绿化植物。

棕榈 *Trachycarpus fortunei*(Hook.) H.Wendl.

科属：棕榈科棕榈属　　　　别名：棕树、唐棕

【形态特征】常绿乔木，高达 8 米。树干圆柱形，直立无分枝，茎干为赤褐色苞片所包围。叶片竖干顶，形如扇，掌状裂深达中下部。叶柄半圆形，缘具细齿。雌雄异株，圆锥状肉穗花序腋生，花小而黄色。核果肾状球形，蓝褐色，被白粉。花期 4 ～ 5 月，10 ～ 11 月果熟。

【生态习性】喜光也稍耐阴，不耐寒，喜肥沃疏松、排水良好的砂质壤土。

【景观应用】栽于庭院、路边及花坛之中，树势挺拔，叶色葱茏，适于四季观赏。华北地区栽植要严格选择小气候良好的地点。

龙棕 *Trachycarpus nana* Becc.

科属：棕榈科棕榈属

【形态特征】常绿小灌木，株高50～100厘米。无地上茎，地下茎节密集，多须根，向上弯曲，犹如龙状，故名龙棕。叶片簇生于地面，掌状深裂，形状如棕榈叶，但较小和更深裂，裂片为线状披针形，上面绿色，背面苍白色。花序从地面直立伸出，较细小；花雌雄异株，雄花序的花比雌花序的花密集雄花黄色，雌花淡绿色。核果肾形，蓝黑色。花期4月，果期10月。

【生态习性】喜光也稍耐阴，不耐寒，喜肥沃疏松、排水良好的砂质壤土。

【景观应用】中国特有种，被列为国家二级保护渐危种。是庭园绿化、盆景栽培的优美植物。

棕竹 *Rhapis excelsa*

科属：棕榈科棕竹属　　　　别名：裂叶棕竹

【形态特征】多年生常绿灌木。株高2～3米，茎圆柱形，有节，直径2～3厘米，不分枝，外包有褐色网状粗纤维叶鞘。叶质硬挺，集生茎顶，掌状深裂；裂片5～10枚，条状披针形，长25～30厘米，宽3～6厘米，顶端阔，有不规则齿缺，横脉多而明显。

【生长习性】喜温暖、湿润和半阴环境。较耐阴，怕强光。宜肥沃、疏松和排水良好的微酸性沙壤土。

【景观应用】是阴生观叶植物，株丛挺拔，叶青秆直，相聚成丛，扶疏有致，富有热带风韵。也可盆栽观赏。

斑叶棕竹 *Rhapis excelsa* 'Variegata'

科属：棕榈科棕竹属　　　　别名：斑叶观音棕竹

【形态特征】多年生常绿灌木。棕竹的栽培变种，叶有黄叶条纹。其他同棕竹。

【生长习性】同棕竹。

【景观应用】同棕竹。

◎ 天南星科

斑叶菖蒲 *Acorus calamus* 'Variegatus'

科属：天南星科菖蒲属　　　　别名：花叶菖蒲

【形态特征】为菖蒲的变种，多年生挺水草本，叶有香气。株高40～60厘米。扇形排列，线状剑形，狭长略弯，具平行脉；叶片有白色条纹。

【生长习性】喜光好潮湿，耐严寒，耐热，管理粗放。

【景观应用】叶色独特，适于庭院地被、湿地、水池、水盆栽培、花境配植。

花叶菖蒲 *Acorus gramineus* 'Variegata'

科属：天南星科菖蒲属　　　　别名：花叶石菖蒲、花叶金钱蒲

【形态特征】多年生草本，高20～30厘米，根茎较短，根肉质，须根密集。根茎上部多分枝，呈丛生状。分枝基部常具宿存叶基。叶片较厚，线形，黄色边缘白色。叶状佛焰苞。肉穗花序黄绿色，圆柱形。果黄绿色。花期5～6月，果7～8月成熟。

【生长习性】喜生于浅水中，也耐干燥，可旱栽。

【景观应用】园艺种，适合栽培观赏。

金叶菖蒲 *Acorus gramineus* 'Ogon'

科属：天南星科菖蒲属　　　　　别名：金叶钱蒲、金叶石菖蒲

【形态特征】多年生草本，高 20 ～ 30 厘米，根茎较短，根肉质，须根密集。根茎上部多分枝，呈丛生状。分枝基部常具宿存叶基。叶片较厚，线形，黄色。叶状佛焰苞。肉穗花序黄绿色，圆柱形。果黄绿色。花期 5 ～ 6月，果 7 ～ 8 月成熟。

【生长习性】喜生于浅水中，也耐干燥，可旱栽。

【景观应用】园艺种，适合栽培观赏。

银边菖蒲 *Acorus calamus* 'Argenteostriatus'

科属： 天南星科菖蒲属　　　　**别名：** 银纹菖蒲

【形态特征】为菖蒲的变种，多年生挺水草本，叶有香气。株高40～60厘米。扇形排列，线状剑形，狭长略弯，具平行脉；叶片半边有乳黄色条纹。

【生长习性】喜光好潮湿，耐严寒，耐热，管理粗放。

【景观应用】叶色独特，适于庭院地被、湿地、水池、水盆栽培、花境配植。

大藻 *Pistia stratiotes*

科属： 天南星科大藻属　　　　**别名：** 大叶莲、水浮莲

【形态特征】多年生浮水草本植物。叶无柄，聚生于极度缩短、不明显的茎上，生成莲座状，叶片倒卵状楔形，叶片亮绿色，簇生如莲座重叠交错，叶背白绿色，有天鹅绒般质感。花序柄短，佛焰苞小，白色，花小，单生，无花被，花序上部有雄花2～8朵，每朵由2个合生的雄蕊组成。

【生长习性】喜温暖、阳光充足、肥沃的淡水池塘、沟渠或水田中，不择土壤。

【景观应用】可点缀水面，宜植于池塘、水池中观赏，能够净化水体。

广东万年青 *Aglaonema modestum*

科属：天南星科粗肋草属

【形态特征】多年生常绿草本植物，粗肋草则以其叶脉中肋明显粗大而得名。粗肋草之原生种约 50 种，另有许多杂交种与栽培种，主要为盆栽观赏或者切叶生产植物。植株高度 20～150 厘米。叶互生，披针形至狭卵形，叶长 10～45 厘米，叶宽 4～16 厘米。花小不明显，花序为佛焰花序，佛焰苞白色或绿白色，果实为浆果，成熟时会变为红色。

【生长习性】喜温暖湿润和半阴环境。不耐寒，怕强光暴晒，不耐干旱。以肥沃的腐叶土和河沙各半的混合土为宜。

【景观应用】粗肋草为全球常见的室内观赏植物。叶色美丽，耐阴，盆栽点缀厅室，效果明显。

广东万年青常见的栽培品种

1 芭提雅美人粗肋草 *Aglaonema* 'Pattaya Beauty'

2 白柄亮丝草 *Aglaonema commutatum* 'White Rajah'

别名：白斑亮丝草

【形态特征】叶披针形，深绿色，具米黄色斑点，叶柄白色。

3 白宽肋斑点粗肋草 *Aglaonema costatum* 'Foxii'

【形态特征】多年生草本，株高30～50厘米，叶长椭圆形，先端渐尖，叶面绿色，中肋白色，叶面具白色斑点。肉穗花序，果实为浆果。

4 斑叶亮丝草 *Aglaonema* 'Variegatum'

【形态特征】多年生草本，叶阔披针形，淡绿色，具乳白色大斑纹。

5 弗里德曼粗肋草 *Aglaonema* 'B.J,Freeman'

【形态特征】园艺种。

6 狭叶粗肋草 *Aglaonema commutatum* 'Treubii'
别名：土氏粗肋草

【形态特征】叶披针形，狭窄，叶面蓝绿色，沿主脉两侧具不规则银灰色斑点。

7 暹罗王粗肋草 *Aglaonema* 'King of Siam'

【形态特征】园艺种。

8 银后万年青 Aglaonema 'Silver Queen'

别名：银皇后、银后粗肋草、银后亮丝草

【形态特征】多年生常绿草本植物。株高30～40厘米，茎直立不分枝，节间明显。叶互生，叶柄长，基部扩大成鞘状，叶狭长，浅绿色，叶面有灰绿条斑，面积较大。

9 银王亮丝草 Aglaonema 'Silver King'

别名：银王万年青、银王粗肋草、银皇帝

【形态特征】植株为直立性，高约30～45厘米，叶片茂密，披针形，长15～20厘米，宽5～6厘米，叶面大多为银灰色，有金属光泽，其余部分散生墨绿色斑点或斑块，叶背灰绿，叶柄绿色。

白斑叶龟背竹 Monstera deliciosa 'Albo Variegata'

科属：天南星科龟背竹属　　别名：花叶龟背竹

【形态特征】多年生草本，叶全缘或羽状裂叶，叶中有不规则的孔洞，叶面光亮，具白色条斑。肉穗花序，浆果。花期春季，果期秋冬。

【生长习性】喜半阴环境，避免强光直晒。不耐寒。

【景观应用】园艺种，适合作盆栽观赏。

花叶龟背竹 Monstera deliciosa 'Variegata'

科属：天南星科龟背竹属

【形态特征】多年生草本，叶全缘或羽状裂叶，叶中有不规则的孔洞，叶面光亮，具斑纹。肉穗花序，浆果。花期春季，果期秋冬。

【生长习性】喜半阴环境，避免强光直晒。不耐寒。

【景观应用】园艺种，适合作盆栽观赏。

黑叶观音莲 *Alocasia amazonica*

科属：天南星科海芋属　　　　　别名：黑叶观音、黑叶芋

【形态特征】多年生草本植物，地下部分具肉质块茎，并容易分蘖形成丛生植物，叶为箭形盾状，花为佛焰花序，从茎端抽生。

【生长习性】喜温暖湿润、半阴的生长环境。

【景观应用】盆栽观赏。

龟甲观音莲 *Alocasia cuprea*

科属：天南星科海芋属　　　　　别名：龟甲芋

【形态特征】多年生草本植物，叶心脏形，中肋和羽状侧脉为深绿色，明显下凹，叶背紫色。

【生长习性】喜温湿润、半阴的生长环境。

【景观应用】盆栽观赏。

斑叶海芋 *Alocasia macrorrhiza* 'Variegata'

科属：天南星科海芋属

【形态特征】茎粗壮、高达 3 米。叶聚生茎顶，盾状着生，卵状戟形，基部 2 裂片分离或稍合生，绿色有斑纹；叶柄长达 1 米。总花梗长 10～30 厘米，佛焰苞全长 10～20 厘米；肉穗花序稍短于佛焰苞。

【生长习性】喜半阴环境，避免强光直晒。不耐寒。

【景观应用】适合作栽培观赏。

金叶海芋 *Alocasia macrorrhiza* 'Gold'

科属：天南星科海芋属

【形态特征】茎粗壮、高达 3 米。叶聚生茎顶，金黄色。

【生长习性】喜半阴环境，避免强光直晒。不耐寒。

【景观应用】适合作栽培观赏。

黄金葛 *Epipremnum aureum* 'AllGold'

科属：天南星科麒麟叶属　　　　别名：金叶葛、金叶绿萝

【形态特征】绿萝栽培品种。多年生蔓性攀缘植物，有气生根，能攀附树干、墙壁等处生长。茎节间具有沟槽。叶革质，长圆形，基部心形，端部短尖，常呈羽状分裂，幼叶小，越往上生长的茎叶越大，向下垂悬的茎叶则变小。叶正面有光泽，具浅黄色斑点及条纹。极少见花。

【生长习性】喜温湿润、半阴的生长环境。

【景观应用】适合作吊盆栽培，也可附植木柱作立式盆栽。

银葛 *Epipremnum aureum* 'Marble Queen'

科属：天南星科麒麟叶属　　　　别名：银斑葛

【形态特征】绿萝栽培品种。多年生蔓性攀缘植物，有气生根。叶革质，长圆形，基部心形，端部短尖，幼叶小，越往上生长的茎叶越大，向下垂悬的茎叶则变小。叶上具乳白色斑纹，较原变种粗壮。

【生长习性】喜温湿润、半阴的生长环境。

【景观应用】适合作吊盆栽培，也可附植木柱作立式盆栽。

金葛 *Epipremnum aureum* 'Golden Pothos'

科属：天南星科麒麟叶属　　　　别名：金叶葛

【形态特征】绿萝栽培品种。多年生蔓性攀缘植物，有气生根。叶革质，长圆形，基部心形，端部短尖，幼叶小，越往上生长的茎叶越大，向下垂悬的茎叶则变小。叶上具不规则黄色条斑。

【生长习性】喜温湿润、半阴的生长环境。

【景观应用】适合作吊盆栽培，也可附植木柱作立式盆栽。

三色葛 *Epipremnum aureum* 'Tricolor'

科属：天南星科麒麟叶属

【形态特征】绿萝栽培品种。多年生蔓性攀缘植物，有气生根。叶革质，长圆形，基部心形，端部短尖。叶面具绿色、黄乳白色斑纹。

【生长习性】喜湿润、半阴的生长环境。

【景观应用】适合作吊盆栽培，也可附植木柱作立式盆栽。

春雪芋 *Homalomena wallisii*

科属：天南星科千年健属

【形态特征】多年生常绿藤本。株高 20 ~ 40 厘米，短茎直立，叶长卵状椭圆形，先端尖。叶面有橄榄绿斑块，叶背淡青绿色，叶色调和清丽。

【生长习性】耐阴性强。栽培以腐殖质壤土最佳，排水需良好。

【景观应用】适于盆栽作室内观赏植物。

紫叶千年健 *Homalomena* sp.

科属：天南星科千年健属

【形态特征】多年生常绿藤本。叶箭状心形至心形，顶端渐尖，浅紫色。

【生长习性】喜温暖、湿润、郁闭，怕寒冷、干旱和强光直射，是比较典型的喜阴植物。

【景观应用】适于盆栽作室内观赏植物。

星点藤 *Scindapsus pictus* 'Argyraeus'

科属：天南星科千年健属　　　　别名：银斑葛、银星绿萝

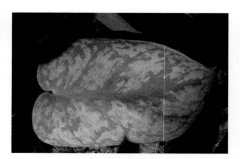

【形态特征】多年生常绿藤本。叶长圆形，叶端突尖，叶绿色，质厚，上布满银色斑点或斑块。叶缘白色，叶背深绿色。

【生长习性】喜半阴环境，避免强光直晒。不耐寒，冬季不低于5℃；宜多浇水，保持盆土湿润最好。

【景观应用】适合作吊盆栽培，也可附植木柱作立式盆栽。

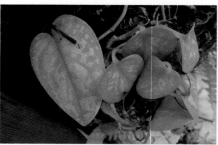

花叶芋 *Caladium bicolor*

科属：天南星科五彩芋属　　　　别名：彩叶芋

【形态特征】多年生草本植物。株高 50 ～ 80 厘米。地下具膨大的块茎，扁圆形。叶盾状心形或箭形，簇生。叶面绿色具白、粉、红等色斑，佛焰苞花序绿色，上部浅绿色至白色，呈壳状。

【生长习性】喜高温、高湿和半阴环境，不耐低温和霜雪，要求土壤疏松、肥沃和排水良好。

【景观应用】叶片色彩斑斓，艳丽夺目，是观叶植物中的上品。常用于花坛、花境、水池、湿地的丛植、片植或盆栽。

花叶芋常见的栽培品种

1 白雪彩叶芋 *Caladium × hortulanum* 'Candidum'

2 红脉彩叶芋 *Caladium × hortulanum* 'Florida Sunrise'

3 泰美女彩叶芋 *Caladium* 'Thai Beauty'

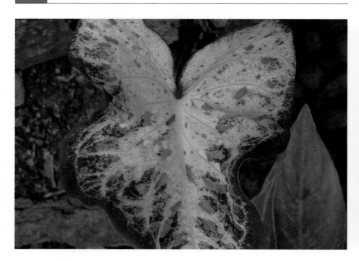

4 星缘红点乳白叶彩叶芋
Caladium× hortulanum 'Gingerland'

5 绿缘粉红叶彩叶芋 *Caladium × hortulanum* 'Kathleen'

红宝石喜林芋 *Philodendron erubescens* 'Red Emerrald'

科属：天南星科喜林芋属

【形态特征】多年生蔓性藤本。茎粗壮，新梢红色，后变为灰绿色，节上有气根，叶柄紫红色，叶长心形深绿色，有紫色光泽，全缘。嫩叶的叶鞘为玫瑰红色，不久脱落。花序由佛焰苞和白色的肉穗组成。

【生长习性】喜半阴环境，避免强光直晒。不耐寒。

【景观应用】适合作吊盆栽培，也可附植木柱作立式盆栽。

红帝王蔓绿绒 *Philodendron × mandaianum*

科属：天南星科喜林芋属 　　　别名：深红蔓绿绒、红钻

【形态特征】多年生草本，茎上生气根，但蔓性不强，茎短，叶由基部丛生；叶狭心形，先端尖，叶基凹入，叶柄质硬，新叶及主肋带红色，老叶则转为浓绿。

【生长习性】喜温暖湿润的环境，喜明亮的散射光。忌直射阳光。

【景观应用】室内盆栽观叶植物。株形优美，耐阴性强，尤其适合布置于较大客厅、大堂、会议室等处。

红柄波叶蔓绿绒 *Philodendron sellowianum*

科属：天南星科喜林芋属 　　　别名：红背蔓绿绒、芋叶蔓绿绒

【形态特征】多年生蔓性草本。茎呈蔓性或半蔓性，茎能生气根攀附它物。呈心状长椭圆形，叶缘略呈波状；表面绿色，背面紫红色。肉穗花序。

【生长习性】喜半阴环境，避免强光直晒。不耐寒。

【景观应用】适合作吊盆栽培，也可附植木柱作立式盆栽。

紫公主蔓绿绒 *Philodendron* 'Pink Princess'

科属：天南星科喜林芋属

【形态特征】多年生蔓性草本。茎呈蔓性或半蔓性，茎能生气根攀附它物。呈心状长椭圆形，紫红色。肉穗花序。

【生长习性】喜半阴环境，避免强光直晒。不耐寒。

【景观应用】适合作吊盆栽培，也可附植木柱作立式盆栽。

紫芋 *Colocasia tonoimo* Nakai

科属：天南星科芋属

【形态特征】多年生块茎草本，株高达 120 厘米。地下有球茎。叶 1 ～ 5 枚，由块茎顶端生出，高 1 ～ 1.2 米，叶片盾状着生，卵状箭形；叶柄及叶脉紫黑色，十分醒目。花为佛焰苞花序。花期 7 ～ 9 月。

【生长习性】喜高温高湿、半阴环境，不耐寒，适宜疏松、肥沃、排水良好的土壤。

【景观应用】常用于花坛、花境、水池、湿地的丛植、片植或盆栽。

合果芋 *Syngonium podophyllum*

科属：天南星科合果芋属　　　　别名：长柄合果芋、紫梗芋、剪叶芋

【形态特征】多年生常绿草本。茎节具气生根，含乳汁。幼叶为单叶、箭形或戟形，老叶成 5 ～ 9 裂的掌状叶，初生叶淡绿色，成熟叶深绿色。佛焰苞浅绿色。

【生长习性】喜温暖湿润、半阴的生长环境。

【景观应用】叶形奇特，好似纷飞蝴蝶的翅膀，叶片色彩调和，十分适合室内盆栽欣赏。也适合吊盆或壁挂悬垂栽植。

合果芋常见的栽培品种

1 白蝶合果芋 *Syngonium podophyllum* 'White Butterfly'
别名：白蝴蝶

【形态特征】为合果芋的园艺品种。叶箭形，叶面大部分为黄白色，边缘具绿色斑块及条纹。

2 粉红合果芋 *Syngonium podophyllum* 'Pink Splash'

【形态特征】为合果芋的园艺品种。叶色淡绿，中部淡粉红色。

3 粉红脉青紫叶合果芋
Syngonium podophyllum 'Plum Allusion'

【形态特征】为合果芋的园艺品种。叶色淡粉红色。

4 花叶箭头合果芋
Syngonium podophyllum 'Mottled Arrowhead'

【形态特征】为合果芋的园艺品种。幼叶箭形，掌状3裂，叶绿色，叶脉两侧呈银白色，成熟叶深绿色。

5 银脉合果芋 *Syngonium wendlandii* Schott

【别名】绒叶合果芋

【形态特征】常绿木质藤本。以气生根攀缘。茎丛生。幼叶箭形，老叶3裂，光滑，叶脉淡绿色或银灰色。

6 银叶合果芋 *Syngonium podophllum* 'Silver Knight'

【形态特征】叶缘淡绿色，中部为银白色，叶心形，叶面乳白色带浅黄，叶柄长。

白斑万年青 *Dieffenbachia bowmannii*

科属：天南星科花叶万年青属

【形态特征】粗壮草本，从基部分枝。茎高1米。叶片膜质，表面暗绿色，有苍白色斑块；背面绿色，长圆状卵形。佛焰苞绿色，席卷，中部稍收缩，上部展开，披针形，渐尖。肉穗花序无柄。

白肋万年青 *Dieffenbachia leopoldii* Bull

科属：天南星科花叶万年青属

【形态特征】茎高50厘米，粗1.5～2厘米，节间长2.5～3厘米。幼株叶柄苍绿色，具淡紫色斑块，叶片表面中肋白色，余为亮如丝绢的绿色；花枝上部的叶柄短，至中部具鞘，叶片卵形，基部近心形。

彩叶万年青 *Dieffenbachia sequina*

科属：天南星科花叶万年青属

【形态特征】多年生草本，茎上升，上部直立。叶柄具鞘，绿色，具白色条状斑纹；叶片长圆形至卵状长圆形，基部圆形或微心形、或稍锐尖，向先端渐狭、具短尖头，绿色或具各种颜色的斑块。

大王黛粉叶 *Dieffenbachia amoena*

科属：天南星科花叶万年青属　　别名：大王万年青、巨花叶万年青

【形态特征】多年生常绿草本。茎粗壮，直立，高达 2 米。叶片大，长椭圆形，深绿色，有光泽，沿中脉两侧有乳白色条纹和斑点。

玛丽安万年青 *Dieffenbachia amoena* 'Camilla'

科属：天南星科花叶万年青属　　别名：粉黛

【形态特征】多年生常绿草本。株高 30 ～ 90 厘米，花直立，节间短，叶长椭圆形，略波状缘，叶面泛布各种乳白色或乳黄色斑纹或斑点。

美斑万年青 *Dieffenbachia* 'Exotica'

科属：天南星科花叶万年青属　　别名：斑叶万年青、喷雪黛粉叶

【形态特征】多年生常绿草本植物。株高 45 ～ 65 厘米，叶片长椭圆形，边缘绿色，中央分布着白色、黄色斑块或条纹，叶腋处常长出小芽。叶柄抱茎而生。

乳斑万年青 *Dieffenbachia maculata* 'Rudolph Rtoehrs'

科属：天南星科花叶万年青属

【形态特征】多年生常绿草本植物。叶面椭圆形，黄色，叶中脉及叶缘绿色。

星光万年青 *Dieffenbachia* 'Star Bright'

科属：天南星科花叶万年青属

【形态特征】园艺种。

维苏威万年青 *Dieffenbachia* 'Vesuvins'

科属：天南星科花叶万年青属

【形态特征】园艺种。

水晶花烛 *Anthurium crystallinum*

科属：天南星科花烛属 　　　别名：美叶花烛

【形态特征】多年生常绿草本。株高约40～60厘米。叶心形或阔卵形，叶端尖，叶基凹入，叶色浓绿，叶脉银白色明显，且脉纹清晰美观，构成美丽的图案。

【生长习性】性喜高温多湿的环境，耐阴性好。生长适温为18～20℃，最低气温不能低于15℃，冬季注意防冻。适宜疏松保水性好的腐殖质土。

【景观应用】叶片呈卵圆形，叶色清新、幽雅，观赏价值极高，是室内观叶植物中的精品。用来装点居室，倍觉清雅可爱。

彩色马蹄莲 *Zantedeschia hybrida*

科属：天南星科马蹄莲属
别名：白斑叶马蹄莲、花叶马蹄莲、银星马蹄莲

【形态特征】多年生常绿草本。株高约40～60厘米。叶心形或阔卵形，叶端尖，叶基凹入，叶色浓绿，叶脉银白色明显，且脉纹清晰美观，构成美丽的图案。

【生长习性】性喜高温多湿的环境，耐阴性好。生长适温为18～20℃，最低气温不能低于15℃，冬季注意防冻。适宜疏松保水性好的腐殖质土。

【景观应用】叶片呈卵圆形，叶色清新、幽雅，观赏价值极高，是室内观叶植物中的精品。用来装点居室，倍觉清雅可爱。

白马蹄莲 *Zantedeschia albo-maculata* (Hook. f.) Baill

科属：天南星科马蹄莲属

【形态特征】多年生粗壮草本植物，具块茎。叶基生，叶片亮绿色，全缘。肉穗花序鲜黄色，直立于佛焰苞中央；佛焰苞似马蹄状，白色。浆果。花期冬至春。

【生长习性】性喜高温多湿的环境，适宜疏松保水性好的腐殖质土。

【景观应用】园艺种，我国南北均有栽培观赏。

红马蹄莲 *Zantedeschia rehmannii* Engl.

科属：天南星科马蹄莲属

【形态特征】多年生粗壮草本植物，具块茎。叶基生，叶片二面绿色，饰以透明的线形斑纹，全缘。肉穗花序鲜黄色，直立于佛焰苞中央，佛焰苞似马蹄状，玫瑰红紫色。浆果。花期冬至春。

【生长习性】性喜高温多湿的环境，适宜疏松保水性好的腐殖质土。

【景观应用】园艺种，我国南北均有栽培观赏。

紫心黄马蹄莲 *Zantedeschia melanoleuca* (Hook. f.) Engl.

科属：天南星科马蹄莲属

【形态特征】多年生粗壮草本植物，具块茎。叶基生，叶片戟形，散布长圆形的白色透明斑块，全缘。佛焰苞稻黄色，内面基部深紫色，先端后仰，锐尖。浆果。花期冬至春。

【生长习性】性喜高温多湿的环境，适宜疏松保水性好的腐殖质土。

【景观应用】园艺种，我国南北均有栽培观赏。

疣柄魔芋 *Amorphophallus virosus* N. E. Brown

科属：天南星科魔芋属

【形态特征】多年生粗壮草本植物，块茎扁球形。叶单一，叶柄深绿色，具疣凸，粗糙，具苍白色斑块；叶片3全裂，小裂片长圆形，三角形或卵状三角形，骤尖，不等侧。花序柄粗短，圆柱形，花后增长，粗糙，具小疣，被柔毛。佛焰苞长20厘米以上，卵形，外面绿色，饰以紫色条纹和绿白色斑块，内面具疣，深紫色，基部肉质，漏斗状。肉穗花序极臭。果序圆柱状，粗达7厘米。浆果椭圆状，橘红色。花期4～5月，果10～11月成熟。

【生长习性】喜欢潮湿的空气，肥沃而湿润的土壤。

【景观应用】花大而奇特，栽培观赏。

◎ 鸭跖草科

吊竹梅 *Zebrina pendula* Schnizl.

科属：鸭跖草科吊竹梅属　　　　别名：吊竹兰、斑叶鸭跖草

【形态特征】多年生草本。茎初直立，后匍匐或吊垂，长达1米，节上生根。叶互生，卵状长圆形，长4～8厘米，具紫及白色条纹，基部成鞘，叶背红紫色，叶面灰绿色。花序腋生，粉红色。

【生长习性】喜温暖、湿润及半阴，不耐强光。

【景观应用】可植于花坛、花境、草坪边缘或疏林下，亦可室内盆栽、吊挂。

异色吊竹梅 *Zebrina pendula* Schnizl. 'Discolor'

科属：鸭跖草科吊竹梅属

【形态特征】多年生草本。吊竹梅的变种。叶面绿色，有两条明显的银白色条纹。其他特征同吊竹梅。

【生长习性】同吊竹梅。

【景观应用】同吊竹梅。

白纹香锦竹草 *Callisia fragrans* 'Variegata'

科属：鸭跖草科吊竹梅属

【形态特征】多年生草本。吊竹梅的变种。叶面绿色，有两条明显的银白色条纹。其他特征同吊竹梅。

【生长习性】同吊竹梅。

【景观应用】同吊竹梅。

银毛冠 *Cyanotis somalensis*

科属：鸭跖草科蓝耳草属

【形态特征】多年生草本植物。蔓生茎匍匐，茎分节，节间易生根出芽，因而很容易形成密集的株丛。鲜绿色叶被稠密短毛，叶短披针形，叶缘有睫毛状纤毛。花蓝色、红紫色或白色中带红条纹。花丝有毛，红或紫红。

【生长习性】喜温暖、湿润及半阴，不耐强光，不耐旱。

【景观应用】生长强健，枝叶繁茂，叶色秀丽，宜作室内垂吊观赏。

重扇 *Tradescantia navicularis*

科属：鸭跖草科紫露草属　　　　别名：叠叶草

【形态特征】多年生肉质草本。茎匍匐或平卧，分节，触地节间即生根。叶三角状船形，上下叶常重叠，正面灰绿色背面略呈紫色，密被细毛，叶缘有睫毛状纤毛。假伞房花序，花玫瑰红色。

【生长习性】喜温暖湿润和半阴的环境，不耐寒，忌烈日暴晒，冬季低温休眠。

【景观应用】室内小型盆栽的理想种类，也可组装盆景。

白雪姬 *Tradescantia sillamontana* Matuda

科属：鸭跖草科紫露草属　　　　别名：白绢草、银巨冠、雪绢

【形态特征】多年生肉质草本植物。植株丛生，茎直立或稍匍匐，高15～20厘米，短粗的肉质茎硬而直，被有浓密的白色长毛。叶互生，绿色或褐绿色，稍具肉质，长卵形，叶长约2厘米，宽1厘米，也被有浓密的白毛。小花淡紫粉色，着生于茎的顶部。

【生长习性】宜温暖、湿润的环境和充足而柔和的阳光，耐半阴和干旱，不耐寒，忌烈日暴晒和盆土积水。

【景观应用】室内栽植或盆栽观赏。

白雪姬锦 *Tradescantia sillamontana* 'Variegata'

科属：鸭跖草科紫露草属　　　　别名：白绢草锦、银巨冠锦、雪绢锦

【形态特征】多年生肉质草本植物。白雪姬的斑锦品种。叶片上有黄白色斑纹，其他特征同白雪姬。

【生长习性】同白雪姬。

【景观应用】同白雪姬。

银线水竹草 *Tradescantia albiflora* 'Alborittata'

科属：鸭跖草科紫露草属　　　　别名：银纹白花紫露草

【形态特征】多年生常绿草本。茎匍匐或直立，绿色；叶无柄，矩圆形，薄肉质，翠绿色半透明状，具银白色条纹。伞形花序，花小，白色，花期长。

【生长习性】喜光、喜温暖、湿润，在光线明亮处斑纹清晰，过阴则茎叶徒长，叶色变淡。不耐寒。

【景观应用】适于温室盆栽，布置窗台、橱顶或几桌的高处，或作垂悬栽植。

花叶水竹草 *Tradescantia fluminensis* 'Variegata'

科属：鸭跖草科紫露草属　　　　别名：斑叶水竹草

【形态特征】多年生草本植物。茎匍匐，接地的茎节上生根。叶薄肉质，翠绿色半透明状，具白色纵条纹，有光泽。花白色。

【生长习性】喜温暖、湿润及半阴，不耐强光，不耐旱。

【景观应用】生长强健，枝叶繁茂，叶色秀丽，宜作室内垂吊观赏。

金叶紫露草 *Tradescantia albiflora* 'Sweet Kate'

科属：鸭跖草科紫露草属

【形态特征】多年生草本，株高 20～50 厘米，全株呈金黄色。茎簇生，直立，粗壮。叶线状披针形，稍弯曲，近扁平或向下对折。花冠深蓝、浅蓝或白色，宽 3～4 厘米，花瓣近圆形，径 2 厘米；清晨开花，中午闭合。花期 5～7 月。

【生长习性】喜光，较耐寒，适宜凉爽、湿润环境和肥沃、疏松土壤。

【景观应用】可植于花坛、花境、草坪边缘或疏林下，亦可盆栽、吊挂。

花叶紫背万年青 *Rhoeo spathacea* 'Vittata'

科属：鸭跖草科紫万年青属　　　别名：金线蚌花

【形态特征】多年生常绿草本。叶披针形，正面绿色，叶脉呈金色。

【生长习性】喜半阴、湿润的环境，喜肥沃、疏松的沙壤土，较耐旱，怕暴晒，畏寒冷。

【景观应用】室内栽培的观叶佳品，可长期摆放在明亮的客厅。

条纹小蚌花 *Rhoeo spathacea* 'Dwarf Variegata'

科属：鸭跖草科紫万年青属　　　别名：花叶紫背万年青

【形态特征】多年生常绿草本。株高 20～30 厘米。茎短，叶簇生于茎上，绿色具白色条纹，叶背紫色。花白色，腋生，苞片蚌状。

【生长习性】喜半阴、湿润的环境，喜肥沃、疏松的沙壤土，较耐旱，怕暴晒，畏寒冷。

【景观应用】室内栽培的观叶佳品，可长期摆放在明亮的客厅。

紫背万年青 *Rhoeo discolor*

科属：鸭跖草科紫万年青属　　　　　别名：紫锦兰、蚌花、紫兰

【形态特征】多年生常绿草本。叶披针形，正面绿色，缀有深浅不同的条斑，背面紫红色，亦有紫红深浅不一的条。茎、叶稍多汁。花期8～10月。小花白色，因花朵生于紫红色的两片蚌形的大苞片内，其形似蚌壳吐珠，所以又叫"蚌花"。

【生长习性】喜半阴、湿润的环境，喜肥沃、疏松的沙壤土，较耐旱，怕暴晒，畏寒冷。

【景观应用】室内栽培的观叶佳品，可长期摆放在明亮的客厅。

紫竹梅 *Setcreasea purpurea* Boom.

科属：鸭跖草科紫竹梅属　　　　　别名：紫锦草、紫叶草、紫鸭跖草

【形态特征】多年生草本。茎稍肉质，初近直立，伸长后转匍匐或下垂，长达2米，基部分枝。叶互生，叶片卵状披针形或狭披针形，叶基部抱茎；叶面暗绿紫色，背面紫色，被白色绒毛。花序顶生于一大一小的叶状总苞片间，萼片3片，花瓣3片，淡紫色或桃红色。花粉红色或淡紫色。

【生长习性】喜温暖湿润及光照，较耐旱，不耐寒，在土壤水分充足的环境中生长茂盛。

【景观应用】可植于花坛、花境、草坪边缘或疏林下，亦可室内盆栽、吊挂。

◎ 凤梨科

菠萝 *Ananas comosus* (Linn.) Merr.

科属：凤梨科凤梨属　　　　　别名：凤梨

【形态特征】常绿草本植物。茎短。叶多数，莲座式排列，剑形，长40～90厘米，宽4～7厘米，顶端渐尖，全缘或有锐齿，腹面绿色，背面粉绿色，边缘和顶端常带褐红色，生于花序顶部的叶变小，常呈红色。花序于叶丛中抽出，状如松球，长6～8厘米，结果时增大。聚花果肉质，长15厘米以上。花期夏季至冬季。

【生态习性】喜光，耐旱性强，但不耐寒。对土壤适应性较广，以疏松、排水良好、富含有机质、pH 值5 ～ 5.5 的砂质壤土或山地红土较好。

【景观应用】著名的水果。也适于家庭居室盆栽观赏。

金边凤梨 *Ananas comosus* 'Variegatus'

科属：凤梨科凤梨属　　　　　别名：斑叶凤梨

【形态特征】多年生草本。叶多数，莲座式，有20片或25片叶子，由外到内，由下而上螺旋状排列成莲座状。叶革质有光泽，厚实挺括，剑形向外反卷。叶片正面为深绿色，边缘为黄绿色，部分叶片中间也嵌有不等的黄绿条纹，叶边周围有钝刺。叶背为粉绿色，有与叶面相同的黄绿色隐条。

【生态习性】对土壤适应性较广。故耐旱，但不耐寒。

【景观应用】园艺种，株姿秀雅别致，花叶光彩绚烂，品类纷繁，是室内盆栽的上品。

糖面包菠萝 *Ananas comosus* 'Sugar Loaf'

科属：凤梨科凤梨属

【形态特征】常绿草本植物。菠萝的栽培品种。果较菠萝小。

【生态习性】对土壤适应性较广。故耐旱，但不耐寒。

【景观应用】园艺种，适于家庭居室盆栽观赏。

白边大苞凤梨 *Ananas bracteatus* 'Striatus'

科属：凤梨科凤梨属　　　　别名：花叶大苞凤梨

【形态特征】常绿草本植物。红苞凤梨的品种。剑形的叶片多枚莲座式排列，叶片灰绿色，叶缘有锯齿，叶片边缘有白色纵条纹，当长期生长于光线明亮的地方时叶缘及锯齿呈红色。花序于叶丛中抽出，状如松球，结果时膨大，形成肉质的聚花果，颜色鲜红，每个聚合果上还有暗褐色的条纹，十分惊艳！

【生态习性】喜温暖湿润环境，喜明亮光照，怕强光暴晒，宜肥沃、疏松和排水良好的土壤，冬季温度不低于10℃。

【景观应用】是优良的室内盆花，适于家庭居室盆栽观赏。

无刺三色艳凤梨 *Ananas bracteatus* 'Tricolor'

科属：凤梨科凤梨属　　　　别名：三色红凤梨、条纹艳凤梨

【形态特征】多年生常绿草本。红苞凤梨的品种。叶多数，剑形，全缘，叶片较窄，边缘白色，无锯齿。

【生态习性】对土壤适应性较广。故耐旱，但不耐寒。

【景观应用】园艺种，适于家庭居室盆栽观赏。

迷你小菠萝 *Ananas nanus*

科属：凤梨科凤梨属

【形态特征】常绿草本植物。果较菠萝小。

【生态习性】对土壤适应性较广。耐旱，但不耐寒。

【景观应用】园艺种，适于家庭居室盆栽观赏。

巧克力光亮凤梨 *Ananas lucidus* 'Chocolat'

科属：凤梨科凤梨属

【形态特征】多年生常绿草本，株高约60厘米，茎短粗，基部有吸芽抽出。叶多数，剑形，全缘，叶片较窄，灰白色。穗状花序自叶丛中抽生。聚花果球果状。花果期全年。

【生态习性】对土壤适应性较广。故耐旱，但不耐寒。

【景观应用】园艺种，适于家庭居室盆栽观赏。

齿包杂交光萼荷 *Aechmea serrata* Hybrid

科属：凤梨科光萼荷属

【形态特征】多年生附生常绿草本植物。叶基生，莲座状叶丛基部围成筒状，可以贮水。叶条形至剑形，淡绿色，被白粉。

【生态习性】喜温暖湿润环境，喜明亮光照，怕强光暴晒，宜肥沃、疏松和排水良好的土壤。

【景观应用】我国引种栽培。

粉叶珊瑚凤梨 *Aechmea fasciata* Baker

科属：凤梨科光萼荷属　　别名：美叶光萼荷、蜻蜓凤梨、斑粉凤梨

【形态特征】多年生附生常绿草本植物。叶基生，莲座状叶丛基部围成筒状，可以贮水。叶条形至剑形，长可达60厘米，革质，被灰色鳞片，有虎纹状银白色横纹。花葶直立，花序穗状，密集成阔圆锥状球形花头；苞片淡玫瑰红色；小花无柄，淡蓝色。花期5～7月。

【生态习性】喜温暖湿润环境，喜明亮光照，怕强光暴晒，宜肥沃、疏松和排水良好的土壤。

【景观应用】是优良的室内盆花，适于家庭居室盆栽观赏。

红色火烈鸟凤梨 *Aechmea* 'Red Flamingo'

科属：凤梨科光萼荷属

【形态特征】多年生附生常绿草本植物。叶基生，莲座状叶丛基部围成筒状，可以贮水。叶条形至剑形，被白粉。

【生态习性】喜温暖湿润环境，喜明亮光照，怕强光暴晒，宜肥沃、疏松和排水良好的土壤。

【景观应用】我国引种栽培。

福里德粉菠萝 *Aechmea* 'Friederike'

科属：凤梨科光萼荷属

【形态特征】多年生附生常绿草本植物。叶基生，莲座状叶丛基部围成筒状，可以贮水。叶条形至剑形，淡绿色，被白粉。

【生态习性】喜温暖湿润环境，喜明亮光照，怕强光暴晒，宜肥沃、疏松和排水良好的土壤。

【景观应用】我国引种栽培。

红珊瑚光萼荷 *Aechmea ramose × fulgens*

科属：凤梨科光萼荷属

【形态特征】多年生附生常绿草本植物。叶基生，莲座状叶丛基部围成筒状，可以贮水。叶条形至剑形，淡绿色，被白粉。

【生态习性】喜温暖湿润环境，喜明亮光照，怕强光暴晒，宜肥沃、疏松和排水良好的土壤。

【景观应用】我国引种栽培。

红叶凤梨 *Aechmea* 'Foster's Favorite'

科属：凤梨科光萼荷属　　　　　　别名：红叶珊瑚凤梨

【形态特征】多年生附生常绿草本植物。叶紫红色。

【生态习性】喜温暖湿润环境，喜明亮光照，怕强光暴晒，宜肥沃、疏松和排水良好的土壤。

【景观应用】我国引种栽培。

火烈鸟凤梨 *Aechmea* 'Flamingo'

科属：凤梨科光萼荷属

【形态特征】多年生附生常绿草本植物。叶基生，莲座状叶丛基部围成筒状，可以贮水。叶条形至剑形，淡绿色，被白粉。

【生态习性】喜温暖湿润环境，喜明亮光照，怕强光暴晒，宜肥沃、疏松和排水良好的土壤。

【景观应用】我国引种栽培。

宽穗光萼荷 Aechmea eurycorymaus
科属：凤梨科光萼荷属

【形态特征】多年生附生常绿草本植物。叶基生，莲座状叶丛基部围成筒状，可以贮水。叶条形至剑形，淡绿色，被白粉。

【生态习性】喜温暖湿润环境，喜明亮光照，怕强光暴晒，宜肥沃、疏松和排水良好的土壤。

【景观应用】我国引种栽培。

蓝雨光萼荷 Aechmea 'Blue Rain'
科属：凤梨科光萼荷属

【形态特征】多年生常绿草本，为光萼荷属的杂交种。叶丛生如莲座状，绿色，具光泽，叶缘带刺。花葶直立，复穗状花序顶生，花序梗红色；小花无柄，蓝色。花后不结果实。花期可持续3～4个月。

【生态习性】喜温暖湿润环境，喜明亮光照，怕强光暴晒，宜肥沃、疏松和排水良好的土壤。

【景观应用】我国引种栽培。

瓶刷光萼荷 Aechmea gamosepala
科属：凤梨科光萼荷属　　　别名：紫色火柴棒

【形态特征】多年生附生常绿草本植物。叶基生，莲座状叶丛基部围成筒状，拥有深深的杯状叶心可以贮水。叶条形至剑形，淡绿色，被白粉。

【生态习性】喜温暖湿润环境，喜明亮光照，怕强光暴晒，宜肥沃、疏松和排水良好的土壤。

【景观应用】我国引种栽培。

密花光萼荷 *Aechmea lueddemaniana* C. Koch Brongn. ex Mez

科属：凤梨科光萼荷属

【形态特征】多年生草本。叶丛莲座状，叶片棕褐或棕绿色，无斑纹，叶缘密生细刺。花葶直立，穗状花序，花密集。果实为浆果状。和凤梨科其他植物不大一样的地方，是它没有艳丽的苞片。

【生态习性】喜温暖湿润环境，喜明亮光照，怕强光暴晒，宜肥沃、疏松和排水良好的土壤。

【景观应用】我国引种栽培。

装甲光萼荷 *Aechmea* 'Romero'

科属：凤梨科光萼荷属

【形态特征】多年生附生常绿草本植物。叶基生，莲座状叶丛基部围成筒状，可以贮水。叶条形至剑形，淡绿色，被白粉。

【生态习性】喜温暖湿润环境，喜明亮光照，怕强光暴晒，宜肥沃、疏松和排水良好的土壤。

【景观应用】我国引种栽培。

紫背光萼荷 *Aechmea victoriana* 'Discolor'

科属：凤梨科光萼荷属

【形态特征】多年生附生常绿草本植物。叶基生，莲座状叶丛基部围成筒状，可以贮水。叶条形至剑形，淡绿色，叶背面紫色。

【生态习性】喜温暖湿润环境，喜明亮光照，怕强光暴晒，宜肥沃、疏松和排水良好的土壤。

【景观应用】我国引种栽培。

果子蔓 *Guzmania* sp.

科属：凤梨科果子蔓属　　　　　　　别名：擎天凤梨、西洋凤梨

【形态特征】多年生草本。叶长带状，浅绿色，背面微红，薄而光亮。穗状花序高出叶丛，花茎、苞片和基部的数枚叶片呈鲜红色。果子蔓叶片翠绿，光亮，深红色管状苞片，色彩艳丽持久，是目前世界花卉市场十分流行的盆栽花卉之一。

【生态习性】喜温暖湿润环境，喜明亮光照，怕强光暴晒，宜肥沃、疏松和排水良好的土壤。原产巴西。

【景观应用】为花叶兼用之室内盆栽，既可观叶又可观花，还可作切花用。

果子蔓常见的栽培品种

1 橙红星果子蔓 *Guzmania* 'Orangeade'

【形态特征】中型种。株高 60～65 厘米。长线形叶片弯垂似拱，叶面橄榄绿色，基部微带紫褐色，长50～60 厘米，宽 3～4 厘米。穗状花序，总花梗带紫褐色，粗短；总苞片披针形，外面红色，里面颜色略淡。

2 大黄星果子蔓 *Guzmania* 'Hilde'

【形态特征】多年生常绿草本，株高 60～90 厘米。基生叶丛生，莲座状，叶片硬革质，绿色。苞片亮黄色，较长，带状外曲，端尖。花茎生于叶丛中心，长满苞叶。花小，黄褐色，生于苞片间隙。

3 丹尼斯凤梨 *Guzmania* 'Denise'

别名：丹尼斯星花凤梨

【形态特征】多年生草本。植株莲座状，中央有一蓄水的水槽；叶宽带状，绿色，边缘无齿而光滑；穗状花序从叶筒中央抽出，花梗全部被绿色或红色的苞片包裹，在顶端形成一个由多片红色花苞片组合产生的星形花穗，小花生于花苞片之内，开放时才伸出其外；果为蒴果，内有粒状种子。

4 '厄尔·科斐'果子蔓 *Guzmania* 'El Cope'

【形态特征】多年生草本。植株莲座状。为果子蔓 *Guzmanialingulata* 的栽培品种。苞片红色，先端白色；花白色。花期可持续 4 个月。

5 火炬星 *Guzmania* 'Torch'

别名：'火炬'果子蔓

【形态特征】多年生常绿草本，为圆锥果子蔓 *Guzmaniaconifera* 与果子蔓 *Guzmanialingulata* 杂交的后代。

6 柠檬星 *Guzmania* 'Limones'
别名：'柠檬星'果子蔓

7 双色喜炮凤梨 *Guzmania* 'Major'

8 圆锥凤梨 *Guzmania conifera*
别名：大咪头果子蔓、圆锥擎天、圆锥果子蔓

【形态特征】多年生常绿草本。叶宽带形，外弯，暗绿色。穗状花序呈圆锥状，苞片密生，鲜红，尖端黄色。花小，红色，边缘黄色。蒴果。多催花于冬春应用。

9 紫苞果子蔓 *Guzmania* 'Amaranth'
别名：紫星果子蔓、紫星凤梨

【形态特征】基生叶丛生，莲座状，叶片硬革质，绿色。花茎生于叶丛中心，长满苞叶；苞片亮紫红色，苞片较长，带状外曲，端尖；花期前，苞片变为亮紫红色。花小，黄色，生于苞片间隙，很少伸出。

'刀刃'姬凤梨 *Cryptanthus* 'Cutting Edge'

科属：凤梨科姬凤梨属

【形态特征】多年生附生常绿草本植物。叶密簇生，叶边缘呈微波状且有细小针刺，叶表面褐色，中间有白色横走条纹。

【生态习性】喜温暖湿润环境，喜明亮光照，怕强光暴晒，宜肥沃、疏松和排水良好的土壤。

【景观应用】我国引种栽培。

环带姬凤梨 *Cryptanthus zonatus* (Vis.) Beer

科属：凤梨科姬凤梨属

【形态特征】多年生附生常绿草本植物。叶密簇生，叶片棕绿色或铜绿色，具有棕黑色或浅棕色或白色不规则的横纹，叶片背面有白色粉状物，花为白色。

【生态习性】喜温暖湿润环境，喜明亮光照，怕强光暴晒，宜肥沃、疏松和排水良好的土壤。

【景观应用】我国引种栽培。

银环带姬凤梨 *Cryptanthus zonatus* 'Sliver'

科属：凤梨科姬凤梨属

【形态特征】多年生附生常绿草本植物。叶密簇生，叶片棕绿色或铜绿色，具有棕黑色或浅棕色或白色不规则的横纹，叶片背面有白色粉状物，花为白色。

【生态习性】喜温暖湿润环境，喜明亮光照，怕强光暴晒，宜肥沃、疏松和排水良好的土壤。

【景观应用】我国引种栽培。

'乐蕾'姬凤梨 *Cryptanthus* 'Le Rey'

科属：凤梨科姬凤梨属

【形态特征】多年生附生常绿草本植物。叶密簇生，叶片棕绿色或铜绿色，具有棕黑色或浅棕色或白色不规则的纵纹，叶片背面有白色粉状物，花为白色。

【生态习性】喜温暖湿润环境，喜明亮光照，怕强光暴晒，宜肥沃、疏松和排水良好的土壤。

【景观应用】我国引种栽培。

'牛奶咖啡' 姬凤梨 *Cryptanthus* 'Cafe Au Lait '

科属：凤梨科姬凤梨属

【形态特征】多年生附生常绿草本植物。叶密簇生，叶片棕褐色。

【生态习性】喜温暖湿润环境，喜明亮光照，怕强光暴晒，宜肥沃、疏松和排水良好的土壤。

【景观应用】我国引种栽培。

'钛' 姬凤梨 *Cryptanthus* 'Ti'

科属：凤梨科姬凤梨属

【形态特征】多年生附生常绿草本植物。叶密簇生，叶片红褐色，具有纵纹。

【生态习性】喜温暖湿润环境，喜明亮光照，怕强光暴晒，宜肥沃、疏松和排水良好的土壤。

【景观应用】我国引种栽培。

'伊莱恩' 姬凤梨 *Cryptanthus* 'Elaine'

科属：凤梨科姬凤梨属

【形态特征】多年生附生常绿草本植物。叶密簇生，叶片边缘红色，具有白色不规则的横纹，花为白色。

【生态习性】喜温暖湿润环境，喜明亮光照，怕强光暴晒，宜肥沃、疏松和排水良好的土壤。

【景观应用】我国引种栽培。

福氏青铜色雀舌兰 *Dyckia fosteriana* 'Broenze'

科属：凤梨科雀舌兰属

【形态特征】多年生常绿草本。基生莲座叶丛，叶硬，狭长，铜绿色，叶缘有粗锯齿。

【生态习性】喜半阴、湿润环境。喜温和气候，但较耐寒，要求排水良好。

【景观应用】盆栽观赏。

杂交玛氏雀舌兰 *Dyckia sp.*

科属：凤梨科雀舌兰属

【生态习性】喜半阴、湿润环境。喜温和气候，但较耐寒，要求排水良好。

【景观应用】盆栽观赏。

白边水塔花 *Billbergia pyramidalis* 'Kyoto'

科属：凤梨科水塔花属　　　　　　别名：银边水塔花

【形态特征】多年生常绿草本。茎很短，叶片带状披针形，急尖，边缘有小刺或细锯齿，鲜绿色，革质，表面有较厚的角质层和细小鳞片，基部莲座状，抱合成筒状，叶缘白色。穗状花直立，高出叶丛，苞片橙红色，花冠朱红色，十分鲜艳，冬春开花，花期长达 3～4 个月。

【生态习性】喜温暖、湿润、半阴环境。不耐寒。稍耐旱。对土质要求不高，以含腐殖质丰富、排水透气良好的微酸性砂质壤土为好，忌钙质土。

【景观应用】既可观叶又能赏花，盆栽观赏。

美叶水塔花 *Billbergia sanderiana*

科属：凤梨科水塔花属　　　　　　别名：森德斯水塔花

【形态特征】多年生常绿草本。叶约有 20 片叠生，长 25 厘米，宽 6 厘米，叶缘密生长约 1 厘米的黑色刺状锯齿，叶面有白色斑点。花葶细长平滑，顶端着生稀疏的圆锥花序，花长约 7 厘米。花瓣绿色，先端蓝色，萼上有蓝色斑点。

【生态习性】喜温暖、湿润、半阴环境。不耐寒。稍耐旱。对土质要求不高，以含腐殖质丰富、排水透气良好的微酸性砂质壤土为好，忌钙质土。

【景观应用】既可观叶又能赏花，盆栽观赏。

狭叶水塔花 *Billbergia nutans* H.Wendl.

科属：凤梨科水塔花属　　　　别名：垂花凤梨、垂花水塔花

【形态特征】多年生常绿草本。茎极短。叶莲座状丛生，长达50厘米，宽15毫米，先端下垂，叶缘有疏小刺；花葶长30厘米，先端下垂，具花4～12朵，无毛，花瓣3枚，绿色，边缘蓝紫色，先端急尖。

【生态习性】喜光，耐半阴，喜温热，较耐寒，能耐短时间的2℃低温。

【景观应用】既可观叶又能赏花，盆栽观赏。

铁兰属 *Tillandsia*

科属：凤梨科铁兰属

【形态特征】凤梨科附生性常绿植物。呈莲座状，个别的种有分枝，叶片螺旋状排列在枝条上。根部不发达，叶片上密生鳞片或绒毛，植株矮小。

【生态习性】原产美国南部和拉丁美洲。喜干燥、阳光充足及空气湿度高的环境，耐旱性极强，生长适温为15～25℃，要求排水良好的沙壤土。

【景观应用】我国南方引种栽培。

铁兰 *Tillandsia cyanea* Linden ex C. Koch

科属：凤梨科铁兰属　　　　　　别名：紫凤梨、紫花凤梨

【形态特征】多年生附生性草本。株高 30 厘米以下，基生莲座叶丛，叶片长 20 ～ 30 厘米，宽 15 ～ 25 厘米，叶片斜立，外弯，条形，全缘。花葶短，藏于叶丛中，花序椭圆形，苞片 2 列，对称互叠，玫瑰红色或红色，尖端带绿色，小花多达 20 朵，雪青色，观赏期长达 2 ～ 3 个月。

【生态习性】喜温暖湿润的气候条件和半阴环境，耐阴。

【景观应用】著名的观叶观花种。盆栽观赏。

松萝凤梨 *Tillandsia usneoides* (L.) L.

科属：凤梨科铁兰属　　　　　　别名：松萝铁兰、老人须

【形态特征】多年生草本植物，植株下垂生长，茎长，纤细；叶片互生，半圆形，密被银灰色鳞片；小花腋生，黄绿色，花萼紫色，小苞片褐色，花芳香。花期初夏。

【生态习性】喜温暖、湿度大、光照充足的环境；种植简单，只要把它随意悬挂起来就能成活。

【景观应用】产美洲，我国引种栽培。其特殊的生长方式和奇特的外形，日益受到花卉养植爱好者的追捧。

束花铁兰 *Tillandsia fasciculate var. densispica*

科属： 凤梨科铁兰属

【形态特征】多年生草本植物，叶簇生，尖细，灰绿色，质地硬。花蓝色。

【生态习性】对环境耐受度高，种植简单，是少数可以土植的空气凤梨种类。

【景观应用】产美洲，我国引种栽培。

彩叶凤梨类 *Neoregelia sp.*

科属： 凤梨科帧凤梨属

【形态特征】常绿草本植物。莲座叶丛基部卷曲成圆筒形，然后平展，筒中可贮水。叶片革质，带状，有锯齿，铜绿色，边缘鲜红色，叶片背面带有白粉，有暗色横纹。近花期时，中心部分叶片变成有光泽的深红色、粉色，或全叶深红色，或仅叶端为红色，变化十分丰富。花小，紫红色。花期多在夏季，花多为天蓝色或淡紫色，隐藏于叶筒中。

【生态习性】喜温暖湿润环境，喜明亮光照，怕强光暴晒，宜肥沃、疏松和排水良好的土壤，冬季温度不低于10℃。

【景观应用】是优良的室内盆花，适于家庭居室盆栽观赏。

彩叶凤梨常见的栽培品种

1 彩叶凤梨 *Neoregelia* 'Poquita'

2 彩叶凤梨 *Neoregelia carolinae × tristis*

3 彩叶凤梨 '白葡萄酒' *Neoregelia* 'Chardonnay'

4 彩叶凤梨 '橙光' *Neoregelia* 'Orange Glow'

5 彩叶凤梨 '大优雅' *Neoregelia* 'Passion' × 'Grace'

6 彩叶凤梨 '黑色森林' *Neoregelia* 'Black Forest'

7 ‘红色’ 红尖彩叶凤梨 *Neoregelia cruenta* ‘Rubra’

8 花叶彩叶凤梨 *Neoregelia meyendorffii × compacta*

9 彩叶凤梨‘黄色魔鬼’ *Neoregelia* ‘Yellow Devil’

10 彩叶凤梨‘酒红’ *Neoregelia* ‘Hojo Rojo’

11 彩叶凤梨‘里约红’ *Neoregelia* ‘Red of Rojo’

12 彩叶凤梨‘绿苹果’ *Neoregelia* ‘Green Apple’

13 彩叶凤梨'马布里' *Neoregelia* 'Malibu'

14 彩叶凤梨'麦吉的骄傲' *Neoregelia* 'Maggie's Pride'

15 彩叶凤梨'梅氏' *Neoregelia carolinae* 'Meyendorffii'

16 彩叶凤梨'秋叶' *Neoregelia* 'Autumn Leaves'

17 彩叶凤梨'日出' *Neoregelia* 'Sunrise'

18 彩叶凤梨'一千零一夜' *Neoregelia* 'Scherezade'

19 彩叶凤梨'樱桃红心' *Neoregelia* 'Cerise Heart'

20 彩叶凤梨'优雅' *Neoregelia* 'MGrace'

21 约翰彩叶凤梨 *Neoregelia johannis*

22 彩叶凤梨'杂交种' *Neoregelia carolinae* × 'Fireball' × Grace

端红唇凤梨 *Neoregelia spactabilis*

科属：凤梨科帧凤梨属　　　　　　别名：艳美彩叶凤梨

【形态特征】常绿草本植物。中型种。叶宽披针形，长30～40厘米，宽3～4厘米，叶缘有小锯齿；叶面绿色，叶背白粉状，并有灰色横走的细斑纹；叶基部带紫色，叶先端钝有短突尖，且呈红色，是本种最独特之处。花蓝色，长约4.5厘米，夏秋季盛开于叶丛中。

【生态习性】生长适温为18～28℃，喜湿润。夏季要求较高的湿度，喜明亮的光照，但怕强光长时间暴晒。土壤以肥沃、疏松的腐叶土和粗沙的混合物。

【景观应用】用于室内盆栽观赏，以叶胜花。全株常用于插花、装饰艺术、瓶景或组合花柱欣赏。

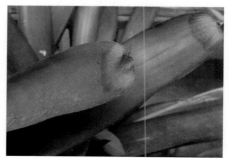

三色凤梨 Neoregelia carolinae 'Tricolor'

科属：凤梨科帧凤梨属	别名：七彩菠萝、七彩凤梨

【形态特征】为五彩凤梨的栽培品种。多年生常绿草本，株高 25 ～ 30 厘米；叶丛生，密集生于基部 25 枚以上，宽带状，先端渐尖，缘具小锯齿。心叶具粉红色的斑块，绿叶上有黄白色的纵条，开花时杯状叶基部变为红色。观赏期 2 ～ 3 个月。花期夏季。

【生态习性】生长适温为 18 ～ 28℃，喜湿润。夏季要求较高的湿度，喜明亮的光照，但怕强光长时间暴晒。土壤以肥沃、疏松的腐叶土和粗沙的混合物。

【景观应用】以叶胜花，常用于插花、装饰艺术、瓶景或组合花柱欣赏。

◎ 百部科

百部 Stemona japonica (Bl.) Miq

科属：百部科百部属	别名：蔓生百部

【形态特征】多年生攀缘性草本。块根成束，肉质，长纺锤形。茎长达 1 米。叶 2 ～ 4 枚轮生，卵形、卵状披针形，顶端渐尖或锐尖；基部圆形或截形；叶具柄；花梗贴生于叶片中脉上，花单生或数朵；花被片 4，2 轮，淡绿色，披针形，紫红色。蒴果卵形，稍扁，熟时裂为 2 瓣。

【生长习性】喜温暖，怕干旱，耐寒，略耐阴，宜土层深厚、肥沃、湿润的砂质壤土。

【景观应用】可植于庭园角隅，也可将其攀缘于篱笆上，作垂直绿化布置，还可植于林下作地被植物。块根可供药用。

大百部 Stemona tuberosa Lour.

科属：百部科百部属	别名：对叶百部、山百部

【形态特征】多年生攀缘性草本。块根肉质，纺锤形，成束。叶对生或轮生，卵状披针形或宽卵形，顶端渐尖，基部心形，主脉 7 ～ 13 条，横脉细密而平行。花单生或 2 ～ 3 朵排成总状花序，生于叶腋；花被片 4，黄绿色。蒴果倒卵形，熟时 2 瓣裂，种子多数。

【生长习性】喜温暖，略耐阴，宜土层深厚、肥沃、湿润的砂质壤土。

【景观应用】可植于庭园角隅，也可将其攀缘于篱笆上，作垂直绿化布置，还可植于林下作地被植物。块根可供药用。

◎ 百合科

花叶阔叶山麦冬 *Liriope muscari* 'Variegata'

科属：百合科山麦冬属　　　别名：金边阔叶麦冬

【形态特征】为阔叶麦冬的品种。多年生常绿草本。株高 30 ～ 45 厘米，根细长，分枝多，有匍匐茎。叶宽线形，革质，叶片边缘为金黄色，边缘内侧为银白色与翠绿色相间的竖向条纹，基生密集成丛。花茎高出于叶丛，花红紫色，4 ～ 5 朵簇生于苞腋，排列成细长的总状花序。花期 6 ～ 8 月，果期秋季。

【生态习性】在潮湿、排水良好、全光或半阴的条件下生长良好。喜湿润、肥沃的土壤和半阴的环境。对光照要求不严。耐寒，耐热，耐湿，耐旱。

【景观应用】为优良的镶边和地被植物材料。

金边阔叶麦冬 *Liriope muscari* 'Gold Banded'

科属：百合科山麦冬属　　　　　别名：金边阔叶山麦冬

【形态特征】为阔叶麦冬的品种。多年生常绿草本。叶宽线形，革质，叶片边缘为金黄色，边缘内侧为银白色与翠绿色相间的竖向条纹，基生密集成丛。

【生态习性】在潮湿、排水良好、全光或半阴的条件下生长良好。喜湿润、肥沃的土壤和半阴的环境。对光照要求不严。耐寒，耐热，耐湿，耐旱。

【景观应用】为优良的镶边和地被植物材料。

白帝城 *Haworthia* 'Hakutei-jyo'

科属：百合科十二卷属

【形态特征】多年生肉质草本植物。植株无茎，肉质叶呈莲座状排列，叶片肥厚。叶灰绿色。

【生态习性】喜凉爽干燥阳光充足的环境，耐干旱，不耐寒，忌高温潮湿和烈日暴晒，怕荫蔽，怕积水。

【景观应用】具有较好的观赏价值，盆栽观赏。

达摩宝草 *Haworthia cuspidata*

科属：百合科十二卷属

【形态特征】多年生肉质草本植物。植株无茎，肉质叶呈莲座状排列，叶片肥厚。叶绿色，稍透明。

【生态习性】喜凉爽干燥阳光充足的环境，耐干旱，不耐寒，忌高温潮湿和烈日暴晒，怕荫蔽，怕积水。

【景观应用】具有较好的观赏价值，盆栽观赏。

点纹十二卷 *Haworthia margaritifera* (Lam.) Stearn

科属：百合科十二卷属

【形态特征】多年生常绿多肉植物，植株矮小，无明显的地上茎，叶片紧密轮生在茎轴上，呈莲座状。顺三角状披针形，先端锐尖，截面呈"V"字形，暗绿色，无光泽，上面密布凸起的白点。总状花序从叶腋间抽生，花梗直立而细长，花极小，蓝紫色，花尊筒状，花瓣外翻，春末夏初开花。

【生态习性】喜光，不耐阴，不耐寒，比较耐旱，要求排水良好和富含腐殖质的沙壤土。

【景观应用】为美观、小巧的观叶植物，具有较好的观赏价值，盆栽观赏。

金城锦 *Haworthia margaritifera* 'Variegata'

科属：百合科十二卷属　　　　别名：点纹十二卷锦

【形态特征】多年生肉质草本，为点纹十二卷的斑锦品种。叶片紧密轮生在茎轴上，呈莲座状排列，三角状披针形，先端较尖且细长；叶表面有白色微凸的疣点，整个叶片绿色带锦，疣凸排列微稀疏。

【生态习性】同点纹十二卷。

【景观应用】同点纹十二卷。

冬之星座 *Haworthia pumila* (L.) Duval.

科属：百合科十二卷属

【形态特征】多年生常绿多肉植物，植株矮小，无明显的地上茎，叶片紧密轮生在茎轴上，呈莲座状。叶上白点成圆圈状，较大。

【生态习性】喜光，不耐阴，不耐寒，比较耐旱，要求排水良好和富含腐殖质的沙壤土。

【景观应用】具有较好的观赏价值，盆栽观赏。

高岭之花 *Haworthia radula* 'Variegata'

科属：百合科十二卷属

【形态特征】多年生肉质草本，为松之霜的斑锦品种，植株矮性群生，无茎的莲座叶盘，直径不超过10厘米。叶剑形，细长，深绿色，间杂黄色纵向条纹或整个叶片黄色，叶背面密生白色小疣点。总状花序，花绿白色。

【生态习性】喜光，不耐阴，不耐寒，比较耐旱，要求排水良好和富含腐殖质的沙壤土。

【景观应用】适合室内摆放。

京之华锦 *Haworthia cymbiformis* 'Variegata'

科属：百合科十二卷属　　　　别名：凝脂菊、宝草锦

【形态特征】多年生常绿多肉植物，为京之华的斑锦变异品种。植株群生，扁棒状三角形肉质叶排成莲座状，叶表平展，背部隆起，全叶有黄色或白色纵向缟纹，少数叶整片都呈黄色或白色。叶质较软，叶片短而肥，通常顶端较肥厚或呈截形，有透明或半透明的"窗"，并有明显的脉纹。总状花序，小花白绿色。

【生态习性】喜光，耐半阴，不耐寒，要求排水良好和富含腐殖质的沙壤土。

【景观应用】株形清秀典雅，非常适合盆栽观赏。

九轮塔锦 *Haworthia coarctata* 'Variegata'

科属：百合科十二卷属　　　　别名：霜百合

【形态特征】多年生常绿多肉植物，为九轮塔的斑锦变异品种。多年生常绿多肉草本。茎轴极短，不向高处生长。叶片肥厚，先端向内侧弯曲，呈轮状抱茎，整个植株呈柱状，叶面有黄色斑锦。

【生态习性】喜阳光，不耐阴，不耐高温酷热，不耐寒。要求排水良好和富含腐殖质的沙壤土，较耐旱。

【景观应用】株形清秀典雅，非常适合盆栽观赏。

康平寿 *Haworthia comptoniana*

科属：百合科十二卷属

【形态特征】多年生肉质草本植物。植株无茎，肉质叶排成莲座状，最大株幅可达15厘米。肉质叶肥厚饱满，上半部呈水平三角形，叶色浓绿，顶面光滑，呈透明或半透明状，有白色网络状脉纹和细小的白点，称为"窗"。总状花序，小花灰白色。

【生态习性】性喜阳光充足的环境，耐干旱，对土壤要求不严，以肥沃、疏松的沙壤土为宜。

【景观应用】其品种繁多，适合小盆种植。

克里克特寿 *Haworthia bayeri*

科属：百合科十二卷属　　　　别名：贝叶寿、网纹寿

【形态特征】多年生肉质草本植物。植株无茎，肉质叶呈莲座状排列，叶片肥厚，叶面粗糙，有很小的颗粒状突起。叶色深灰绿，稍透明，有灰白色网纹状线条。松散的总状花序，小花筒形，灰白色。

【生态习性】喜凉爽干燥阳光充足的环境，耐干旱，不耐寒，忌高温潮湿和烈日暴晒，怕荫蔽，怕积水。

【景观应用】具有较好的观赏价值，盆栽观赏。

琉璃殿锦 *Haworthia limifolia* 'Variegata'
科属：百合科十二卷属

【形态特征】多年生常绿多肉植物，琉璃殿莲的斑锦变异品种。座状叶盘 10 厘米，叶 20 枚左右，排列时向一个方向偏转。叶卵圆状三角形，先端急尖，正面凹背面因突，有明显的龙骨突。深绿色有黄斑，有无数同样颜色的横条凸起在叶背上，酷似一排排的琉璃瓦。花序 35 厘米，白花有绿色中脉。

【生态习性】喜光，耐半阴，不耐寒，耐干旱，怕高温和强光暴晒。要求排水良好和富含腐殖质的沙壤土。

【景观应用】叶盘排列和叶面横生的疣突都非常特殊，这在多肉植物中很少见，独特的叶姿具有较好的观赏价值，可盆栽观赏。

毛蟹 *Haworthia* 'Keganii'
科属：百合科十二卷属　　　　　　　　别名：紫毛蟹

【形态特征】多年生肉质草本植物。植株无茎，肉质叶呈莲座状排列，叶片肥厚。叶深绿色至咖啡色，叶面和叶缘有小毛刺。

【生态习性】喜凉爽干燥阳光充足的环境，耐干旱，不耐寒，忌高温潮湿和烈日暴晒，怕荫蔽，怕积水。

【景观应用】具有较好的观赏价值，盆栽观赏。

青蟹 *Haworthia magnifica*
科属：百合科十二卷属

【形态特征】多年生肉质草本植物。植株无茎，肉质叶呈莲座状排列，叶片肥厚。叶面有深深的纹理和凸起通透的疣点。

【生态习性】喜凉爽干燥阳光充足的环境，耐干旱，不耐寒，忌高温潮湿和烈日暴晒，怕荫蔽，怕积水。

【景观应用】具有较好的观赏价值，盆栽观赏。

条纹十二卷 *Haworthia fasciata* (Willd.) Haw.
科属：百合科十二卷属

【形态特征】多年生肉质草本植物。叶片紧密轮生在茎轴上，呈莲座状；叶三角状披针形，先端锐尖；叶表光滑，深绿色；叶背绿色，具较大的白色瘤状突起，排列成横条纹，与叶面的深绿色形成鲜明的对比。

【生态习性】性喜阳光充足的环境，耐干旱，对土壤要求不严，以肥沃、疏松的沙壤土为宜。

【景观应用】具有较好的观赏价值，可盆栽观赏。

银世界 *Haworthia* ‘Ginsekai’

科属：百合科十二卷属

【形态特征】多年生肉质草本植物。园艺品种，最大株幅可达 12 厘米以上。

【生态习性】喜凉爽、干燥，光照充足而柔和，耐半阴，怕积水、酷热，不耐寒。

【景观应用】具有较好的观赏价值，盆栽观赏。

鹰爪十二卷 *Haworthia reinwardtii* Haw.

科属：百合科十二卷属

【形态特征】多年生肉质草本植物。有如鹰爪一般，形状锐利的叶片，分布着白色的条纹。

【生态习性】性喜阳光充足的环境，耐干旱，对土壤要求不严，以肥沃、疏松的沙壤土为宜。

【景观应用】具有较好的观赏价值，盆栽观赏。

玉露 *Haworthia cooperi*

科属：百合科十二卷属

【形态特征】多年生肉质草本植物。植株初为单生，以后逐渐呈群生状。肉质叶排列成莲座状，叶长 2 ~ 3 厘米，宽 1.3 ~ 1.5 厘米，两边圆凸，叶色碧绿，顶端呈透明或半透明状，俗称"窗"，表面有深色纵线条，顶端有细小的丝状须。总状花序，小花白色，有绿色纵条纹。

【生态习性】喜凉爽的半阴环境，主要生长期在较为凉爽的春秋季节，要求有一定的空气湿度。耐干旱，不耐寒，忌高温潮湿和烈日暴晒，怕荫蔽，怕积水。

【景观应用】迷你可爱，适合迷你组合栽培。

白斑玉露 *Haworthia cooperi* 'Variegata'

科属：百合科十二卷属

【形态特征】多年生肉质草本植物，为玉露的锦斑品种。株高4～5厘米，株幅6～8厘米。叶片肉质，顶端角锥状，呈半透明状，碧绿色间杂镶嵌乳白色斑纹，顶端有细小的"须"。花序高35厘米，小花白色。

【生态习性】同玉露。

【景观应用】同玉露。

姬玉露 *Haworthia cooperi* 'Truncata'

科属：百合科十二卷属

【形态特征】多年生肉质草本植物。玉露的园艺种。株型较小，直径3～4厘米，容易出侧芽，往往会长成很大的群生植株。其肉质叶看上去有些糊，不是那么通透。叶顶端有一根长毛，深色线条则是到顶的。

【生态习性】喜凉爽的半阴环境，主要生长期在较为凉爽的春秋季节，要求有一定的空气湿度。耐干旱，不耐寒，忌高温潮湿和烈日暴晒，怕荫蔽，怕积水。

【景观应用】迷你可爱，适合迷你组合栽培。

玉扇锦 *Haworthia truncate* 'Variegata'

科属：百合科十二卷属　　　　　别名：截形十二卷锦

【形态特征】多年生肉质草本植物。为玉扇的锦斑变异品种，植株无茎，肉质叶两列对生，呈扇形排列。叶片肥厚，直立，有时上部稍向内弯曲，表面粗糙，有小疣状突起。页面有黄色或者粉红色、白色斑纹，斑纹形状因植株而异，或呈丝状，或呈块状，其中斑锦颜色鲜亮、清晰、分布合理的谓之"极上斑"。

【生态习性】喜凉爽、充足而柔和的阳光，耐干旱与半阴，忌阴湿，不耐寒。春秋两季为生长期可给予光照，若光照不足会导致株型松散，叶片徒长，"窗"面变小而浑浊，影响品相。

【景观应用】迷你可爱，盆栽观赏。

狐尾天门冬 *Aspragus densiflorus* 'Myers'

科属：百合科天门冬属　　　　别名：迈氏非洲天门冬、狐尾武竹

【形态特征】多年生常绿草本。非洲天门冬的栽培变种，因其枝叶呈圆筒形，似柔软蓬松狐尾而得名。植株丛生，茎直立生长，高30～60厘米，稍有弯曲，但不下垂。茎和分枝有纵棱。叶状枝每3枚成簇，扁平，条形。总状花序单生或成对，通常具十几朵花；花白色。浆果熟时红色。

【生态习性】不耐寒，耐旱性强，怕强光暴晒，栽培管理较为粗放。

【景观应用】常用作地被植物，或盆栽供观赏，或是作为切叶，成为插花的陪衬材料。

蓬莱松 *Asparagus myrioeladus*

科属：百合科天门冬属　　　　别名：绣球松、松叶文竹、松叶天门冬

【形态特征】多年生灌木状草本，茎直立或稍铺散，木质化呈灌木状。具白色肥大肉质根。小枝纤细，叶呈短松针状，簇生成团，极似五针松叶，新叶翠绿色，老叶深绿色白粉状。花白色，浆果黑色。花期7～8月。

【生态习性】喜温暖湿润和半阴环境，较耐旱，耐寒力较强。对土壤要求不严格，喜通气排水良好、富含腐殖质的砂质壤土。

【景观应用】常用作地被植物，或盆栽供观赏。

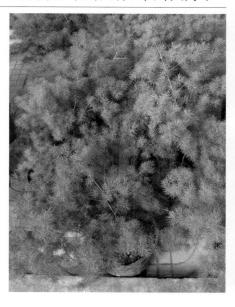

镶边万年青 *Rohdea japonica* 'Marginata'

科属：百合科万年青属

【形态特征】为万年青的栽培品种，多年生常绿草本。高20～30厘米。地下有肉质根茎，根出叶，厚革质，长带状，浓绿色，叶缘有乳白纵纹。叶片披针形，为弯弓状。花白色。浆果红色。

【生态习性】性喜温暖至高温，极耐阴、耐旱，以肥沃富含有机质的砂质壤土或腐殖质土为佳，排水需良好。

【景观应用】叶色美观，为优良的观叶植物，常用作地被植物观赏，也可盆栽观赏。

假金丝马尾 *Ophiopogon jaburan* 'Aurea Variegatus'

科属：百合科沿阶草属　　　　　别名：金叶阔叶沿阶草、金丝沿阶草

【形态特征】多年生常绿草本。地下有根状茎，多年生植株可抽生匍匐茎。叶基生，禾叶状，先端渐尖，基部叶柄不明显，边缘具膜质叶鞘，长 30～50 厘米，宽约 1 厘米，绿色。叶边缘或中间有白色纵纹，叶缘斑条纹较宽。花葶比叶短，总状花序，花小，花期夏季，果紫黑色。

【生态习性】性强健，耐阴性强，耐旱喜多肥，喜温暖至高温气候，稍耐阴，对土壤的要求不严，适应性强。

【景观应用】叶色美观，为优良的观叶植物，常用作地被植物观赏，也适合林缘、路边、山石边或水岸边丛植或片植，可盆栽用于室内观赏。

花纹沿阶草 *Ophiopogon jaburan* 'Argenteo-Marginatus'

科属：百合科沿阶草属　　　　　别名：银纹沿阶草

【形态特征】多年生常绿草本。高约 5～30 厘米。叶基生，无柄，窄线形，革质，叶面有银白色纵纹，叶端弯垂。总状花序，花期夏季。

【生态习性】性强健，耐阴性强，耐旱喜多肥，喜温暖至高温气候，稍耐阴，对土壤的要求不严，适应性强。

【景观应用】叶色美观，为优良的观叶植物，常用作地被植物观赏，也适合林缘、路边、山石边或水岸边丛植或片植。

麦冬品种 *Ophiopogon jaburan* 'Albovaregata'

科属：百合科沿阶草属

【形态特征】多年生常绿草本。叶有银白色纵纹。

【生态习性】喜湿润，喜半阴及通风好的环境；宜肥沃而排水好的土壤。

【景观应用】观叶地被植物，也可作花坛、花境或组合盆栽观赏。

'银雾'麦冬 *Ophiopogon jaburan* 'Silver Mist'

科属：百合科沿阶草属

【形态特征】多年生常绿草本。叶有银白色纵纹。

【生态习性】喜湿润，喜半阴及通风好的环境；宜肥沃而排水好的土壤。

【景观应用】观叶地被植物，也可作花坛、花境或组合盆栽观赏。

'黑龙'沿街草 *Ophiopogon planiscapus* Nakai 'Nigrescens'

科属：百合科沿阶草属　　　　别名：黑叶沿街草、紫黑扁葶沿街草

【形态特征】多年生常绿草本。园艺种。分蘖比较慢，长势一般，叶黑紫色。

【生态习性】喜湿润，喜半阴及通风好的环境；宜肥沃而排水好的土壤。

【景观应用】观叶地被植物，也可作花坛、花境或组合盆栽观赏。

阔叶油点百合 *Drimiopsis maculata*

科属：百合科油点百合属　　　　别名：非洲玉簪、麻点百合

【形态特征】多年生草本植物。叶片浅绿，全部丛生，上面散布深色的斑点，是有趣的观叶植物。叶以上伸出高高的花葶，顶端挨挨挤挤是白色转绿色的小花；叶以下是翡翠色的膨大鳞茎。

【生态习性】喜半阴、排水良好、温暖的环境，稍耐低温。可分株繁殖。

【景观应用】有趣的观叶植物，适宜盆栽观赏。

油点百合 *Drimiopsis kirkii*

科属：百合科油点百合属　　　　别名：豹纹红宝、麻点百合

【形态特征】多年生草本植物。株高约 10～15 厘米，紫红色的茎肥大呈酒瓶状，茎顶着生 3～5 片肉质叶子，叶披针形，肉质状，先端锐尖，叶面灰绿色，散布浓绿色油渍般斑点。叶背紫红色。花期春夏季，圆锥花序，花梗细长，小花绿色，花瓣 6 枚。

【生态习性】喜半阴、排水良好、温暖的环境，稍耐低温。可分株繁殖。

【景观应用】有趣的观叶植物，适宜盆栽观赏。

波叶玉簪 *Hosta undulata* Bailey

科属：百合科玉簪属　　　　别名：花叶玉簪

【形态特征】多年生宿根草本植物。株高 20～40 厘米，叶基生成丛，叶片长卵形，叶缘微波状，浓绿色。叶面中部有乳黄色和白色纵纹及斑块，十分美丽。顶生总状花序，花葶出叶，着花 5～9 朵，花冠长 6 厘米，暗紫色。花期 7～8 月。

【生态习性】喜土层深厚和排水良好的肥沃壤土，以荫蔽处为好。忌阳光直射。

【景观应用】植于林下可作观花地被，布置在建筑物北面和阳光不足的绿地中，也可盆栽观赏。

银边波叶玉簪 *Hosta undulate* 'Albomarginata'

科属：百合科玉簪属

【形态特征】多年生宿根草本植物。花叶玉簪的园艺品种。叶边缘银白色。

【生态习性】同波叶玉簪。

【景观应用】同波叶玉簪。

金边玉簪 *Hosta rohdeifolia* 'Viridis'

科属：百合科玉簪属

【形态特征】多年生宿根草本植物。根状茎粗大，白色，并生有许多须根，株高5～70厘米，叶基生，大型，叶片卵形至心形，有长柄，有多数平行叶脉。顶生总状花序，花梗自叶丛中抽出，高出叶面，有花10～15朵，花洁白色或紫色，漏斗状，有浓香，花期6～9月。

【生态习性】性强健，耐寒，喜阴，忌阳光直射，不择土壤，以排水良好、肥沃湿润处生长繁茂。

【景观应用】较好的阴生植物，在园林中可用于树下作地被植物，或植于岩石园或建筑物北侧，也可盆栽观赏或作切花用。

金心玉簪 *Hosta plantaginea* 'Golden Heart'

科属：百合科玉簪属

【形态特征】多年生宿根草本植物。株高 30～50 厘米。叶基生成丛，卵形至心状卵形，基部心形，叶脉呈弧状。总状花序顶生，高于叶丛，花为白色，管状漏斗形，浓香。花期 6～8 月。

【生态习性】性强健，耐寒，喜阴，忌阳光直射，不择土壤，以排水良好、肥沃湿润处生长繁茂。

【景观应用】较好的阴生植物，在园林中可用于树下作地被植物，或植于岩石园或建筑物北侧，也可盆栽观赏或作切花用。

蓝叶玉簪 *Hosta coerulea*

科属：百合科玉簪属

【形态特征】多年生宿根草本植物。多年生宿根草本。叶莲座状丛生，叶片卵圆形，基部心形，叶脉明显，中间蓝色，边缘淡黄色。总状花序，花白色，具绿色，紫色条纹。花期 6 月。

【生态习性】耐寒，喜阴湿的环境。要求土壤疏松、肥沃及排水良好。过于干旱或光线过强对生长不利。

【景观应用】较好的阴生植物，在园林中可用于树下作地被植物，或植于岩石园或建筑物北侧，也可盆栽观赏或作切花用。

小黄金叶玉簪 *Hosta plantaginea* 'Golden Cadet'

科属：百合科玉簪属

【形态特征】多年生宿根草本植物，具粗根茎。叶根生；叶柄长20～40厘米；叶片卵形至心状卵形，长15～25厘米。金黄色。

【生态习性】同波叶玉簪。

【景观应用】同波叶玉簪。

波路 *Gasteraloe beguinii*

科属：百合科元宝掌属　　　　　别名：绫锦

【形态特征】多年生肉质草本植物。为芦荟 *Aloearistata* 和鲨鱼掌 *Gasteriaverrucosa* 的杂交品种。莲座叶盘径20厘米左右，叶片多达40～50片，排列紧凑。叶深绿色，叶尖稍红，三角形带尖，叶长7～8厘米，基部宽3厘米，叶背上部有2条龙骨突，布满白齿状小硬疣。叶缘也布满白色小疣。花序高，花基部红色，先端绿色似鲨鱼掌。

【生态习性】喜凉爽干燥阳光充足的环境，耐干旱，不耐寒，忌高温潮湿和烈日暴晒，怕荫蔽，怕积水。

【景观应用】具有较好的观赏价值，盆栽观赏。

白纹蜘蛛抱蛋 *Aspidistra elatior* 'Variegata'

科属：百合科蜘蛛抱蛋属
别名：白纹一叶兰、洒金蜘蛛抱蛋、斑叶蜘蛛抱蛋

【形态特征】多年生常绿草本。为一叶兰的栽培品种。绿色叶面上有乳白色或浅黄色斑点。

【生态习性】喜湿润，喜半阴及通风好的环境；宜肥沃而排水好的土壤。

【景观应用】观叶地被植物，也可作花坛、花境或组合盆栽观赏。

洒金蜘蛛抱蛋 *Aspidistra elatior* 'Minor'

科属：百合科蜘蛛抱蛋属

【形态特征】多年生常绿草本。为一叶兰的栽培品种。叶片在根茎上单生，一柄一叶，叶片长椭圆形至椭圆状披针形，较宽大，浓绿色，叶面生有浅黄至乳白色、大小不一的斑点。

【生态习性】喜潮湿、半阴环境，适应性强，但在疏松、肥沃的沙壤土或腐叶土上生长更好。

【景观应用】适宜庭园荫蔽地散植和室内观赏。

星点蜘蛛抱蛋 *Aspidistra elatior* 'Punctata'

科属：百合科蜘蛛抱蛋属　　　别名：洒金蜘蛛抱蛋

【形态特征】多年生常绿草本。为一叶兰的栽培品种。叶片在根茎上单生，一柄一叶，叶片长椭圆形至椭圆状披针形，浓绿色，叶面生有浅黄至乳白色、大小不一的斑点，有如洒上金粉或银粉那样清晰。

【生态习性】喜潮湿、半阴环境，适应性强，但在疏松、肥沃的沙壤土或腐叶土上生长更好。

【景观应用】适宜庭园荫蔽地散植和室内观赏。

狭叶洒金蜘蛛抱蛋 *Aspidistra elatior* 'Singapore Sling'

科属：百合科蜘蛛抱蛋属　　　　别名：洒金蜘蛛抱蛋

【形态特征】多年生常绿草本。为一叶兰的栽培品种。叶较窄，叶片上生有金黄色、大小不一的斑点。

【生态习性】喜潮湿、半阴环境，适应性强，但在疏松、肥沃的沙壤土或腐叶土上生长更好。

【景观应用】适宜庭园荫蔽地散植和室内观赏。

菝葜 *Smilax china*

科属：百合科菝葜属　　　　别名：金刚头、金刚刺、九牛力

【形态特征】攀缘灌木，高1～5米；根状茎粗厚，坚硬，粗2～3厘米。茎与枝条通常疏生刺。叶互生，叶薄革质或纸质，干后一般红褐色或近古铜色，宽卵形或圆形，长3～10厘米，全缘。花单性异株，绿黄色，多朵排成伞形花序；花期4～5月。浆果球形，红色；果熟9～10月。

【生长习性】喜光，稍耐阴，耐旱，耐瘠薄。

【景观应用】可用于攀附岩石、假山，也可作地面覆盖。

金边吊兰 *Chlorophytum comosum* 'Marginatum'

科属：百合科吊兰属

【形态特征】为吊兰的变种，多年生草本，具簇生的圆柱形肥大须根和根状茎；叶基生，条形至条状披针形，狭长，柔韧似兰，顶端长、渐尖；基部抱茎，着生于短茎上，叶鲜绿色，叶片边缘金黄色。总状花序长30～60厘米，弯曲下垂，花白色，数朵一簇，疏离地散生在花序轴上。

【生长习性】喜温暖湿润、半阴的环境；适应性强，较耐旱，不甚耐寒；不择土壤，在排水良好、疏松肥沃的砂质壤土中生长较佳。

【景观应用】高雅的室内观叶植物，是悬吊或摆放在橱顶或花架上最适宜的种类之一。

金心吊兰 *Chlorophytum comosum* 'Medio-pictum'

科属：百合科吊兰属

【形态特征】为吊兰的变种，多年生草本，具簇生的圆柱形肥大须根和根状茎；叶基生，条形至条状披针形，狭长，柔韧似兰，顶端长、渐尖；基部抱茎，着生于短茎上，叶鲜绿色，中央有黄白色纵条纹。总状花序长30～60厘米，弯曲下垂，花白色，数朵一簇，疏离地散生在花序轴上。

【生长习性】同金边吊兰。

【景观应用】同金边吊兰。

银边吊兰 *Chlorophytum comosum* 'Variegatum'

科属：百合科吊兰属

【形态特征】为吊兰的变种，多年生草本，具簇生的圆柱形肥大须根和根状茎；叶基生，条形至条状披针形，狭长，柔韧似兰，顶端长、渐尖；基部抱茎，着生于短茎上，叶鲜绿色，叶缘为白色。总状花序长30～60厘米，弯曲下垂，花白色，数朵一簇。

【生长习性】同金边吊兰。

【景观应用】同金边吊兰。

银心吊兰 *Chlorophytum comosum* 'Vittatum'

科属：百合科吊兰属

【形态特征】为吊兰的变种，多年生草本，具簇生的圆柱形肥大须根和根状茎；叶基生，条形至条状披针形，狭长，柔韧似兰，顶端长、渐尖；基部抱茎，着生于短茎上，叶鲜绿色，叶片的主脉周围具有银白色的纵向条纹。总状花序长30～60厘米，弯曲下垂，花白色，数朵一簇，疏离地散生在花序轴。

【生长习性】同金边吊兰。

【景观应用】同金边吊兰。

斑叶玉竹 *Polygonatum odoratum* 'Variegata'

科属：百合科黄精属　　　　　　别名：斑叶萎蕤

【形态特征】多年生草本，株高约 30 ~ 50 厘米，茎红褐色。叶椭圆形，互生，叶面有白色纵纹，叶背灰白色，叶色优雅清秀。花期春夏季，白色，腋生，2 ~ 3 朵筒状花。

【生长习性】喜冷凉气候。

【景观应用】可盆栽，枝叶为高级花材。

不夜城锦 *Aloe mitriformis* 'Variegata'

科属：百合科芦荟属

【形态特征】多年生肉质草本植物，植株单生或丛生，高 30 ~ 50 厘米，肉质叶绿色伴有黄色或白色的纵向条纹（有时整片叶子都呈黄色叶），幼苗时互生排列，后则为轮状互生。叶片披针形，肥厚多肉，叶缘有淡黄色锯齿状肉刺，叶面及叶背有散生的淡黄色肉质凸起。

【生态习性】喜温暖湿润环境，较耐旱，耐寒力较强。

【景观应用】是不夜城芦荟斑锦变异品种，其叶面及叶背均有黄色或黄白色纵条纹，有时整片叶子都呈黄色叶，色斑驳优美，富于变化，可用作盆栽观赏。

大齿芦荟 *Aloe grandidentata*

科属：百合科芦荟属　　　　　　别名：巨齿芦荟

【形态特征】多年生肉质草本植物，无茎并产生大量根，从而形成大而密的群体。矛形叶片排列在低而扁平的莲座上，具明显的长圆形白斑，斑点不连接。花序长1米，多侧枝。小花呈棒状，花色暗红色。花期8～10月。

【生态习性】喜温暖湿润环境，较耐旱，耐寒力较强。

【景观应用】可用作盆栽观赏。

二岐芦荟 *Aloe dichotoma*

科属：百合科芦荟属　　　　　　别名：分枝芦荟、龙树芦荟

【形态特征】多年生肉质草本植物，高8～10米，主干直径达1米左右。树干灰褐色，表皮有环状的云斑，枝干二歧状分权。枝端开放黄色的花朵。

【生态习性】喜温暖湿润环境，较耐旱，耐寒力较强。

【景观应用】可用作盆栽观赏。

翡翠殿 *Aloe juvenna*

科属：百合科芦荟属

【形态特征】小型芦荟，茎初直立后匍匐，群生。叶螺旋状互生，在茎顶部排列成莲座叶盘，叶三角形，面凹背凸，先端尖，叶缘有白齿，叶面叶背有浅色点，叶绿至黄绿色，光线过强时褐绿色；花序高25厘米，花淡红带绿色尖。

【生长习性】喜半阴环境，冬季生长缓慢。

【景观应用】温室栽植和室内盆栽观赏。

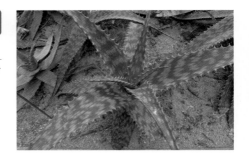

粉绿芦荟 *Aloe glaucescens*

科属：百合科芦荟属

【形态特征】多年生肉质草本植物，叶片绿色，具明显的白斑，叶缘有锯齿。

【生态习性】喜温暖湿润环境，较耐旱，耐寒力较强。

【景观应用】可用作盆栽观赏。

鬼切芦荟 *Aloe marlothii* A.Berger

科属：百合科芦荟属　　　　　别名：马氏芦荟

【形态特征】多年生肉质草本植物，是芦荟中较大型的种类，高2～4米，叶肉质，长约1米、灰绿色，叶边缘有尖刺，金黄色的花箭艳丽醒目，轻盈舒漫，小花密密层层聚在一起。

【生态习性】喜温暖湿润环境，较耐旱，耐寒力较强。

【景观应用】是一种非常漂亮的
园林观赏植物。

库拉索芦荟 *Aloe vera* L.

科属：百合科芦荟属　　　　　别名：蕃拉芦荟

【形态特征】多年生肉质草本植物，茎较短，叶簇生于茎顶，直立或近于直立，肥厚多汁；呈狭披针形，长15～36厘米、宽2～6厘米，先端长渐尖，基部宽阔，粉绿色，边缘有刺状小齿。花茎单生或稍分枝，高60～90厘米；总状花序疏散；小花黄色花期2～3月。

【生态习性】喜温暖湿润环境，较耐旱，耐寒力较强。

【景观应用】漂亮的园林观赏植物。

木立芦荟 *Aloe arborescens* Mill.

科属：百合科芦荟属　　　　　别名：木剑芦荟、树芦荟

【形态特征】多年生肉质草本植物，株高 60 ～ 80 厘米；灌木状，茎干木质化，茎上生侧芽。叶肉质，轮生，叶片似镰刀状，向外弯曲扩张；叶缘具硬齿。总状花序单生，花葶自叶丛中抽出，花穗呈火柱状。花冠橙红色。

【生态习性】喜温暖湿润环境，较耐旱，耐寒力较强。

【景观应用】可用作盆栽观赏。

千代田锦芦荟 *Aloe variegata* L.

科属：百合科芦荟属　　　　　别名：翠花掌

【形态特征】多年生肉质草本，株高 30 厘米，茎极短。叶自根部长出，旋叠状，三角剑形，但叶正面深凹，长 12 厘米、宽 3.5 厘米，叶缘密生短而细的白色肉质刺。叶色深绿，有不规则排列的银白色斑纹。松散的总状花序，有小花 20 ～ 30 朵，橙黄至橙红色。

【生态习性】喜温暖湿润环境，较耐旱，耐寒力较强。

【景观应用】可用作盆栽观赏。

异色芦荟 *Aloe versicolor* Guill

科属： 百合科芦荟属

【形态特征】多年生肉质草本，茎短，叶簇生于基部，呈螺旋状排列，叶狭披针形，先端渐尖，基部宽阔，有叶锐尖，带刺，粉绿色，肥厚多肉，叶面有白色斑点；花茎单生或稍分枝，高40～50厘米；总状花序疏散，花期约1个月。

【生态习性】喜温暖湿润环境，较耐旱，耐寒力较强。

【景观应用】可用作盆栽观赏。

银芳锦芦荟 *Aloe striata*

科属： 百合科芦荟属   **别名：** 线条芦荟、珊瑚芦荟

【形态特征】多年生肉质草本，小型无茎芦荟。叶片宽阔，肉质，呈青绿色，叶缘无锯齿状且带有粉色，花序簇生，花筒为橘红色。

【生态习性】喜温暖湿润环境，较耐旱，耐寒力较强。

【景观应用】可用作盆栽观赏。

富士子宝 *Gasteria disticha* (L.) HAW. 'Variegata'

科属： 百合科沙鱼掌属

【形态特征】为园艺品种。多年生肉质草本植物，植株无茎，肉质叶初为两列对生，成株后则变为不规则的轮生，叶片长椭圆形，先端略尖，叶色浓绿，表面密布白色斑点，叶表有纵向的黄色或白色缟斑。

【生态习性】喜温暖干燥和阳光充足的环境，耐半阴，忌荫蔽，耐干旱，怕积水。适宜在疏松肥沃，排水透气性良好的砂质壤土中生长。

【景观应用】株形美观，叶片肥厚，色彩斑驳，适合用小盆栽种，具有较高的观赏性。

虎之卷 *Gasteria gracilis*

科属：百合科沙鱼掌属

【形态特征】为园艺品种。多年生肉质草本植物，叶肉质较厚，像舌头，叶面光滑，带有白色斑点，或有条纹状锦斑。花杆由叶舌根部伸出，花较小，多为红绿色。冬季至春季为开花旺季。

【生态习性】喜温暖干燥和阳光充足环境。怕低温和潮湿，对土壤要求不严，以肥沃、疏松的沙壤土为宜。

【景观应用】株形美观，叶片肥厚，色彩斑驳，适合用小盆栽种，具有较高的观赏性。

虎之卷锦 *Gasteria gracilis* 'Variegata'

科属：百合科沙鱼掌属

【形态特征】多年生肉质草本植物，为虎之卷的斑锦品种。株高10～15厘米，株幅20～30厘米。叶片深绿色，布满白色小疣点，镶嵌纵向黄色条纹。总状花序，花小，橙红色。

【生态习性】喜温暖湿润环境，较耐旱，耐寒力较强，喜排水良好的砂质壤土。

【景观应用】植株小巧，用作盆栽观赏。

美玲子宝 *Gasteria gracilis* 'Albivariegata'

科属：百合科沙鱼掌属

【形态特征】多年生肉质草本植物，为虎之卷的斑锦品种。株高10～15厘米，株幅15～20厘米。叶面布满白色斑点，有纵向白色条纹。总状花序，花小，橙红色。

【生态习性】喜温暖湿润环境，较耐旱，耐寒力较强，喜排水良好的砂质壤土。

【景观应用】植株小巧，用作盆栽观赏。

子宝锦 *Gasteria gracilis* var. *minima* 'Variegata'

科属：百合科沙鱼掌属

【形态特征】多年生肉质草本植物，为子宝的斑锦品种。株高3～4厘米，株幅12～15厘米。叶肉质较厚，像舌头，叶面光滑，有条纹状锦斑。幼株叶两列叠生，后随着叶片的增多逐渐排列成莲座状。总状花序于叶基着生。

【生态习性】喜温暖湿润环境，较耐旱，耐寒力较强，喜排水良好的砂质壤土。

【景观应用】植株小巧，用作盆栽观赏。

墨牟 *Gasteria maculata*

科属：百合科沙鱼掌属

【形态特征】多年生肉质草本植物，为园艺品种。株高15厘米，株幅30厘米。叶肉质较厚，舌状，呈两列，坚硬，叶缘角质化，表皮墨绿色，有不规则白色斑纹，背部隆起，布满白色斑纹。总状花序，花较小，粉红色。

【生态习性】喜温暖干燥和阳光充足环境。怕低温和潮湿，对土壤要求不严，以肥沃、疏松的沙壤土为宜。

【景观应用】株形美观，叶片肥厚，适合用小盆栽种，具有较高的观赏性。

恐龙卧牛 *Gasteria pillansii*

科属：百合科沙鱼掌属　　　　　　别名：比兰西卧牛

【形态特征】多年生肉质草本植物。为卧牛的栽培变种。株高3～5厘米，株幅10～15厘米，叶片舌状，肥厚，坚硬，呈两列叠生。叶深绿色，散生白色疣点。

【生态习性】喜凉爽的半阴环境，能耐一定的干旱，光照不可过强，不耐湿涝。

【景观应用】具有较好的观赏价值，盆栽观赏。

卧牛锦 *Gasteriea armstrongii* 'Variegata'

科属：百合科沙鱼掌属

【形态特征】多年生肉质草本植物，卧牛的斑锦变异品种。原种卧牛植株无茎或仅有短茎，幼株叶两列叠生，成年后随着叶片的增多叶片逐渐排列成6～10厘米的莲座状。肉质叶肥厚，叶质坚硬，呈舌状，先端有小尖，叶背先端有明显的的龙骨突，叶长3～7厘米，宽3～4.5厘米，厚约1厘米。叶表绿色或墨绿色，稍有光泽，密布小疣突，使叶片显得较为粗糙。总状花序，高20～30厘米，花小，筒状。

【生态习性】宜温暖干燥的环境，适合在充足而柔和的阳光中生长。不耐寒，怕水涝，耐干旱和半阴，烈日暴晒和过于荫蔽都不利于植株的正常生长。

【景观应用】植株小巧，可用作盆栽观赏。

金线山菅兰 *Dianella ensifolia* 'Marginata'

科属：百合科山菅属　　　　别名：金线桔梗兰、花叶山菅兰

【形态特征】多年生草本植物。植株高 1 ~ 2 米。叶革质，狭条状披针形，绿色，有多条宽窄不同的金黄色条纹。顶生圆锥花序，分枝疏散，由多个总状花序组成；花多朵生于侧枝上端；花被片 6，条状披针形，紫色，花初开时向后反折，后逐渐展平。花期 3 ~ 8 月。浆果，青绿色到蓝紫色。

【生态习性】喜半阴，喜高温多湿，不耐旱，对土壤条件要求不严。

【景观应用】可配植于路边、庭院和水际做点缀观赏或盆栽观赏。

银边山菅兰 *Dianella ensifolia* 'White Variegated'

科属：百合科山菅属　　　　别名：金线桔梗兰、花叶山菅兰

【形态特征】园艺栽培品种。多年生草本植物，根状茎横走，结节状，节上生纤细而硬的须根。茎挺直，坚韧；近圆柱形。叶近基生，2 列，叶片革质，线状披针形，边缘有淡黄色边。花葶从叶丛中抽出，圆锥花序长 10 ~ 30 厘米；花淡紫色、绿白色至淡黄色，花被裂片 6，二轮，披针形。浆果紫蓝色。花果期 6 ~ 11 月。

【生态习性】喜半阴，喜高温多湿，不耐旱，对土壤条件要求不严。

【景观应用】为阴生植物，多作为林带下地被，效果良好。

◎ 石蒜科

花叶君子兰 *Clivia miniata* 'Variegata'

科属：石蒜科君子兰属　　　　　别名：缟兰

【形态特征】多年生常绿草本，株高达 45 厘米。叶片带状，扁平光亮，叶片上有数条粗细不均匀的黄白色纵带。伞形花序生于花葶顶部，具小花 10 ～ 30 朵，漏斗形。花橘红色，花期 1 ～ 5 月，单花序花期 30 ～ 40 天。浆果。

【生态习性】耐阴性强，不耐冷热，喜凉爽温和的气候，不耐干燥，喜湿润，喜营养丰富、富含腐殖质且排水性好的土壤。

【景观应用】叶片常年青翠，是室内高级的观叶赏花植物。

镶边水鬼蕉 *Hymenocallis littoralis* 'Variegata'

科属：石蒜科水鬼蕉属　　　　　别名：镶边蜘蛛兰

【形态特征】株高 30 厘米左右，叶 10～12 枚，剑形，叶片肉质状，丛生。叶面有白色纵纹，叶缘乳白色，全株洁净清秀。花茎顶端生花 3～8 朵，白色。

【生态习性】不耐寒，喜温暖、湿润环境。对土壤适应性广，适合于黏质土壤栽培。

【景观应用】春末至夏季开花，适合庭园丛植绿篱簇栽或盆栽。

白线文珠兰 *Crinum asiaticum* 'Silver-stripe'

科属：石蒜科文殊兰属

【形态特征】多年生粗壮草本，株高 50～100 厘米，叶剑形，基部抱生。叶中有白色纵纹，叶色清新。

【生态习性】性喜明亮的间接光照，不耐强烈日光直射。

【景观应用】适合庭植或盆栽。

白缘文殊兰 *Crinum asiaticum* 'Variegatum'

科属：石蒜科文殊兰属　　　　别名：花叶文殊兰

【形态特征】多年生粗壮草本，鳞茎长柱形。叶 20～30 枚，多列，带状披针形，带有白纹，长可达 1 米，顶端渐尖，具 1 急尖的尖头。花茎直立，伞形花序，花高脚碟状，芳香，白色。蒴果近球形。花期 5～10 月。

【生态习性】性喜明亮的间接光照，不耐强烈日光直射。

【景观应用】适合庭植或盆栽。

金叶文殊兰 *Crinum asiaticum* 'Golden Leaves'

科属：石蒜科文殊兰属

【形态特征】多年生粗壮草本，株高 50～100 厘米，叶剑形，基部抱生。新叶翠绿色，老叶金黄色，色泽明艳。

【生态习性】喜好充足的强光。

【景观应用】适合庭植或盆栽。

白肋朱顶红 *Hippeastrum reticulatum* 'Striatifolium'

科属：石蒜科朱顶红属　　　　　别名：白肋孤挺花

【形态特征】多年生球根花卉，有肥大的鳞茎，近球形。叶片呈带状，与花茎同时或花后抽出。叶翠绿色，叶片中央有一条宽 1 厘米左右的纵向白条纹，从叶基直至叶顶。花箭从叶腋间抽出，每个花箭顶端开花 2～6 朵，花喇叭型，花径 12 厘米左右，花白底密布红色细脉纹，花茎中空。

【生态习性】喜温暖，湿润和阳光充足环境。

【景观应用】花色鲜艳，花朵硕大，是装饰室内几案，阳台窗前良好花卉。

◎ 龙舌兰科

缟叶竹蕉 *Dracaena deremensis* 'Roehrs Gold'

科属：龙舌兰科龙血树属　　　　别名：金边竹蕉、黄绿纹竹蕉

【形态特征】常绿灌木，株高约 1 米。叶剑形，先端尖，边缘黄色，叶间有白色纵纹，全缘。

【生长习性】耐旱耐阴，栽培以富含有机质的砂质壤土或腐叶土最佳，排水需良好。

【景观应用】可庭园美化，是室内盆栽植物的上品，茎叶是插花高级素材。

红边竹蕉 *Dracaena marginata*

科属：龙舌兰科龙血树属　　　　别名：千年木、红边铁树

【形态特征】常绿灌木，高达 3 米。茎单干竖立，少分枝。叶在茎顶呈 2 列状旋转聚生，剑形或阔披针形至长椭圆形，长 30 ～ 50 厘米，绿色或带紫红、粉红等彩色条纹，革质，中脉显著，侧脉羽状平行。圆锥花序生于顶部叶脉，长 30 ～ 60 厘米，花淡红至紫红色。浆果球形，红色。

【生长习性】性喜高温多湿，也耐旱、耐阴。

【景观应用】庭院树、盆栽、花材，非常适合摆放在办公室里。

三色龙血树 *Dracaena marginata* 'Tricolor'

科属：龙舌兰科龙血树属　　　　别名：彩纹竹蕉、三色千年木

【形态特征】常绿木本植物，茎干挺拔，高达 3 米。叶片细长，新叶向上伸长，老叶下垂，叶中间绿色，叶缘有紫红色或鲜红色条纹。

【生长习性】喜温暖、湿润和微酸性沙壤土，冬季温度不低于 5℃，喜阳光充足，但忌烈日暴晒。

【景观应用】主茎挺拔，株丛繁茂，适宜会场、公共场所、厅室出入处摆设。

缘叶龙血树 *Dracaena marginata* 'Tricolor Rainbow'

科属：龙舌兰科龙血树属　　　　别名：彩虹千年木、三色彩虹龙血树

【形态特征】常绿木本植物，茎干挺拔，高达 3 米。叶片黄、绿、红相间，新叶直立，老叶横展或者半下垂。

【生长习性】喜温暖、湿润和微酸性沙壤土，冬季温度不低于 5℃，喜阳光充足，但忌烈日暴晒。

【景观应用】适宜会场、公共场所、厅室处摆设。

金边银纹铁 *Dracaena deremensis* 'Lemon Lime'

科属：龙舌兰科龙血树属　　　　别名：金边螺旋铁、金边扭纹铁

【形态特征】多枝小乔木或灌木，叶密生于茎枝上，呈螺旋状排列，无柄而以叶鞘抱茎而生，叶片绿色，边缘金黄色，长 30～50 厘米，宽 4～5 厘米，有时扭曲。圆锥花序生于茎顶。

【生长习性】性喜高温、多湿、半阴环境生长。

【景观应用】适合庭院点缀或盆栽。

银线龙血树 *Dracaena deremensis* 'Warnechii'

科属：龙舌兰科龙血树属　　　　别名：银线铁蕉、银线竹蕉

【形态特征】多年生常绿灌木；叶长剑形，向下弧形弯曲，深绿色，具白宽条纹。圆锥花序顶生，长约 30 厘米，花白色。

【生长习性】喜温暖、湿润和半阴环境，不耐寒、怕干旱，适宜疏松的砂质壤土。

【景观应用】温室栽植和室内盆栽观赏。

百合竹 *Dracaena reflexa*

科属：龙舌兰科龙血树属　　　　别名：曲叶龙血树、红果龙血树

【形态特征】常绿灌木，株高可达 9 米。叶剑状披针形，无柄，革质富光泽，全缘。节间短，叶片密集。花序单生或分枝，小花白色。花期春季。

【生长习性】喜高温、多湿环境，不耐寒，对土壤要求不严。以腐叶土或富含有机质、排水力良好的砂质壤土为佳，全日照或半日照均能成长。

【景观应用】色彩绚丽，可于厅堂内成行点缀，并用作切花配料。

金边百合竹 *Dracaena reflexa* 'Variegata'

科属：龙舌兰科龙血树属　　　别名：黄边短叶竹蕉、花叶百合竹

【形态特征】多年生常绿灌木，叶松散成簇生长，叶片线形或披针形，顶端渐尖，全缘，叶色碧绿而有光泽。叶缘有金黄色纵条纹。花序单生或分枝，小花白色。

【生长习性】喜高温、多湿环境，不耐寒，对土壤要求不严。以腐叶土或富含有机质、排水力良好的砂质壤土为佳，全日照或半日照均能成长。

【景观应用】色彩绚丽，可于厅堂内成行点缀，并用作切花配料。

金黄百合竹 *Dracaena reflexa* 'Song of Jamaica'

科属：龙舌兰科龙血树属　　　别名：金黄竹蕉

【形态特征】常绿灌木，杆直立，株高达 2 米，植株长高后，茎杆易弯斜。叶剑状披针形，无柄，革质有光泽。叶中有黄色纵纹。总状花序、紫褐色。

【生长习性】喜高温、多湿环境，不耐寒，对土壤要求不严。以腐叶土或富含有机质、排水良好的砂质壤土为佳，全日照或半日照均能成长。

【景观应用】色彩绚丽，可于厅堂内成行点缀，并用作切花配料。

金边富贵竹 *Dracaena sanderiana* 'Golden Edge'

科属：龙舌兰科龙血树属　　　　　别名：金边千年木、金边彩带木

【形态特征】常绿灌木，杆纤细，直立，基部分枝，高1.5米。叶略呈波浪状，弯曲，披针形，长15～25厘米，叶面中脉绿色，沿叶边镶有黄白色的纵条纹。

【生长习性】喜高温、多湿环境，不耐寒，对土壤要求不严。以腐叶土或富含有机质、排水力良好的砂质壤土为佳，全日照或半日照均能成长。

【景观应用】株形矮小，色彩绚丽。适合家庭绿化装饰，布置于窗台、阳台和案头，也可于厅堂内成行点缀，并用作切花配料。

银边富贵竹 *Dracaena sanderiana* 'Margaret'

科属：龙舌兰科龙血树属　　　　　别名：白边万年竹、银纹龙血树

【形态特征】常绿灌木，株高约1米。茎干直立，叶披针形，互生，薄革质，叶缘有乳白镶边。

【生长习性】耐旱耐阴，栽培以富含有机质的砂质壤土或腐叶土最佳，排水需良好。

【景观应用】盆栽做室内植物，插入盆中水栽也能生根。

香龙血树 *Dracaena fragrans*

科属：龙舌兰科龙血树属　　　　别名：巴西铁

【形态特征】多年生常绿小乔木；树干粗壮，叶片剑形，叶缘深黄色带白边。

【生长习性】喜温暖、湿润和半阴环境，不耐寒、怕干旱，适宜疏松的砂质壤土。

【景观应用】盆栽观赏，常用于布置美化会场、客厅、大堂等较大室内场所。

金心香龙血树 *Dracaena fragrans* 'Massangeana'

科属：龙舌兰科龙血树属　　　　别名：金心巴西铁、中斑香龙血树

【形态特征】多年生常绿小乔木；叶长披针形，向下弧形弯曲，淡绿色，中央具金黄色宽条纹。圆锥花序顶生，花白色。

【生长习性】喜温暖、湿润和半阴环境，不耐寒、派干旱，适宜疏松的砂质壤土。

【景观应用】株形美观，叶片中心金黄色，为常见中型室内观叶植物。

金叶香龙血树 *Dracaena fragrans* 'Golden Leaves'

科属：龙舌兰科龙血树属

【形态特征】多年生常绿小乔木；叶长披针形，向下弧形弯曲，淡绿色，中央具金黄色宽条纹。圆锥花序顶生，花白色。

【生长习性】喜温暖、湿润和半阴环境，不耐寒、怕干旱，适宜疏松的砂质壤土。

【景观应用】株形美观，叶片中心金黄色，为常见中型室内观叶植物。

斑叶油点木 *Dracaena surculosa* 'Maculata'

科属：龙舌兰科龙血树属

【形态特征】常绿小灌木，株高 1～2 米，茎纤细，伸长后呈下垂。叶对生或轮生，无柄，长椭圆形或披针形，叶面有油渍般的斑纹。总状花序，花小，绿黄色，具香味。花果期秋、冬。

【生长习性】性耐阴，耐旱也耐湿。以肥沃的壤土或砂质壤土为佳，排水需良好。

【景观应用】适合庭院点缀或盆栽。

佛州星点木 *Dracaena surculosa* 'Florida Beauty'

科属：龙舌兰科龙血树属

【形态特征】株高达 1 米，叶对生或 3 叶轮生，椭圆状披形或长卵形，叶面泛布许多乳黄色或乳白色小斑点，状如繁星点点。

【生长习性】性耐阴，耐旱也耐湿。以肥沃的壤土或砂质壤土为佳，排水需良好。

【景观应用】适合庭院点缀或盆栽。

吹上 *Agave stricta* **Salm-Dyck**

科属：龙舌兰科龙舌兰属　　　　别名：直叶龙舌兰、直立龙舌兰

【形态特征】多年生植物，无茎，叶质硬，放射状从基部发出，线形，基部呈三角形，表面粗糙，顶部具尖刺，叶灰绿色。

【生长习性】喜温暖，干燥和阳光充足的环境，怕积水，耐干旱，也耐半阴，有一定耐寒性。

【景观应用】叶片宽大，密集，叶色翠绿，十分秀丽，优良的观叶植物，适宜庭园和公共绿地种植或盆栽。

姬吹上 *Agave strictanana*

科属：龙舌兰科龙舌兰属　　　　别名：直叶龙舌兰、直立龙舌兰

【形态特征】吹上中的小型种。株幅约 20 ～ 30 厘米，植株无茎。有无数叶组成半球状叶盘，细长而坚硬的叶呈放射状丛生，叶片笔直细长，表面光滑，正面平坦，背面隆起，叶尖呈褐色有刺，叶色蓝绿或黄绿。

【生长习性】喜温暖，干燥和阳光充足的环境，怕积水、荫蔽，耐干旱，也耐半阴，有一定耐寒性。

【景观应用】叶片宽大，密集，叶色翠绿，十分秀丽，优良的观叶植物，适宜庭园和公共绿地种植或盆栽。

大美龙 *Agave lophantha*

科属： 龙舌兰科龙舌兰属

【形态特征】多年生植物，短茎，剑叶组成松散的莲座叶盘。叶长50～70厘米，叶黄绿色，革质，叶缘为角质，叶先端有2厘米长的灰褐色顶刺，叶中央有一条很宽、很淡色彩的条纹。花为小花白绿色至黄色。

【生长习性】喜温暖，干燥和阳光充足的环境，怕积水、荫蔽，耐干旱，也耐半阴，有一定耐寒性。

【景观应用】我国引种栽培。

狐尾龙舌兰 *Agave attenuata*

科属： 龙舌兰科龙舌兰属　　　　　　**别名：** 无刺龙舌兰

【形态特征】多年生常绿植物。叶密生于短茎上，叶片长卵形，长达1米，宽20厘米，叶色翠绿具白粉。花期春季，花黄绿色，密穗状花序（形如狐尾）。

【生长习性】适应性强，喜半阴环境，在阳光下生长亦很健壮；土壤要求干燥，但潮湿处也能生长。

【景观应用】叶片宽大，密集，叶色翠绿，十分秀丽，优良的观叶植物，适宜庭园和公共绿地种植或盆栽。

姬乱雪 *Agave parriflora*

科属： 龙舌兰科龙舌兰属　　　　　　**别名：** 小花龙舌兰

【形态特征】多年生肉质草本，莲座状叶盘直径15～20厘米，叶片狭披针形，叶长10厘米，宽2厘米左右，顶刺约0.5厘米长，叶色深绿，有白色线条，叶缘有卷曲的白色纤毛。

【生长习性】喜温暖、湿润和阳光充足环境，耐阴、耐旱，适宜肥沃、疏松和排水良好的砂质壤土。

【景观应用】温室栽植和室内盆栽观赏。

姬乱雪白覆轮 *Agave parriflora* 'Variegata'

科属： 龙舌兰科龙舌兰属　　　　**别名：** 小花龙舌兰锦

【形态特征】莲座状叶盘直径 15～20 厘米。叶片狭披针形，长 10 厘米，宽 2 厘米左右，叶色深绿，边缘有白色线条，叶缘有卷曲的白色纤毛。

【生长习性】喜温暖、湿润和阳光充足环境，耐阴、耐旱，不耐寒，适宜肥沃、疏松和排水良好的砂质壤土。

【景观应用】温室栽植和室内盆栽观赏。

吉祥天锦 *Agave parryi* var. *huachucensis* 'Variegata'

科属： 龙舌兰科龙舌兰属

【形态特征】吉祥天的斑锦变异品种。肉质叶呈放射状丛生，植株最大直径达 20 厘米。叶片倒广卵形，顶部较尖，叶长约 8 厘米，宽约 4 厘米，叶缘有墨褐色短齿，叶尖有红褐色硬刺，刺长 1.5 厘米，稍有弯曲，叶色青绿或灰绿，被有白粉，叶缘或叶片中央有黄、白色条纹。

【生长习性】喜温暖、湿润和阳光充足环境，耐阴、耐旱，适宜肥沃、疏松和排水良好的砂质壤土。

【景观应用】温室栽植和室内盆栽观赏。

甲蟹 *Agave isthmensis*

科属： 龙舌兰科龙舌兰属

【形态特征】多肉植物，植株无茎，株幅 20～30 厘米。肉质叶呈莲座状排列，叶色青绿，被白粉，新叶表面残存老叶硬刺"挤压"痕迹，叶缘波状齿，每个锯齿顶端都具锐刺，叶先端的刺长而粗大，新刺黄褐色，老刺红褐色。

【生长习性】喜温暖、湿润和阳光充足环境，耐阴、耐旱，适宜肥沃、疏松和排水良好的砂质壤土。

【景观应用】温室栽植和室内盆栽观赏。

剑叶龙舌兰 *Agave karatto*

科属：龙舌兰科龙舌兰属

【形态特征】多年生常绿草本。叶剑形，长200厘米，边缘白色。

【生长习性】喜温暖、湿润和阳光充足环境，耐阴、耐旱，不耐寒，适宜肥沃、疏松和排水良好的砂质壤土。

【景观应用】多栽培于庭园。分布于西南、华南。

金边礼美龙舌兰 *Agave desmettiana* 'Variegata'

科属：龙舌兰科龙舌兰属

【形态特征】多年生常绿草本，茎短，叶片莲座状着生于茎的基部，叶宽披针形，中间较宽，叶肉质，灰白色，边绿色，靠近边缘处有金色条纹，叶缘具刺，叶反折。顶生圆锥花序，花序梗高可达2～3米。花浅黄色，多达数百朵。蒴果。

【生长习性】喜温暖、湿润和阳光充足环境，耐阴、耐旱，不耐寒，适宜肥沃、疏松和排水良好的砂质壤土。

【景观应用】植株匀称，叶莲座状生长，肥厚饱满，灰绿色，叶缘有金色条纹，是观赏性很高的园艺品种。

劲叶龙舌兰 *Agave neglecta*

科属：龙舌兰科龙舌兰属　　　　别名：隐龙舌兰

【形态特征】多年生肉质草本，茎短，叶片莲座状着生于茎的基部，叶宽披针形，中间较宽，叶肉质，绿色，叶缘具刺，叶稍弯。顶生圆锥花序。蒴果。

【生长习性】喜温暖、湿润和阳光充足环境，耐阴、耐旱，适宜肥沃、疏松和排水良好的砂质壤土。

【景观应用】温室栽植和室内盆栽观赏。

雷神 *Agave potatorum*

科属：龙舌兰科龙舌兰属　　　　别名：棱叶龙舌兰

【形态特征】植株矮小，无茎；叶片呈螺旋状排列，叶质厚而软，叶宽而短，近菱形，青灰色，被白粉。

【生长习性】喜温暖、湿润和阳光充足环境，耐阴、耐旱，适宜肥沃、疏松和排水良好的砂质壤土。

【景观应用】温室栽植和室内盆栽观赏。

吉祥冠锦 *Agave potatorum* 'Kichiokan Variegated'

科属：龙舌兰科龙舌兰属

【形态特征】多年生常绿草本。雷神的斑锦变异品种，株径约30厘米。茎短缩圆球型，肉质叶排成莲座形，呈放射状丛生，其叶片很多，生长密集。厚革质匙型叶灰绿色，叶面有白粉。叶尖有黄色至红褐色的尖刺，刺有沟槽。叶缘有黄色至红褐色锯齿状的缘刺，叶缘具乳白斑。

【生长习性】喜温暖湿润和阳光充足的环境，耐干旱，不耐寒。生长期可放在光线明亮处养护，否则会造成株型松散。

【景观应用】为园艺品种，多栽培于庭园和盆栽。

'王妃'雷神 *Agave potatorum* 'Verschaffeltii'
科属：龙舌兰科龙舌兰属

【形态特征】雷神的小型变种，植株矮小，无茎；叶片呈螺旋状排列，叶质厚而软，叶宽而短，近菱形，青灰色，被白粉，叶缘有黄褐色短刺，叶端有黑褐色的针刺一枚。

【生长习性】喜温暖、湿润和阳光充足环境，耐阴、耐旱，适宜肥沃、疏松和排水良好的砂质壤土。

【景观应用】红褐色尖刺十分醒目。

王妃雷神白中斑 *Agave potatorum* 'Mediopicta- Alba'
科属：龙舌兰科龙舌兰属

【形态特征】多年生肉质草本，雷神的小型锦斑变种。植株无茎，密集丛生，肥厚的叶片短而宽，呈蟹壳状。叶色青绿或蓝绿，叶面微白粉，叶缘有稀疏的肉齿，齿端生黄色或红褐色短刺，叶中部有乳白色的锦斑，叶顶端有一枚短刺。

【生长习性】喜温暖、湿润和阳光充足环境，耐阴、耐旱，适宜肥沃、疏松和排水良好的砂质壤土。

【景观应用】温室栽植和室内盆栽观赏。

华严 *Agave americana* 'Mediopicta Alba'
科属：龙舌兰科龙舌兰属　　　别名：白中斑龙舌兰

【形态特征】多年生常绿草本。龙舌兰的栽培品种。叶剑形，绿色，中间有白色宽带。

【生长习性】喜温暖、湿润和阳光充足环境，耐阴、耐旱，不耐寒，适宜肥沃、疏松和排水良好的砂质壤土。

【景观应用】多栽培于庭园。分布于西南、华南。

锦叶龙舌兰 *Agave victoriae-reginae* 'Variegata'

科属：龙舌兰科龙舌兰属　　　　别名：笹之雪锦、笹之雪黄覆轮

【形态特征】多年生肉质草本植物，植株无茎，肉质叶呈莲座状排列，叶片三角锥形，先端细，三棱形，腹面扁平；叶片绿色，边缘有规整的黄色斑纹，叶面有不规则的白色线条，叶顶端有 0.3～0.5 厘米的坚硬黑刺。

【生长习性】喜温暖、湿润和阳光充足环境，耐阴、耐旱，适宜肥沃、疏松和排水良好的砂质壤土。

【景观应用】温室栽植和室内盆栽观赏。

五色万代锦 *Agave kerchovei* var. *pectinata* 'Variegata'

科属：龙舌兰科龙舌兰属

【形态特征】多年生肉质植物；植株莲座状。株高 20～25 厘米，株幅 30～40 厘米。叶披针形，长 15～20 厘米，宽 3～4 厘米，叶面分 5 个条状色带，中间淡绿色，其两侧深绿色，最边缘为黄色宽条带。叶缘有深波状淡褐色齿刺；叶尖淡褐色，尖刺端向外侧弯。叶缘具 6～8 对灰褐色扁钩刺。

【生长习性】喜温暖、干燥和阳光充足环境，耐旱，不耐寒，忌水湿，适宜肥沃、疏松排水良好的砂质壤土。

【景观应用】温室栽植和室内盆栽观赏。

小刺龙舌兰 *Agave micracantha*

科属：龙舌兰科龙舌兰属

【形态特征】多年生肉质草本，叶片狭长，剑形，叶边缘有白色的锦斑。

【生长习性】喜温暖、湿润和阳光充足环境，耐阴、耐旱，适宜肥沃、疏松和排水良好的砂质壤土。

【景观应用】温室栽植和室内盆栽观赏。

银边狭叶龙舌兰 *Agave.angustifolia* 'Marginata'

科属：龙舌兰科龙舌兰属　　　　　　别名：银边菠萝麻、银边剑麻

【形态特征】狭叶龙舌兰的变种。多年生丛生草本，茎高 25～50 厘米。叶呈莲座式排列，肉质，剑形，叶边缘白色或淡粉红色。圆锥花序具多数花；花冠漏斗状，黄绿色。夏季为开花期。

【生长习性】喜温暖、湿润和阳光充足环境，耐阴、耐旱，不耐寒，适宜肥沃、疏松和排水良好的砂质壤土。

【景观应用】温室栽植和室内盆栽观赏。

咖啡朱蕉 *Cordyline kiwi*

科属：龙舌兰科朱蕉属

【形态特征】多年生灌木，直立。叶狭长，聚生于茎的顶端。全株咖啡色。叶的中部粉红色。

【生长习性】喜高温多湿，对于光照条件适应范围较大，但忌强光直射。

【景观应用】园艺种，我国引种栽培。

朱蕉 *Cordyline fruticosa*

科属：龙舌兰科朱蕉属　　　　　　别名：红竹、红叶铁树

【形态特征】常绿灌木，地下部分具发达根茎，主茎挺拔，茎高 1～3 米，不分枝或少分枝。叶聚生于茎顶，二裂，披针状椭圆形至长圆形，顶端渐尖，基部渐狭，绿色或紫红色，绚丽多变。圆锥花序腋生，分枝多数；花淡红色至青紫色，间有淡黄的。

【生长习性】性喜温暖湿润，喜光也耐阴、耐旱，不耐寒。

【景观应用】株形美观，色彩华丽高雅，常用于色块、绿篱等，盆栽适用于室内装饰。

朱蕉常见的栽培品种

1 **矮密叶朱蕉** *Cordyline fruticosa* 'Miniature Maroon'

2 **安德列小姐朱蕉** *Cordyline fruticosa* 'Miss Andrea'

【景观应用】园艺种，我国引种栽培。

3 **彩纹朱蕉** *Cordyline terminalis* 'Tricolor'
　　别名：三色朱蕉、七彩朱蕉、丽叶朱蕉

【形态特征】常绿灌木或小乔木，高约3米，茎干直立。叶剑形或阔披针形至长椭圆形，绿色，带红色和黄色条纹。

4 **黑扇朱蕉** *Cordyline fruticosa* 'Purple Compacta'

5 **红边黑叶朱蕉** *Cordyline fruticosa* 'Red Edge'

【形态特征】多年生灌木状植物，茎木质，具环状叶痕。叶聚生于叶的上部，具柄，长卵形，先端尖，叶暗褐色，叶缘常绿色。圆锥花序，浆果。花期秋末至翌年春季。

6 **亮叶朱蕉** *Cordyline terminalis* 'Aichiaka'

别名：红边朱蕉、亮叶千年木

【形态特征】常绿灌木或小乔木，高约3米，茎干直立。叶剑形或阔披针形至长椭圆形，绿色，带红色条纹，色泽亮丽。花淡红色至紫色，小花管状。浆果红色。

7 **梦幻朱蕉** *Cordyline fruticosa* 'Dreamy'

别名：三色朱蕉

【形态特征】多年生灌木状植物，茎木质，具环状叶痕。叶聚生于叶的上部，具柄，叶长卵形，叶暗绿色，上有暗红色条纹，新叶白色，上有红色条斑。圆锥花序，浆果。

8 **七彩朱蕉** *Cordyline fruticosa* 'Kiwi'

别名：几维朱蕉、翡翠朱蕉

【形态特征】多年生灌木状植物，茎木质，具环状叶痕。叶聚生于叶的上部，具柄，叶长卵形，叶绿色，上有红色黄色等条纹。

9 **娃娃朱蕉** *Cordyline fruticosa* 'Kolly'

【形态特征】多年生灌木，植株矮小，茎干直立，叶片短而密生，深紫红色，叶披针状椭圆形，顶端渐尖，基部渐狭。圆锥花序顶生，小花管状，白色或粉紫色，浆果红色。花期秋末至翌年春季。

金边千手兰 *Yucca aloifolia* 'Marginata'

科属：龙舌兰科丝兰属

【形态特征】植株高达 3 ～ 8 米，单干或有分枝。叶剑形，质较厚而硬直，先端尖锐，叶面凹，灰绿色，具黄边。叶缘粗糙（有细齿），无丝。圆锥花序高约 30 ～ 60 厘米；花奶油白色。晚夏开花。蒴果肉质，下垂。

【生长习性】耐干旱，不耐寒。

【景观应用】庭院栽培供观赏。

凤尾兰 *Yucca gloriosa* Linn.

科属：龙舌兰科丝兰属　　　　　别名：菠萝花

【形态特征】常绿直立灌木，株高达 5 米。茎短，有时分枝。叶簇生，质硬挺直，剑形，顶端具尖刺，深绿色被白粉。圆锥花序狭长抽出于叶丛间，高 1 米多，花乳白色，杯状，下垂；6 月和 10 月两次开花。蒴果。

【生态习性】性强健，耐寒，耐旱；对土壤的酸碱度适应性范围广。

【景观应用】叶形似剑，花茎挺立，花白玉色，低垂如铃。适合于花坛中心、草坪角隅及树丛边缘丛植，也可作绿篱栽植。

金边华丽丝兰 *Yucca gloriosa* 'Variegata'

科属：龙舌兰科丝兰属　　　　别名：斑叶凤尾兰

【形态特征】多年生常绿草本。叶剑形，边缘有乳白色斑。

【生长习性】喜温暖、湿润和阳光充足环境，耐阴、耐旱，不耐寒，适宜肥沃、疏松和排水良好的砂质壤土。

【景观应用】园艺品种。

'金花环'细叶丝兰 *Yucca flaccida* 'Garland Gold'

科属：龙舌兰科丝兰属

【形态特征】多年生灌木状植物，茎明显。叶近莲座状簇生，坚硬，长状披针形或近剑形，先端具硬刺，边缘有丝状纤维。花葶高大，花白色，下垂，圆锥花序。花期秋季。

【生长习性】耐干旱，比较耐寒。

【景观应用】产北美洲东南部，我国引种栽培。

丝兰 *Yucca filamentosa*

科属：龙舌兰科丝兰属　　　　别名：柔软丝兰

【形态特征】常绿灌木，叶基部簇生，广披针形，革质，具白粉。圆锥花序，花小，白色。花期为夏、秋两季。果为干蒴果。

【生长习性】耐干旱，比较耐寒。

【景观应用】庭院栽培供观赏。

金心柔软丝兰 *Yucca filamentosa* 'Golden Heart'

科属：龙舌兰科丝兰属

【形态特征】常绿灌木，叶基部簇生，披针形，叶剑形具黄心，先端向下折。圆锥花序；花奶油白色。晚夏开花。

【生长习性】耐干旱，比较耐寒。

【景观应用】庭院栽培供观赏。

'明亮边缘' 柔软丝兰 *Yucca filamentosa* 'Bright Edge'

科属：龙舌兰科丝兰属

【形态特征】常绿灌木，叶基部簇生，披针形，革质，具白粉，边缘黄色。圆锥花序，花白色。晚夏开花。果为干蒴果。

【生长习性】耐干旱，比较耐寒。

【景观应用】庭院栽培供观赏。

'仪仗队'柔软丝兰 *Yucca filamentosa* 'Color Guard'

科属：龙舌兰科丝兰属

【形态特征】常绿灌木，叶基部簇生，披针形，革质，深绿色，中间黄色。圆锥花序，白色。晚夏开花。果为干蒴果。

【生长习性】耐干旱，比较耐寒。

【景观应用】庭院栽培供观赏。

'金剑'柔软丝兰 *Yucca filamentosa* 'Golden Sword'

科属：龙舌兰科丝兰属

【形态特征】常绿灌木，叶基部簇生，披针形，革质，深绿色，叶缘黄色。圆锥花序，白色。晚夏开花。果为干蒴果。

【生长习性】耐干旱，比较耐寒。

【景观应用】庭院栽培供观赏。

斑叶王兰 *Yucca elephantipes* 'Variegata'

科属：龙舌兰科丝兰属　　　　　别名：乳白边象脚丝兰

【形态特征】常绿灌木，茎干粗壮、直立，褐色，有明显的叶痕，茎基部可膨大为近球状。叶窄披针形，着生于茎顶，末端急尖，长可达100厘米、宽约8～10厘米；叶革质，坚韧，全缘，绿色，中间有白斑。圆锥花序，花乳白色。

【生长习性】喜温暖湿润和阳光充足环境。较耐寒，耐干旱和耐阴。

【景观应用】温暖地区广泛作露地栽培供观赏。

虎尾兰 *Sansevieria trifasciata* Prain

科属：龙舌兰科虎尾兰属　　　　别名：虎皮兰

【形态特征】多年生常绿肉质草本。有横走根状茎。叶基生，常 1～2 枚，也有 3～6 枚成簇的，直立，硬革质，扁平，长条状披针形，长 30～120 厘米，宽 3～5 厘米，有白绿色不晰荣绿色相间的横带斑纹，边缘绿色，向下部渐狭成长短不等的、有槽的柄。花葶高 30～80 厘米；花淡绿色或白色，每 3～8 朵簇生，排成总状花序；浆果直径约 7～8 毫米。花期 11～12 月。

【生长习性】喜疏松、通气、排水良好的土壤。

【景观应用】盆栽观赏。

短叶虎尾兰 *Sansevieria trifasciata* 'Hahnii'

科属：龙舌兰科虎尾兰属　　　　别名：短叶虎皮兰

【形态特征】多年生常绿肉质草本。叶直立、广披针形，革质，叶片具灰绿色斑纹。总状花序，花淡绿色或白色，簇生。浆果。花期冬季。

【生长习性】喜疏松、通气、排水良好的土壤。

【景观应用】盆栽观赏。

白肋虎尾兰 *Sansevieria trifasciata* 'Argentea Striata'

科属：龙舌兰科虎尾兰属　　　别名：白肋虎皮兰、银纹虎尾兰

【形态特征】多年生常绿肉质草本。叶直立、剑形，革质，叶上具白色纵纹。总状花序，花淡绿色或白色，簇生。浆果。花期 11 ～ 12 月。

【生长习性】喜疏松、通气、排水良好的土壤。

【景观应用】盆栽观赏。

金边短叶虎尾兰 *Sansevieria trifasciata* 'Golden Hahnii'

科属：龙舌兰科虎尾兰属　　　别名：黄短叶虎尾兰

【形态特征】多年生常绿肉质草本。叶直立、广披针形，革质，叶边缘金黄色。总状花序，花淡绿色或白色，簇生。浆果。花期冬季。

【生长习性】喜疏松、通气、排水良好的土壤。

【景观应用】叶丰满且有彩色镶边，无论成丛栽植或作为花坛的镶边植株都非常有吸引力，也可盆栽观赏。

金边虎尾兰 *Sansevieria trifasciata* 'Laurentii'

科属：龙舌兰科虎尾兰属　　　别名：黄边虎尾兰

【形态特征】虎尾兰的栽培变种。多年生常绿肉质草本。叶直立、剑形，革质，叶边缘为金黄色，叶中间绿色，并具灰绿色的云状斑纹。总状花序，花淡绿色或白色，簇生。浆果。花期冬季。

【生长习性】喜疏松、通气、排水良好的土壤。抗逆性强，耐干旱，喜温暖环境。

【景观应用】盆栽观赏。

石笔虎尾兰 *Sansevieria stuckyi* God.-Leb.

科属：龙舌兰科虎尾兰属　　　　别名：柱叶虎尾兰

【形态特征】多年生肉质草本，茎短，具粗大根茎。叶从根部丛生，长约1米，圆筒形或稍扁，顶端急尖而硬，叶面绿色。总状花序，小花白色，花期冬季。

【生长习性】适应性强，性喜温暖湿润，耐干旱，喜光又耐阴，对土壤要求不严。

【景观应用】温室栽植和室内盆栽观赏。

棒叶虎尾兰 *Sansevieria cylindrica* Bojer ex Hook.

科属：龙舌兰科虎尾兰属　　　　别名：圆叶虎尾兰

【形态特征】多年生肉质草本，茎短，具粗大根茎。叶从根部丛生，长约1米，圆筒形或稍扁，顶端急尖而硬，暗绿色有灰绿条纹。总状花序，较小，紫褐色。花期冬季。

【生长习性】适应性强，性喜温暖湿润，耐干旱，喜光又耐阴，对土壤要求不严。

【景观应用】温室栽植和室内盆栽观赏。

万年麻 *Furcraea foetida*

科属：龙舌兰科巨麻属　　　　别名：缝线麻、万年兰

【形态特征】大型多肉植物，常绿灌木状，全株呈半球形，茎短，植株高可达1.5米，茎不明显。叶片肉质，表面革质，叶生呈现放射状生长，剑形，可多达50枚，直立，披针形，先端及边缘均具锐刺。叶缘波浪弯曲，叶面灰绿色，叶片终年不凋萎。

【生长习性】性喜温暖湿润，喜光也耐阴，栽培简便，可耐3℃低温。

【景观应用】株形和一般龙舌兰相似但边缘和叶尖没有很锐利的刺，适合室内外布置。

黄纹万年麻 *Furcraea foetida* 'Striata'

科属：龙舌兰科巨麻属　　　　别名：黄纹缝线麻、黄纹万年兰

【形态特征】大型多肉植物，常绿灌木状，全株呈半球形，茎短，植株高可达 1.5 米，茎不明显。叶片肉质，表面革质，叶生呈现放射状生长，剑形，可多达 50 枚，直立，披针形，先端及边缘均具锐刺。叶缘波浪弯曲，叶面有乳黄色和淡绿色纵纹，叶片终年不凋萎。

【生长习性】性喜温暖湿润，喜光也耐阴，栽培简便，可耐 3℃ 低温。

【景观应用】株形和一般龙舌兰相似但边缘和叶尖没有很锐利的刺，且叶色华丽美观，非常适合室内外布置。

斑心巨麻 *Furcraea foetida* 'Mediopicta'

科属：龙舌兰科巨麻属　　　　别名：中斑万年麻、花叶万年兰

【形态特征】大型多肉植物，常绿灌木状，全株呈半球形，茎短，植株高可达 1.5 米，茎不明显。叶片肉质，表面革质，叶生呈现放射状生长，剑形，可多达 50 枚，直立，披针形，先端及边缘均具锐刺。叶缘波浪弯曲，叶面中间有乳黄色纵纹，叶片终年不凋萎。

【生长习性】性喜温暖湿润，喜光也耐阴，栽培简便，可耐 3℃ 低温。

【景观应用】株形和一般龙舌兰相似但边缘和叶尖没有很锐利的刺，且叶色华丽美观，非常适合室内外布置。

黄边万年兰 *Furcraea selloa* 'Marginata'

科属：龙舌兰科巨麻属　　　　　　别名：金边缝线麻、金边巨麻

【形态特征】多年生常绿草本，株高达 1 米，短茎，叶剑形，叶缘有黄色纵纹及锐刺，叶色四季清新，风格独具。性喜高温，耐旱。

【生长习性】性喜温暖湿润，喜光也耐阴，不耐寒。

【景观应用】园艺种。成株适合庭园美化，幼株可盆栽。

彩虹皇后新西兰麻 *Phormium* 'Rainbow Queen'

科属：龙舌兰科新西兰麻属

【形态特征】多年生常绿草本。高达 3 米，冠幅 90～120 厘米。叶全年紫红色，有红紫色的叶脉和玫红色叶缘，花紫红色，花期夏季。

【生长习性】性喜温暖湿润，喜光也耐阴，不耐寒。

【景观应用】园艺种。

红叶新西兰麻 *Phormium* 'Tenax Purpureum'

科属：龙舌兰科新西兰麻属

【形态特征】多年生常绿草本。株高可达2米以上。叶剑形，直立，革质，基生，先端尖，全缘，叶宽7～10厘米，叶紫红色。圆锥花序。蒴果。花期夏季。

【生长习性】性喜温暖湿润，喜光也耐阴，不耐寒。

【景观应用】园艺种。

杰斯特新西兰麻 *Phormium* 'Jester'

科属：龙舌兰科新西兰麻属

【形态特征】多年生常绿草本。株高60～80厘米，叶宽5～8厘米，叶剑形，直立，革质，基生，先端尖，全缘，粉色和橘黄色条状花叶，具有灰绿色边。圆锥花序。蒴果。花期夏季。

【生长习性】性喜温暖湿润，喜光也耐阴，不耐寒。

【景观应用】园艺种。

◎ 薯蓣科

薯蓣 *Dioscorea opposita* Thunb.

科属：薯蓣科薯蓣属　　　　　别名：山药

【形态特征】多年生缠绕草本，地下茎圆柱形，垂直生长，长达 1 米，外皮灰褐色，生多数须根，肉质，断面白色，带黏性。茎纤细而长，常带紫色。叶对生或 3 叶轮生；叶腋常生珠芽名"零余子"，俗称"山药豆"；叶片三角状卵形或三角状阔卵形，全缘，通常 3 裂，侧裂片圆耳状，中裂片先端渐尖，基部心形；叶脉 7 ~ 9；花单性，雌雄异株；花小，排成穗状花序，雄花序直立，雌花序下垂。花期 6 ~ 9 月；果期 7 ~ 11 月。

【生态习性】宜在排水良好、疏松肥沃的壤土中生长。忌水涝。

【景观应用】薯蓣在园林中可作为攀缘栅栏的垂直绿化材料。块茎（山药）及珠芽（零余子）可食用和药用，能健脾。

◎ 芭蕉科

美叶芭蕉 *Musa acuminate* 'Sumatrana'

科属：芭蕉科芭蕉属

【形态特征】多年生草本。株高 2~4 米。叶片长椭圆形，长 80~150 厘米，叶面常有不规则的紫红色斑块，幼时较明显。花序下垂，苞片紫红色，呈覆瓦状排列。花淡黄白色。果淡紫红色。花期夏秋。

【生长习性】喜高温、湿润、阳光充足。适宜土层深厚、肥沃、排水良好的微酸性土壤。

【景观应用】植株高大、挺拔，基茎膨大、花序如莲形态有趣，可供庭院观赏。

紫苞芭蕉 *Musa ornata* Roxburgh

科属：芭蕉科芭蕉属

【形态特征】多年生草本。假茎细长，高达 1～3 米，叶子长椭圆形，长可达 2 米，宽达 35 厘米。花序末端层层包被的苞片形似莲花，因此又叫莲花蕉。外形艳丽的是苞片，真正的花是躲于长圆形苞片的保护下，直到授粉才暴露出来的黄色小花。当下部的苞片向外反折时，可见到排成一行的雌花 3～5 朵，异化的萼片位于小香蕉状的子房上方。

【生长习性】喜湿润环境，喜光稍耐阴。

【景观应用】适于庭园种植，也可作盆栽花卉观赏，叶子可用作插花叶材。

象腿蕉 *Ensete glaucum*

科属：芭蕉科象腿蕉

【形态特征】多年生草本。基茎粗壮膨大，似象腿，故名象腿蕉。叶片长圆形，长 1.4～1.8 米，宽 50～60 厘米，先端具尾尖，基部楔形，光滑无毛；叶柄短。总状花序，顶生，呈倒钩状，苞片绿色，宿存，刚开放时花苞片向外张开如莲座。果序下垂。

【生长习性】喜高温、湿润、阳光充足环境。适宜土层深厚、肥沃、排水良好的微酸性土壤。

【景观应用】植株高大、挺拔，基茎膨大、花序如莲形态有趣，可供庭院观赏。

矮牙买加蝎尾蕉 *Heliconia stricta* Huber 'Dwarf Jamaica'
科属：芭蕉科蝎尾蕉属

【形态特征】多年生草本。为矮生的蝎尾蕉，株高 50 ～ 100 厘米。叶片主脉上下两面均为红色，边缘皱折。花序顶生，花序轴红色至粉红色，船形苞片 3 ～ 5 枚，红色至粉红色，边缘有绿色的带至顶端，萼片绿色，顶端白色，花梗白色，子房白色。花期全年。

【生长习性】喜温暖、湿润、光照充足的气候环境，抗寒性较差，可在全光照或遮荫 60% 的环境中生长，但夏季需遮荫，以防阳光直晒灼伤叶片。

【景观应用】其植株矮小，花色极为美观。可供庭院观赏。

墨西哥红蝎尾蕉 *Heliconia spissa* Griggs 'Mexico Red'
科属：芭蕉科蝎尾蕉属

【形态特征】多年生草本。株高 1.5 ～ 2.5 米。叶片沿主脉分裂成裂片。花序顶生，直立，花序轴红色至粉红色，苞片 5 ～ 7 枚，红色至粉红色，下部苞片远端绿色，萼片黄色，尖端绿色，花梗黄绿色，子房绿色。花期 2 ～ 9 月。

【生长习性】喜温暖、湿润、光照充足的气候环境，需在全光照或遮 30% 的环境中生长。但夏季需遮荫，以防阳光直晒灼伤叶片。

【景观应用】花色极为美观。可供庭院观赏。

垂花粉鸟蝎尾蕉 *Heliconia collinsiana* 'Sex Pink'
科属：芭蕉科蝎尾蕉属

【形态特征】多年生草本。苞片基部粉红色。
【生长习性】喜温暖、湿润、光照充足的气候环境，抗寒性较差。
【景观应用】花色极为美观。可供庭院观赏。

扇形蝎尾蕉 *Heliconia lingulata*

科属：芭蕉科蝎尾蕉属

【形态特征】多年生草本。株高 2 ～ 3 米。叶片宽椭圆形。黄色舟状苞片呈螺旋排列成聚伞花序花序顶生，直立，未完全展开时呈扇形；花序轴黄色，萼片黄绿色，花被片呈长锥状，花瓣合生呈狭筒状，基部浅黄白色，尖端成淡绿色。花期 4 ～ 12 月。

【生长习性】喜温暖、湿润、光照充足的气候环境。

【景观应用】花色极为美观。可供庭院观赏。

圣温红蝎尾蕉 *Heliconia stricta* Huber 'Dwarf Jamaican'

科属：芭蕉科蝎尾蕉属

【形态特征】多年生草本。为矮生的蝎尾蕉，苞片基部橙红色，中间至顶部粉红色至深红色，花被片橙红色，顶端具浅绿点。

【生长习性】喜温暖、湿润、光照充足的气候环境，抗寒性较差。

【景观应用】其植株矮小，花色极为美观。可供庭院观赏。

◎ 鸢尾科

银边花菖蒲 *Iris ensata* 'Variegatum'

科属：鸢尾科鸢尾属

【形态特征】多年生草本，植株密丛状，根茎粗状，须根多而细。基生叶剑形，叶长 50～80 厘米，宽约 2 厘米，中脉明显，叶片具明显的宽银白色边纹。花茎高出叶片，着花 2 朵；花大，径可达 15 厘米，花有白、粉黄至紫红色，中部有黄斑和紫纹；垂瓣为广椭圆形，内轮裂片较小，直立；花柱花瓣状。花期 6～7 月，蒴果长圆形。

【生长习性】喜光，耐寒，适宜湿润及富含腐殖质的微酸性土壤。

【景观应用】常作专类园、花坛、水边等配置及切花栽培，是美化浅水域的优良材料。

银边鸢尾 *Iris tectorum* 'Variegatum'

科属：鸢尾科鸢尾属　　　　别名：花叶鸢尾

【形态特征】多年生草本。根状茎粗壮，二歧分枝，斜伸。叶基生，黄绿色，边缘有白色边纹，稍弯曲，宽剑形，顶端渐尖或短渐尖，基部鞘状，有数条不明显的纵脉。花茎光滑，高 20～40 厘米；花蓝紫色，花梗甚短；蒴果长椭圆形或倒卵形。花期 4～5 月，果期 6～8 月。

【生长习性】喜光，喜生于向阳坡地、林缘及水边湿地。

【景观应用】常作专类园、花坛、水边等配置及切花栽培。

金脉大花美人蕉 *Canna ×generalis* 'Striatus'

科属：美人蕉科美人蕉属　　　　　**别名：**花叶美人蕉、线叶美人蕉

【形态特征】为大花美人蕉的栽培变种，多年生宿根草本植物，株高1.5米，茎叶和花序均被白粉。叶片椭圆形，叶片具黄色脉纹。总状花序顶生，花大，密集，每苞片内有花1～2朵。花色橘黄色。花期春夏。

【生长习性】喜温暖、阳光充足，怕强风、忌积水，不耐寒，不择土壤，但适宜肥沃而富含有机质的深厚土壤。

【景观应用】植株繁茂，花大而美丽、花期长，既观叶又观花，可大面积种植配置在绿地、道路隔离带，或点缀花坛、花境、草坪，也可盆栽观赏。

蕉芋 *Canna edulis*

科属：美人蕉科美人蕉属　　　**别名：**姜芋

【形态特征】根茎发达，多分枝，块状；茎粗壮，高可达3米。叶片长圆形或卵状长圆形，长30～60厘米，宽10～20厘米，叶面绿色，边绿或背面紫色；叶柄短；叶鞘边缘紫色。总状花序单生或分叉，少花，被蜡质粉霜；花单生或2朵聚生，小苞片卵形，淡紫色；萼片披针形，淡绿而染紫；花冠管杏黄色，花冠裂片杏黄而顶端染紫，披针形，长约4厘米，直立；外轮退化雄蕊2(～3)枚，倒披针形，红色，基部杏黄，直立；子房圆球形，绿色，密被小疣状突起。花期：9～10月。

【生长习性】喜温暖、阳光充足，怕强风、忌积水，不耐寒，不择土壤，但适宜肥沃而富含有机质的深厚土壤。

【景观应用】本种花较小，主要赏叶。

美人蕉 *Canna indica* L.

科属：美人蕉科美人蕉属　　　　别名：兰蕉

【形态特征】多年生宿根草本植物，植株全部绿色，高可达 1.5 米。叶片卵状长圆形，长 10 ～ 30 厘米，宽达 10 厘米。总状花序疏花；略超出于叶片之上；花红色，单生；苞片卵形，绿色；萼片 3，披针形，长约 1 厘米，绿色而有时染红；花冠管长不及 1 厘米，花冠裂片披针形，长 3 ～ 3.5 厘米，绿色或红色；外轮退化雄蕊 2 ～ 3 枚，鲜红色，其中 2 枚倒披针形，长 3.5 ～ 4 厘米，宽 5 ～ 7 毫米，另一枚如存在则特别小，长 1.5 厘米，宽仅 1 毫米；唇瓣披针形，长 3 厘米，弯曲。蒴果绿色，长卵形，有软刺。花果期：3 ～ 12 月。

【生长习性】喜温暖、阳光充足，怕强风、忌积水，不耐寒，不择土壤，但适宜肥沃而富含有机质的深厚土壤。

【景观应用】本种花较小，主要赏叶。可大面积种植配置在绿地、道路隔离带，或点缀花坛、花境、草坪，也可盆栽观赏。

鸳鸯美人蕉 *Canna* 'Cleopatra'

科属：美人蕉科美人蕉属

【形态特征】多年生宿根草本植物，株高 1.5 米，茎叶和花序均被白粉。叶片椭圆形，叶片有大块紫色斑块或斑纹。总状花序顶生，花大，每苞片内有花 1 ～ 2 朵。一莛双色或花黄红嵌套。花期几乎全年。

【生长习性】喜温暖、阳光充足，怕强风、忌积水，不耐寒，不择土壤，但适宜肥沃而富含有机质的深厚土壤。

【景观应用】可大面积种植配置在绿地、道路隔离带，或点缀花坛、花境、草坪，也可盆栽观赏。

水生美人蕉 *Canna hybrida*

科属：美人蕉科美人蕉属　　　　　别名：佛罗里达美人蕉

【形态特征】多年生大型草本植物，株高 1～2 米；叶片长披针形，蓝绿色；总状花序顶生，多花；雄蕊瓣化；花径大，约 10 厘米；花呈黄色、红色或粉红色；花期 4～10 月。

【生长习性】性强健，适应性强，喜光，怕强风，适宜于潮湿及浅水处生长，肥沃的土壤或砂质壤土都可生长良好。

【景观应用】蕉叶茂花繁，花色艳丽而丰富，花期长，适合大片的湿地自然栽植，也可点缀在水池中，还是庭院观花、观叶良好的花卉植物，可作切花材料。

紫叶美人蕉 *Canna warscewiezii*

科属：美人蕉科美人蕉属　　　　别名：红叶美人蕉

【形态特征】多年生球根植物，植株高80～150厘米，假茎紫红色，粗壮，地下根茎肉质。叶互生，叶片卵形或卵状长圆形，革质，顶端渐尖，基部心形，暗绿色，叶色紫色或古铜色，叶全缘。总状花序，顶生，高出叶之上；苞片紫色，被天蓝色粉霜，萼片披针形，紫色；花冠裂片披针形，深红色或橙黄，外稍染蓝色，顶端内陷。花期5～11月。

【生长习性】喜温暖、阳光充足，怕强风、忌积水，不耐寒，不择土壤，但适宜肥沃而富含有机质的深厚土壤。

【景观应用】可作花坛、花带材料或丛植于草坪、石边、湖池岸旁，也可盆栽观赏。

◎ 姜 科

橙苞闭鞘姜 *Costus productus* Gleason ex Maas

科属：姜科闭鞘姜属

【形态特征】多年生草本，有块状、平生的根茎；叶螺旋排列，鞘阔而封闭；穗状花序稠密，球果状，顶生或稀生于自根茎抽出的花葶上；花冠管阔漏斗状，裂片大，美丽；唇瓣大；蒴果球形，木质。

【生长习性】喜高温多湿环境，不耐寒，怕霜雪。喜温暖、湿润，适合于黏湿土壤。

【景观应用】叶形美、花娇艳，室外栽培于庭院。

花叶山良姜 *Alpinia sanderae* Hort.

科属：姜科山姜属　　　　　别名：斑叶山姜

【形态特征】多年生常绿草本，高1～2米。根茎横生，肉质。叶革质，有短柄，短圆状披针形；叶面深绿色，并有金黄色的纵斑纹、斑块，富有光泽。圆锥花序下垂，苞片白色，边缘黄色，顶端及基部粉红色，花弯近钟形，花冠白色，花期夏季。

【生长习性】喜高温、高湿，忌干旱，忌涝，畏寒冷，生长适温为20～28℃。耐阴蔽，不耐瘠薄，喜肥沃的土壤。

【景观应用】叶色艳丽，花姿优美，是很有观赏价值的室内观叶观花植物。适合庭园美化或大型盆栽。

花叶艳山姜 *Alpinia zerumbet* 'Variegata'

科属：姜科山姜属　　　　　别名：斑叶月桃、花叶良姜

【形态特征】多年生常绿草本，株高1米左右，根茎横生。茎秆细长，黄绿色。叶互生，革质，有短柄，矩圆状披针形，叶面绿色，有不规则金黄色的纵条纹，叶背淡绿色，边缘有短柔毛。初夏开花，圆锥花序，下垂，苞片白色，边缘黄色，顶端及基部粉红色，花萼近钟形，花冠白色。

【生长习性】喜高温多湿环境，不耐寒，怕霜雪。喜阳光，又耐阴。对光照比较敏感，光照不足，叶片则呈黄色，不鲜艳，光线过暗，叶色又会变深，土壤宜肥沃而保湿性好的壤土。

【景观应用】室外栽培于庭院、池畔或墙角处，盆栽适宜厅堂摆设。

紫花山奈 *Kaempferia elegans* (Wall)

科属：姜科山姜属　　　　　别名：美山奈

【形态特征】多年生草本，根茎匍匐。叶2～4片一丛，叶片长圆形，长13～15厘米，宽5～8厘米，顶端急尖，基部圆形，质薄，叶面绿色，叶背稍淡；叶柄长达10厘米。头状花序具短总花梗；花淡紫色；花萼长约2.5厘米；花冠管纤细，长约5厘米，裂片披针形；唇瓣2裂至基部成2倒卵形的裂片，长2～2.5厘米；药隔附属体近圆形。

【生长习性】喜高温多湿环境，不耐寒。喜温暖、湿润，适合于黏湿土壤。

【景观应用】盆栽观赏。

◎竹芋科

方角竹芋 *Calathea stromata*

科属：竹芋科肖竹芋属

【形态特征】多年生常绿草本，株型低矮，丛生。叶片茂密，小巧优雅，叶片宽椭圆形近乎长方形，薄革质，叶端钝形或截形，呈方角状，具有小突尖，长10～12厘米，宽3～4厘米。叶面银灰绿色，中肋两侧羽脉有排列整齐、大小不等的深绿色互生条斑。条斑形状为长卵状歪三角形，数量约有5～8对。

【生长习性】喜温暖、湿润和半阴环境，不耐旱，不耐寒，适宜肥沃、疏松的砂质壤土。

【景观应用】叶色和叶形极为别致、美观，适合盆栽观赏。

双线肖竹芋 *Calathea ornate*

科属：竹芋科肖竹芋属　　　　　别名：饰叶肖竹芋、银线肖竹芋

【形态特征】多年生草本；株高常为 60～100 厘米。叶片长圆形，叶面上沿主脉向叶缘有银白色线纹。

【生长习性】喜温暖湿润的半阴环境，不耐寒冷和干旱，忌烈日暴晒。

【景观应用】优良的室内喜阴观叶植物。

红羽双线竹芋 *Calathea ornata* 'Roseolineata'

科属：竹芋科肖竹芋属　　　　　别名：饰叶肖竹芋

【形态特征】多年生草本；株高常为 60～100 厘米。叶片长圆形，叶面上沿主脉向叶缘有桃红色线纹。

【生长习性】喜温暖湿润的半阴环境，不耐寒冷和干旱，忌烈日暴晒。

【景观应用】优良的室内喜阴观叶植物。

花纹竹芋 *Calathea picturata*

科属：竹芋科肖竹芋属
别名：银心竹芋、粉红肖竹芋、彩斑竹芋

【形态特征】多年生草本；株高常为 60～100 厘米。叶片长圆形，叶面上沿主脉向叶缘有桃红色线纹。

【生长习性】喜温暖湿润的半阴环境，不耐寒冷和干旱，忌烈日暴晒。

【景观应用】优良的室内喜阴观叶植物。

金花竹芋 *Calathea crocata*

科属：竹芋科肖竹芋属
别名：金花冬叶、黄苞肖竹芋、黄苞竹芋

【形态特征】多年生草本；植株丛生，高 15～30 厘米。叶片长椭圆形，长 14～16 厘米，宽 7 厘米，全缘，稍有波浪状起伏，叶面橄榄绿色或暗绿色，叶背淡红或红褐色。花序由叶丛中抽出，通常高出叶面，苞片橘黄色，黄色小花盛开于内。花期冬、春季。

【生长习性】喜温暖、湿润、荫蔽、通风、具散射光的环境。

【景观应用】株形美观，花色优雅、适合室内多种装饰。可作小型室内盆栽观叶植物。

孔雀竹芋 *Calathea makoyana E. Morr.*

科属：竹芋科肖竹芋属

【形态特征】多年生常绿草本，株高 20～60 厘米。叶柄紫红色。叶片薄革质，卵状椭圆形，黄绿色，在主脉侧交互排列有羽状暗绿色的长椭圆形斑纹，对应的叶背为紫色。

【生长习性】喜温暖、湿润和半阴环境，不耐旱，不耐寒，适宜肥沃、疏松的砂质壤土。

【景观应用】色彩清新、美丽动人的叶，生长茂密，是理想的室内绿化植物。

浪心竹芋 *Calathea rufibarba* 'Wavestar'

科属：竹芋科肖竹芋属
别名：波浪竹芋、浪星竹芋、剑叶竹芋

【形态特征】多年生常绿草本，株高 20 ～ 50 厘米。叶丛生，叶基稍歪斜，叶面绿色，叶缘波状，具光泽，中脉黄绿色。叶背、叶柄为紫色。花黄色。

【生长习性】喜温暖、湿润和半阴环境，不耐旱，不耐寒，适宜肥沃、疏松的砂质壤土。

【景观应用】原产巴西。盆栽观赏。

小浪星竹芋 *Calathea rufibarba* 'Blue Grass'

科属：竹芋科肖竹芋属　　　　　别名：红背波浪竹芋

【形态特征】多年生常绿草本，株高 20 ～ 30 厘米，株型紧凑。其他同浪心竹芋。

【生长习性】喜温暖、湿润和半阴环境，不耐旱，不耐寒，适宜肥沃、疏松的砂质壤土。

【景观应用】原产巴西。盆栽观赏。

绿羽肖竹芋 *Calathea majestica* (Linden) H.A.Kenn.

科属：竹芋科肖竹芋属

【形态特征】多年生常绿草本，株高可达 1 米。叶长椭圆形，先端尖，基部楔形，叶脉及叶缘浓绿色，侧脉间呈浅黄绿色，叶背淡紫红色。

【生长习性】喜温暖、湿润和半阴环境，不耐旱，不耐寒，适宜肥沃、疏松的砂质壤土。

【景观应用】盆栽观赏。

罗氏竹芋 *Calathea loeseneri* J. F. Macbr.

科属：竹芋科肖竹芋属

【形态特征】多年生常绿草本。

【生长习性】喜温暖、湿润和半阴环境，不耐旱，不耐寒，适宜肥沃、疏松的砂质壤土。

【景观应用】叶色和叶形极为别致、美观，适合盆栽观赏。

玫瑰竹芋 *Calathea roseopicta* (Linden) Regel

科属：竹芋科肖竹芋属　　　　别名：彩虹竹芋

【形态特征】多年生常绿草本，株高 30～60 厘米。叶椭圆形或卵圆形，叶薄革质，叶面青绿色，叶两侧具羽状暗绿色斑块，近叶缘处有一圈玫瑰色或银白色环形斑纹。

【生长习性】喜温暖、湿润和半阴环境，不耐旱，不耐寒，适宜肥沃、疏松的砂质壤土。

【景观应用】叶色鲜明艳丽，性耐阴，生长密集，适于庭园荫蔽处丛植，作地被或盆栽，为高级的室内植物。

披针叶竹芋 *Calathea lancifolia*

科属：竹芋科肖竹芋属
　别名：长叶肖竹芋、箭羽竹芋、紫背肖竹芋

【形态特征】多年生常绿草本。株高 60～100 厘米。叶披针形，长达 50 厘米，叶面灰绿色，边缘颜色稍深，沿主脉两侧、与侧脉平行嵌有大小交替的深绿色斑纹，叶背棕色或紫色，叶缘有波浪状起伏。花淡黄色。

【生长习性】喜温暖、湿润和半阴环境，不耐寒，怕干燥忌强光暴晒。

【景观应用】叶色和叶形极为别致、美观，适合盆栽观赏。

青苹果竹芋 *Calathea orbifolia*

科属：竹芋科肖竹芋属	别名：苹果竹芋、圆叶竹芋

【形态特征】多年常绿草本，株高 40～70 厘米。根出叶，丛生状，叶鞘抱茎。叶片圆形或近圆形，20～30 厘米，叶缘呈波状，先端钝圆。叶面淡绿或银灰色，羽状侧脉有 6～10 对银灰色条斑，中肋也为银灰色，叶背面淡绿泛浅紫色。花序穗状。

【生长习性】性喜高温多湿的半阴环境，畏寒冷，忌强光。栽培宜用疏松肥沃、排水良好、富含有机质的酸性腐叶土或泥炭土。

【景观应用】园艺种，原种产美洲热带地区。盆栽观赏。

青纹竹芋 *Calathea vittata*

科属：竹芋科肖竹芋属	别名：彩月肖竹芋

【形态特征】多年生常绿草本。叶绿色有银白色线纹。

【生长习性】喜温暖、湿润和半阴环境，不耐寒，怕干燥忌强光暴晒。

【景观应用】叶色和叶形极为别致、美观，适合盆栽观赏。

绒叶肖竹芋 *Calathea zebrina* (Sims) Lindl.

科属：竹芋科肖竹芋属	别名：天鹅绒竹芋

【形态特征】多年生草本，株高 0.5～1 米。叶片 6～20 片，长圆状披针形，长达 45 厘米，不等侧，顶端钝，基部渐尖，叶面深绿，间以黄绿色的条纹，天鹅绒一般，十分美丽，叶背幼时浅灰绿色，老时淡紫红色，两面均无毛。头状花序卵形，单独生于花葶上；花冠紫堇色或白色，裂片长圆状披针形。花期 5～6 月。

【生长习性】喜温暖、湿润和半阴环境，不耐旱，不耐寒，适宜肥沃、疏松的砂质壤土。

【景观应用】盆栽观赏。

紫背天鹅绒竹芋 *Calathea warscewiczii*

科属：竹芋科肖竹芋属　　　　　别名：瓦氏肖竹芋

【形态特征】具地下根茎，株高 50 ～ 60 厘米。叶单生，长椭圆形，叶片有光泽，暗紫红色，中间为绿色斑块，背面紫色，先端尖，基部楔形，全缘，叶柄长。苞片黄白色，小花白色。蒴果。花期冬季。

【生长习性】喜温暖、湿润和半阴环境，不耐旱，不耐寒，适宜肥沃、疏松的砂质壤土。

【景观应用】叶美观，花奇特，为极佳的观花植物，可丛植于园路边、墙垣边、水岸边或庭院一角欣赏。也可盆栽观赏。

毛柄银羽竹芋 *Ctenanthe setosa* (Rosc.) Eichler

科属：竹芋科栉花竹芋属　　　　　别名：银叶栉花竹芋

【形态特征】多年生草本；株高 60 ～ 90 厘米，具匍匐茎。叶柄细长似芦苇，叶披针形，银白色，中脉叶缘银绿色，在中脉两侧排列着长短交替的银绿色斑纹，其中较长的斑纹与叶缘相连，叶背紫红色。

【生长习性】喜温暖、湿润、荫蔽、通风、具散射光的环境。

【景观应用】适宜于室内盆栽观赏。

艳锦密花栉花竹芋 *Ctenanthe oppenheimiana* 'Quadrictor'

科属：竹芋科栉花竹芋属　　　　别名：四色栉花竹芋、艳锦栉花竹芋

【形态特征】多年生宿根草本，株高 40 ～ 60 厘米。基生叶丛生，叶片
具长柄，叶片披针形至长椭圆形，纸质，全缘。叶面散生有银灰色、浅灰、
乳白、淡黄及黄色斑块或斑纹，叶背紫红色。花期初夏。
【生长习性】喜温暖湿润和光线明亮的环境。
【景观应用】具有较高的观赏价值，在室内做为盆栽观赏。

三色密花栉花竹芋 *Ctenanthe oppenheimiana* 'Triostar'

科属：竹芋科栉花竹芋属　　　　别名：三色栉花竹芋

【形态特征】多年生宿根草本，株高 40 ～ 60 厘米。基生叶丛生，叶片
具长柄，叶片披针形至长椭圆形，纸质，全缘。叶面散生有浅灰、乳白、
淡黄及黄色斑块或斑纹，叶背紫红色。花期初夏。
【生长习性】喜温暖湿润和光线明亮的环境。
【景观应用】具有较高的观赏价值，在室内做为盆栽观赏。

黄斑栉花竹芋 *Ctenanthe lubbersiana*

科属：竹芋科栉花竹芋属　　　　别名：黄斑竹芋、镶嵌斑竹芋

【形态特征】多年生常绿草本。株型较大，多年生常绿草本。株高
40 ～ 90 厘米。叶阔椭圆形，具不规则黄绿色斑驳。
【生长习性】喜温暖、湿润和半阴
环境，不耐旱，不耐寒，适宜肥沃、
疏松的砂质壤土。
【景观应用】叶色和叶形极为别致、
美观，适合盆栽观赏。

豹斑竹芋 *Maranta leuconeura E.Morren* 'Kercoviana'

科属：竹芋科竹芋属 别名：克氏白脉竹芋、条纹竹芋

【形态特征】多年生常绿草本，植株矮小，约20厘米。叶阔卵形，先端尖，基部楔形，具柄，主叶脉两边具排列整齐的暗褐色斑。花小，白色。

【生长习性】性喜温暖，适宜在腐叶壤土中生长，要求保水、透气，偏酸性或中性壤土中均能生长良好。

【景观应用】原产南美洲，我国引种栽培。盆栽观赏。

斑叶紫背竹芋 *Stromanthe sanguinea* 'Stripestar Variegated'

科属：竹芋科紫背竹芋属 别名：七彩竹芋

【形态特征】多年生常绿草本，株高30～80厘米，具有肉质的根状茎。叶柄较短，叶长约25厘米、宽8～15厘米；暗绿色，有光泽，中脉淡绿色，沿中脉两侧有斜向上的绿色条斑，叶背紫红色并有绿色条斑。圆锥花序，苞片及尊片红色、蜡质，小花白色，花期春末至夏初。

【生长习性】性喜温暖湿润和阴暗的环境。生长适温为20～35℃。

【景观应用】优良的室内喜阴观叶植物，盆栽观赏。

三色紫背竹芋 *Stromanthe sanguinea* 'Triostar'

科属：竹芋科紫背竹芋属

【形态特征】多年生常绿草本，株高30～100厘米，有时可达150厘米。叶基生，叶柄短，叶长椭圆形至宽披针形，叶正面绿色，有白色斑纹，背面紫红色。圆椎花序，苞片及萼片红色，花白色。花期春季。

【生长习性】喜温暖、湿润和半阴环境，不耐旱，不耐寒，适宜肥沃、疏松的砂质壤土。

【景观应用】盆栽观赏。

◎ 兰 科

高斑叶兰 *Goodyera procera* (Ker-Gawl.) Hook.

科属：兰科斑叶兰属　　　　　别名：穗花斑叶兰、斑叶兰

【形态特征】株高 22～80 厘米。根状茎短而粗，具节。茎直立，无毛，具 6～8 枚叶。叶片长圆形或狭椭圆形，上面绿色，背面淡绿色，具柄；总状花序具多数密生的小花，似穗状，花序轴被毛；花小，白色带淡绿，芳香；花瓣匙形，白色，先端稍钝，具 1 脉，无毛；唇瓣宽卵形。花期 4～5 月。

【生态习性】喜温暖、湿润和半阴的环境，忌阳光直射。

【景观应用】盆栽观赏。

彩云兜兰 *Paphiopedilum wardii* Summerh.

科属：兰科兜兰属

【形态特征】地生植物。叶基生；二列，3～5 枚；叶片狭长圆形，先端钝的 3 浅裂，上面有深浅蓝绿色相间的网格斑，背面有较密集的紫色斑点，基部收狭成叶柄状并对折而互相套叠。花葶从叶丛中长出，花苞片非叶状；子房顶端常收狭成喙状；花大而艳丽，有种种色泽；中萼直立，花粉粉质或带黏性，退化雄蕊扁平；柱头肥厚，下弯，柱头面有乳突，果实为蒴果。花期 12 月至翌年 3 月。

【生态习性】喜温暖、湿润和半阴的环境，忌阳光直射。

【景观应用】花形奇特、花色丰富、花期持久，且容易管护，盆栽观赏。

巨瓣兜兰 *Paphiopedilum bellatulum* (Rcnb. F.) Stein
科属：兰科兜兰属

【形态特征】地生或半附生植物，通常较矮小。叶基生，二列，4～5枚；叶片狭椭圆形或长圆状椭圆形，先端钝并有不对称的裂口，上面有深浅绿色相间的网格斑，背面密布紫色斑点，中脉在背面略呈龙骨状突起，基部略收狭成柄并对折而互相套叠。花葶直立，很短；花苞片卵形，先端急尖；花直径6～7厘米，白色或带淡黄色，具紫红色或紫褐色粗斑点；花瓣巨大，宽椭圆形或宽卵状椭圆形，唇瓣深囊状，椭圆形，有时向末端稍变狭，花期4～6月。

【生态习性】喜温暖、湿润和半阴的环境，忌阳光直射。

【景观应用】花形奇特、花色丰富、花期持久，且容易管护，盆栽观赏。

卷萼兜兰 *Paphiopedilum appletonianum* (Gower) Rolfe
科属：兰科兜兰属

【形态特征】陆生兰。须根具淡棕色绵毛。叶基生，2列，狭椭圆形，顶端急尖且具2小齿，绿色，多少具暗紫色斑块。花茎较叶长，紫红色，疏被毛；花苞片2枚，1大1小；花常单生，紫色，直径8～10厘米。花瓣菱状匙形，较萼片长，近急尖并具2～3小齿，基部至中部的边缘波状，并在上侧具13～14个黑色疣点，下侧具5～6个黑色疣点；唇瓣较中萼片长，但略短于花瓣，深兜状，外面无毛，内面被毛，兜较爪长，具内折裂片，囊口4裂。花期1～5月。

【生态习性】喜温暖、湿润和半阴的环境，忌阳光直射。

【景观应用】花形奇特、花色丰富、花期持久，且容易管护，盆栽观赏。

同色兜兰 *Paphiopedilum concolor* (Bateman) Pfitz.
科属：兰科兜兰属

【形态特征】地生或半附生植物。叶基生，二列，4～6枚；叶片狭椭圆形至椭圆状长圆形，先端钝并略有不对称，上面有深浅绿色相间的网格斑，背面具极密集的紫点或几乎完全紫色，中脉在背面呈龙骨状突起，基部收狭成叶柄状并对折而彼此套叠。花葶直立，顶端通常具1～2花；花径5～6厘米，淡黄色，具紫色细斑点；花瓣斜的椭圆形、宽椭圆形或菱状椭圆形，先端钝或近斜截形，近无毛或略被微柔毛；唇瓣深囊状，狭椭圆形至圆锥状椭圆形，囊口宽阔，整个边缘内弯。花期6～8月。

【生态习性】喜温暖、湿润和半阴的环境，忌阳光直射。

【景观应用】花形奇特、花色丰富、花期持久，且容易管护，盆栽观赏。

杏黄兜兰 *Paphiopedilum armeniacum* S. C. Chen et F. Y. Liu

科属：兰科兜兰属

【形态特征】地生或半附生植物，地下具细长而横走的根状茎。叶基生，二列，5～7枚；叶片长圆形，坚革质，先端急尖或有时具弯缺与细尖，上面有深浅绿色相间的网格斑，背面有密集的紫色斑点并具龙骨状突起，边缘有细齿，基部收狭成叶柄状并对折而套叠。花葶直立，淡紫红色与绿色相间，顶端生1花；花大，直径7～9厘米，纯黄色；花瓣大，宽卵状椭圆形、宽卵形或近圆形，先端急尖或近浑圆，内表面基部具白色长柔毛，边缘具缘毛；唇瓣深囊状，近椭圆状球形或宽椭圆形，基部具短爪，囊口近圆形，囊底有白色长柔毛和紫色斑点。花期2～4月。

【生态习性】喜温暖、湿润和半阴的环境，忌阳光直射。

【景观应用】花形奇特、花色丰富、花期持久，且容易管护，盆栽观赏。

秀丽兜兰 *Paphiopedilum venustum* (Sims.) Pfitz.

科属：兰科兜兰属

【形态特征】地生或半附生植物。叶基生，二列，4～5枚；叶片长圆形至椭圆形，先端急尖并常有小裂口，上面通常有深浅绿色相间的网格斑，背面有较密集的紫色斑点，基部收狭成叶柄状并对折而互相套叠。花葶直立，紫褐色，密被短硬毛，顶端生1花或罕有2花；花瓣黄白色而有绿色脉、暗红色晕和黑色粗疣点，唇瓣淡黄色而有明显的绿色脉纹和极轻微的暗红色晕；囊向末端略变狭，囊口宽阔，两侧各具1个直立的耳，两耳前方的边缘不内折，囊底有毛，外表面具极细小的乳突状毛花期1～3月。

【生态习性】喜温暖、湿润和半阴的环境，忌阳光直射。

【景观应用】花形奇特、花色丰富、花期持久，且容易管护，盆栽观赏。

硬叶兜兰 *Paphiopedilum micranthum* T. Tang et F. T. Wang

科属：兰科兜兰属

【形态特征】地生或半附生植物，地下具细长而横走的根状茎。叶基生，二列，4～5枚；叶片长圆形或舌状，坚革质，先端钝，上面有深浅绿色相间的网格斑，背面有密集的紫斑点并具龙骨状突起，基部收狭成叶柄状并对折而彼此套叠。花葶直立，花苞片卵形或宽卵形，绿色而有紫色斑点；花大，艳丽，唇瓣白色至淡粉红色，唇瓣深囊状，卵状椭圆形至近球形，基部具短爪，囊口近圆形，整个边缘内折；退化雄蕊椭圆形，先端急尖，两侧边缘尤其中部边缘近直立并多少内弯，使中央貌似具纵槽；2枚能育雄蕊由于退化雄蕊边缘的内卷而清晰可辨，甚为美观。花期3～5月。

【生态习性】喜温暖、湿润和半阴的环境，忌阳光直射。

【景观应用】花形奇特、花色丰富、花期持久，且容易管护，盆栽观赏。

紫纹兜兰 *Paphiopedilum purpuratum* (Lindl.) Stein

科属：兰科兜兰属

【形态特征】地生或半附生植物。叶基生，二列，3～8枚；叶片狭椭圆形或长圆状椭圆形，上面具暗绿色与浅黄绿色相间的网格斑，背面浅绿色，基部收狭成叶柄状并对折而互相套叠。花葶直立，顶端生1花；花直径7～8厘米；花瓣紫红色或浅栗色而有深色纵脉纹、绿白色晕和黑色疣点，花瓣近长圆形，先端渐尖；唇瓣倒盔状，基部具宽阔的柄；囊近宽长圆状卵形，向末略变狭，囊口极宽阔，两侧各具1个直立的耳，两耳前方的边缘不内折。花期10月至翌年1月。

【生态习性】喜温暖、湿润和半阴的环境，忌阳光直射。

【景观应用】花形奇特、花色丰富、花期持久，且容易管护，盆栽观赏。

金线兰 *Anoectochilus roxburghii* (Wall.) Lindl.

科属：兰科开唇兰属

【形态特征】陆生兰，高10～18厘米。根状茎匍匐，伸长。茎下部具2～4枚叶。叶具柄，卵椭圆形，急尖，上面黑紫色有金黄色的脉网，背面带淡紫红色。总状花序具2～6朵疏散的花；花瓣近镰刀形，短于萼片并和中萼片呈兜；唇瓣2裂，裂片舌状条形，顶端钝。

【生态习性】喜温暖、湿润和半阴的环境，忌阳光直射。

【景观应用】盆栽观赏。

滇南开唇兰 *Anoectochilus burmannicus* Rolfe
科属：兰科开唇兰属

【形态特征】株高 20～30 厘米。根状茎伸长，匍匐，肉质，具节，节上生根。茎直立，圆柱形，具 3～6 枚叶。叶片卵形或卵状椭圆形，上面暗绿色，有金红色或白色美丽的脉网，背面淡红色，先端急尖，基部斜歪，骤狭成柄。总状花序具多数较疏生的花，花序梗长，花瓣黄白色。花期 9～12 月。

【生态习性】喜温暖、湿润和半阴的环境，忌阳光直射。

【景观应用】盆栽观赏。

银带虾脊兰 *Calanthe argenteo-striata* C. Z. Tang et S. J. Cheng
科属：兰科虾脊兰属

【形态特征】植株无明显的根状茎。假鳞茎粗短，近圆锥形，具 2～3 枚鞘和 3～7 枚在花期展开的叶。叶上面深绿色，带 5～6 条银灰色的条带，椭圆形或卵状披针形，长 18～27 厘米，宽 5～11 厘米，先端急尖，基部收狭为长约 3～4 厘米的柄。花葶从叶丛中央抽出，长达 60 厘米；总状花序长 7～11 厘米，具 10 余朵花；花张开；花瓣近匙形或倒卵形，比萼片稍小，先端近截形并具短凸，具 3 条脉；唇瓣白色，3 裂；花期 4～5 月。

【生态习性】喜温暖、湿润和半阴的环境，忌阳光直射。

【景观应用】盆栽观赏。

血叶兰 *Ludisia discolor* (Ker-Gawl.) A. Rich.
科属：兰科血叶兰属　　　　别名：干石蚕、异色血叶兰

【形态特征】陆生兰，高 10～25 厘米。根状茎伸长，匍匐。茎直立，在近基部具 2～4 枚叶。叶具柄，卵形或卵状矩圆形，急尖，上面绿色，背面红色。花序具 2～10 朵花，花序轴被短柔毛；花苞片卵形，上端带红色；花白色或带淡红色。

【生态习性】喜温暖、湿润和半阴的环境，忌阳光直射。

【景观应用】盆栽观赏。

中文名索引

（按拼音排序）

拉丁名索引